Pocket Reference

[改訂第3版]

Windows
コマンドプロンプト

ポケットリファレンス 下 山近慶一——・著

Windows 11/10/2019/2022/Server対応

JN006754

技術評論社

はじめに

　Windowsは多彩なアプリの実行環境を提供するビジュアルなOSだが、用途によっては次のような不便さを感じることがある。

- クリック、ダブルクリック、ポイント、マウスオーバー、タップ、フリック、長押し、スワイプなどの操作を使い分ける必要がある
- 操作の手順や結果を言葉で説明しにくい
- 同じ操作を繰り返し実行することに苦痛を感じる
- サインインしていないとアプリケーションを操作できない
- ユーザーの習熟度や知識量などで作業効率や結果が変わる

　これらをカバーしてユーザーを補助したり、システム管理を効率化したりするのが、アプリの一種であるコマンドである。

　コマンドには次のような特長がある。

- ビジュアル的な操作がなくキー入力だけで実行できる
- コマンドとパラメータで処理が完結し、操作の説明や証跡も兼ねている
- 同じ操作を自動で繰り返し実行できる
- サインインしていなくてもバックグラウンドで実行できる

　とはいえ、ユーザーの習熟度や知識量などに依存する点はコマンドも同じであり、そもそもコマンドの存在やパラメータの意味を知らないと使えない。

　本書はこの弱点を補うための辞典であり、より便利にWindowsを使うための参考書である。目的や用途に適したコマンドを探す使い方はもちろんのこと、本書を眺めて興味のあるコマンドを記憶の隅に置いておくことで、本書とコマンドはより強力な武器になるであろう。

　本書『Windowsコマンドプロンプトポケットリファレンス』は上下2巻で構成されている。本書はそのうち下巻である。

2023年3月

山近慶一

本書のターゲットOS

　本書に掲載したコマンドは、表1のバージョンとエディションのWindowsを網羅している。ただし、WindowsリソースキットやWindows Support Toolsのコマンドは範囲外である。コマンドの実行例は、基本的にWindows Server 2022とWindows 11 Proのものである。

　Windowsのバージョンによってコマンドやパラメータに差異があるため、表1のマークで使用可能なバージョンを示している。**10 以降** のように範囲で示す場合は、Windows 10とその後にリリースされたWindows Server 2016、Windows Server 2019、Windows Server 2022、Windows 11で使用できる。

　また、Windows Vista以降で搭載されたユーザーアカウント制御（UAC：User Account Control）機能によって、実行時に権限の昇格が必要なコマンドやパラメータには **UAC** マークを付加している。

▼ 表1　本書で検証したWindowsのバージョンとエディション

マーク	Windows のバージョンとエディション	リリース年月
11	Windows 11 Pro（21H2 ～ 22H2）	2021 年 10 月
2022	Windows Server 2022 Standard ※ Windows 10 21H2 と互換性がある	2021 年 9 月
2019	Windows Server 2019 Standard ※ Windows 10 1809 と互換性がある	2018 年 10 月
2016	Windows Server 2016 Standard ※ Windows 10 1607 と互換性がある	2016 年 9 月
10	Windows 10 Pro（1507 ～ 22H2）	2015 年 7 月
8.1	Windows 8.1 Pro	2013 年 10 月
2012R2	Windows Server 2012 R2 Standard	2013 年 11 月
8	Windows 8 Pro	2012 年 10 月
2012	Windows Server 2012 Standard	2012 年 9 月
7	Windows 7 Ultimate	2009 年 10 月
2008R2	Windows Server 2008 R2 Standard	2009 年 10 月
2008	Windows Server 2008, Standard	2008 年 4 月
Vista	Windows Vista Ultimate	2007 年 1 月
2003R2	Windows Server 2003 R2, Standard Edition	2006 年 2 月
2003	Windows Server 2003, Standard Edition	2003 年 6 月
XP	Windows XP Professional	2001 年 11 月
2000	Windows 2000 Server	2000 年 2 月

目次

下巻

下巻 序章 コマンド入門   1

下巻 Chapter 1 ネットワークコマンド編   13

下巻 Chapter **3** リモートデスクトップ編　　　　　　365

下巻 Chapter **4** 起動と回復編 **385**

下巻 Chapter 5 オープンソース編 449

上巻 Chapter **2** ファイルとディスク操作編 　　　　　　　　　　　　　　61

上巻 Chapter **3** バッチ処理とタスク管理編　　　　　　　　　　**203**

上巻 Chapter 4 システム管理編 231

序章

コマンド入門

コマンドの文法について

本書では、コマンドの記述方法（文法）をわかりやすくするために省略や用語の置き換えを行い、コマンドのヘルプやマイクロソフトの技術情報とは異なる文法で説明している。

▼ 表2　記述方法の違いの例

表記	文法
ヘルプ	MOVE [/Y	/-Y] [ドライブ :][パス] ファイル名 1[,...] 受け側
本書	MOVE [{/y	/-y}] 送り元 [宛先]

コマンドはコマンド名とパラメータで構成されており、本書では表3のように定義している。

▼ 表3　コマンドの構成要素

構成要素	説明
コマンド名	MOVE などのコマンドの名前。必要であればコマンド名の前にパスも指定する
パラメータ	スイッチやオプション、設定値などの追加情報の総称。引数（ひきすう）ともいう。基本的にスペースで区切って指定する
スイッチ	パラメータのうち、コマンドの動作や操作対象などを指示するもの。スラッシュ（/）またはハイフン (-) で始まるものが多い。代表的なスイッチは、コマンドのヘルプを表示する「/?」である
オプション	パラメータのうち、省略可能なスイッチや設定値

よく使うパラメータは、基本的に表4のように表記する。

▼ 表4　よく使うパラメータ

パラメータ	説明
ファイル名	・ファイルまたはフォルダの名前を指定する ・複数のファイルを指定できる場合もある ・長い名前と MS-DOS と互換性のある「8.3 形式」の短い名前を使用できる ・名前にパス（フォルダ階層）を含めることもできる ・基本的に、英大文字と英小文字を区別しない
フォルダ名	・フォルダの名前（ディレクトリ名）を指定する ・ファイル名は指定できない ・長いフォルダ名、または MS-DOS と互換性のある「8.3 形式」の短いフォルダ名を利用できる ・基本的に、英大文字と英小文字を区別しない
ワイルドカード	ファイル名やフォルダ名などを指定する際に使用できる、任意の文字に置き換え可能な特殊文字。 ・アスタリスク (*) —— 任意の 0 文字以上の文字列 ・疑問符 (?) —— 任意の 0 文字または 1 文字 例 1）A*.exe—— A や a で始まり拡張子 .exe で終わる名前（Arp.exe、At.exe、Attrib.exe など） 例 2）A??.exe —— A や a で始まり最大 2 文字を挟んで拡張子 .exe で終わる名前（Arp.exe など） 例 3）*A.* —— 拡張子なしも含めて、拡張子の前に A や a が付く名前（Kbd101a.dll など） 例 4）*.* —— 拡張子の有無にかかわらず、すべての名前

数値	基本的には 10 進数の整数で指定する。0x で始まる 16 進数と 0 で始まる 8 進数も使用できる場合がある。 ・12——10 進数の 12（じゅうに） ・0x12——10 進数 18 の 16 進数表現（ゼロエックスいちに） ・012——10 進数 10 の 8 進数表現（ゼロいちに）
ボリューム名	伝統的なボリューム名は、コロン（:）で終わるドライブ文字（C:）で指定する。 ・ドライブ文字には A ～ Z の英大文字を使用できる。 ・ボリュームマウントポイント名（フォルダ名）と、「¥¥?¥Volume{bb49fa71-a140-11e0-bd39-000c2960db1a}¥」のような形式のボリューム GUID（Globally Unique Identifier）も使用できる
コンピュータ名	コンピュータの名前であるが、複数の指定方法がある。 ・コンピュータ名——TCP/IP のホスト名。Hostname コマンドで表示できる ・NetBIOS コンピュータ名——Windows の伝統的なコンピュータ名 ・コンピュータ名 .DNS ドメイン名の一部 ・コンピュータ名 .DNS ドメイン名の全部——完全修飾ドメイン名（FQDN：Fully Qualified Domain Name）ともいう ・フルコンピュータ名——完全修飾ドメイン名と同じ ・IPv4 アドレス ・IPv6 アドレス
ユーザー名	ユーザーの名前であるが、複数の指定方法がある。 ・ユーザー名——Test など ・コンピュータ名¥ユーザー名——PC1¥Test など ・自コンピュータ名¥ユーザー名——¥LocalUser など ・ドメイン名¥ユーザー名——EXAMPLE¥Test など ・ユーザー名 @Active Directory ドメイン名——Test@example.jp など ・Active Directory ドメイン名¥ユーザー名——example.jp¥Test など
ドメイン名	Active Directory ドメイン環境におけるドメインの名前であるが、複数の指定方法がある。 ・ドメイン名——EXAMPLE、ad.example.jp など ・DNS ドメイン名——ad.example.jp など ・NetBIOS ドメイン名——NT ドメイン名（EXAMPLE など） ・Active Directory ドメイン名——ad.example.jp など
レジストリキー	レジストリ値とその設定値を分類、保存するフォルダのようなもので、次のように「¥」記号で区切ってパスを指定する。 HKEY_LOCAL_MACHINE¥SOFTWARE¥Microsoft¥Windows NT¥CurrentVersion¥Winlogon
レジストリ値	AutoAdminLogon など、レジストリキーの下にあって設定値を保存するための名前。エクスプローラに例えると、レジストリキーがフォルダ、レジストリ値がファイル、設定値がファイルデータのような関係である
IPアドレス	IPv4 アドレスまたは IPv6 アドレスを指定する

　パラメータには指定必須のものと省略可能なものがあり、さらに選択や省略ができるものがある。

▼ 表5　パラメータ表記の規則

規則	説明	表2の対応
指定なし	必須のスイッチまたは設定値を示す	送り元
[ ]	オプションを示す	[宛先]
{A | B}	中カッコ内のいずれか1つを選択する	
[{A | B}]	中カッコ内のいずれか1つを選択するか省略する	[{/y | /-y}]
/Switch 設定値	スイッチと設定値の間にスペースを入れる	
/Switch設定値	スイッチと設定値の間にスペースを入れない	
/Sw[itch]	/Switchを/Swと省略可能	

コマンド名とパラメータの間、およびパラメータ間は、区切り文字としてスペースを入れる。

▼ 表6　区切り文字など

用語など	説明
区切り文字	コマンド名とパラメータ、またはパラメータ間の区切りを示す文字で、スペースやカンマ (,)、タブなどを使用する。デリミタ (delimiter) ともいう
スペースを含む値	ファイル名やフォルダ名などで、区切り文字と同じ文字を有効な設定値として使う場合は、設定値の前後をダブルクォート (") で括る。 ・正 : /Switch "C:¥Test Drive" ── 「C:¥Test Drive」を1つの値として扱う ・誤 : /Switch C:¥Test Drive ── 「C¥Test」と「Drive」は独立したパラメータになる ・誤 : /Switch C:¥"Test Drive" ── 値の途中をダブルクォートで括っている ・誤 : "/Switch C:¥Test Drive" ── スイッチごとダブルクォートで括っている
" (ダブルクォート、二重引用符)、' (シングルクォート、引用符)、` (バッククォート、逆引用符)	文字列を括る際に使用する。たとえば、スペースを含む値はダブルクォートで括るが、ダブルクォートを有効な文字として使う場合は、シングルクォートで括ったり、ダブルクォートを2つ重ねたりする

コマンドプロンプトの起動方法

コマンドを実行するには、表7の手順でコマンドプロンプトまたはターミナルを起動する。

▼ 表7　コマンドプロンプトの起動手順

Windows のバージョン	コマンドプロンプトの起動手順
Windows 11 (21H2 ~ 22H2)	・[スタート] ─ [すべてのアプリ] ─ [Windows ツール] ・Windows キーを押して「cmd」を検索
Windows Server 2022 Windows Server 2019 Windows 10 (1703 ~ 22H2)	・[スタート] ─ [Windows システムツール] ・Windows キーを押して「cmd」を検索
Windows Server 2016 Windows 10 (1507 ~ 1607)	・タスクバー左端の [スタート] を右クリック ・[スタート] ─ [Windows システムツール] ・Windows キーを押して「cmd」を検索
Windows Server 2012 R2 Windows 8.1	・タスクバー左端の [スタート] を右クリック ・[スタート] ─ [すべてのアプリ] ・Windows キーを押して「cmd」を検索
Windows Server 2012 Windows 8	・タスクバー左端をポイント─ [スタート] を右クリック ・Windows キーを押して「cmd」を検索
Windows 2000 ~ Windows 7	・[スタート] ─ [すべてのプログラム] ─ [アクセサリ]

コマンドプロンプトは、文字入力と結果表示用の黒いウィンドウ(コンソール)を持ったGUIアプリケーションで、他のGUIアプリケーションと同様にウィンドウの移動やサイズ変更、複数ウィンドウの起動ができる。

コマンドを体験してみよう

　コマンドプロンプトを起動すると、既定では1行目にOSバージョン、2行目にコピーライトが表示される。4行目に「C:¥Users¥ユーザー名>」という文字列と点滅するカーソルがあり、4行目全体が入力プロンプトである。コマンドを実行するには、カーソルの位置にコマンドとパラメータをタイプして Enter キーを押す。

```
1: Microsoft Windows [Version 10.0.22621.521]
2: (c) Microsoft Corporation. All rights reserved.
3:
4: C:¥Users¥ユーザー名>
```

　任意のキーを押すとカーソルの位置にその文字を表示して、カーソルは入力した文字数分右に移動する。カーソルがウィンドウの右端まで達してもキー入力を続けると、次行の左端に移ってキー入力を続行できる。表示上は複数の行になっても最終的に Enter キーを押すまでが1行のコマンドであり、 Enter キーを押すまでは実行されない。 Esc キーを押して試し打ちした文字を取り消そう。

　次に、デスクトップに置いたファイルやフォルダの名前を表示するため、「DIR△Desktop」（△はスペース）と入力して Enter キーを押す。DIRがコマンドで、Desktopは操作対象を表すパラメータである。コマンドは大文字と小文字を区別しないので、「dir」や「Dir」でもよい。コマンドとパラメータの間には、 Space キーを押してスペースを1つ以上入れる。

　コマンドプロンプトを終了するには「EXIT」とタイプして Enter キーを押すか、ウィンドウ右上の閉じるボタンをクリックする。EXITもコマンドである。

コマンド実行の仕組み

　コマンドプロンプトで「Calc」と入力して Enter キーを押すと、GUIの電卓アプリケーションが起動する。この背景には、コマンドプロンプトのコマンド解釈機能（コマンドプロセッサ）が実行ファイルを探索して、保存先のドライブとフォルダ（パス）、拡張子まで含めたファイル名を補って、「C:¥Windows¥System32¥Calc.exe」（Windows 11を除く）を実行するという仕組みがある。実行ファイルの探索とファイル名の補完の仕組みを理解しておけば、コマンドやバッチファイルを思いどおりに実行できるようになる。

■ 実行ファイルの探索

　実行ファイルは、最初に現在のフォルダ（カレントフォルダ）から探索する。コマンドプロンプトを起動すると、既定では「C:¥Users¥ユーザー名>」というプロンプトが表示されるが、これがカレントフォルダである。カレントフォルダに見つからなければ、環境変数PATHに定義されたフォルダを順に探索する。

　環境変数PATHが次のように定義されている場合、カレントフォルダ、C:¥Windows¥system32フォルダ、C:¥Windowsフォルダの順に探索する。

```
Path=C:¥Windows¥system32;C:¥Windows;C:¥Windows¥System32¥Wbem;C:¥Windows¥System32¥
WindowsPowerShell¥v1.0¥;C:¥Windows¥System32¥OpenSSH¥;C:¥Users¥User1¥AppData¥Local¥
Microsoft¥WindowsApps
```

環境変数とは、アプリケーションにシステムの設定を伝える仕組みの1つで、「SET」コマンドで一覧と設定値を確認できる。

探索中に拡張子の異なる同名ファイルが見つかった場合は、拡張子.com、.exe、.batの順で実行する。実行ファイルの拡張子を省略すると、コマンドプロセッサは環境変数PATHEXTに定義された拡張子を順にファイル名に付加して探索するため、環境変数PATHEXTは既定で次のように設定されている。

```
PATHEXT=.COM;.EXE;.BAT;.CMD;.VBS;.VBE;.JS;.JSE;.WSF;.WSH;.MSC
```

▓ バッチ処理の落とし穴

実行するコマンドを拡張子.batのテキストファイル（バッチファイル）に書き溜めて、一括実行する仕組みがバッチ処理である。コマンドを活用する際に外せない機能であるが、バッチファイル自身とバッチファイル中のコマンドにも実行ファイルの探索が行われるため、条件によっては想定外の動作になる。

■ 例1

カレントフォルダに Sample.exe と Sample.bat があるとき、コマンドプロンプトで「Sample」と入力して実行されるのは常に Sample.exe で、Sample.bat は実行されない。Sample.exe は C:¥Windows¥System32¥Calc.exe などをコピーして作るとよい。

これは、カレントフォルダに「Sample」に該当する実行ファイルが2つあるので、環境変数PATHEXTの設定に従って拡張子.exeが優先されるためである。Sample.batを実行するには、拡張子まで含めて「Sample.bat」と明示的に入力する必要がある。

■ 例2

C:¥Work フォルダに次の内容のバッチファイル Sample.bat を置き、C:¥Windows¥System32 フォルダには Sample.exe を置いて、バッチファイルを実行することを考える。

▼ Sample.batの内容
```
REM サンプルバッチファイル
Sample
```

Sample.batの実行結果は、次のように実行時の状態によって異なる。

● カレントフォルダがC:¥Workの場合——Sample.batを無限に繰り返す（Ctrl + C キーで終了可能）
● カレントフォルダがC:¥Work以外の場合——Sample.exeを1回だけ実行する

実行結果の違いは前述の実行ファイルの探索機能によって生じているので、バッチファイルを扱う際には次の点に注意する。

- 既存の実行ファイルと同名のバッチファイルを作らない
- 実行ファイルは同じフォルダにまとめる
- バッチファイル中で呼び出す実行ファイル名は、ドライブ文字やフォルダ階層、拡張子も含めて指定する

なお、メモ帳（Notepad.exe）で日本語を含むバッチファイルを作成するときは、保存時に文字コードをANSIに変更するとよい。Windows 10 1903以降とWindows Server 2022のメモ帳は、既定の文字コードがUTF-8に変更されたため、バッチ実行中に日本語を表示すると文字化けする。

内部コマンドと外部コマンド

コマンドには、コマンドプロセッサに内蔵されている内部コマンドと、ファイルとしてドライブに保存されている外部コマンドがある。「DIR」コマンドや「SET」コマンドは内部コマンドで、拡張子はなく、「DIR.exe」のような実行ファイルとしては存在しない。

Windowsのコマンドの大部分は外部コマンドで、実行ファイルとしてドライブに保存されている。たとえばファイルを探索するWhere.exeコマンド（これも外部コマンドである）を次のように実行すると、外部コマンドの実行ファイルの保存先を知ることができる。

```
Where Ipconfig
```

ファイル名／フォルダ名の制約

コマンドプロンプトで扱うファイルやフォルダの名前には、表8の制約がある。

▼ 表8　ファイル名／フォルダの制約

制約	説明
利用不可の文字	次の文字は特別な意味を持つため使用できない。 ・円記号（¥）──パスの区切り ・スラッシュ（/）──パスの区切り ・コロン（:）──ドライブ文字の一部 ・アスタリスク（*）──ワイルドカード ・疑問符（?）──ワイルドカード ・二重引用符（"）──文字列 ・不等号記号（< >）──リダイレクト ・垂直バー（|）──パイプ
同名のファイル／フォルダ	英大文字と英小文字を区別しないため、「ABC.txt」と「abc.TXT」は同じフォルダに作成できない
全体の文字数	ファイル名は最大255文字まで。フォルダ名を含めた全体の長さも255文字まで。これはコマンドプロンプトの制限で、Windowsとしては260文字（Windows 10 1607以降では無制限に設定可能）まで扱うことができる

また、表9のファイル名はデバイスファイルとして予約されているため、一般のファイル名やフォルダ名には使用できない。

▼ 表9 デバイスファイル

ファイル名	説明
CON	コンソールデバイス。入力はキーボードで、出力はコマンドプロンプトのウィンドウ内になる
LPTn	プリンタデバイス。n は 1 から始まる任意の番号
PRN	プリンタデバイス。LPT1 と同等
COMn	シリアルポートデバイス。n は 1 から始まる任意の番号
AUX	補助入出力デバイス。COM1 と同等
NUL	ヌルデバイス。仮想のデバイスで、データを吸い込み消滅させる

ファイルやフォルダの指定方法

ファイルやフォルダの指定方法には、絶対パスと相対パスの2種類がある。コマンドの
パラメータにファイル名やフォルダ名を指定する場合、特に指定がなければどちらの方法
で指定してもよい。

▼ 表10 絶対パスと相対パス

種類	説明
絶対パス	ドライブとフォルダ階層をすべて記述する形式。フルパスまたは完全パスともいう。電卓の絶対パスは次のようになる。 C:¥Windows¥System32¥Calc.exe ドライブを省略すると、カレントドライブ内の絶対パスになることに注意する。たとえばカレントドライブが E: のとき、次のコマンドは「指定されたパスが見つかりません。」というエラーになる。 ¥Windows¥System32¥Calc.exe
相対パス	カレントフォルダを起点にして、目的のファイルやフォルダまでの道筋を記述する形式。カレントフォルダが「C:¥Users¥ユーザー名」の場合、電卓の実行ファイルのパスは次のように記述できる。ピリオド1つ (.) はカレントフォルダ、ピリオド2つは1つ上の階層のフォルダを表す。 ..¥..¥Windows¥System32¥Calc.exe

コマンドプロセッサはカレントフォルダをドライブごとに管理しているので、現在操
作対象にしているドライブ(カレントドライブ)以外にあるファイルの相対パスは、ドライ
ブ文字から始まる特殊な書き方になる。たとえば、C: ドライブのカレントフォルダが
「C:¥Users¥ユーザー名」で、E: ドライブのカレントフォルダがルートフォルダの場合は、
次のように記述すると電卓を起動できる。

```
E:¥> C:..¥..¥Windows¥System32¥Calc.exe
```

ネットワーク上の共有資源のパスは、「¥¥コンピュータ名¥共有名[¥フォルダ名]」とい
う形式の Universal Naming Convention(UNC)パスで指定する。コンピュータ名の部分は
IPv4 アドレスまたは IPv6 アドレスで指定してもよい。IPv6 アドレスでの指定は Windows
Server 2008 以降で対応しており、次の規則に従って記述する。

● 規則1——コロン(:)はハイフン(-)に置換する
● 規則2——パーセント(%)は文字の「s」に置換する
● 規則3——末尾に「.ipv6-literal.net」を付ける

たとえばIPv6アドレスが「fe80::893:3694:54f0:5495%5」のとき、UNCパスは次のようになる。

```
¥¥fe80--893-3694-54f0-5495s5.ipv6-literal.net¥共有名
```

リダイレクトとパイプ

コマンドプロンプトでは、コマンドの実行結果やエラーメッセージの出力先を任意のファイルに変更する、リダイレクト（Redirect）機能を利用できる。さらにMOREコマンドなどでは、入力元をリダイレクトしたり、他のコマンドの実行結果をパイプで受け取ったりすることもできる。リダイレクトとパイプは、表11の記号を使用して指定する。

▼表11 リダイレクトとパイプ

記号	説明
<（小なり）	コマンドへのデータ入力元を変更する
>（大なり）	コマンドの結果出力先を変更する。出力先のファイルは上書きされる
>>	コマンドの結果出力先を変更する。出力先のファイルの末尾に追記される（Append）
｜（垂直バー）	パイプ。コマンドの出力を次のコマンドの入力に利用する

コマンドは一般的に、キー入力などを標準入力（STDIN）から受け取り、正常な処理結果を標準出力（STDOUT）に、エラーメッセージなどを標準エラー出力（STDERR）に出力するが、リダイレクト記号に数字や記号を追加指定することで、リダイレクト対象を変更できる。

▼表12 リダイレクト時の追加指定

追加指定	説明
0	標準入力（省略可能）
1	標準出力（省略可能）
2	標準エラー出力（省略不可）
&	結合

例1

次のコマンドラインは、File1.datからデータを入力して処理を行い、処理結果をNormal.logに、エラーメッセージをError.logに出力する。

```
Sample.exe < File1.dat >> Normal.log 2>> Error.log
```

例2

次のコマンドラインは、File1.datからデータを入力して処理を行い、処理結果もエラーメッセージも1つのファイルAll.logに追加出力する。

```
Sample.exe < File1.dat >> All.log 2>&1
```

9

コマンドの連結

　表13の記号を挟んでコマンドを連結すると、先行するコマンドのエラーレベルによって後続コマンドの実行を制御できる。エラーレベルはコマンドの終了状態を表す数値で、コマンドの実行直後に環境変数ERRORLEVELの値を調べることで確認できる。

　基本的に正常終了時は0を、異常終了時は0以外をセットする。ERRORLEVELをIFコマンドで参照して処理を分岐するより簡単である。

▼ 表13　コマンドの連結

記号	説明
A & B	コマンドAの処理が終わったらコマンドBを実行する
A && B	コマンドAが正常終了（エラーレベルが0）したら、コマンドBを実行する
A ‖ B	コマンドAが異常終了（エラーレベルが0以外）したら、コマンドBを実行する
(A && B) & C	グループ化。左の例は、コマンドAが正常終了すればコマンドBとコマンドCを実行し、コマンドAが異常終了すればコマンドCだけを実行する

コマンドプロンプトの補助機能

　コマンドプロンプトには、コマンドラインの編集や実行を補助するキー操作とマウス操作が用意されている。

▼ 表14　コマンドプロンプトのショートカットキー

キー操作	動作
←	コマンドラインの先頭に向かってカーソルを移動する
→	コマンドラインの末尾に向かってカーソルを移動する
Ctrl + ←	文字列単位でカーソルを左に移動する
Ctrl + →	文字列単位でカーソルを右に移動する
↑ または F5	以前実行したコマンドラインを順に呼び出す
↓	以前実行したコマンドラインを1つ進める
Ctrl + ↑	上にスクロールする 10 以降
Ctrl + ↓	下にスクロールする 10 以降
Home	カーソルを行頭に移動する
Ctrl + Home	カーソル位置から行頭まで消去する
End	カーソルを行末に移動する
Ctrl + End	カーソル位置から行末まで消去する
Insert	挿入モードと上書きモードを切り替える
Delete	カーソル上の文字を1文字削除する
Back space	カーソルの左の文字を1文字削除する
Esc	コマンドラインを消去する
F1	最後に実行したコマンドラインを1文字ずつ入力する
F2	最後に実行したコマンドラインを、指定した文字の前までコピーして入力する
F3	最後に実行したコマンドラインを再入力する
F4	最後に実行したコマンドラインを、指定した文字の前まで削除して入力する

`Alt` + `F4`	コマンドプロンプトを終了する **10 以降**
`F5`	以前実行したコマンドラインをさかのぼって呼び出す
`F6`	制御コード `Ctrl` + `Z` を入力する
`F7`	以前実行したコマンドラインを一覧表示する
`Alt` + `F7`	コマンドラインの履歴を消去する
`F8`	以前実行したコマンドラインを循環表示する
任意の文字+ `F8`	任意の文字で始まるコマンドラインを履歴から表示する
`F9`	番号で指定したコマンドラインを再表示する
`F11` または `Alt` + `Enter`	ウィンドウ表示と全画面表示を切り替える
`Ctrl` + `A`	ウィンドウ内を全選択する **10 以降**
`Ctrl` + `C`	コマンド実行時はコマンドを中止する。選択範囲をコピーする。**10 以降**
`Ctrl` + `F`	文字列を検索する **10 以降**
`Ctrl` + `M`	マークモード（範囲選択モード）にする **10 以降**
`Ctrl` + `V`	ペーストする **10 以降**
`Shift` +カーソルキー	範囲を選択する
任意の文字+ `Tab`	指定した文字で始まるファイル名／フォルダ名を昇順に入力する
任意の文字+ `Shift` + `Tab`	指定した文字で始まるファイル名／フォルダ名を降順に入力する

　コマンドプロンプト自体はGUIアプリケーションなので、マウス操作で次の機能を利用できる。

- ウィンドウ内の文字をマウスで範囲選択して、コピー＆ペーストを実行する（※あらかじめコマンドプロンプトのシステムメニュー[プロパティ]ー[オプション]タブで、[簡易編集モード]をオンにしておく）
- エクスプローラからファイルやフォルダをドラッグ＆ドロップして、名前を入力する
- エクスプローラで、`Shift`キーを押しながらファイルやフォルダを右クリックして[パスとしてコピー]または[パスをコピー]を実行し、ファイル名やフォルダ名をコピーしてコマンドプロンプトにペーストする

Sysinternalsのユーティリティ

　Windowsには豊富なコマンドとGUIツールが用意されているが、意外にも次のような処理はできない。

- プログラムのレジストリアクセスをリアルタイムに追跡する
- 通信状況をリアルタイムかつ継続的に表示して、通信の問題を解決する
- ファイルやフォルダ、レジストリのアクセス権を、わかりやすく整形して一覧表示する

　こうした標準ではできない操作は、Mark Russinovich氏が開発したSysinternalsのユーティリティ群が補ってくれる。上の3つの操作は、Sysinternalsの次のユーティリティで簡単に実行できる。

- Process Monitor
- TCPView
- AccessEnum

Sysinternalsのユーティリティが提供する機能はマニアックで、ファイル操作や通信、プロセス管理、セキュリティなどの分野で幅広く補助してくれる。本書で解説するコマンドでは足りないことがあれば、Sysinternalsのユーティリティを探してみるとよいだろう。

参考情報

- Windowsのコマンド
  https://learn.microsoft.com/ja-jp/windows-server/administration/windows-commands/windows-commands
- Sysinternals
  https://learn.microsoft.com/ja-jp/sysinternals/

ネットワークコマンド 編

1

Arp.exe

IPアドレスとMACアドレスの
対応表を管理する

2000 | XP | 2003 | 2003R2 | Vista | 2008 | 2008R2 | 7 | 2012 | 8 | 2012R2 | 8.1
10 | 2016 | 2019 | 2022 | 11

構文1 ARPエントリを表示する

Arp {-a | -g} [*IPアドレス*] [-n *インターフェイス*] [-v]

構文2 ARPエントリを登録する

Arp -s *IPアドレス MACアドレス* [*インターフェイス*]

構文3 ARPエントリを削除する

Arp -d [*IPアドレス*] [*インターフェイス*]

■ スイッチとオプション

スイッチのハイフン(-)はスラッシュ(/)でもよい。

{-a | -g}

ARPエントリを表示する。IPアドレスを指定すると、そのIPアドレスを含むARPエントリだけを表示する。

IPアドレス

操作対象のIPアドレスを指定する。

-n

指定したインターフェイスのARPエントリを表示する。

インターフェイス

ネットワークインターフェイスが複数ある場合、IPアドレスでネットワークインターフェイスを選択できる。

-v

ARPエントリを詳細モードで表示する。 Vista 以降

-s [インターフェイス]

IPアドレスとMACアドレスの組を指定してARPエントリを登録する。ネットワークインターフェイスが複数ある場合、IPアドレスでネットワークインターフェイスを選択できる。登録したARPエントリは再起動後も保持される。 UAC

MACアドレス

操作対象のネットワークインターフェイスの物理アドレス(MACアドレス)を、「ff-ff-ff-ff-ff-ff」のように2桁の16進数を6組、ハイフンで区切って指定する。

-d

指定したIPアドレスを持つARPエントリを削除する。IPアドレスを省略するかワイルドカード「*」を指定すると、すべてのARPエントリを削除する。 UAC

実行例

現在のARPエントリを表示する。

```
C:¥Work>Arp -a -n 192.168.206.1

インターフェイス: 192.168.206.1 --- 0x14
  インターネット アドレス 物理アドレス        種類
  192.168.206.255      ff-ff-ff-ff-ff-ff     静的
  224.0.0.22           01-00-5e-00-00-16     静的
  224.0.0.250          01-00-5e-00-00-fa     静的
  224.0.0.251          01-00-5e-00-00-fb     静的
  224.0.0.252          01-00-5e-00-00-fc     静的
  224.0.1.24           01-00-5e-00-01-18     静的
  239.255.255.250      01-00-5e-7f-ff-fa     静的
  239.255.255.251      01-00-5e-7f-ff-fb     静的
```

■ コマンドの働き

Arpコマンドは、アドレス解決プロトコル(ARP：Address Resolution Protocol)で使用する、IPアドレスとMACアドレスの変換表を操作する。

Dnscmd.exe   DNSのゾーンやレコードを管理する

[2008] [2008R2] [2012] [2012R2] [2016] [2019] [2022] [UAC]

構文

Dnscmd [*DNSサーバ名*] スイッチ [*オプション*]

■ スイッチ

Dnscmdコマンドは、DNSサーバ操作、ゾーン操作、レコード操作、DNSSEC操作の4種類のスイッチを使ってDNSを管理する。

■ DNSサーバ操作

スイッチ	説明
/Config	DNS サーバ／ゾーンの設定を変更する
/CreateBuiltinDirectoryPartitions	DNS 用のディレクトリパーティションを作成する
/CreateDirectoryPartition	カスタムディレクトリパーティションを作成する
/DeleteDirectoryPartition	ディレクトリパーティションを削除する
/DirectoryPartitionInfo	ディレクトリパーティションの情報を表示する
/EnlistDirectoryPartition	ディレクトリパーティションの複製パートナーを追加する
/EnumDirectoryPartitions	ディレクトリパーティションを表示する
/ExportSettings	DNS サーバの設定をエクスポートする
/Info	DNS サーバの設定を表示する
/IpValidate	DNS サーバが有効か検証する
/NodeDelete	ノードと関連レコードを削除する
/ResetForwarders	フォワーダを設定する
/ResetListenAddresses	DNS サーバが待ち受けるインターフェイスを設定する

前ページよりの続き

/StartScavenging	レコードの清掃を開始する
/Statistics	DNS サーバの統計情報を表示する
/UnEnlistDirectoryPartition	ディレクトリパーティションの複製パートナーを削除する

■ ゾーン操作

スイッチ	説明
/ClearCache	キャッシュされた参照情報を削除する
/EnumZones	ゾーンを表示する
/WriteBackFiles	全ゾーン情報をファイルやディレクトリに書き込む
/ZoneAdd	ゾーンを新規作成する
/ZoneChangeDirectoryPartition	AD 統合ゾーンの格納先パーティションを変更する
/ZoneDelete	ゾーンを削除する
/ZoneExport	ゾーンの情報をエクスポートする
/ZoneInfo	ゾーンの設定を表示する
/ZonePause	ゾーンを一時停止する
/ZonePrint	ゾーン内のレコードを表示する
/ZoneRefresh	ゾーン転送を実行してゾーン情報を更新する
/ZoneReload	ファイルやディレクトリからゾーン情報を読み込みなおす
/ZoneResetMasters	ゾーンのマスタサーバを変更する
/ZoneResetScavengeServers	ゾーン情報の清掃を許可するサーバを変更する
/ZoneResetSecondaries	ゾーンのセカンダリ通知情報を変更する
/ZoneResetType	ゾーンの種類を変更する
/ZoneResume	ゾーンの一時停止を解除する
/ZoneUpdateFromDs	AD 統合ゾーンのゾーン情報を更新する
/ZoneWriteBack	ゾーン情報をディレクトリやファイルに書き込む

■ レコード操作

スイッチ	説明
/AgeAllRecords	レコードのタイムスタンプを現在の日時に設定する
/EnumRecords	条件に一致するレコードを表示する
/RecordAdd	ゾーンにレコードを作成／更新する
/RecordDelete	ゾーンからレコードを削除する

■ DNSSEC 操作

スイッチ	説明
/ActiveRefreshAllTrustPoints	トラストポイントのアクティブ更新を実行する 2012 以降
/EnumKSPs	キー記憶域プロバイダを表示する 2012 以降
/EnumTrustAnchors	トラストアンカーの状態を表示する 2008R2 以降
/EnumTrustPoints	トラストポイントの情報を表示する 2012 以降
/OfflineSign	DNSSEC 用の署名鍵を操作する 2008R2 以降
/RetrieveRootTrustAnchors	ルートトラストアンカーを取得して DS レコードに登録する 2012 以降
/TrustAnchorAdd	トラストアンカーゾーンを作成する 2008R2 以降

/TrustAnchorDelete	トラストアンカーゾーンを削除する **2008R2 以降**
/TrustAnchorsResetType	トラストアンカーゾーンの種類を設定する **2008R2 以降**
/ZoneAddSKD	新しいゾーン署名キー記述子（SKD）を作成する **2012 以降**
/ZoneDeleteSKD	SKD をゾーンから削除する **2012 以降**
/ZoneEnumSKDs	SKD を表示する **2012 以降**
/ZoneGetSKDState	SKD のアクティブキーなどを表示する **2012 以降**
/ZoneModifySKD	SKD を変更する **2012 以降**
/ZonePerformKeyRollover	SKD のロールオーバーを実行する **2012 以降**
/ZonePokeKeyRollover	KSK のロールオーバーを実行する **2012 以降**
/ZoneResign	ゾーンの署名を再生成する **2012 以降**
/ZoneSeizeKeyMasterRole	キーマスタの役割を強制転送する **2012 以降**
/ZoneSetSKDState	SKD にアクティブ／スタンバイキーを設定する **2012 以降**
/ZoneSign	ゾーンに署名する **2012 以降**
/ZoneTransferKeyMasterRole	キーマスタの役割を通常転送する **2012 以降**
/ZoneUnsign	ゾーンの署名を削除する **2012 以降**
/ZoneValidateSigningParameters	ゾーンの DNSSEC オンライン署名パラメータを検証する **2012 以降**

■ 共通オプション

DNS サーバ名
操作対象の DNS サーバを指定する。省略するとローカルコンピュータを使用する。

ゾーン名
前方参照ゾーン、逆引き参照ゾーン、条件付きフォワーダなどの名前（FQDN）を指定
する。次の特殊なゾーン名も使用できる。

ゾーン名	説明
.（ピリオド）	ルート
..Cache または /Cache	キャッシュされた参照
..RootHints または /RootHints	ルートヒント

キーの GUID
操作対象のゾーン署名キー記述子（SKD：Signing Key Descriptor）の GUID を指定す
る。SKD にはキー署名キー（KSK：Key Signing Key）とゾーン署名キー（ZSK：Zone
Signing Key）が含まれる。

ノード名
操作対象のホスト名やデータ名、サブツリー名を指定する。「親フォルダと同じ」を表
すピリオド（.）またはアットマーク（@）も使用できる。ノード名の末尾にピリオドを
付けると FQDN として扱われるが、ピリオドを付けない場合はゾーン名を末尾に付
け加えた相対的な名前になる。

パーティション FQDN
操作対象のディレクトリパーティションを FQDN で指定する。

■ コマンドの働き

Dnscmd コマンドは、DNS サーバ、ゾーン、レコードを編集する多機能なコマンドで

ある。Windows Server 2008 R2以降は DNSSEC（DNS Security Extensions）にも対応しており、ゾーンやレコードにデジタル署名を設定できる。

■ Dnscmd /ActiveRefreshAllTrustPoints
——トラストポイントのアクティブ更新を実行する

2012 | 2012R2 | 2016 | 2019 | 2022

構文

Dnscmd [*DNSサーバ名*] /ActiveRefreshAllTrustPoints

実行例

トラストポイントのアクティブ更新を実行する。この操作には管理者権限が必要。

```
C:\Work>Dnscmd /ActiveRefreshAllTrustPoints
すべてのトラスト ポイントのスケジュールが正常に変更されました。

コマンドは正常に終了しました。
```

■ コマンドの働き

「Dnscmd /ActiveRefreshAllTrustPoints」コマンドは、すべてのトラストポイントのアクティブ更新スケジュールを変更して、今すぐ更新するよう設定する。

■ Dnscmd /AgeAllRecords
——レコードのタイムスタンプを現在の日時に設定する

2008 | 2008R2 | 2012 | 2012R2 | 2016 | 2019 | 2022

構文

Dnscmd [*DNSサーバ名*] /AgeAllRecords ゾーン名 [*ノード名*] [/Tree] [/f]

■ スイッチとオプション

/f

確認なしで実行する。

実行例

エージングを有効にしたゾーン zz.example.jp の全レコードのタイムスタンプを現在の日時に設定する。この操作には管理者権限が必要。

```
C:\Work>Dnscmd /AgeAllRecords zz.example.jp
ノードにエージングを強制しますか? (y/n) y


DNS サーバー . でゾーン zz.example.jp のレコード at root にエージングが
強制されました:
    状態 = 0 (0x00000000)
```

```
コマンドは正常に終了しました。
```

■ コマンドの働き

「Dnscmd /AgeAllRecords」コマンドは、エージングが有効なゾーン内のノードやツリーに対して、レコードのタイムスタンプを現在の日時に設定する。エージングが無効なゾーンではエラーになる。

■ Dnscmd /ClearCache──キャッシュされた参照情報を削除する

`2008` `2008R2` `2012` `2012R2` `2016` `2019` `2022`

構文

Dnscmd [*DNSサーバ名*] /ClearCache

実行例

キャッシュされた参照情報を削除する。この操作には管理者権限が必要。

```
C:\Work>Dnscmd /ClearCache

. は正常に終了しました。
コマンドは正常に終了しました。
```

■ コマンドの働き

「Dnscmd /ClearCache」コマンドは、DNSサーバが保持するキャッシュを削除する。キャッシュはGUIのDNS管理ツールの[キャッシュされた参照]に相当する。

■ Dnscmd /Config──DNSサーバ／ゾーンの設定を変更する

`2008` `2008R2` `2012` `2012R2` `2016` `2019` `2022`

構文

Dnscmd [*DNSサーバ名*] /Config [*ゾーン名*] *設定名* [*設定値*]

■ スイッチとオプション

設定名 [*設定値*]

設定名と対応する設定値を指定する。設定値を省略すると指定なしの状態になる(リセット)。ゾーン設定を操作する場合はゾーン名も指定する。

■ 設定名と設定値(DNSサーバ設定)

DNSサーバの設定は「Dnscmd /Info」コマンドで、ゾーン設定は「Dnscmd /ZoneInfo」コマンドで確認できるほか、「Dnscmd /ExportSettings」コマンドで設定一覧をファイルに出力することもできる。

代表的な設定名と設定値は次のとおり。

設定名	設定値	説明
/AutoCreateDelegations	・0＝委任を構成しない ・1＝常に委任を構成する ・2＝親ゾーンに委任がない場合にだけ構成する	新しいゾーンの作成時に自動的に委任を構成する
/AdditionalRecursionTimeout	待ち時間（秒） ・範囲：0x0 ～ 0xF ・既定値：0x4	DNS 応答の追加セクションで使用するリソースレコードを読み出すため、DNS サーバが繰り返し待機する間隔
/AddressAnswerLimit	応答の最大数 ・範囲：0、0x5 ～ 0x1C ・既定値：0x0（無制限）	応答に含めるレコードの最大数
/AdminConfigured	・0＝構成されていない（既定値） ・1＝構成されている	サーバが管理者によって構成されているか否か
/AllowReadOnlyZoneTransfer	・0＝許可しない（既定値） ・1＝許可する	ゾーンを格納したディレクトリが書き込み操作をサポートしていない場合に、ゾーン転送を許可するか否か
/AppendMsZoneTransferTag	・0＝付加しない（既定値） ・1＝付加する	ゾーン転送要求の末尾に "MS" を付加することで、ゾーン転送応答メッセージで複数レコードの転送をサポートしていることを、リモートサーバに通知するか否か
/AutoCacheUpdate	・0＝書き込まない（既定値） ・1＝書き込む	新しい情報を利用可能と判断したとき、更新された委任情報を永続的なストレージに書き込むか否か
/AutoConfigFileZones	・0＝自動的に構成しない ・1＝AllowUpdate の値が 0 以外のゾーンについて自動構成する（既定値） ・2＝AllowUpdate が 0 のゾーンについい自動構成する	ゾーンをファイルから読み込む際に、DNS サーバのホスト名を使用して、ゾーンのプライマリ DNS サーバとして SOA および NS レコードを自動的に構成する
/BindSecondaries	・0＝メッセージに複数のレコードを含める（既定値） ・1＝メッセージごとに 1 つレコードを送信する	ゾーン転送要求に "MS" が追加されていない場合に、応答に複数のレコードを含む DNS ゾーン転送応答メッセージの送信を許可するか否か。GUI の［BIND セカンダリを有効にする］オプションに相当する
/BootMethod	・0＝初期化しない ・1＝ファイルから（既定の場所は %SystemRoot%¥System32¥DNS） ・2＝レジストリから ・3＝Active Directory とレジストリから（既定値）	DNS サーバ起動時の初期化方法を指定する。GUI の［起動時にゾーンデータを読み込む］オプションに相当する
/BreakOnAscFailure	・0＝実行しない（既定値） ・1＝実行する	安全な更新のセキュリティネゴシエーション中にエラーが発生した場合、デバッグブレークを実行するか否か
/BreakOnReceiveFrom	IP アドレス ・既定値：値なし（実行しない）	スペースで区切って 1 つ以上指定した IP アドレスから DNS クエリメッセージを受信すると、デバッグブレークを実行する
/BreakOnUpdateFrom	IP アドレス ・既定値：値なし（実行しない）	スペースで区切って 1 つ以上指定した IP アドレスから DNS 更新メッセージを受信すると、デバッグブレークを実行する

20

/CacheEmptyAuthResponses	・0 ＝保存しない ・1 ＝保存する（既定値）	空の信頼できる応答（RFC2308）をキャッシュに保存するか否か
/CacheLockingPercent	パーセンテージ ・範囲：0 ～ 100 ・既定値：100	TTL に対して指定のパーセンテージを超えるまで、権限のない応答からのキャッシュエントリをロックし、権限のない応答で得たデータで上書きしない **2008R2 以降**
/DefaultAgingState	・0 ＝無効（既定値） ・1 ＝有効	新しいゾーンの既定の自動清掃状態を設定する
/DefaultNoRefreshInterval	更新なし間隔（時間） ・範囲：0x1 ～ 0x2238 ・既定値：0xA8（7 日）	新しいゾーンの動的更新レコードの、更新を受け付けない既定の間隔を設定する
/DefaultRefreshInterval	更新間隔（時間） ・範囲：0x1 ～ 0x2238 ・既定値：0xA8（7 日）	新しいゾーンの動的更新レコードの、既定の更新間隔を設定する
/DeleteOutsideGlue	・0 ＝削除しない（既定値） ・1 ＝削除する	永続的ストレージからレコードを読み取る際に、委任されたサブゾーンの外で見つかったグルーレコードを削除するか否か
/DirectoryPartitionAutoEnlistInterval	参加間隔（秒） ・範囲：0xE10（1 時間）～ 0xED4E00（180 日） ・既定値：0x15180（1 日）	ドメインディレクトリパーティションとフォレストディレクトリパーティションに自身を加える処理の間隔を設定する
/DisableAutoReverseZones	・0 ＝作成する（既定値） ・1 ＝作成しない	DNS サーバの起動時に、3 つの信頼できる逆引き参照ゾーン（0.in-addr.arpa、127.in-addr.arpa、255.in-addr.arpa）の自動作成を無効にするか否か
/DisableNSRecordsAutoCreation	・0 ＝作成する（既定値） ・1 ＝作成しない	ホストするゾーンの NS レコードを自動的に作成するか否か
/DomainDirectoryPartitionBaseName	パーティション名 ・既定値：DomainDnsZones	ドメインディレクトリパーティション名の先頭部分を設定する
/DsBackgroundLoadPaused	・0 ＝停止しない（既定値） ・1 ＝停止する	AD からバックグラウンドで情報を読み込む際に、DsBackgroundPauseName 属性で設定した名前と同じノードが見つかったら、情報の読み込みを一時停止するか否か
/DsBackgroundPauseName	ノード名	この属性に設定した名前とノード名が一致する場合、DsBackgroundLoadPaused 属性に 1 をセットして読み込みを一時停止する
/DsLazyUpdateInterval	AD の更新間隔（秒） ・範囲：0x0 ～ 0x3C ・既定値：0x3	DNS 動的更新要求の処理中に、LDAP_SERVER_LAZY_COMMIT_OID コントロールを指定しないで、DNS サーバが AD に更新を送信する頻度を設定する
/DsMinimumBackgroundLoadThreads	スレッド数 ・範囲：0x0 ～ 0x5 ・0 ＝バックグラウンドで読み込まない ・既定値：0x1	AD からゾーン情報を読み込む際のバックグラウンドスレッドの数を設定する
/DsPollingInterval	チェック間隔（秒） ・範囲：0x1E ～ 0xE10 ・既定値：0xB4（3 分）	DNS サーバが AD で新規または変更された DNS ゾーンとレコードをチェックする間隔を設定する

前ページよりの続き

/DsRemoteReplicationDelay	複製開始間隔（秒） ・範囲：0x5 ～ 0xE10 ・既定値：0x1E（30秒）	DNS サーバがリモート AD サーバで単一のオブジェクトが変更されたと判断してから、単一のオブジェクトの変更を複製しようとするまでの最小間隔を設定する
/DsTombstoneInterval	保持期間（秒） ・範囲：0x3F480 ～ 0x49D400 ・既定値：0x127500（14日）	AD 統合ゾーンで、削除されたレコードを保持する期間を設定する
/DynamicForwarders	IP アドレス ・既定値：NULL（未設定）	動的フォワーダの IP アドレスをスペースで区切って1つ以上指定する。動的フォワーダは、応答の早い DNS サーバに優先的にクエリを転送する **2012 以降**
/EdnsCacheTimeout	キャッシュ期間（秒） ・範囲：0xA ～ 0x15180 ・既定値：0x384（15分）	DNS サーバが、リモート DNS サーバ の EDNS（Extension Mechanisms for DNS）サポートをキャッシュする期間を設定する
/EnableDirectoryPartitions	・0 ＝利用不可 ・1 ＝利用可能（既定値）	DNS サーバがアプリケーションディレクトリパーティションを利用可能か否か
/EnableDnsSec	・0 ＝無効 ・1 ＝有効（既定値）	DNS サーバが DNSSEC をサポートし、安全な DNS レコードに対して追加のクエリ処理を実行するか否か
/EnableDuplicateQuerySuppression	・0 ＝送信する ・1 ＝送信しない（既定値）	同名同種の未処理のリモートクエリがある場合、クエリを送信するか否か
/EnableEdnsProbes	・0 ＝調査しない ・1 ＝調査する（既定値）	リモートクエリに EDNS レコードを含めることで、リモートサーバの EDNS サポートを調査するか否か
/EnableEdnsReception	・0 ＝受け入れない ・1 ＝受け入れる（既定値）	EDNS レコードを含むクエリを受け入れるか否か
/EnableForwarderReordering	・0 ＝無効 ・1 ＝有効（既定値）	動的フォワーダを有効にして DynamicForwarders 属性の IP アドレスを入れ替えるか否か **2012 以降**
/EnableGlobalNamesSupport	・0 ＝使用しない（既定値） ・1 ＝使用する	クエリと更新に応答する際に、GlobalNames ゾーン（GNZ、単一ラベル DNS 名のフォレスト内での解決）を使用するか否か
/EnableGlobalQueryBlockList	・0 ＝ブロックしない ・1 ＝ブロックする（既定値）	ホストするプライマリゾーンが GlobalQueryBlockList 属性に設定されている場合、クエリをブロックするか否か
/EnableIPv6	・0 ＝待ち受けない ・1 ＝待ち受ける（既定値）	ローカルの IPv6 アドレスで待ち受けるか否か
/EnableIQueryResponse Generation	・0 ＝作成しない（既定値） ・1 ＝作成する	IQUERY 応答（RFC1035）を作成するか否か
/EnableOnlineSigning	・0 ＝署名しない ・1 ＝署名する（既定値）	AD 統合ゾーンで、ゾーンの読み込み時やレコードの改廃時に署名するか否か **2012 以降**
/EnablePolicies	・0 ＝適用しない ・1 ＝適用する（既定値）	DNS 操作の際に DNS ポリシーを適用するか否か **2016 以降**

/EnableRsoForRodc	・0 =複製しない ・1 =複製する（既定値）	書き込みをサポートしていない AD サーバにおいて、DNS サーバがリモートの AD サーバから単一の更新された DNS オブジェクトを、通常スケジュールされている複製よりも先に複製するか否か
/EnableSendErrorSuppression	・0 =送信する ・1 =送信しない（既定値）	攻撃によって生じた大量の DNS エラー応答をリモート IP アドレスに送信するか否か
/EnableServerPolicies	・0 =適用しない ・1 =適用する（既定値）	DNS 操作の際に、サーバレベルの DNS ポリシーを適用するか否か 2016 以降
/EnableUpdateForwarding	・0 =転送しない（既定値） ・1 =転送する	セカンダリゾーンで受信した更新をプライマリゾーンに転送するか否か
/EnableVersionQuery	・0 =返さない（既定値） ・1 =メジャーバージョン、マイナーバージョン、OS リビジョンを返す ・2 =メジャーバージョン、マイナーバージョンを返す	CHAOS クラスで TXT タイプのクエリを受信した際の、バージョン情報応答を構成する
/EnableWinsR	・0 =使用しない ・1 =使用する（既定値）	WINS-R が構成されているゾーンで、逆引き参照に WINS-R を使用するか否か
/EventlogLevel	・0 =記録しない ・1 =エラーだけ ・2 =エラーと警告 ・4 =すべてのイベント（既定値）	DNS Server イベントログに記録するイベントレベルを指定する。GUI の［イベントログ］オプションに相当する
/ForceDomainBehaviorVersion	ドメイン機能レベル値	ドメイン機能レベルの最小値を設定する。既定値は 0xFFFFFFFF で、AD から読み取る
/ForceDsaBehaviorVersion	DC 機能レベル値	ローカル AD サーバの DC 機能レベルの最小値を設定する。既定値は 0xFFFFFFFF で、AD から読み取る
/ForceForestBehaviorVersion	フォレスト機能レベル値	フォレスト機能レベルの最小値を設定する。既定値は 0xFFFFFFFF で、AD から読み取る
/ForceRODCMode	・0 =書き換え可能か確認する（既定値） ・1 =読み取り専用として扱う	AD サーバを読み取り専用とみなすか否か
/ForceSoaExpire	時間（秒） ・既定値：0（ゾーンの標準の値を使用する）	SOA レコードの EXPIRE フィールド値を設定する
/ForceSoaMinimumTtl	最小 TTL 値（秒） ・既定値：0（1 時間）	SOA レコードの最小 TTL 値を設定する
/ForceSoaRefresh	更新間隔（秒） ・既定値：0（15 分）	SOA レコードの更新間隔を設定する
/ForceSoaRetry	再試行間隔（秒） ・既定値：0（10 分）	SOA レコードの再試行間隔を設定する
/ForceSoaSerial	シリアル番号 ・既定値：0（1 から開始）	SOA レコードのシリアル番号を設定する
/ForestDirectoryPartitionBaseName	パーティション名 ・既定値：ForestDnsZones	フォレストディレクトリパーティション名の先頭部分を設定する

前ページよりの続き

/ForwardDelegations	・0＝キャッシュされた委任を使用する（既定値） ・1＝フォワーダに転送する	フォワーダと委任がある場合の動作を設定する
/Forwarders	値なし	フォワーダ IP アドレスを指定する。GUI の［フォワーダ］オプションに相当する
/ForwardingTimeout	タイムアウト（秒） ・範囲：0x1 ～ 0xF ・既定値：0x3	フォワード先からの応答待ちタイムアウトを設定する。GUI の［クエリ転送のタイムアウト（秒）］オプションに相当する
/GlobalNamesAlwaysQuerySrv	・0＝キャッシュを使用する（既定値） ・1＝常に問い合わせる	GNZ をホストする DNS サーバを更新する際に、キャッシュから GNZ サービスレコード（_globalnames._msdcs.<フォレストルート>）を使用するか否か
/GlobalNamesBlockUpdates	・0＝ブロックしない ・1＝ブロックする（既定値）	FQDN が GNZ に設定されたラベルと衝突する場合、権威のあるゾーンでの更新をブロックするか否か
/GlobalNamesEnableEDnsProbes	・0＝受け入れない ・1＝受け入れる（既定値）	リモート GNZ の EnableEDnsProbes 設定を受け入れるか否か
/GlobalNamesPreferAAAA	・0＝優先しない（既定値） ・1＝優先する	GNZ をホストしているリモート DNS サーバにクエリを送信する際に、A レコードより AAAA レコードを優先するか否か
/GlobalNamesQueryOrder	・0＝GNZ を優先（既定値） ・1＝ゾーン情報を優先	クエリへの応答の際に、GNZ と権威のあるゾーン情報のどちらを優先するか設定する
/GlobalNamesSendTimeout	タイムアウト（秒） ・範囲：0x1 ～ 0xF ・既定値：0x3	リモート GNZ からの応答タイムアウトを設定する
/GlobalNamesServerQueryInterval	クエリ間隔（秒） ・範囲：0x3C ～ 0x278D00 ・既定値：0x5460（6 時間）	リモート GNZ サーバのセットを更新するためのクエリの最大間隔を設定する
/GlobalQueryBlockList	ブロック対象名 ・既定値：isatap wpad ・値なし＝リストをクリアする	グローバルクエリブロック対象の名前を、スペースで区切って 1 つ以上指定する
/HeapDebug	・0＝実行しない（既定値） ・1＝実行する	内部メモリの破損が検出されたとき、デバッグブレークを実行するか否か
/IsSlave	・0＝ルートヒントを使用する（既定値） ・1＝ルートヒントを使用しない	すべてのフォワーダから応答がない場合、再帰を使用するか否か。GUI の［フォワーダーが利用できない場合にルートヒントを使用する］オプションに相当する
/LameDelegationTtl	待ち時間（秒） ・範囲：0x0 ～ 0x278D00 ・既定値：0x0	不完全な委任が生じた際に、親ゾーンの DNS サーバに要求するまでの待ち時間を設定する
/ListenAddresses	・0＝すべての IP アドレス ・その他＝指定した IP アドレスだけ（選択による）	DNS サーバが待ち受けるローカル IP アドレスを設定する。GUI の［インターフェイス］オプションに相当する
/LocalNetPriority	・0＝順序を変えない ・1＝近いネットワークから順に並び替えて返す（既定値）	LocalNetPriorityNetMask 属性と合わせて、同名のホストレコードの応答順序を設定する。GUI の［ネットマスクの順序を有効にする］オプションに相当する

/LocalNetPriorityNetMask	ネットマスク ・範囲：0x0 ～ 0xFFFFFFFF ・既定値：0xFF	IPv4 アドレスの並び替えに使用するネットマスクを設定する
/LogFileMaxSize	最大サイズ（バイト） ・範囲：0x10000 ～ 0xFFFFFFFF ・既定値：0x1DCD6500（500MB）	ログファイルの最大サイズを設定する。GUI の［最小サイズ（バイト）］オプションに相当する
/LogFilePath	ログファイル名 ・既定値：値なし	ログファイル名を設定する。既定値は値なしで、ログファイルを作成する場合は「%System Root%¥System32¥Dns¥Dns.log」を使用する。GUI の［ログファイルへのパスと名前］オプションに相当する
/LogIPFilterList	IP アドレス ・既定値：値なし	ロギング対象の送信元または宛先 IP アドレスを、カンマで区切って 1 つ以上指定する。GUI の［IP アドレスでパケットにフィルターをかける］オプションに相当する
/LogLevel	・0x0 = ログを作成しない（既定値） ・0x1 ＝クエリ / 転送 ・0x10 ＝通知 ・0x20 ＝更新 ・0x100 ＝質問 ・0x200 ＝応答 ・0x1000 ＝発信 ・0x2000 ＝着信 ・0x4000 ＝ UDP ・0x8000 ＝ TCP ・0x10000 ＝ Active Directory 書き込みトランザクション ・0x20000 ＝ Active Directory 更新トランザクション ・0x1000000 ＝詳細 ・0x2000000 ＝一致しない着信応答パケットのログを記録する ・0x80000000 ＝ライトスルートランザクション ・ログを記録する場合の既定値：0xF321	ロギング対象の操作の種類を、値を組み合わせて設定する。GUI の［デバッグのためにパケットのログを記録する］オプションに相当する
/LooseWildcarding	・0 ＝任意のタイプのレコードを持つ最初のノードを使用する ・1 ＝クエリタイプと同じタイプのレコードで最初に検出したノードを使用する	DNS ワイルドカードレコード（RFC1034）を使用してクエリに応答する際に、ワイルドカードノード発見方法を設定する
/MaxCacheSize	メモリサイズ（KB） ・範囲：0x0、0x1F4 ～ 0xFFFFFFFF ・既定値：0x0（無制限）	キャッシュに使用するメモリを設定する
/MaxCacheTtl	キャッシュ有効時間（秒） ・範囲：0x0 ～ 0x278D00 ・0 ＝キャッシュしない ・既定値：0x15180（1 日）	正常な応答のレコードをキャッシュに保存できる最大時間を設定する
/MaxNegativeCacheTtl	キャッシュ有効時間（秒） ・範囲：0x0 ～ 0x278D00 ・0 ＝キャッシュしない ・既定値：0x384（15 分）	否定応答をキャッシュに保存できる最大時間を設定する
/MaxResourceRecordsInNonSecureUpdate	レコード数 ・範囲：0Xa ～ 0x78 ・既定値：0x1E（15 分）	1 回の DNS 更新要求で受け入れる最大レコード数を設定する

前ページよりの続き

/MaxTrustAnchorActiveRefreshIn terval	待機時間（秒） ・範囲：0xE10 ～ 0x13C680 ・既定値：0x13C680（15 日）	トラストアンカーのアクティブ な更新の間に待機する最大時間 を設定する **2012 以降**
/MaximumRodcRsoAttempts PerCycle	複製操作の最大数 ・範囲：0x0 ～ 0xF4240 ・0 ＝無制限 ・既定値：0x64（100）	5 分間隔の DNS 操作の際に、 キューに入れられた単一オブ ジェクト複製操作の最大数を設 定する
/MaximumRodcRsoQueueLength	複製操作の最大数 ・範囲：0x0 ～ 0xF4240 ・0 ＝無制限 ・既定値：0x12C（300）	いつでもキューに入れることが できる、単一オブジェクト複製 操作の最大数を設定する
/MaximumSignatureScanPeriod	更新までの最大時間（秒） ・範囲：0xE10 ～ 0x278D00 ・既定値：0x2A300（2 日）	すべての署名済みゾーンを走査 して署名を更新するまでの最大 時間を設定する **2012 以降**
/MaximumUdpPacketSize	最大パケットサイズ（バイト） ・範囲：0x200 ～ 0x4000 ・既定値：0xFA0（4,000B）	受け入れ可能な UDP パケットサ イズの最大値を設定する
/NameCheckFlag	・0 ＝厳密な RFC（ANSI） ・1 ＝非 RFC（ANSI） ・2 ＝マルチバイト（UTF-8）（既定値） ・3 ＝すべての名前（文字）	名前の確認に使用する文字コー ドを設定する。GUI の［名前の 確認］オプションに相当する
/NoRecursion	・0 ＝有効（既定値） ・1 ＝無効	再帰を使用するか否か。GUI の ［再帰を無効にする］オプション に相当する
/OpenACLOnProxyUpdates	・0 ＝許可しない ・1 ＝許可する（既定値）	AD に格納されているセキュア ゾーンで更新を処理する際に、 DnsUpdateProxy グ ル ー プ と DNS レコードの共有を許可する か否か **2008R2 以降**
/OperationsLogLevel	・0x1 ＝ログをキャッシュしない ・0x10 ＝イベントログ情報を記録す 　る（既定値） ・0x20 ＝起動と停止を記録する ・0x2000 ＝ AD からのゾーン情報読 　み取り操作を記録する ・0x4000 ＝ AD へのゾーン情報書き 　込み操作を記録する ・0x20000 ＝ Tombstone ノードの 　操作を記録する。 ・0x100000 ＝ローカルリソース参 　照を記録する ・0x200000 ＝再帰クエリ操作を記 　録する ・0x400000 ＝リモートサーバ間の 　操作を記録する	ロギング対象のログ操作の種類 を、値を組み合わせて設定する
/OperationsLogLevel2	・0x1000000 ＝プラグイン DLL 操 　作を記録する。既定値：0x0	ロギング対象の追加のログ操作 の種類を設定する
/PublishAutoNet	・0 ＝公開しない（既定値） ・1 ＝公開する	169.254 で 始 ま る ロ ー カ ル IPv4 ア ド レ ス（APIPA： Automatic Private IP Addressing） を、自身の IPv4 アドレスとして 公開するか否か
/QuietRecvFaultInterval	待機の最小間隔（秒） ・範囲：0x0 ～ 0xFFFFFFFF ・既定値：0x0	再帰クエリの UDP トラフィック 受信をデバッグするため、クエ リ到着待機間隔の最小時間を設 定する

1

ネットワーク
コマンド編

/QuietRecvLogInterval	最小間隔（秒） ・範囲：0x0 ～ 0xFFFFFFFF ・既定値：0x0	再帰クエリの UDP トラフィック受信をデバッグするため、クエリがネットワークに到着するのを待機し始めたときから開始する、最小間隔を設定する
/RecursionRetry	待ち時間（秒） ・範囲：0x1 ～ 0xF ・既定値：0x3	再帰クエリを再試行するまでの待ち時間を設定する
/RecursionTimeout	タイムアウト（秒） ・範囲：0x1 ～ 0xF ・既定値：0x8	再帰クエリの応答待ちタイムアウト時間を設定する
/ReloadException	・0 ＝再起動しない（既定値） ・1 ＝再起動する	予期しない致命的なエラーの発生時に、DNS サーバが内部的な再起動を実行するか否か
/RemoteIPv4RankBoost	追加する値 ・範囲：0x0 ～ 0xA ・既定値：0x5	IPv4 と IPv6 のリモート DNS サーバアドレスを選択する際に、IPv4 アドレスに追加する値を設定する
/RemoteIPv6RankBoost	追加する値 ・範囲：0x0 ～ 0xA ・既定値：0x0	IPv4 と IPv6 のリモート DNS サーバアドレスを選択する際に、IPv6 アドレスに追加する値を設定する
/RootTrustAnchorsURL	URL ・既定値：https://data.iana.org/root-anchors/root-anchors.xml	ルートトラストアンカーの URL を UTF-8 形式で設定する 2012 以降
/RoundRobin	・0 ＝使用しない ・1 ＝使用する（既定値）	負荷分散のため、同名のホストレコードの応答にラウンドロビンを使用するか否か
/RpcProtocol	・0x0 ＝ RPC を使用しない ・0x1 ＝ TCP/IP ・0x2= 名前付きパイプ ・0x4 ＝ LPC ・0xFFFFFFFF ＝すべて（既定値） ・範囲：0x0 ～ 0xFFFFFFFF ・既定値：0x5	RPC で使用するプロトコルを、値を組み合わせて設定する
/ScavengingInterval	自動清掃間隔（時間） ・範囲：0x0 ～ 0x2238 ・既定値：0x0（清掃を実行しない）	古いレコードの自動清掃と清掃間隔を設定する。GUI の［古いレコードの自動清掃を有効にする］オプションと［清掃期間］オプションに相当する
/ScopeOptionValue	ペア決定値 ・範囲：0x0、0x8 ～ 0xFFFFFFFF ・既定値：0x0（拡張機能を使用しない）	ENDS0 スコープ設定拡張において、着信クエリの OPT レコードで検索する名前と値のペアの名前を決定する値を設定する 2012R2 以降
/SecureResponses	・0 ＝すべての応答をキャッシュする ・1 ＝同じ DNS サブツリーに属するレコードだけをキャッシュする（既定値）	キャッシュするレコードのフィルタ動作を設定する。GUI の［Pollution に対してセキュリティでキャッシュを保護する］オプションに相当する
/SelfTest	マスク値 ・範囲：0x0 ～ 0xFFFFFFFF ・既定値：0xFFFFFFFF	サービス開始時にデータ整合性チェックを実行するか否かを示すマスク値を設定する
/SendPort	ポート番号 ・範囲：0x0 ～ 0xFFFFFFFF ・既定値：0x0（ランダム）	再帰クエリ送信時のソースポート番号を設定する

/ServerLevelPluginDll	DLL の絶対パス ・既定値：値なし	不明な名前の解決に使用するプラグイン DLL の絶対パスを設定する
/SilentlyIgnoreCNameUpdateConflicts	・0 ＝無視しない（既定値） ・1 ＝無視する	更新処理中に CNAME の競合を無視するか否か
/SocketPoolExcludedPortRanges	ポート範囲 ・既定値：値なし	待ち受け対象外のポート範囲を、カンマで区切って 1 つ以上設定する **2008R2 以降**
/SocketPoolSize	ソケット数 ・範囲：0x0 ～ 0x2710 ・既定値：0x9C4（2,500）	クエリ送信に使用する UDP ソケット数を設定する
/StrictFileParsing	・0 ＝継続する（既定値） ・1 ＝停止する	ゾーン情報のエラーを致命的として扱いロードを停止するか否か。GUI の［ゾーンデータが正しくない場合は、ロード時に失敗する］オプションに相当する
/SyncDsZoneSerial	・0x0 ＝書き込まない ・0x1 ＝シャットダウン時に書き込む ・0x2 ＝シャットダウン時またはゾーン転送時に書き込む ・0x3 ＝シャットダウン時、ゾーン転送時、ロード時、AD からの読み込み時に書き込む ・0x4 ＝ 0x3 と同じ	コミットされていないゾーンのシリアル番号をストレージに書き込む条件を設定する
/TcpReceivePacketSize	最大値 ・範囲：0x4000 ～ 0x10000 ・既定値：0x10000（65,536）	受信可能な TCP パケットサイズの最大値を設定する
/UdpRecvThreadCount	スレッド数 ・範囲：0x0 ～ 0x800 ・既定値：0x0（CPU 数）	着信 UDP トラフィックの処理スレッド数を設定する **2012 以降**
/UpdateOptions	・0x0 ＝すべて ・0x1 ＝ SOA ・0x2 ＝ NS ・0x4 ＝委任 NS ・0x8 ＝自身の HOST ・0x100 ＝セキュリティで保護された動的更新中の SOA ・0x200 ＝セキュリティで保護された動的更新中の NS ・0x400 ＝セキュリティで保護された動的更新中の委任 NS ・0x800 ＝セキュリティで保護された動的更新中の自身の HOST ・0x1000000＝DS（Delegation Signer、委任署名者） ・0x80000000 ＝動的更新無効 ・既定値：0x30F（783）	動的更新を許可するレコードの種類を、値を組み合わせて設定する
/UseSystemEventLog	・0 ＝システム全体でグローバルなリポジトリ ・1 ＝ DNS サーバに固有のリポジトリ（既定値）	イベントログの書き込み先を設定する
/Version	バージョン番号（読み取りだけ） ・既定値：システムによって異なる	サービスパックバージョン、OS マイナーバージョン、OS メジャーバージョンからなる 32 ビット整数値を設定する
/VirtualizationInstanceOptionValue	ペア決定値 ・範囲：0x0、0x8 ～ 0xFFFF ・既定値：0x0	OPT レコードで検索する名前と値のペアを決める値を設定する **2016 以降**

/WriteAuthorityNs	・0＝紹介（Referral）にだけ含める（既定値） ・1＝権限を持つすべての成功応答に含める	応答にゾーンのルートの NS レコードを含めるか否か
/XfrConnectTimeout	待機時間（秒） ・範囲：0x5 ～ 0x78 ・既定値：0x1E（30 秒）	ゾーン転送の待機時間を設定する
/XfrThrottleMultiplier	ゾーン転送拒否時間（秒） ・範囲：0x0 ～ 0x64 ・既定値：0xA（10 秒）	ゾーン転送の正常完了後、ゾーン転送要求を拒否する時間を設定する
/ZoneWritebackInterval	書き込み間隔（分） ・範囲：0x0 ～ 0x7A8 ・既定値：0x1	コミットされていないデータをゾーン情報ファイルに書き込む間隔を設定する 2012R2 以降

■ 設定名と設定値（ゾーン設定）

設定名	設定値	説明
/Aging	・0＝無効（既定値） ・1＝有効	指定したゾーンでエージングと清掃が有効か否か。GUI の［古いリソースレコードの清掃を行う］オプションに相当する
/AllowNSRecordsAutoCreation	IP アドレス ・既定値：値なし（無制限）	指定した AD 統合ゾーンで、NS レコード自動作成を許可する DNS サーバの IP アドレスをスペースで区切って1つ以上指定する
/AllowUpdate	・0＝なし ・1＝非セキュリティ保護およびセキュリティ保護 ・2＝セキュリティ保護だけ	指定したゾーンの動的更新を設定する。GUI の［動的更新］オプションに相当する
/DNSKEYRecordSetTTL	TTL 値（秒） ・範囲：0x0 ～ 0x93A80 ・既定値：0xE10（1 時間）	指定したゾーンで、ゾーン署名やキーロールオーバー中に作成された DNSKEY レコードの TTL 値を設定する 2012 以降
/DSRecordSetTTL	TTL 値（秒） ・範囲：0x0 ～ 0x93A80 ・既定値：0xE10（1 時間）	指定したゾーンで、ゾーン署名やキーロールオーバー中に「dsset-<ゾーン名 >」ファイルに書き込まれた DS レコードの TTL 値を設定する 2012 以降
/DsIntegrated	・0＝非統合 ・1＝統合	指定したゾーンが AD 統合か否か（読み出しだけ）
/DsRecordAlgorithms	・0＝DS レコードを作成しない ・1＝SHA-1 ・2＝SHA-256 ・3＝SHA-384（既定値）	指定したゾーンが最初に署名されたとき、または DNSKEY レコードが変更されたときに、「dsset-<ゾーン名 >」ファイルに書き込まれる DS レコードのハッシュアルゴリズムを設定する 2012 以降
/EnablePolicies	・0＝無効 ・1＝有効（既定値）	指定したゾーンで DNS ポリシーが有効か否か 2016 以降
/FreezeSOASerialNumber	・0＝許可する（既定値） ・1＝API を通じてだけ許可する	指定したゾーンの SOA シリアル番号の自由な更新を許可するか否か 2016 以降
/IsKeymaster	・0＝キーマスタではない ・1＝キーマスタである	DNS サーバが指定したゾーンのキーマスタか否か 2012 以降

/IsSigned	・0 =署名されていない ・1 =署名されている	ゾーンがオンライン署名を通じて署名されているか否か **2012 以降**
/LocalMasterServers	IP アドレス ・既定値：値なし（MasterServersの設定値を使用する）	この DNS サーバでローカルに使用する、ゾーンのプライマリDNS サーバの IP アドレスを、スペースで区切って 1 つ以上指定する
/MaintainTrustAnchor	・0 =更新しない ・1 =更新する	flsKSK フラグがセットされたキー記述子に署名するためにキーロールオーバーが行われる際に、フォレストのトラストアンカーを更新するか否か **2012 以降**
/MasterServers	IP アドレス ・既定値：値なし	ゾーンのプライマリサーバの IPアドレスを、スペースで区切って 1 つ以上指定する
/NSEC3CurrentSalt	Salt 値	NSEC3 で署名されたゾーンで、ハッシュされた所有者名を生成するために使用される Salt 値を設定する（読み出しだけ） **2012 以降**
/NSEC3HashAlgorithm	・1 = SHA-1（既定値）	NSEC3 で署名されたゾーンで、所有者名をハッシュするためのアルゴリズムを設定する **2012 以降**
/NSEC3Iterations	繰り返し回数 ・範囲：0x0 ～ 0x9C4 ・既定値：0x32（50）	NSEC3 で署名されたゾーンで、ハッシュされた所有者名を生成する際のハッシュ関数反復回数を設定する **2012 以降**
/NSEC3OptOut	・0 =セットされていない ・1 =セットされている	NSEC3 で署名されたゾーンで、NSEC3 レコードに OptOut フラグが設定されているか否か **2012 以降**
/NSEC3RandomSaltLength	長さ（バイト） ・範囲：0x0 ～ 0xFF ・既定値：0x8	NSEC3 で署名されたゾーンで、ハッシュされた所有者名を生成する際に、ハッシュ関数に渡すランダム生成 Salt の長さを設定する **2012 以降**
/NSEC3UserSalt	Salt 値 ・既定値：値なし	NSEC3 で署名されたゾーンで、ハッシュされた所有者名を生成する際に使用される Salt 値を設定する **2012 以降**
/NoRefreshInterval	更新なし間隔（時間） ・範囲：0x0 ～ 0x2238 ・既定値：0xA8（7 日） ・0x0 = DefaultNoRefreshIntervalの設定に従う	動的更新レコードの更新を受け付けない間隔を設定する
/NotifyLevel	・0 =通知しない ・1 =［ネームサーバー］タブの一覧にあるサーバーだけ ・2 =次のサーバーだけ	マスタがゾーンの変更をセカンダリに通知するレベルを設定する。GUI の［通知］オプションに相当する
/NotifyServers	IP アドレス ・既定値：値なし	ゾーン変更の通知先サーバの IPアドレスを、スペースで区切って 1 つ以上指定する。GUI の［通知］オプションに相当する
/ParentHasSecureDelegation	・0 =委任なし ・1 =委任あり	指定したゾーンが親ゾーンから安全な委任を受けているか否か **2012 以降**

/PluginEnabled	・0 =使用しない（既定値） ・1 =使用する	ゾーンがプラグインを使用する か否か 2012R2 以降
/PropagationTime	予想時間（秒） ・範囲：0x0 ～ 0xFFFFFFFF ・既定値：0x2A300（AD 統合ゾーン、 　2 日） ・0（非 AD 統合ゾーン）	ゾーン情報の変更が他のサーバ に行き渡るまでの予想時間を設 定する 2012 以降
/RFC5011KeyRollovers	・0 =準じない ・1 =準じる（既定値）	flsKSK フラグが設定されたキー 記述子に署名するためキーロー ルオーバーが行われる際に、 RFC5011 に準じるか否か 2012 以降
/RefreshInterval	ゾーン更新間隔（時間） ・範囲：0x0 ～ 0x2238 ・既定値：0xA8（7 日） ・0x0 = DefaultRefreshInterval の 　設定に従う	動的更新レコードの更新間隔を 設定する
/SecondaryServers	IP アドレス ・既定値：値なし	セカンダリサーバの IP アドレス を、スペースで区切って 1 つ以 上指定する。GUI の［ネームサー バー］オプションに相当する
/SecureDelegationPollingPeriod	クエリ間隔（秒） ・範囲：0xE10 ～ 0x93A80 ・既定値：0xA8C0（12 時間）	DS レコードのセットを更新する ためのクエリ間隔を設定する 2012 以降
/SecureSecondaries	・0 =制限なし ・1 =ネームサーバだけ ・2 = aipSecondaries に設定され 　た IP アドレスだけ ・3 =受け付けない	安全なゾーン転送のための転送 先条件を設定する
/SignWithNSEC3	・0 =署名なし ・1 =署名あり	ゾーンが NSEC3 で署名されて いるか否か 2012 以降
/SignatureInceptionOffset	差し引く時間（秒） ・範囲：0x ～ 0x93A80 ・既定値：0xE10（1 時間）	新しい RRSIG レコードで署名開 始フィールドを生成する際に、 現在時刻から差し引く時間を設 定する 2012 以降
/Type	・0x0 =キャッシュ ・0x1 =プライマリ ・0x2 =セカンダリ ・0x3 =スタブ ・0x4 =フォワーダ ・0x5 =セカンダリキャッシュ	ゾーンの種類を設定する（読み 出しだけ）。GUI の [ゾーンの種 類] に相当する

1 ネットワーク編 コマンド

実行例1

新しいゾーンの清掃を有効にする。この操作には管理者権限が必要。

```
C:¥Work>Dnscmd /Config /DefaultAgingState 1

レジストリ プロパティ DefaultAgingState が正常にリセットされました。
コマンドは正常に終了しました。
```

実行例2

ゾーン res.example.jp の動的更新を有効にする。この操作には管理者権限が必要。

```
C:¥Work>Dnscmd /Config res.example.jp /AllowUpdate 2
```

```
レジストリ プロパティ AllowUpdate が正常にリセットされました。
コマンドは正常に終了しました。
```

■ コマンドの働き

「Dnscmd /Config」コマンドは、DNSサーバまたはゾーンの設定を変更する。

参考

● 3.1 DnsServer Server Details

https://learn.microsoft.com/en-us/openspecs/windows_protocols/ms-dnsp/
bdac5142-4baf-4b62-bcce-d49eafc9c3e6

ネットワーク
コマンド編

■ Dnscmd /CreateBuiltinDirectoryPartitions
── DNS用の既定のディレクトリパーティションを作成する

2008 | 2008R2 | 2012 | 2012R2 | 2016 | 2019 | 2022

構文

Dnscmd [*DNSサーバ名*] /CreateBuiltinDirectoryPartitions {/Domain |
/Forest | /AllDomains}

■ スイッチとオプション

{/Domain | /Forest | /AllDomains}

/Domainオプションは、ドメインのディレクトリパーティションを作成する。

/Forestオプションは、フォレストのディレクトリパーティションを作成する。

/AllDomainsオプションは、フォレスト内のドメインを検索して、各ドメインにドメインディレクトリパーティションを作成する。

実行例

フォレスト内のドメインを検索して、ドメインのディレクトリパーティションを作成する。この操作には管理者権限が必要。
※既にディレクトリパーティションがある場合は作成されない。

```
C:¥Work>Dnscmd /CreateBuiltinDirectoryPartitions /AllDomains


Found domain: ad2022.example.jp

ad2022.example.jp: found DNS server ws22stdc1.ad2022.example.jp
DNS Server ws22stdc1.ad2022.example.jp is version 10.0
    directory partitions cannot be created on this server

DNS サーバー . で操作が正常に終了しました
コマンドは正常に終了しました。
```

32

■ コマンドの働き

「Dnscmd /CreateBuiltinDirectoryPartitions」コマンドは、ドメインやフォレストに、ゾーン情報を保存する既定のディレクトリパーティションを作成する。ディレクトリパーティションがある場合はエラーになる。

Dnscmd /CreateDirectoryPartition
――カスタムディレクトリパーティションを作成する

[2008] [2008R2] [2012] [2012R2] [2016] [2019] [2022]

構文

Dnscmd [*DNSサーバ名*] /CreateDirectoryPartition *パーティションFQDN*

実行例

カスタムのディレクトリパーティション CustomZone.example.jp を作成して確認する。この操作には管理者権限が必要。

```
C:¥Work>Dnscmd /CreateDirectoryPartition CustomZone.example.jp

DNS サーバー . で次のディレクトリ パーティションが作成されました: CustomZone.example.jp
コマンドは正常に終了しました。


C:¥Work>Dnscmd /EnumDirectoryPartitions /Custom
列挙されたディレクトリ パーティションの一覧:

        ディレクトリ パーティション数 = 1
 CustomZone.example.jp                          Enlisted


コマンドは正常に終了しました。
```

■ コマンドの働き

「Dnscmd /CreateDirectoryPartition」コマンドは、カスタムのディレクトリパーティションを作成する。

Dnscmd /DeleteDirectoryPartition
――ディレクトリパーティションを削除する

[2008] [2008R2] [2012] [2012R2] [2016] [2019] [2022]

構文

Dnscmd [*DNSサーバ名*] /DeleteDirectoryPartition *パーティションFQDN*

実行例

カスタムのディレクトリパーティション CustomZone.example.jp を削除する。この操作

には管理者権限が必要。

```
C:¥Work>Dnscmd /DeleteDirectoryPartition CustomZone.example.jp

DNS サーバー ．で次のディレクトリ パーティションが削除されました: CustomZone.example.jp
コマンドは正常に終了しました。
```

■ コマンドの働き

「Dnscmd /DeleteDirectoryPartition」コマンドは、ディレクトリパーティションを削除
する。

Dnscmd /DirectoryPartitionInfo
——ディレクトリパーティションの情報を表示する

`2008` `2008R2` `2012` `2012R2` `2016` `2019` `2022`

構文

Dnscmd [*DNSサーバ名*] /DirectoryPartitionInfo *パーティションFQDN*

実行例

ドメインディレクトリパーティション DomainDnsZones.ad2022.example.jp の情報を表
示する。この操作には管理者権限が必要。

```
C:¥Work>Dnscmd /DirectoryPartitionInfo DomainDnsZones.ad2022.example.jp

ディレクトリ パーティション情報:

  DNS ルート:  DomainDnsZones.ad2022.example.jp
  フラグ:      0x15 Enlisted Auto Domain
  状態:        0
  ゾーン数:    2
  DP 先頭:     DC=DomainDnsZones,DC=ad2022,DC=example,DC=jp
  相互参照:    CN=a633537e-30cc-44ab-97b4-c3492dd73958,CN=Partitions,CN=Configuratio
n,DC=ad2022,DC=example,DC=jp
   レプリカ:   1
    CN=NTDS Settings,CN=WS22STDC1,CN=Servers,CN=Default-First-Site-Name,CN=Sites,CN=
Configuration,DC=ad2022,DC=example,DC=jp

コマンドは正常に終了しました。
```

■ コマンドの働き

「Dnscmd /DirectoryPartitionInfo」コマンドは、ディレクトリパーティションの情報を
表示する。

Dnscmd /EnlistDirectoryPartition
──ディレクトリパーティションの複製パートナーを追加する

2008 2008R2 2012 2012R2 2016 2019 2022

構文

Dnscmd [*DNSサーバ名*] /EnlistDirectoryPartition *パーティションFQDN*

実行例

カスタムのディレクトリパーティション CustomZone.example.jp の複製パートナーに ws22stdc2 を追加する。この操作には管理者権限が必要。

```
C:\Work>Dnscmd ws22stdc2 /EnlistDirectoryPartition CustomZone.example.jp

DNS サーバー ws22stdc2 で次のディレクトリ パーティションが登録されました: CustomZone.
example.jp
コマンドは正常に終了しました。
```

■ コマンドの働き

「Dnscmd /EnlistDirectoryPartition」コマンドは、ディレクトリパーティションをホストし複製するパートナーを追加する。

Dnscmd /EnumDirectoryPartitions
──ディレクトリパーティションを表示する

2008 2008R2 2012 2012R2 2016 2019 2022

構文

Dnscmd [*DNSサーバ名*] /EnumDirectoryPartitions [/Custom]

■ スイッチとオプション

/Custom
　　ユーザーが作成したディレクトリパーティションだけを表示する。

実行例

ディレクトリパーティションを表示する。この操作には管理者権限が必要。

```
C:\Work>Dnscmd /EnumDirectoryPartitions
列挙されたディレクトリ パーティションの一覧:

       ディレクトリ パーティション数 = 2
 DomainDnsZones.ad2022.example.jp        Enlisted Auto Domain
 ForestDnsZones.ad2022.example.jp        Enlisted Auto Forest


コマンドは正常に終了しました。
```

■ コマンドの働き

「Dnscmd /EnumDirectoryPartitions」コマンドは、ゾーン情報を保持するディレクトリパーティションを表示する。

Dnscmd /EnumKSPs──キー記憶域プロバイダを表示する

[2012] [2012R2] [2016] [2019] [2022]

構文

Dnscmd [*DNSサーバ名*] /EnumKSPs

実行例

キー記憶域プロバイダを表示する。この操作には管理者権限が必要。

```
C:¥Work>Dnscmd /EnumKSPs

クエリ結果:
文字列:  Microsoft Software Key Storage Provider
文字列:  Microsoft Passport Key Storage Provider
文字列:  Microsoft Platform Crypto Provider
文字列:  Microsoft Smart Card Key Storage Provider

コマンドは正常に終了しました。
```

■ コマンドの働き

「Dnscmd /EnumKSPs」コマンドは、利用可能なキー記憶域プロバイダを表示する。

Dnscmd /EnumRecords──条件に一致するレコードを表示する

[2008] [2008R2] [2012] [2012R2] [2016] [2019] [2022]

構文

Dnscmd [*DNSサーバ名*] /EnumRecords *ゾーン名 ノード名* [/Type *レコード種別*] [*データ選択*] [*開始ノード*] [/Continue] [/Detail]

■ スイッチとオプション

ノード名
　　ゾーンルート「@」やFQDN(末尾にピリオドを付加する)、ゾーン名に対する相対名を指定する。

/Type *レコード種別*
　　A、NS、SOAなど、指定した種別のレコードだけを表示する。

データ選択
　　次のオプションを1つ以上指定する。

データ選択	説明
/Authority	権威のあるレコードだけを表示する

/Glue	グルーレコードだけを表示する
/Additional	追加情報を含める

開始ノード

次のオプションのいずれかを指定する。

開始ノード	説明
/Node	ノード名で指定したノードのレコードだけを表示する
/Child	指定したノードの子ノードのレコードだけを表示する
/StartChild 子ノード名	指定した子ノードのレコードだけを表示する

/Continue

表示バッファを越えて全データを表示する。既定では表示バッファ内のデータだけを表示する。

/Detail

詳細情報を表示する。

実行例

ゾーン zz.example.jp の NS レコードと追加情報を表示する。この操作には管理者権限が必要。

```
C:¥Work>Dnscmd /EnumRecords zz.example.jp @ /Type NS /Additional

返されたレコード:
@                    3600 NS       ws22stdc1.ad2022.example.jp.
                     3600 NS       ws22std1.zz.example.jp.
ws22std1.zz.example.jp.   3600 A 192.168.1.123

コマンドは正常に終了しました。
```

■ コマンドの働き

「Dnscmd /EnumRecords」コマンドは、レコード種別やデータ選択などの条件を指定して、該当するレコードの情報を表示する。

Dnscmd /EnumTrustAnchors──トラストアンカーの状態を表示する

2008R2 | 2012 | 2012R2 | 2016 | 2019 | 2022

構文

Dnscmd [*DNSサーバ名*] /EnumTrustAnchors [*トラストポイント*] [/v]

■ スイッチとオプション

トラストポイント

トラストポイントに登録されたゾーン名を指定する。省略するとすべてのトラストアンカーの状態を表示する。

/v

トラストアンカーのレコードデータを表示する。

実行例

ゾーン zz.example.jp のトラストアンカーを、レコードデータを含めて表示する。この操作には管理者権限が必要。

```
C:¥Work>Dnscmd /EnumTrustAnchors zz.example.jp /v

列挙されたトラスト アンカー:
        トラスト アンカー数 = 2

 キー タグ  種類   状態      状態の開始時刻      有効化時刻/削除時刻

  2732   DNSKEY  Valid     2022/03/20 16:56:17    --

   0x0101 3 8 AwEAAbZzDoyZoNhpwt7AviKoxmBTi0+DKlSnsP8slve8PI+AUfN2MNdVEsvnq594F1AzF
qpmkzJ19zaZv7/h8DvffWeSvrUJiwoJnlesaUpdm/9MwN/jJvz/QyOO2Dw/ACi4vzVFPOIifkNPLEkhgmrv4
RYxB8Kb/o/FouuPvioSEGM+yWBp3oeZKNtCoDhNY7/VIyXyIhrlGLZl8XZq0JN8xA+bA1nQKEleZIjQFq9le
MighYxd4Lx9FjXTdCs/b8ujncUmI0wAijuHGbKxB5xC8cmJA+aOHLdf7vAM+dfSttsFuMSNFo1vro/twIVpl
SI4KaRD4doC3XKqmud2wDipJUU=

  40804   DNSKEY  Valid     2022/03/20 16:56:17    --

   0x0101 3 8 AwEAAa/W107Q2y04s8RpVpNVF52/kYnTFlfhY7UhMl33HW0HHO+dKMfZ8J6SqlabQeers
VdlRpJMo3e8/IBRs5GJ3UO0LYXg2s3oXREn+G5Bxc2TS5p5rdiYc1bXnef+NTyw2EooO/EUG+P4K/I2MthDR
Kzj1H7tLGwXqXaUGyMkTybE27SQwbijGM4ZhjGXQjeLoXn9V1+qYaOi37lZFZWwqcdAcY71uPJzOZg8701DS
O5R7PCCcM+CVr2yGcZyDPACfb8sCpc7iI8tHY1ksjuL1NpYT0buf09RD/DQwgZcsiHWAN3bepGME3yFnf+G9
fXumGUGwNoytAdl5JZ6rI8GRUE=

コマンドは正常に終了しました。
```

■ コマンドの働き

「Dnscmd /EnumTrustAnchors」コマンドは、トラストアンカーの一覧やキータグ、種類、状態、状態の開始時刻、有効化時刻、削除時刻、公開キーを表示する。GUIのDNS管理ツールの[トラストポイント]に相当する。

トラストアンカーの状態は次のように表示される（詳細はRFC5011を参照）。

状態	説明
Valid	DNSSEC 検証で信頼されている
AddPend	DNSSEC 検証で信頼されていないが、追加保留期間後に有効になる
Missing	DNSSEC 検証で信頼されているが、前回のアクティブ更新中に見つからなかった
Revoked	DNSSEC 検証で失効している
DS Pending	有効なトラストアンカーになる、一致する DNSKEY を待っている
DS Invalid	有効なトラストアンカーにならない、一致する DNSKEY を持っている

■ Dnscmd /EnumTrustPoints──トラストポイントの情報を表示する

`2012` `2012R2` `2016` `2019` `2022`

構文

Dnscmd [*DNSサーバ名*] /EnumTrustPoints [*トラストポイント名*]

■ スイッチとオプション

トラストポイント名

> 照会するトラストポイント名を指定する。省略すると、トラストアンカーゾーンに登録されているすべてのトラストポイントの情報を表示する。

実行例

> トラストポイントの情報を表示する。この操作には管理者権限が必要。

```
C:¥Work>Dnscmd /EnumTrustPoints

列挙されたトラスト ポイント:
        トラスト ポイント数 = 1


トラスト ポイント example.jp.
    状態                          = Active
    前回のアクティブ更新時刻        = 2022/03/27 18:22:43
    前回のアクティブ更新の結果      = 0
    最後に成功したアクティブ更新の時刻 = 2022/03/27 18:22:43
    次回のアクティブ更新時刻        = 2022/03/27 19:22:43


コマンドは正常に終了しました。
```

■ コマンドの働き

「Dnscmd /EnumTrustPoints」コマンドは、トラストポイントの名前、状態、更新時刻などを表示する。

▎ Dnscmd /EnumZones──ゾーンを表示する

| 2008 | 2008R2 | 2012 | 2012R2 | 2016 | 2019 | 2022 |

構文

Dnscmd [*DNSサーバ名*] /EnumZones [*フィルタ*]

■ スイッチとオプション

フィルタ

> 指定した条件に一致するゾーンだけを表示する。スペースで区切って1つ以上指定のフィルタを指定すると、すべてのフィルタに合致するゾーンの情報だけを表示する。

フィルタ	説明
/Primary	プライマリゾーン
/Secondary	セカンダリゾーン
/Forwarder	条件付きフォワーダ
/Stub	スタブゾーン
/Cache	キャッシュゾーン
/Auto-Created	自動作成されたゾーン
/Forward	前方参照ゾーン
/Reverse	逆引き参照ゾーン
/Ds	AD統合ゾーン
/File	ファイルに格納されているゾーン
/DomainDirectoryPartition	ドメインディレクトリパーティションのゾーン
/ForestDirectoryPartition	フォレストディレクトリパーティションのゾーン
/CustomDirectoryPartition	カスタムディレクトリパーティションのゾーン
/LegacyDirectoryPartition	レガシパーティションのゾーン
/DirectoryPartitionパーティションDN	DNで指定したパーティションのゾーン

実行例

すべてのゾーンを表示する。この操作には管理者権限が必要。

C:¥Work>Dnscmd /EnumZones

```
列挙されたゾーンの一覧:
    ゾーン数 = 5

ゾーン名                        種類      記憶域       プロパティ


.                              Cache     AD-Domain
_msdcs.ad2022.example.jp       Primary   AD-Forest    Secure
ad2022.example.jp             Primary   AD-Domain    Secure
TrustAnchors                   Primary   AD-Forest
zz.example.jp                 Primary   File         Update


コマンドは正常に終了しました。
```

■ コマンドの働き

「Dnscmd /EnumZones」コマンドは、DNSサーバがホストするゾーンの名前、種類、記憶域、プロパティを表示する。

Dnscmd /ExportSettings——DNSサーバの設定をエクスポートする

2008 2008R2 2012 2012R2 2016 2019 2022

構文

Dnscmd [*DNSサーバ名*] /ExportSettings

ローカルの DNS サーバ設定をファイルに書き出す。この操作には管理者権限が必要。

```
C:¥Work>Dnscmd /ExportSettings
. は正常に終了しました。
コマンドは正常に終了しました。
```

■ コマンドの働き

「Dnscmd /ExportSettings」コマンドは、DNS サーバ設定、ゾーン情報、キャッシュ情報などを、%Windir%¥System32¥dns¥DnsSettings.txt ファイルにエクスポートする。

▌ Dnscmd /Info──DNS サーバの設定を表示する

2008 2008R2 2012 2012R2 2016 2019 2022

構文

Dnscmd [*DNS サーバ名*] /Info [*DNS サーバ設定名*]

■ スイッチとオプション

DNS サーバ設定名
　　表示する DNS サーバ設定の名前を指定する。省略するとすべての DNS サーバ設定と
　　設定値を表示する。詳細は「Dnscmd /Config」コマンドの DNS サーバ設定を参照。

実行例

DNS サーバの設定を表示する。この操作には管理者権限が必要。

```
C:¥Work>Dnscmd /Info

クエリ結果:

サーバー情報
        サーバー名              = ws22stdc1.ad2022.example.jp
        バージョン              = 4F7C000A (10.0 build 20348)
        DS コンテナー            = cn=MicrosoftDNS,cn=System,DC=ad2022,DC=example,
DC=jp
        フォレスト名            = ad2022.example.jp
        ドメイン名              = ad2022.example.jp
        組み込みフォレスト パーティション = ForestDnsZones.ad2022.example.jp
        組み込みドメイン パーティション = DomainDnsZones.ad2022.example.jp
        読み取り専用 DC          = 0
        前回の清掃サイクル       = 再起動以後実行なし (0)
(以下略)
```

■ コマンドの働き

　　「Dnscmd /Info」コマンドは、DNS サーバのサーバ情報、構成、プロパティ（構成フラグ）、エージング構成、サーバアドレス、待ち受けアドレス、フォワーダなどの設定を表示する。

ゾーンごとの設定は「Dnscmd /ZoneInfo」コマンドで確認できる。

Dnscmd /IpValidate ── DNSサーバが有効か検証する

2008 2008R2 2012 2012R2 2016 2019 2022

構文

Dnscmd [*DNSサーバ名*] /IpValidate コンテキスト [*ゾーン名*] [*IPアドレス*]

■ スイッチとオプション

コンテキスト

IPアドレスで指定したDNSサーバに向けて検証する内容を指定する。

コンテキスト	説明
/DnsServers	IP アドレスを DNS サーバとして扱う
/Forwarders	IP アドレスをフォワーダとして扱う
/RootHints	IP アドレスをルートヒントとして扱う
/ZoneMasters	IP アドレスをマスタとして扱う

ゾーン名

検証するゾーン名を指定する。省略するとルート「.」に対して検証する。

IPアドレス

検証対象のDNSサーバのIPアドレスを、スペースで区切って1つ以上指定する。省略すると自分自身を使用する。

実行例

IP アドレスが 192.168.1.1 と 192.168.1.226 の DNS サーバに対して、ゾーン ad2022.example.jpのマスタか検証する。この操作には管理者権限が必要。

```
C:\Work>Dnscmd /IpValidate /ZoneMasters ad2022.example.jp 192.168.1.1 192.168.1.226

. は正常に終了しました。
行  フラグ  結果コード  NoTcp  RTT  IP アドレス
------------------------------------------------------------------------------
00003004    4 NotAuth     0     30  192.168.1.1
00000000    0 Success     0      0  192.168.1.226
コマンドは正常に終了しました。
```

■ コマンドの働き

「Dnscmd /IpValidate」コマンドは、IPアドレスで指定したDNSサーバが、指定したコンテキストにおいて有効か検証する。

Dnscmd /NodeDelete ── ノードと関連レコードを削除する

2008 2008R2 2012 2012R2 2016 2019 2022

Dnscmd [*DNSサーバ名*] /NodeDelete ゾーン名 ノード名 [/Tree] [/f]

■ スイッチとオプション

/Tree

サブドメインも削除する。

/f

確認なしで削除する。

実行例

　ゾーン ad.example.jp のサブドメイン res をツリーごと削除する。この操作には管理者
権限が必要。

```
C:¥Work>Dnscmd /NodeDelete ad.example.jp res /Tree
ノードのサブツリーを削除しますか? (y/n) y


DNS サーバー . で res.ad.example.jp にあるノードが削除されました:
   状態 = 0 (0x00000000)
コマンドは正常に終了しました。
```

■ コマンドの働き

　「Dnscmd /NodeDelete」コマンドは、ノードに関連するレコードを一括削除する。

Dnscmd /OfflineSign──DNSSEC用の署名鍵を操作する

`2008R2` `2012` `2012R2` `2016` `2019` `2022`

構文1　KSKまたはZSKを生成して、ローカルコンピュータの証明書ストアに保存する

Dnscmd [*DNSサーバ名*] /OfflineSign /GenKey /Alg *アルゴリズム* [/Flags
KSK] /Length *キー長* /Zone *ゾーン名* /SSCert [/FriendlyName *フレンドリ
名*] [/ValidFrom *開始日時*] [/ValidTo *終了日時*]

構文2　鍵署名鍵やゾーン署名鍵を、秘密鍵とともに証明書ストアから削除する

Dnscmd [*DNSサーバ名*] /OfflineSign /DeleteKey /Cert [/FriendlyName
フレンドリ名] [/Subject *サブジェクト*] [/Issuer *発行者*] [/Serial *証明書シリア
ル番号*]

43

構文3　ゾーンファイルを読み込んでゾーンを署名する

Dnscmd [DNSサーバ名] /OfflineSign /SignZone /Input 入力ファイル名
/Output 出力ファイル名 /Zone ゾーン名 [/KeySetDir キーセットディレクトリ]
[/GenKeySet キーセットファイルの生成] [/SoaSerial SOAシリアル番号の扱い]
[/DnsKey DNSKEYレコードの扱い] [/Ds DSレコードの扱い] [/NsecType
{NSEC | NSEC3}] [/Nsec3HashAlg SHA1] [/Nsec3Flags OptOutフラグ]
[/Nsec3Iter 反復回数] [/Nsec3RandomSaltLength Salt長]
[/Nsec3UserSalt ユーザーSalt] /AddKey [キー指定] 証明書指定 /SignKey
[署名範囲] [/ValidFrom 開始日時] [/ValidTo 終了日時] [キー指定] 証明書指定

構文4　秘密鍵をインポートする

Dnscmd [DNSサーバ名] /OfflineSign /ImportKey /BindKey 秘密鍵ファイ
ル [/Flags KSK] /Zone ゾーン名 /SSCert [/FriendlyName フレンドリ名]
[/ValidFrom 開始日時] [/ValidTo 終了日時]

■ スイッチとオプション

構文1

/Alg アルゴリズム

暗号化アルゴリズムとして次のいずれかを指定する。

- ・ RSASHA1
- ・ RSASHA256 **2012 以降**
- ・ RSASHA512 **2012 以降**
- ・ NSEC3RSASHA1 **2012 以降**
- ・ ECDSAP256SHA256 **2012 以降**
- ・ ECDSAP384SHA384 **2012 以降**

/Flags KSK

KSKを生成する際に指定する。スイッチ全体を省略するとZSKを生成する。

/Length キー長

暗号化アルゴリズムにRSAを指定した場合、暗号キーのビット数を1,024から4,096の
間で64刻みで指定する。

/Zone ゾーン名

操作対象のゾーン名を指定する。

/FriendlyName フレンドリ名

生成する証明書のフレンドリ名を指定する。

/ValidFrom 開始日時

生成する証明書のUTC有効期限開始をYYYYMMDDhhmmss形式で指定する。省略
すると現在の日時の1時間前になる。

/ValidTo 終了日時

生成する証明書のUTC有効期限終了をYYYYMMDDhhmmss形式で指定する。省略
すると開始日時から5年後になる。

構文2

/FriendlyName フレンドリ名
削除する証明書のフレンドリ名を指定する。

/Subject サブジェクト
削除する証明書のサブジェクトを "CN = example.jp 43576 RSASHA1 257" のよう
に指定する。サブジェクトは英大文字と英小文字を区別する。

/Issuer 発行者
削除する証明書の発行者を指定する。

/Serial 証明書シリアル番号
削除する証明書のサブジェクトを、2桁ずつスペースで区切った16進数(全体をダブ
ルクォートで括る)で指定する。

構文3

/Input 入力ファイル名
署名するゾーンファイルを指定する。

/Output 出力ファイル名
署名して書き出すゾーンファイル名を指定する。

/Zone ゾーン名
操作対象のゾーン名を指定する。

/KeySetDir キーセットディレクトリ
キーセットファイル(keyset-ゾーン名.dns)を保存するフォルダを指定する。

/GenKeySet キーセットファイルの生成
キーセットファイルの生成と内容を指定する。

キーセットファイルの生成	説明
None	キーセットファイルを生成しない
KSK	KSK をキーセットファイルに保存する(既定値)
AllKeys	すべてのキーをキーセットファイルに保存する

/SoaSerial SOA シリアル番号の扱い
ゾーンファイル中のSOAシリアル番号の扱いを指定する。

SOA シリアル番号の扱い	説明
Keep	SOA シリアル番号を維持する
Increment	SOA シリアル番号を増やす(既定値)

/DnsKey DNSKEY レコードの扱い
ゾーンファイル中のDNSKEYレコードの扱いを指定する。

DNSKEY レコードの扱い	説明
NoChange	DNSKEY レコードを変更しない
Add	DNSKEY レコードを追加する
Replace	DNSKEY レコードを追加、または既存の DNSKEY レコードがあれば置換する(既定値)

/Ds DS レコードの扱い
ゾーンファイル中のDSレコードの扱いを指定する。

DSレコードの扱い	説明
NoChange	DSレコードを変更しない
Add	DSレコードを追加する
Replace	DSレコードを追加、または既存のDSレコードがあれば置換する（既定値）

/NsecType {NSEC | NSEC3}

NSEC（既定値）またはNSEC3を指定する。 2012 以降

/Nsec3HashAlg SHA1

NsecTypeでNSEC3を指定した場合、ハッシュアルゴリズムを指定できる。
2012 以降

/Nsec3Flags *OptOut フラグ*

NsecTypeでNSEC3を指定した場合、OptOutフラグを指定できる。既定値は
OptOutなし。 2012 以降

/Nsec3Iter *反復回数*

NsecTypeでNSEC3を指定した場合、反復回数を指定できる。 2012 以降

/Nsec3RandomSaltLength *Salt長*

NsecTypeでNSEC3を指定した場合、ランダムSaltの長さをバイト単位で指定する。
既定値は8。 2012 以降

/Nsec3UserSalt *ユーザーSalt*

NsecTypeでNSEC3を指定し、Nsec3RandomSaltLengthを0に設定した場合、任
意のSaltを指定できる。空のSaltを使用する場合は"-"を指定する。 2012 以降

/AddKey

レコードの署名には使用しない証明書をゾーンファイルに追加する。複数の/AddKey
スイッチを指定できる。

/SignKey [*署名範囲*]

レコードの署名に使用する証明書をゾーンファイルに追加する。複数の/SignKeyスイッ
チを指定できる。

/ValidFrom *開始日時*

開始日時は、証明書のUTC有効期限開始をYYYYMMDDhhmmss形式で指定する。
省略すると現在の日時の1時間前になる。

/ValidTo *終了日時*

終了日時は、証明書のUTC有効期限終了をYYYYMMDDhhmmss形式で指定する。
省略するとZSKは開始日時から30日後、KSKは開始日時から13か月後になる。

キー指定

次の書式でキーのアルゴリズムと種類を指定する（省略可）。設定値は構文1と同じ。

/Alg *キーアルゴリズム* [/Flags KSK]

証明書指定

次の書式で証明書を指定する。設定値は構文2と同じ。

/Cert [/Store *証明書ストア*] [/Type *証明書の種類*] [/FriendlyName *フレンドリ名*]
[/Subject *サブジェクト*] [/Issuer *発行者*] [/Serial *シリアル番号*]

/Store *証明書ストア*

証明書ストアの名前を指定する。既定の証明書ストアは"MS-DNSSEC"。

/Type *証明書の種類*

コンピュータ("machine"、既定値)またはユーザー("user")を指定する。

構文4

/BindKey *秘密鍵ファイル*

BINDのdnssec-keygenコマンドで作成した秘密鍵ファイルを指定する。

/Flags KSK

インポートする鍵がKSKの場合に指定する。スイッチ全体を省略するとZSKとして
処理する。

/Zone *ゾーン名*

操作対象のゾーン名を指定する。

/SSCert

インポートする証明書の情報を指定する。

/FriendlyName *フレンドリ名*

証明書のフレンドリ名を指定する。

/ValidFrom *開始日時*

開始日時は、証明書のUTC有効期限開始をYYYYMMDDhhmmss形式で指定する。
省略すると現在の日時の1時間前になる。

/ValidTo *終了日時*

終了日時は、証明書のUTC有効期限終了をYYYYMMDDhhmmss形式で指定する。
省略するとZSKは開始日時から30日後、KSKは開始日時から13か月後になる。

実行例1

ゾーンad.example.jp用に、RSA512(キー長4,096ビット)のKSKとZSKを生成する。こ
の操作には管理者権限が必要。

```
C:¥Work>Dnscmd /OfflineSign /GenKey /Alg RSASHA512 /Length 4096 /Flags KSK /Zone
ad.example.jp /SSCert /FriendlyName "KSK Sample" /ValidFrom 20220401000000

コマンドは正常に終了しました。

C:¥Work>Dnscmd /OfflineSign /GenKey /Alg RSASHA512 /Length 4096 /Zone ad.example.jp
/SSCert /FriendlyName "ZSK Sample" /ValidFrom 20220401000000

コマンドは正常に終了しました。
```

実行例2

実行例1で生成したKSKとZSKを使用して、ゾーンファイルad.example.jp.dnsを署名
する。この操作には管理者権限が必要。

```
C:¥Work>Dnscmd /OfflineSign /SignZone /Input C:¥Work¥ad.example.jp.dns /Output
C:¥Windows¥System32¥dns¥ad.example.jp.dns /Zone ad.example.jp /SignKey /Cert
/FriendlyName "ZSK Sample" /SignKey /Cert /FriendlyName "KSK Sample"

コマンドは正常に終了しました。
```

実行例3

発行者とシリアル番号を指定して、実行例1で生成したKSKとZSKを証明書ストアから削除する。この操作には管理者権限が必要。

```
C:¥Work>Dnscmd /OfflineSign /DeleteKey /Cert /Issuer "CN = ad.example.jp 29700
RSASHA512 256" /Serial "75 86 af c4 38 24 30 a1 4b 5a 60 5c 2c a7 f0 fc"

コマンドは正常に終了しました。

C:¥Work>Dnscmd /OfflineSign /DeleteKey /Cert /Issuer " CN = ad.example.jp 20529
RSASHA512 257" /Serial " 55 03 8f 9b 7e 2a 83 8a 4b b5 c7 01 9b cd 26 f5"

コマンドは正常に終了しました。
```

■ コマンドの働き

「Dnscmd /OfflineSign」コマンドは、ZSKやKSKを生成して証明書ストアに保存したり、ゾーンファイルに署名したり、証明書を削除したりする。「Dnscmd /ZoneAddSKD」コマンドなどと異なり、ゾーンファイルを直接書き換えることができる。

生成した証明書は、既定で「MS-DNSSEC」という名前の証明書ストアに保存される。証明書ストアは、Microsoft管理コンソール（MMC）で「証明書」管理ツールを開いて、ローカルコンピュータを選択すると表示できる。

Dnscmd /RecordAdd——ゾーンにレコードを作成／更新する

[2008] [2008R2] [2012] [2012R2] [2016] [2019] [2022]

構文

Dnscmd [*DNSサーバ名*] /RecordAdd *ゾーン名 ノード名* [/Aging]
[/OpenAcl] [/CreatePTR] [*TTL*] *レコード種別 データ*

■ スイッチとオプション

/Aging

　レコードを清掃可能にする。

/OpenAcl

　最初の更新まで、全ユーザーがレコードを更新可能にする。既定では管理者だけが更新可能。

/CreatePTR

　対応する逆引き参照ゾーンがあれば、PTRレコードも作成する。

TTL

　レコードのTTLを指定する。既定値はSOAのTTL。

レコード種別 データ

　レコード種別と必要なデータを指定する。データの並びは基本的にRFCで定義されたレコードフォーマットに従う。主要なレコード種別とデータの一覧は次のとおり。ヘルプではMD、MFなど廃止されたレコード種別も表示される。

レコード種別	データ
A	IPv4 アドレス
AAAA	IPv6 アドレス
AFSDB	サブタイプ サーバ名
CNAME	ホスト FQDN
DHCID	Base64 データ **2008R2 以降**
DNAME	ドメイン FQDN
DNSKEY	フラグ キー プロトコル 暗号化アルゴリズム Base64 データ **2008R2 以降**
DS	キータグ 暗号化アルゴリズム ダイジェストの種類 ダイジェスト **2008R2 以降**
HINFO	CPU の種類 OS
ISDN	電話番号と DDI サブアドレス
MB	ホスト名
MG	ホスト名
MINFO	メールボックス名 エラーメールボックス名
MR	代替メールボックス名
MX	優先順位 ホスト FQDN
NAPTR	順序 優先順位 フラグ文字列 サービス文字列 正規表現文字列 代替ドメイン FQDN
NS	ホスト FQDN
NSEC	次の名前 [存在する種類 ...] **2008R2 以降**
NSEC3	暗号化アルゴリズム フラグ 反復回数 SALT 次のハッシュ化所有者名 [存在する種類 ...] **2012 以降**
NSEC3PARAM	暗号化アルゴリズム フラグ 反復回数 SALT **2012 以降**
PTR	ホスト FQDN
RP	メールボックス名 オプションテキスト
RT	優先順位 サーバ名
SIG	適用する種類 暗号化アルゴリズム ラベル数 TTL 初期値 署名の有効期限 署名の取得 キータグ 署名者名 Base64 データ
SOA	プライマリサーバ 管理者電子メール シリアル番号 更新間隔 再試行間隔 期限 最小 TTL
SRV	優先順位 重さ ポート番号 ホスト FQDN
TXT	文字列
WINS	マップフラグ 参照タイムアウト キャッシュタイムアウト IP アドレス ...
WINSR	マップフラグ 参照タイムアウト キャッシュタイムアウト RR セットドメイン名
WKS	プロトコル IP アドレス サービス ...
X25	PSDN アドレス

1

ネットワーク
コマンド編

実行例1

ゾーン ad.example.jp に A レコードを追加する。この操作には管理者権限が必要。

```
C:\Work>Dnscmd /RecordAdd ad.example.jp host1 A 192.168.1.99

ad.example.jp に host1.ad.example.jp の A レコードを追加します
コマンドは正常に終了しました。
```

実行例2

AD統合ゾーン _msdcs.ad2022.example.jp にSRVレコードを追加する。この操作には管理者権限が必要。

```
C:¥Work>Dnscmd /RecordAdd _msdcs.ad2022.example.jp _http._tcp SRV 0 0 80 ws22stdc1.
ad2022.example.jp.

_msdcs.ad2022.example.jp に _http._tcp._msdcs.ad2022.example.jp の SRV レコードを追
加します
コマンドは正常に終了しました。
```

実行例3

ゾーン ad.example.jp のSOAレコードを更新する。この操作には管理者権限が必要。

```
C:¥Work>Dnscmd /RecordAdd ad.example.jp . SOA host1.example.jp admin.ad.example.jp 1
900 600 86400 3600

ad.example.jp に . の SOA レコードを追加します
コマンドは正常に終了しました。
```

■ コマンドの働き

「Dnscmd /RecordAdd」コマンドは、ゾーンにレコードを登録または更新する。SOAレコードのようにゾーンに1つしかないレコードを追加すると、更新の動作になる。

◢◣ Dnscmd /RecordDelete──ゾーンからレコードを削除する

2008 | 2008R2 | 2012 | 2012R2 | 2016 | 2019 | 2022

構文

Dnscmd [*DNSサーバ名*] /RecordDelete *ゾーン名 ノード名 レコード種別* [*データ*] [/f]

■ スイッチとオプション

/f
　　確認なしで削除する。

　他のスイッチとオプションは「Dnscmd /RedordAdd」コマンドを参照。

実行例

ホスト svr1 に対応したAレコードをすべて削除する。この操作には管理者権限が必要。

```
C:¥Work>Dnscmd /RecordDelete ad.example.jp svr1 A
レコードを削除しますか? (y/n) y
```

■ コマンドの働き

「Dnscmd /RecordDelete」コマンドは、ゾーンからレコードを削除する。レコードのデータを省略すると、レコード種別に該当するすべてのレコードを削除する。

Dnscmd /ResetForwarders——フォワーダを設定する

2008　2008R2　2012　2012R2　2016　2019　2022

構文

Dnscmd [*DNSサーバ名*] /ResetForwarders [*IPアドレス*] [{/Slave | /NoSlave}] [/Timeout *タイムアウト秒数*]

■ スイッチとオプション

IPアドレス

DNSサーバがクエリを転送するIPアドレスをスペースで区切って1つ以上指定して、指定したIPアドレスで置き換える。省略するとフォワーダを削除する。GUIのDNS管理ツールの、DNSサーバのプロパティの[フォワーダ]オプションに相当する。

{/Slave | /NoSlave}

フォワーダで解決できない場合、自分自身で反復クエリを実行する(/NoSlave)か、しない(/Slave)か指定する。

/Timeout *タイムアウト秒数*

フォワーダのクエリタイムアウトを秒単位で設定する。既定値は3秒。

実行例

フォワーダを192.168.1.1に設定する。この操作には管理者権限が必要。

```
C:\Work>Dnscmd /ResetForwarders 192.168.1.1
フォワーダーが正常にリセットされました。

コマンドは正常に終了しました。
```

■ コマンドの働き

「Dnscmd /ResetForwarders」コマンドは、DNSサーバにフォワーダを登録する。ローカルで解決できないクエリは、フォワーダに指定したDNSサーバに転送される。

Dnscmd /ResetListenAddresses ——DNSサーバが待ち受けるインターフェイスを設定する

2008　2008R2　2012　2012R2　2016　2019　2022

構文

Dnscmd [*DNSサーバ名*] /ResetListenAddresses [*IPアドレス*]

■ スイッチとオプション

IPアドレス

> DNSサーバが待ち受けるIPアドレスをスペースで区切って1つ以上指定して、指定
> したIPアドレスで置き換える。省略するとすべてのIPアドレスで待ち受ける。GUI
> のDNS管理ツールの、DNSサーバのプロパティの[インターフェイス]オプションに
> 相当する。

実行例

すべてのIPアドレスで待ち受けるようにDNSサーバの設定を変更する。この操作には
管理者権限が必要。

```
C:\Work>Dnscmd /ResetListenAddresses
リッスン アドレスが正常にリセットされました。

コマンドは正常に終了しました。
```

■ コマンドの働き

「Dnscmd /ResetListenAddresses」コマンドは、DNSサーバが要求を受け付けるインター
フェイスを、IPv4／IPv6アドレスで設定する。

■ Dnscmd /RetrieveRootTrustAnchors
──ルートトラストアンカーを取得してDSレコードに登録する

2012 **2012R2** **2016** **2019** **2022**

構文

Dnscmd [*DNSサーバ名*] /RetrieveRootTrustAnchors [/f]

■ スイッチとオプション

/f

> 確認プロンプトを表示しない。

実行例

ルートトラストアンカーを取得する。この操作には管理者権限が必要。

```
C:\Work>Dnscmd /RetrieveRootTrustAnchors
ルート トラスト アンカーを取得して追加します (DNSSEC 検証をアクティブ化)しますか?
(y/n) y


ルート トラスト アンカーが正常に取得され、DS トラスト アンカーとして追加
されました。これらのトラスト アンカーは、アクティブ更新中にサーバーで
DNSKEY トラスト アンカーに変換できるようになったときに有効になります。

コマンドは正常に終了しました。
```

■ コマンドの働き

「Dnscmd /RetrieveRootTrustAnchors」コマンドは、ルートトラストアンカーをHTTPS経由で取得して、ルートゾーンにDSレコードとして追加する。取得先のURLは「Dnscmd /Config RootTrustAnchorURL 取得先 URL」コマンドで変更できる。

■ Dnscmd /StartScavenging——レコードの清掃を開始する

[2008][2008R2][2012][2012R2][2016][2019][2022]

構文

Dnscmd [*DNSサーバ名*] /StartScavenging

実行例

レコードを清掃する。この操作には管理者権限が必要。

```
C:¥Work>Dnscmd /StartScavenging

. は正常に終了しました。
コマンドは正常に終了しました。
```

■ コマンドの働き

「Dnscmd /StartScavenging」コマンドは、DNSサーバとゾーンの両方で清掃が有効な場合、レコードの清掃を開始する。

■ Dnscmd /Statistics——DNSサーバの統計情報を表示する

[2008][2008R2][2012][2012R2][2016][2019][2022]

構文

Dnscmd [*DNSサーバ名*] /Statistics [{*統計情報番号* | /Clear}]

■ スイッチとオプション

統計情報番号

指定した番号の統計情報だけを表示する。番号を合算することで複数の統計情報を指定できる。省略すると全統計情報を表示する。

統計情報番号	説明
0x00000001	時間
0x00000002	クエリと応答
0x00000004	クエリ
0x00000008	再帰処理
0x00000010	マスタ
0x00000020	セカンダリ
0x00000040	WINS 参照
0x00000100	動的更新
0x00000200	セキュリティ

1
ネットワーク
コマンド編

前ページよりの続き

0x00000400	AD 統合
0x00000800	内部動的更新
0x00010000	メモリ
0x00040000	データベース
0x00080000	レコード
0x00100000	パケットメモリ
0x00200000	Nbstat
0x01000000	DNSSEC 2008R2 以降

/Clear

統計情報を消去する。

実行例

クエリと応答およびクエリの統計を表示する。この操作には管理者権限が必要。

```
C:\Work>Dnscmd /Statistics 0x00000006

DNS サーバー . の統計情報:

クエリと応答:
-------------
合計:
    受信したクエリ   =     130517
    送信した応答     =     130514
UDP:
    受信したクエリ   =     130443
    送信した応答     =     130440
    送信したクエリ   =      13897
    受信した応答     =      13895
TCP:
    クライアント接続 =         74
    受信したクエリ   =         74
    送信した応答     =         74
    送信したクエリ   =          0
    受信した応答     =          0

クエリ:
-------
合計       =     130517
    通知   =          0
    更新   =      46162
    TKEY ネゴシエーション   =       74
    標準   =      84281
    A      =      32047
    NS     =       2097
    SOA    =      48159
    MX     =          0
    PTR    =          4
    SRV    =        200
```

```
    ALL    =        0
    IXFR   =        0
    AXFR   =        0
    その他 =     1774
```

```
コマンドは正常に終了しました。
```

■ コマンドの働き

「Dnscmd /Statistics」コマンドは、DNSサーバの統計情報を表示する。

■ Dnscmd /TrustAnchorAdd──トラストアンカーゾーンを作成する

2008R2   2012   2012R2   2016   2019   2022

構文

Dnscmd [DNSサーバ名] /TrustAnchorAdd ノード名 レコードの種類 データ

■ スイッチとオプション

レコードの種類

登録するレコードの種類として、DNSKEY、またはDS（2012以降）を指定する。

データ

レコードの種類に応じて、次のいずれかの値のセットを指定する。

・DNSKEY：*フラグ キープロトコル 暗号化アルゴリズム Base64 データ*

・DS：*キータグ 暗号化アルゴリズム ダイジェストの種類 ダイジェスト*

フラグ	説明
256	ZSK
257	KSK およびセキュアエントリポイントフラグ

キープロトコル	説明
3	DNSSEC

暗号化アルゴリズム	説明
5	RSA/SHA-1
7	RSA/SHA-1（NSEC3） 2012以降
8	RSA/SHA-256 2012以降
10	RSA/SHA-512 2012以降
253	ECDSAP256/SHA-256（TBD） 2012以降
254	ECDSAP384/SHA-384（TBD） 2012以降

ダイジェストの種類	説明
1	SHA-1
2	SHA-256

ゾーン example.jp の ZSK を使って、新しいトラストアンカーゾーンとして登録する。この操作には管理者権限が必要。

```
C:¥Work>Dnscmd /TrustAnchorAdd example.jp DNSKEY 256 3 8 AwEAAcC2XIEdEh8sYZAWPXKcKuW
AuDRKDoY9IJhHXatw (後略)

コマンドは正常に終了しました。
```

■ コマンドの働き

「Dnscmd /TrustAnchorAdd」コマンドは、DNSKEY または DS レコードを使ってトラストアンカーゾーンを作成する。GUI の DNS 管理ツールの[トラストポイント]-[追加]に相当する。

■ Dnscmd /TrustAnchorDelete──トラストアンカーゾーンを削除する

2008R2 2012 2012R2 2016 2019 2022

構文

Dnscmd [*DNSサーバ名*] /TrustAnchorDelete *ノード名 レコードの種類 データ* [/f]

■ スイッチとオプション

/f
　　確認なしで削除を実行する。

他のスイッチとオプションは「Dnscmd /TrustAnchorAdd」コマンドを参照。

実行例

ゾーン example.jp の ZSK を使って、トラストアンカーゾーンの DNSKEY レコードを削除する。この操作には管理者権限が必要。

```
C:¥Work>Dnscmd /TrustAnchorDelete example.jp DNSKEY 256 3 8 AwEAAcC2XIEdEh8sYZAWPXKc
KuWAuDRKDoY9IJhHXatw (後略)

レコードを削除しますか? (y/n) y


TrustAnchors にある DNSKEY レコードを削除しました
コマンドは正常に終了しました。
```

■ コマンドの働き

「Dnscmd /TrustAnchorDelete」コマンドは、トラストアンカーゾーン内の DNSKEY レコードや DS レコードを削除する。すべてのレコードを削除するとトラストポイントが削除される。

◾ Dnscmd /TrustAnchorsResetType
──トラストアンカーゾーンの種類を設定する

[2008R2] [2012] [2012R2] [2016] [2019] [2022]

構文

Dnscmd [*DNSサーバ名*] /TrustAnchorsResetType *ゾーンの種類*

1
ネットワーク
コマンド編

■ スイッチとオプション

ゾーンの種類

次のいずれかを指定する。

ゾーンの種類	説明
/DsPrimary /DP /Forest	AD統合ゾーン
/Primary /File ファイル名	標準プライマリゾーン。情報を保存するファイル名も指定する。既定の保存先は %Windir%¥System32¥dns フォルダ

実行例

DNSサーバの設定を表示する。この操作には管理者権限が必要。

```
C:¥Work>Dnscmd /TrustAnchorsResetType /DsPrimary /DP /Forest
DNS サーバー . でゾーンの種類 /DsPrimary がリセットされました:
コマンドは正常に終了しました。
```

■ コマンドの働き

「Dnscmd /TrustAnchorsResetType」コマンドは、トラストアンカーゾーンの種類(保存先)を設定する。

◾ Dnscmd /UnEnlistDirectoryPartition
──ディレクトリパーティションの複製パートナーを削除する

[2008] [2008R2] [2012] [2012R2] [2016] [2019] [2022]

構文

Dnscmd [*DNSサーバ名*] /UnEnlistDirectoryPartition *パーティション*
FQDN

実行例

カスタムのディレクトリパーティション CustomZone.example.jp の複製パートナーから ws22stdc2 を削除する。この操作には管理者権限が必要。

```
C:¥Work>Dnscmd ws22stdc2 /UnEnlistDirectoryPartition CustomZone.example.jp

DNS サーバー ws22stdc2 で次のディレクトリ パーティションが登録解除されました:
CustomZone.ad.melco.co.jp
コマンドは正常に終了しました。
```

■ コマンドの働き

「Dnscmd /UnEnlistDirectoryPartition」コマンドは、ディレクトリパーティションをホストし複製するパートナーを削除する。

■ Dnscmd /WriteBackFiles
──全ゾーン情報をファイルやディレクトリに書き込む

2008 | 2008R2 | 2012 | 2012R2 | 2016 | 2019 | 2022

構文

Dnscmd [*DNSサーバ名*] /WriteBackFiles [*ゾーン名*]

■ スイッチとオプション

ゾーン名
　　フラッシュするゾーン名を指定する。省略するとすべてのゾーンをフラッシュする。

実行例

AD統合ゾーンad2022.example.jpをフラッシュしてADに書き込む。この操作には管理者権限が必要。

```
C:¥Work>Dnscmd /WriteBackFiles ad2022.example.jp

サーバー データ ファイルが更新されました。
コマンドは正常に終了しました。
```

■ コマンドの働き

「Dnscmd /WriteBackFiles」コマンドは、メモリ内に保持するすべてのゾーン情報を、対応するファイルやディレクトリに書き込む。

■ Dnscmd /ZoneAdd──ゾーンを新規作成する

2008 | 2008R2 | 2012 | 2012R2 | 2016 | 2019 | 2022

構文

Dnscmd [*DNSサーバ名*] /ZoneAdd *ゾーン名 ゾーンの種類* [*IPアドレス*] [/File *ファイル名* [/Load]] [/a *メールアドレス*] [/Dp *パーティション*]

■ スイッチとオプション

ゾーンの種類
　　作成するゾーンの種類を指定する。

ゾーンの種類	説明
/Primary	ファイル格納のプライマリゾーン
/Secondary	ファイル格納のセカンダリゾーン
/Forwarder	条件付きフォワーダ

/Stub	ファイル格納のスタブゾーン
/DsPrimary	AD統合のプライマリゾーン
/DsForwarder	AD統合の条件付きフォワーダ
/DsStub	AD統合のスタブゾーン

IPアドレス

ファイル格納またはAD統合の、セカンダリゾーン、条件付きフォワーダ、スタブゾーンを作成する際に、マスタのIPアドレスをスペースで区切って1つ以上指定する。

/File ファイル名 [/Load]

ファイル格納のゾーンを作成する際に、ゾーンファイルを指定する。既存のゾーンファイルを利用する場は/Loadを指定する。

/a メールアドレス

プライマリゾーンの管理者の連絡先メールアドレスを指定する。アットマーク(@)はピリオド(.)に置き換える。末尾のピリオドは不要。

/Dp パーティション

AD統合ゾーンを作成する際に、ゾーンを格納するディレクトリパーティションを指定する。ディレクトリパーティションは複製先DNSサーバも規定する。

ディレクトリパーティション	説明
FQDN	FQDN で指定したカスタムのディレクトリパーティション
/Domain	ドメインディレクトリパーティション。ドメイン内の DNS サーバに複製される
/Forest	フォレストディレクトリパーティション。フォレスト内のDNSサーバに複製される
/Legacy	レガシーディレクトリパーティション。Windows 2000 と互換性のあるディレクトリパーティションで、ドメイン内の DNS サーバに複製される

実行例

新しいAD統合ゾーンres.example.jpを作成し、ドメイン内のDNSサーバに複製する。この操作には管理者権限が必要。

```
C:¥Work>Dnscmd /ZoneAdd res.example.jp /DsPrimary /a admin.res.example.jp /Dp
/Domain
DNS サーバー . でゾーン res.example.jp が作成されました:

コマンドは正常に終了しました。
```

■ コマンドの働き

「Dnscmd /ZoneAdd」コマンドは、ゾーンを新規作成する。

▓ Dnscmd /ZoneAddSKD
——新しいゾーン署名キー記述子(SKD)を作成する

[2012] [2012R2] [2016] [2019] [2022]

構文

Dnscmd [*DNSサーバ名*] /ZoneAddSKD *ゾーン名* /Alg *アルゴリズム*
[/Length *キー長*] [/Ksp *キー記憶域プロバイダ*] [/Flags *キーフラグ*]
[{/StoreKeysInAD | /DoNotStoreKeysInAD}] [/InitialRolloverOffset
秒] [/DNSKEYSignatureValidityPeriod *秒*]
[/DSSignatureValidityPeriod *秒*] [/StandardSignatureValidityPeriod
秒] [/RolloverPeriod *秒*]

■ スイッチとオプション

/Alg *アルゴリズム*
　暗号化アルゴリズムとして次のいずれかを指定する。
　・RSASHA1
　・RSASHA256
　・RSASHA512
　・NSEC3RSASHA1
　・ECDSAP256SHA256
　・ECDSAP384SHA384

/Length *キー長*
　暗号化アルゴリズムにRSAを指定した場合、暗号キーのビット数を512から4,096の
　間で64刻みで指定する。省略時の既定値はKSKでは2,048ビット、ZSKでは
　1,024ビット。

/Ksp *キー記憶域プロバイダ*
　キーを保存するためのキー記憶域プロバイダ名を指定する。省略すると「Microsoft
　Software Key Storage Provider」を使用する。

/Flags *キーフラグ*
　キーの種類として「KSK」または「ZSK」を指定する。省略するとZSKとして処理する。

{/StoreKeysInAD | /DoNotStoreKeysInAD}
　SKDをADに保存する(/StoreKeysInAD)か、ローカルの証明書ストアに保存する
　(/DoNotStoreKeysInAD、既定値)か指定する。

/InitialRolloverOffset *秒*
　初期ロールオーバーオフセットを秒単位で指定する。既定値は0秒。

/DNSKEYSignatureValidityPeriod *秒*
　DNSKEY署名有効期間を秒単位で指定する。既定値は604,800秒(7日)。

/DSSignatureValidityPeriod *秒*
　DS署名有効期間を秒単位で指定する。既定値は604,800秒(7日)。

/StandardSignatureValidityPeriod *秒*
　標準署名有効期間を秒単位で指定する。既定値は864,000秒(10日)。

/RolloverPeriod *秒*
　ロールオーバー期間を秒単位で指定する。既定値は65,232,000秒(755日)。

実行例

ゾーン zz.example.jp に新しい KSK を RSASHA256暗号化アルゴリズムで追加する。この操作には管理者権限が必要。

```
C:¥Work>Dnscmd /ZoneAddSKD zz.example.jp /Alg RSASHA256 /Flags KSK

コマンドによって次の署名キー記述子が返されました:

SKD GUID {4D75146F-7254-4064-8BDF-632DDB369C66}
            キー記憶域プロバイダー        = Microsoft Software Key Storage Provider
            AD のストア キー            = 0
            KSK フラグ                 = 1
            署名アルゴリズム             = RSASHA256
            キーのサイズ               = 2048
            初期ロールオーバー オフセット  = 0
            DNSKEY 署名有効期間         = 604800
            DS 署名有効期間            = 604800
            標準署名有効期間           = 864000
            ロールオーバー期間          = 65232000
            次回のロールオーバー アクション = 標準

コマンドは正常に終了しました。
```

■ コマンドの働き

「Dnscmd /ZoneAddSKD」コマンドは、ゾーンに KSK または ZSK を追加する。GUIの DNS管理ツールの[DNSSEC プロパティ]−[KSK]および[ZSK]−[追加]に相当する。

■ Dnscmd /ZoneChangeDirectoryPartition ——AD統合ゾーンの格納先パーティションを変更する

2008 2008R2 2012 2012R2 2016 2019 2022

構文

Dnscmd [*DNSサーバ名*] /ZoneChangeDirectoryPartition ゾーン名 移動先
パーティション

■ スイッチとオプション

移動先パーティション
　　移動先パーティションは「Dnscmd /ZoneAdd」コマンドの/Dpスイッチを参照。

実行例

AD統合ゾーン res.example.jp をフォレストディレクトリパーティションに変更する。この操作には管理者権限が必要。

```
C:¥Work>Dnscmd /ZoneChangeDirectoryPartition res.example.jp /Forest
```

```
DNS サーバー . でゾーン res.example.jp が新しいディレクトリ パーティションに
移動されました
コマンドは正常に終了しました。
```

■ コマンドの働き

「Dnscmd /ZoneChangeDirectoryPartition」コマンドは、AD統合ゾーンの格納先パーティ
ションを変更する。GUIのDNS管理ツールの、AD統合ゾーンのプロパティの[全般]-[レ
プリケーション]オプションに相当する。

■ Dnscmd /ZoneDelete──ゾーンを削除する

2008 2008R2 2012 2012R2 2016 2019 2022

構文

Dnscmd [*DNSサーバ名*] /ZoneDelete ゾーン名 [/DsDel] [/f]

■ スイッチとオプション

/DsDel

AD統合ゾーンを削除する。

/f

確認なしで削除する。

実行例

AD統合ゾーン res.example.jp をディレクトリから削除する。この操作には管理者権限
が必要。

```
C:¥Work>Dnscmd /ZoneDelete res.example.jp /DsDel
DS からゾーンを削除しますか? (y/n) y


DNS サーバー . でゾーン res.example.jp が削除されました:
    状態 = 0 (0x00000000)
コマンドは正常に終了しました。
```

■ コマンドの働き

「Dnscmd /ZoneDelete」コマンドは、ゾーンを削除する。

■ Dnscmd /ZoneDeleteSKD──SKDをゾーンから削除する

2012 2012R2 2016 2019 2022

構文

nscmd [*DNSサーバ名*] /ZoneDeleteSKD ゾーン名 キーのGUID

■ スイッチとオプション

キーの GUID
    削除対象の SKD の GUID を指定する。

実行例

ゾーン zz.example.jp の署名を削除したあと、KSK を削除する。いずれも操作には管理者権限が必要。

```
C:¥Work>Dnscmd /ZoneUnsign zz.example.jp

コマンドは正常に終了しました。

C:¥Work>Dnscmd /ZoneDeleteSKD zz.example.jp {4D75146F-7254-4064-8BDF-632DDB369C66}

コマンドは正常に終了しました。
```

■ コマンドの働き

「Dnscmd /ZoneDeleteSKD」コマンドは、ゾーンから SKD を削除する。ゾーンの署名が有効な間は SKD を削除できないので、先にゾーンの署名を削除して、残った SKD を GUID を指定して個別に削除する。

■ Dnscmd /ZoneEnumSKDs ── SKD を表示する

[2012] [2012R2] [2016] [2019] [2022]

構文

Dnscmd [*DNSサーバ名*] /ZoneEnumSKDs ゾーン名

実行例

ゾーン zz.example.jp の SKD を表示する。この操作には管理者権限が必要。

```
C:¥Work>Dnscmd /ZoneEnumSKDs zz.example.jp

列挙されたゾーン署名キー記述子の一覧:
        ゾーン SKD 数 = 2


SKD GUID {5B5C7D35-DBDF-49D2-89EE-611C5400E6DE}
            キー記憶域プロバイダー          = Microsoft Software Key Storage Provider
            AD のストア キー                = 0
            KSK フラグ                     = 0
            署名アルゴリズム                = RSASHA256
            キーのサイズ                    = 1024
            初期ロールオーバー オフセット    = 0
            DNSKEY 署名有効期間             = 604800
            DS 署名有効期間                 = 604800
            標準署名有効期間                = 864000
```

```
        ロールオーバー期間              = 7776000
        次回のロールオーバー アクション    = 標準


SKD GUID {B5BC836C-93D3-4F95-9371-6731ACC78B77}
        キー記憶域プロバイダー           = Microsoft Software Key Storage Provider
        AD のストア キー               = 0
        KSK フラグ                    = 1
        署名アルゴリズム               = RSASHA256
        キーのサイズ                   = 2048
        初期ロールオーバー オフセット     = 0
        DNSKEY 署名有効期間            = 604800
        DS 署名有効期間               = 604800
        標準署名有効期間               = 864000
        ロールオーバー期間              = 65232000
        次回のロールオーバー アクション    = 標準



コマンドは正常に終了しました。
```

ネットワーク
コマンド編

■ コマンドの働き

「Dnscmd /ZoneEnumSKDs」コマンドは、SKDを表示する。GUIのDNS管理ツールの
[DNSSECプロパティ] − [KSK] タブおよび [ZSK] タブに相当する。

📓 Dnscmd /ZoneExport──ゾーンの情報をエクスポートする

2008 | 2008R2 | 2012 | 2012R2 | 2016 | 2019 | 2022

構文

Dnscmd [*DNSサーバ名*] /ZoneExport *ゾーン名 ファイル名*

■ スイッチとオプション

ファイル名
    エクスポート先のファイル名を指定する。ファイル名にパスを含めたり、既存のファ
    イルを指定したりするとエラーになる。既定の保存先フォルダは%SystemRoot%/
    System32/Dns。

実行例

AD統合ゾーンad2022.example.jpのゾーン情報をテキストファイルad2022.txtに書き出
す。この操作には管理者権限が必要。

```
C:¥Work>Dnscmd /ZoneExport ad2022.example.jp ad2022.txt

DNS サーバー . でゾーン ad2022.example.jp がファイル
C:¥Windows¥system32¥dns¥ad2022.txt にエクスポートされました
コマンドは正常に終了しました。
```

■ コマンドの働き

「Dnscmd /ZoneExport」コマンドは、ゾーンの情報をテキストファイルに書き出す。

█ Dnscmd /ZoneGetSKDState
──SKDのアクティブキーなどを表示する

2012 2012R2 2016 2019 2022

構文

Dnscmd [*DNSサーバ名*] /ZoneGetSKDState *ゾーン名 キーのGUID*

実行例

ゾーン zz.example.jp の KSK のキーの状態を表示する。この操作には管理者権限が必要。

```
C:¥Work>Dnscmd /ZoneGetSKDState zz.example.jp {B1DA2F08-F094-4CB5-9E63-0C7173C31368}

GUID {B1DA2F08-F094-4CB5-9E63-0C7173C31368} の SKD の状態
        最後に完了したロールオーバー      = --
        次に予定されているロールオーバー  = 2024/04/14 16:52:21
        現在の状態                        = 0
        現在のロールオーバーの状態        = 0
        アクティブ キー                   = Microsoft Software Key Storage
Provider;61 38 12 ed 92 29 f5 98 4b 26 c9 4f bf aa 07 36
        スタンバイ キー                   = Microsoft Software Key Storage
Provider;6c f8 fe cf 16 7f 06 ab 45 bd b3 b1 49 b7 a9 95
        次のキー                          = Microsoft Software Key Storage
Provider;75 6f fc 6a 9c ed a8 8c 45 d2 36 f4 70 83 e7 03


コマンドは正常に終了しました。
```

■ コマンドの働き

「Dnscmd /ZoneGetSKDState」コマンドは、SKDのアクティブキー、スタンバイキー、次のキーを表示する。

█ Dnscmd /ZoneInfo──ゾーンの設定を表示する

2008 2008R2 2012 2012R2 2016 2019 2022

構文

Dnscmd [*DNSサーバ名*] /ZoneInfo *ゾーン名* [*ゾーン設定名*]

■ スイッチとオプション

ゾーン設定名
　　表示するゾーン設定の名前を指定する。省略するとすべてのゾーン設定と設定値を表

ページ番号

65

示する。詳細は「Dnscmd /Config」コマンドのゾーン設定を参照。

実行例

ゾーン ad2022.example.jp の設定を表示する。この操作には管理者権限が必要。

```
C:\Work>Dnscmd /ZoneInfo ad2022.example.jp

ゾーン クエリ結果:

ゾーン情報:
        ポインター            = 000001987B69D2E0
        ゾーン名              = ad2022.example.jp
        ゾーンの種類          = 1
        シャットダウン        = 0
        一時停止              = 0
        更新                  = 2
        DS 統合               = 1
        読み取り専用ゾーン    = 0
        DS 読み込みキュー内   = 0
        現在読み込み中の DS   = 0
        データ ファイル       = (null)
        WINS の使用           = 0
        Nbstat の使用         = 0
        エージング            = 0
         更新間隔             = 168
         更新なし             = 168
         利用可能な清掃       = 0
        ゾーン マスター       IP 配列が NULL です。
        ゾーン セカンダリ     IP 配列が NULL です。
        安全な秒数            = 3
        ディレクトリ パーティション = AD-Domain    フラグ 00000015
        ゾーン DN             = DC=ad2022.example.jp,cn=MicrosoftDNS,DC=DomainDnsZon
es,DC=ad2022,DC=example,DC=jp
コマンドは正常に終了しました。
```

■ コマンドの働き

「Dnscmd /ZoneInfo」コマンドは、ゾーンの設定を表示する。

Dnscmd /ZoneModifySKD——SKDを変更する

2012 | 2012R2 | 2016 | 2019 | 2022

構文

Dnscmd [*DNSサーバ名*] /ZoneModifySKD *ゾーン名 キーのGUID*
[/DNSKEYSignatureValidityPeriod *秒*] [/DSSignatureValidityPeriod
秒] [/StandardSignatureValidityPeriod *秒*] [/RolloverPeriod *秒*]
[/NextRolloverAction *アクション*]

■ スイッチとオプション

/NextRolloverAction アクション
    KSKまたはZSKのロールオーバー状態を変更する際に、次のいずれかのアクション
    を指定する。

アクション	説明
Normal	使用中
RevokeStandby	ロールオーバー開始
Retire	使用中止

他のスイッチとオプションは「Dnscmd /ZoneAddSKD」コマンドを参照。

実行例

ゾーン zz.example.jp の KSK の状態を使用中止に変更する。この操作には管理者権限が
必要。

```
C:\Work>Dnscmd /ZoneModifySKD zz.example.jp {4D75146F-7254-4064-8BDF-632DDB369C66}
/NextRolloverAction Retire

コマンドによって次の署名キー記述子が返されました:

SKD GUID {4D75146F-7254-4064-8BDF-632DDB369C66}
            キー記憶域プロバイダー          = Microsoft Software Key Storage Provider
            AD のストア キー               = 0
            KSK フラグ                    = 1
            署名アルゴリズム               = RSASHA256
            キーのサイズ                   = 2048
            初期ロールオーバー オフセット    = 0
            DNSKEY 署名有効期間            = 604800
            DS 署名有効期間               = 604800
            標準署名有効期間               = 864000
            ロールオーバー期間             = 65232000
            次回のロールオーバー アクション  = 使用中止
```

コマンドは正常に終了しました。

■ コマンドの働き

「Dnscmd /ZoneModifySKD」コマンドは、SKD の設定を変更したり、ロールオーバー
を開始したりする。GUI の DNS 管理ツールの[DNSSEC プロパティ]の、[KSK]および[ZSK]
－[編集]、[使用中止]、[ロールオーバー]に相当する。

Dnscmd {/ZonePause | /ZoneResume}
──ゾーンを一時停止／再開する

2008 | 2008R2 | 2012 | 2012R2 | 2016 | 2019 | 2022

構文

Dnscmd [*DNSサーバ名*] {/ZonePause | /ZoneResume} *ゾーン名*

実行例

AD統合ゾーンres.example.jpを一時停止したあと再開する。この操作には管理者権限が必要。

```
C:\Work>Dnscmd /ZonePause res.example.jp

DNS サーバー . でゾーン res.example.jp が一時停止されました:
    状態 = 0 (0x00000000)
コマンドは正常に終了しました。


C:\Work>Dnscmd /ZoneResume res.example.jp

DNS サーバー . でゾーン res.example.jp の使用が再開されました:
    状態 = 0 (0x00000000)
コマンドは正常に終了しました。
```

■ コマンドの働き

「Dnscmd /ZonePause」コマンドは、指定したゾーンのクエリを一時的に受け付けないようにする。「Dnscmd /ZoneResume」コマンドは、一時停止していたゾーンを再開してクエリを受け付け可能にする。

Dnscmd /ZonePerformKeyRollover
—— SKDのロールオーバーを実行する

2012 | 2012R2 | 2016 | 2019 | 2022

構文

Dnscmd [*DNSサーバ名*] /ZonePerformKeyRollover *ゾーン名 キーのGUID*

実行例

ゾーンzz.example.jpのSKDのロールオーバーを開始する。いずれも操作には管理者権限が必要。

```
C:\Work>Dnscmd /ZonePerformKeyRollover zz.example.jp {B1DA2F08-F094-4CB5-9E63-
0C7173C31368}

コマンドは正常に終了しました。
```

■ コマンドの働き

「Dnscmd /ZonePerformKeyRollover」コマンドは、SKDのロールオーバーを実行する。

Dnscmd /ZonePokeKeyRollover
——キー署名キー(KSK)のロールオーバーを実行する

2012 | 2012R2 | 2016 | 2019 | 2022

構文

Dnscmd [*DNSサーバ名*] /ZonePokeKeyRollover ゾーン名 *KSKのGUID*

■ コマンドの働き

「Dnscmd /ZonePokeKeyRollover」コマンドは、KSKのロールオーバーを開始する。

Dnscmd /ZonePrint——ゾーン内のレコードを表示する

2008 | 2008R2 | 2012 | 2012R2 | 2016 | 2019 | 2022

構文

Dnscmd [*DNSサーバ名*] /ZonePrint ゾーン名 [/Detail]

■ スイッチとオプション

/Detail

レコードの詳細情報(RPCノード情報)を表示する。

実行例

AD統合ゾーンad2022.example.jpの情報を表示する。この操作には管理者権限が必要。

```
C:¥Work>Dnscmd /ZonePrint ad2022.example.jp

;
;   ゾーン:    ad2022.example.jp
;   サーバー:  ws22stdc1.ad2022.example.jp
;   時刻:      Sun Mar 06 08:14:55 2022 UTC
;
@ [エージング:3691783] 600 A      192.168.1.226
                3600 NS       ws22stdc1.ad2022.example.jp.
                3600 SOA      ws22stdc1.ad2022.example.jp. hostmaster.ad2022.
example.jp. 289 900 600 86400 3600
_msdcs 3600 NS  ws22stdc1.ad2022.example.jp.

_gc._tcp.Default-First-Site-Name._sites [エージング:3691783] 600 SRV    0 100 3268
ws22stdc1.ad2022.example.jp.

_kerberos._tcp.Default-First-Site-Name._sites [エージング:3691783] 600 SRV      0
100 88 ws22stdc1.ad2022.example.jp.

_ldap._tcp.Default-First-Site-Name._sites [エージング:3691783] 600 SRV  0 100 389
ws22stdc1.ad2022.example.jp.
 (以下略)
```

■ コマンドの働き

「Dnscmd /ZonePrint」コマンドは、ゾーン内のレコードを表示する。

■ Dnscmd /ZoneRefresh──ゾーン転送を実行してゾーン情報を更新する

[2008] [2008R2] [2012] [2012R2] [2016] [2019] [2022]

構文

Dnscmd [*DNSサーバ名*] /ZoneRefresh ゾーン名

実行例

ゾーン zz.example.jp のマスタ側の更新を確認して、必要であればゾーン転送を実行する。この操作には管理者権限が必要。

```
C:¥Work>Dnscmd /ZoneRefresh zz.example.jp

DNS サーバー . でゾーン zz.example.jp の更新が強制されました:
    状態 = 0 (0x00000000)
コマンドは正常に終了しました。
```

■ コマンドの働き

「Dnscmd /ZoneRefresh」コマンドは、セカンダリゾーンまたはスタブゾーンにおいて、マスタのSOAレコードを参照してバージョンを確認し、バージョンが上がっていればゾーン転送を行ってゾーンを更新する。

■ Dnscmd /ZoneReload
── ファイルやディレクトリからゾーン情報を読み込みなおす

[2008] [2008R2] [2012] [2012R2] [2016] [2019] [2022]

構文

Dnscmd [*DNSサーバ名*] /ZoneReload ゾーン名

実行例

AD統合ゾーン res.example.jp をディレクトリから読み込みなおす。この操作には管理者権限が必要。

```
C:¥Work>Dnscmd /ZoneReload res.example.jp

DNS サーバー . でゾーン res.example.jp が再読み込みされました:
    状態 = 0 (0x00000000)
コマンドは正常に終了しました。
```

■ コマンドの働き

「Dnscmd /ZoneReload」コマンドは、ファイルやディレクトリからゾーン情報を読み込

みなおして最新の状態にする。

Dnscmd /ZoneResetMasters──ゾーンのマスタサーバを変更する

2008 2008R2 2012 2012R2 2016 2019 2022

構文

Dnscmd [*DNSサーバ名*] /ZoneResetMasters ゾーン名 [*IPアドレス*]
[/Local]

■ スイッチとオプション

IPアドレス

プライマリのDNSサーバのIPアドレスを、スペースで区切って1つ以上指定する。
省略すると自分自身をマスタに設定する。

/Local

AD統合ゾーンにおいて、ローカルのマスタリストを設定する。

実行例

ゾーンzz.example.jpのマスタを「192.168.1.226」に変更する。この操作には管理者権限が
必要。

```
C:¥Work>Dnscmd /ZoneResetMasters zz.example.jp 192.168.1.226

ゾーン zz.example.jp のマスター サーバーが正常にリセットされました。
コマンドは正常に終了しました。
```

■ コマンドの働き

「Dnscmd /ZoneResetMasters」コマンドは、AD統合ゾーンやプライマリゾーンのマス
タサーバを変更する。

Dnscmd /ZoneResetScavengeServers
──ゾーン情報の清掃を許可するサーバを変更する

2008 2008R2 2012 2012R2 2016 2019 2022

構文

Dnscmd [*DNSサーバ名*] /ZoneResetScavengeServers ゾーン名 [*IPアドレ
ス*] [/Local]

■ スイッチとオプション

IPアドレス

清掃を許可するDNSサーバのIPアドレスを、スペースで区切って1つ以上指定する。
省略すると、ゾーンをホストするすべてのDNSサーバがゾーンを清掃可能になる。

/Local

AD統合ゾーンにおいて、ローカルのマスタリストを設定する。

実行例

エージングを有効にしたゾーン zz.example.jp の清掃を、ゾーンをホストするすべての
DNS サーバに許可するよう変更する。この操作には管理者権限が必要。

```
C:¥Work>Dnscmd /ZoneResetScavengeServers zz.example.jp

新しい清掃サーバー:
        ポインター      = 00000210A98A0A50
        最大数        = 0
        アドレス数     = 0
ゾーン zz.example.jp の清掃サーバーが正常にリセットされました。

コマンドは正常に終了しました。
```

■ コマンドの働き

「Dnscmd /ZoneResetScavengeServers」コマンドは、ゾーンでエージングを有効にし
ている場合に、清掃を実行可能な DNS サーバを変更する。エージングが無効なゾーンで
はエラーになる。

Dnscmd /ZoneResetSecondaries
──ゾーンのセカンダリ通知情報を変更する

2008 | 2008R2 | 2012 | 2012R2 | 2016 | 2019 | 2022

構文

Dnscmd [*DNSサーバ名*] /ZoneResetSecondaries *ゾーン名* [*セキュリティ設
定*] [*通知オプション*]

■ スイッチとオプション

セキュリティ設定

ゾーン転送を制御するため、次のいずれかを指定する。GUI の DNS 管理ツールの、ゾー
ンのプロパティの[ゾーンの転送]−[ゾーン転送を許可するサーバ]オプションに相当
する。

セキュリティ設定	説明
/NoXfr	ゾーン転送を行わない
/NonSecure	任意の IP アドレスに転送する
/SecureNs	ネームサーバにだけ転送する
/SecureList *IP アドレス*	スペースで区切って1つ以上指定した IP アドレスにだけ転送する

通知オプション

通知を制御するため、次のいずれかを指定する。GUI の DNS 管理ツールの、ゾーン
のプロパティの[ゾーンの転送]−[通知]オプションに相当する。

通知オプション	説明
/NoNotify	変更を通知しない
/Notify	すべてのセカンダリに通知する
/NotifyList *IPアドレス*	スペースで区切って1つ以上指定した IP アドレスにだけ通知する

ゾーン zz.example.jp のゾーン転送許可を、192.168.1.123 のサーバだけに変更する。この操作には管理者権限が必要。

```
C:¥Work>Dnscmd /ZoneResetSecondaries zz.example.jp /SecureList 192.168.1.123

ゾーン zz.example.jp で通知一覧が正常にリセットされました

コマンドは正常に終了しました。
```

■ コマンドの働き

「Dnscmd /ZoneResetSecondaries」コマンドは、ゾーン情報の転送先と通知の設定を変更する。

■ Dnscmd /ZoneResetType——ゾーンの種類を変更する

2008 2008R2 2012 2012R2 2016 2019 2022

構文

Dnscmd [*DNSサーバ名*] /ZoneResetType ゾーン名 ゾーンの種類 [*IPアドレス*] [/File ファイル名] [*保存オプション*]

■ スイッチとオプション

ゾーンの種類 [*IPアドレス*] [/File ファイル名]
　　指定可能な種類とオプションは、「Dnscmd /ZoneAdd」コマンドを参照。

保存オプション
　　ゾーン情報を保存する際に、必要に応じて以下のいずれかを指定する。

保存オプション	説明
/OverWrite_Mem	ディレクトリ内のゾーン情報で DNS サーバのゾーン情報を上書きする
/OverWrite_Ds	DNS サーバのゾーン情報でディレクトリ内のゾーン情報を上書きする
/DirectoryPartition *FQDN*	FQDN で指定したディレクトリパーティションにゾーン情報を格納する

実行例

AD統合ゾーン res.example.jp を、ファイル格納のプライマリゾーンに変更(変換)する。この操作には管理者権限が必要。

```
C:¥Work>Dnscmd /ZoneResetType res.example.jp /Primary /File res.example.jp.dns

DNS サーバー . でゾーンの種類 res.example.jp がリセットされました:
コマンドは正常に終了しました。
```

■ コマンドの働き

「Dnscmd /ZoneResetType」コマンドは、ゾーンの種類を変更する。

⬛ Dnscmd /ZoneResign──ゾーンの署名を再生成する

2012 2012R2 2016 2019 2022

構文

Dnscmd [*DNSサーバ名*] /ZoneResign ゾーン名

実行例

ゾーン zz.example.jp を再署名する。この操作には管理者権限が必要。

```
C:¥Work>Dnscmd /ZoneResign zz.example.jp

コマンドは正常に終了しました。
```

■ コマンドの働き

「Dnscmd /ZoneResign」コマンドは、ゾーンの署名を再生成する。

⬛ Dnscmd /ZoneSeizeKeyMasterRole ──キーマスタの役割を強制転送する

2012 2012R2 2016 2019 2022

構文

Dnscmd [*DNSサーバ名*] /ZoneSeizeKeymasterRole ゾーン名
[/DisableKeyChecks]

■ スイッチとオプション

/DisableKeyChecks
　　ゾーンの署名キーにアクセス可能か検証しないで転送する。アクセス不可の場合、新しいキーを生成してゾーンを署名しなおす。

実行例

　AD統合ゾーン res.example.jp のキーマスタの役割を、コマンドを実行する DNS サーバに強制転送する。この操作には管理者権限が必要。

```
C:¥Work>Dnscmd /ZoneSeizeKeyMasterRole res.example.jp

コマンドは正常に終了しました。
```

■ コマンドの働き

「Dnscmd /ZoneSeizeKeymasterRole」コマンドは、AD統合ゾーンのキーマスタの役割を強制的に転送する。障害などで転送元のDNSサーバがオフライン状態でも実行できる。

◾ Dnscmd /ZoneSetSKDState
——SKDのアクティブ／スタンバイキーを設定する

`2012` `2012R2` `2016` `2019` `2022`

構文

Dnscmd [*DNSサーバ名*] /ZoneSetSKDState ゾーン名 キーのGUID
{/ActiveKey | /StandbyKey | /NextKey} キー識別子

■ スイッチとオプション

{/ActiveKey | /StandbyKey | /NextKey}
> 状態として、アクティブキー(/ActiveKey)、スタンバイキー(/StandbyKey)、次のキー
> (/NextKey)のいずれかを指定する。

キー識別子
> 状態を変更するキーを「キー記憶域プロバイダ名(KSP);キー名または証明書シリアル
> 番号」の形式で指定する。スペースを含むキー識別子はダブルクォートで括る。

実行例

ゾーン zz.example.jp の KSK に「次のキー」を設定する。この操作には管理者権限が必要。

```
C:\Work>Dnscmd /ZoneSetSKDState zz.example.jp {B1DA2F08-F094-4CB5-9E63-0C7173C31368}
/NextKey "Microsoft Software Key Storage Provider;75 6f fc 6a 9c ed a8 8c 45 d2 36
f4 70 83 e7 03"

GUID {B1DA2F08-F094-4CB5-9E63-0C7173C31368} の SKD の状態
        最後に完了したロールオーバー      = --
        次に予定されているロールオーバー = 2024/04/14 16:52:21
        現在の状態                       = 0
        現在のロールオーバーの状態       = 0
        アクティブ キー                  = Microsoft Software Key Storage
Provider;61 38 12 ed 92 29 f5 98 4b 26 c9 4f bf aa 07 36
        スタンバイ キー                  = Microsoft Software Key Storage
Provider;6c f8 fe cf 16 7f 06 ab 45 bd b3 b1 49 b7 a9 95
        次のキー                         = Microsoft Software Key Storage
Provider;75 6f fc 6a 9c ed a8 8c 45 d2 36 f4 70 83 e7 03


コマンドは正常に終了しました。
```

■ コマンドの働き

「Dnscmd /ZoneSetSKDState」コマンドは、SKDに対してアクティブキー、スタンバイ
キー、次のキーを設定する。

◾ Dnscmd /ZoneSign——ゾーンに署名する

`2012` `2012R2` `2016` `2019` `2022`

Dnscmd [*DNSサーバ名*] /ZoneSign ゾーン名

実行例

ゾーンzz.example.jpに署名する。この操作には管理者権限が必要。

```
C:¥Work>Dnscmd /ZoneSign zz.example.jp

コマンドは正常に終了しました。
```

■ コマンドの働き

「Dnscmd /ZoneSign」コマンドは、ゾーンに設定したゾーン署名パラメータと署名キー記述子から新しいキーを生成し、ゾーンに署名する。

Dnscmd /ZoneTransferKeyMasterRole ──キーマスタの役割を通常転送する

[2012] [2012R2] [2016] [2019] [2022]

構文

Dnscmd [*DNSサーバ名*] /ZoneTransferKeyMasterRole ゾーン名

実行例

AD統合ゾーンres.example.jpのキーマスタの役割を、コマンドを実行するDNSサーバに転送する。この操作には管理者権限が必要。

```
C:¥Work>Dnscmd /ZoneTransferKeyMasterRole res.example.jp

コマンドは正常に終了しました。
```

■ コマンドの働き

「Dnscmd /ZoneTransferKeyMasterRole」コマンドは、AD統合ゾーンのキーマスタの役割を転送する。転送元と転送先のDNSサーバはオンラインでなければならない。

Dnscmd /ZoneUnsign──ゾーンの署名を削除する

[2012] [2012R2] [2016] [2019] [2022]

構文

Dnscmd [*DNSサーバ名*] /ZoneUnsign ゾーン名

実行例

ゾーンzz.example.jpの署名を削除する。この操作には管理者権限が必要。

```
C:\Work>Dnscmd /ZoneUnsign zz.example.jp

コマンドは正常に終了しました。
```

■ コマンドの働き

「Dnscmd /ZoneUnsign」コマンドは、ゾーンの署名を削除する。

Dnscmd /ZoneUpdateFromDs
——AD統合ゾーンのゾーン情報を更新する

2008 2008R2 2012 2012R2 2016 2019 2022

構文

Dnscmd [*DNSサーバ名*] /ZoneUpdateFromDs ゾーン名

実行例

AD統合ゾーン ad2022.example.jp を更新する。この操作には管理者権限が必要。

```
C:\Work>Dnscmd /ZoneUpdateFromDs ad2022.example.jp

DNS サーバー . でゾーン ad2022.example.jp が更新されました:
    状態 = 0 (0x00000000)
コマンドは正常に終了しました。
```

■ コマンドの働き

「Dnscmd /ZoneUpdateFromDs」コマンドは、AD統合ゾーンのゾーン情報を更新する。

Dnscmd /ZoneValidateSigningParameters
——ゾーンのDNSSECオンライン署名パラメータを検証する

2012 2012R2 2016 2019 2022

構文

Dnscmd [*DNSサーバ名*] /ZoneValidateSigningParameters ゾーン名

実行例

ゾーン zz.example.jp の署名パラメータを検証する。この操作には管理者権限が必要。

```
C:\Work>Dnscmd /ZoneValidateSigningParameters zz.example.jp

コマンドは正常に終了しました。
```

■ コマンドの働き

「Dnscmd /ZoneValidateSigningParameters」コマンドは、ゾーンのDNSSEC オンライン署名パラメータを検証する。

Dnscmd /ZoneWriteBack
——ゾーン情報をディレクトリやファイルに書き込む

2008 | 2008R2 | 2012 | 2012R2 | 2016 | 2019 | 2022

構文

Dnscmd [*DNSサーバ名*] /ZoneWriteBack ゾーン名

実行例

AD統合ゾーン res.example.jp をフラッシュしてディレクトリに書き込む。この操作には管理者権限が必要。

```
C:¥Work>Dnscmd /ZoneWriteBack res.example.jp

DNS サーバー . でゾーン res.example.jp が書き戻されました:
    状態 = 0 (0x00000000)
コマンドは正常に終了しました。
```

■ コマンドの働き

「Dnscmd /ZoneWriteBack」コマンドは、特定のゾーン情報をファイルやディレクトリに書き込む。すべてのゾーンをフラッシュするには「Dnscmd /WriteBackFiles」コマンドを使用する。

Ftp.exe
ファイル転送プロトコル（FTP）で
ファイルを送受信する

2000 | XP | 2003 | 2003R2 | Vista | 2008 | 2008R2 | 7 | 2012 | 8 | 2012R2 | 8.1 | 10 | 2016 | 2019 | 2022 | 11

構文

Ftp [-v] [-d] [-i] [-n] [-g] [-s:*ファイル名*] [-a] [-A] [-x:*送信バッファサイズ*]
[-r:*受信バッファサイズ*] [-b:*非同期処理数*] [-w:*ウィンドウサイズ*] [*FTPサーバ名*]
[-help]

■ スイッチとオプション

Ftp コマンドの一部のスイッチは、大文字と小文字を区別する。

-v
FTPサーバからの応答を表示しない。

-d
File Transfer Protocolのコマンドを表示する（デバッグモード）。

-i
mgetコマンドなどで複数のファイルを操作する際に確認しない。

-n

　FTPサーバに接続したときログイン操作を実行しない(接続だけ)。FTPサーバにログインするには、あらためてuserサブコマンドを実行する。

-g

　ファイル名のグロビング(globbing)を無効にして、ワイルドカードの使用を禁止する。

-s:ファイル名

　ファイル転送手順を記述したテキストファイルを指定して、バッチ実行モードで転送する。-sスイッチを省略すると、サブコマンドを逐次実行する対話モードで起動する。

-a

　FTPデータ接続(ftp-data、既定はTCPポート20を使用)のバインド時に、任意のネットワークインターフェイスを使用する。

-A

　匿名ユーザー(Anonymous)として自動的にログインする。-aスイッチと区別するため大文字のAを使用する。

-x:送信バッファサイズ

　送信バッファサイズをバイト単位で指定する。既定値は8,192バイト。 **2003 以降**

-r:受信バッファサイズ

　送信バッファサイズをバイト単位で指定する。既定値は8,192バイト。 **2003 以降**

-b:非同期処理数

　非同期に実行できる転送処理数を指定する。既定値は3。 **2003 以降**

-w:ウィンドウサイズ

　Ftpコマンドのファイル転送バッファをバイト単位で指定する。既定値は65,535バイト(64KB)。

FTPサーバ名

　接続するFTPサーバをホスト名またはIPアドレスで指定する。

-help

　ヘルプを表示する。

■ サブコマンド

　Ftpコマンドでは、次のサブコマンドを使ってファイル転送処理を実行する。サブコマンドは大文字と小文字を区別しないが、伝統的に小文字で表記することが多い。対話モードでサブコマンドだけ入力すると、必要なオプションのプロンプトを表示する。

■ セッション制御サブコマンド

サブコマンド	短縮形	説明
open FTPサーバ名 [ポート番号]	o	FTP サーバとポート番号を指定して FTP セッションを開始する
{bye	quit}	{by	qui}	FTP セッションを切断し、Ftp コマンドも終了する
{close	disconnect}	{cl	dis}	FTP セッションを切断するが、Ftp コマンドは継続する
user ユーザー名 [パスワード] [アカウント]	u	FTP サーバにログインするユーザー情報を送信する。セッション中にユーザーを切り替えることもできる

■ 転送モード制御サブコマンド

サブコマンド	短縮形	説明
ascii	as	ファイル転送の種類を ASCII モード（テキスト転送モード）にする
binary	bi	ファイル転送の種類をバイナリモードにする。実行ファイルや画像ファイルなどの、バイナリデータの転送時に指定する
type [{ascii | binary | image}]	ty	ファイル転送の種類を指定する。オプションを省略すると現在の転送設定を表示する

■ ディレクトリ（フォルダ）操作サブコマンド

サブコマンド	短縮形	説明
cd リモートディレクトリ	なし	FTP サーバ上のカレントディレクトリ（カレントフォルダ）を変更する
pwd	pw	FTP サーバ上のカレントディレクトリを表示する
lcd [ローカルディレクトリ]	なし	ローカルのカレントディレクトリを変更する。ローカルディレクトリを省略すると、カレントディレクトリを表示する
{dir | ls} [リモートファイル] [ローカルファイル]	なし	FTP サーバ上のディレクトリやファイルを表示する。ローカルファイルを指定すると、一覧の結果をファイルに保存する
mkdir リモートディレクトリ	mk	FTP サーバにディレクトリを作成する
rmdir リモートディレクトリ	rm	FTP サーバ上のディレクトリを削除する
mdir リモートファイル ローカルファイル	mdi	FTP サーバ上の 1 つ以上のファイルやディレクトリの一覧を取得してローカルファイルに保存する
mls リモートファイル ローカルファイル	ml	FTP サーバ上の 1 つ以上のファイルやディレクトリを短い形式で一覧を取得してローカルファイルに保存する

■ ファイル操作サブコマンド

サブコマンド	短縮形	説明
{get | recv} リモートファイル [ローカルファイル]	{ge | rec}	ファイルを 1 つ受信する。受信したファイル名を変更する場合はローカルファイルを指定する
mget リモートファイル	mg	ファイルを 1 つ以上受信する
{put | send} ローカルファイル [リモートファイル]	{pu | se}	ファイルを 1 つ送信する。送信したファイル名を変更する場合はリモートファイルを指定する
mput ローカルファイル	mp	ファイルを 1 つ以上送信する
append ローカルファイル [リモートファイル]	ap	ローカルファイルを送信して、FTP サーバ上の既存リモートファイルの末尾に追加する
delete リモートファイル	del	FTP サーバ上のファイルを削除する
mdelete リモートファイル	mde	FTP サーバ上の 1 つ以上のファイルを削除する。ファイル名はスペースで区切って 1 つ以上指定できる
rename 旧リモートファイル名 新リモートファイル名	ren	FTP サーバ上のファイル名を変更する

■ その他のサブコマンド

サブコマンド	短縮形	説明
!	なし	Ftp コマンドを中断して一時的にコマンドプロンプトに戻る。再度 Ftp コマンドに戻るには、Exit コマンドを実行する

{help | ?}	he	ローカルの Ftp コマンドヘルプを表示する
remotehelp	rem	FTP サーバ側のコマンドヘルプを表示する
{literal | quote} リモートコマンド	{li | quo}	FTP サーバ上で任意のリモートコマンドを実行する。実行可能なコマンドは FTP サーバによって異なり、remotehelp サブコマンドで表示できる。たとえば「literal cwd /」を実行すると、FTP サーバ上のカレントディレクトリがルートディレクトリに変更される

■ モード設定トグルスイッチ

以下のスイッチはトグルスイッチになっており、実行するたびにオンとオフが切り替わる。

トグルスイッチ	短縮形	説明
bell	be	サブコマンドの完了時にブザー音を鳴らす。既定値はオフ
debug	deb	デバッグレベルの詳細情報を表示する。既定値はオフ
glob	gl	ワイルドカード(「*」および「?」)の使用を許可する。既定値はオン
hash	ha	ファイル転送の進捗状況を「#」記号で表示する。既定値はオフ
prompt	pr	複数ファイルの操作時に確認する。既定値はオン
trace	tr	パケット追跡モードを使用する。既定値はオフ
verbose	v	詳細情報を表示する。既定値はオン
status	st	現在のトグルスイッチ設定を表示する

実行例

ftpbatch.txt ファイルを使ってバッチ実行モードでファイルを転送する。

```
C:\Work>Ftp -v -A -s:ftpbatch.txt ws22stdc1.ad2022.example.jp
user1@ws22stdc1.ad2022.example.jp への匿名でのログインに成功しました
ftp> prompt
対話モード オフ。
ftp> lcd C:\Work
ローカル ディレクトリは現在 C:\Work です。
ftp> dir
05-15-22  05:41PM                  580 ad.example.jp.dns
11-07-21  05:27PM                 2212 Default.rdp
05-15-22  05:57PM                  318 dsset-ad.example.jp
03-21-22  06:00PM                  636 dsset-zz.example.jp
05-26-22  01:58AM                   72 ftpbatch.txt
05-26-22  01:33AM                 2212 hoge.rdp
05-15-22  05:57PM                 1346 keyset-ad.example.jp
12-31-21  03:49PM                  895 PullSubscription1.xml
05-26-22  01:43AM                  176 sample.txt
05-15-22  06:06PM                 4251 SavedKeyFile.pfx
05-26-22  01:57AM      <DIR>          share
12-26-21  04:31PM                    0 W32tm
ftp> mget *.jp
ftp> put sample.txt sample99.txt
ftp> quit
```

```
C:¥Work>
```

▼ ftpbatch.txt ファイルの内容

```
prompt
lcd C:¥Work
dir
mget *.jp
put sample.txt sample99.txt
quit
```

■ コマンドの働き

Ftp コマンドは、ファイル転送プロトコル(FTP:File Transfer Protocol)を使って、
FTPサーバとの間でファイルを送受信する。

Getmac.exe
MACアドレスを表示する

XP | 2003 | 2003R2 | Vista | 2008 | 2008R2 | 7 | 2012 | 8 | 2012R2 | 8.1 | 10
2016 | 2019 | 2022 | 11

構文

Getmac [/s コンピュータ名 [/u ユーザー名 [/p [パスワード]]]] [/Fo 表示形式]
[/Nh] [/v]

■ スイッチとオプション

/s コンピュータ名

操作対象のコンピュータ名を指定する。省略するとローカルコンピュータでコマンド
を実行する。

/u ユーザー名

操作を実行するユーザー名を指定する。

/p [パスワード]

操作を実行するユーザーのパスワードを指定する。パスワードに「*」を指定するか省
略すると、プロンプトを表示する。

/Fo 表示形式

表示形式を次のいずれかで指定する。

表示形式	説明
CSV	ピリオド区切り
LIST	一覧形式
TABLE	表形式(既定値)

/Nh

カラムヘッダを出力しない。このオプションは、/Foオプションで結果の表示形式を
TABLEまたはCSVに設定した場合に有効。

/v

詳細情報を表示する。

実行例

ローカルコンピュータの MAC アドレスを CSV 形式で表示する。

```
C:\Work>Getmac /Fo CSV
"物理アドレス","トランスポート名"
"00-0C-29-CB-AE-29","\Device\Tcpip_{C6B959E4-ECC8-4F64-96DF-B8ADE33C1AE4}"
```

■ コマンドの働き

Getmac コマンドは、全ネットワークインターフェイスの MAC アドレスを表示する。

Hostname.exe   コンピュータ名を表示する

| 2000 | XP | 2003 | 2003R2 | Vista | 2008 | 2008R2 | 7 | 2012 | 8 | 2012R2 | 8.1 | 10 | 2016 | 2019 | 2022 | 11 |

構文

Hostname

実行例

コンピュータ名を表示する。

```
C:\Work>Hostname
w11pro21h2
```

■ コマンドの働き

Hostname コマンドは、自身のコンピュータ名(ホスト名)を表示する。NetBIOS コンピュータ名は表示されない。

Ipconfig.exe   ネットワーク接続の
TCP/IP構成情報を操作する

| 2000 | XP | 2003 | 2003R2 | Vista | 2008 | 2008R2 | 7 | 2012 | 8 | 2012R2 | 8.1 | 10 | 2016 | 2019 | 2022 | 11 |

構文

Ipconfig [/AllCompartments] [スイッチ] [ネットワーク接続名] [オプション]

■ スイッチとオプション

/AllCompartments

すべてのネットワークコンパートメント(ネットワーク接続ごとに分離された仮想的なプロトコルスタック情報)を表示する。 Vista 以降

/All

すべてのネットワークアダプタについて、MACアドレス、IPアドレス、サブネット

マスク、デフォルトゲートウェイ、DNSサーバなどの詳細情報を表示する。
/AllCompartmentsスイッチと併用できる。

ネットワーク接続名

「イーサネット」や「ローカル エリア接続」などのネットワーク接続名を指定する。名前の一部にワイルドカード「*」「?」を使用できる。スペースを含むネットワーク接続名はダブルクォートで括る。

/DisplayDns

DNSのローカル名前解決キャッシュ情報(リゾルバキャッシュ)を表示する。 `XP以降`

/FlushDns

DNSのローカル名前解決キャッシュ情報をクリアする。

/RegisterDns

DNSサーバにコンピュータ名(ホスト名)名を登録する。DHCP環境では、IPアドレスのリース情報も更新する。 `UAC`

/Release [*ネットワーク接続名*]

指定したネットワーク接続のIPv4アドレスを解放する。

/Release6 [*ネットワーク接続名*]

指定したネットワーク接続のIPv6アドレスを解放する。 `Vista以降`

/Renew [*ネットワーク接続名*]

指定したネットワーク接続のIPv4アドレスを更新する。

/Renew6 [*ネットワーク接続名*]

指定したネットワーク接続のIPv6アドレスを更新する。 `Vista以降`

/SetClassId *ネットワーク接続名* [*クラスID*]

指定したネットワーク接続にIPv4 DHCPクラスIDを設定する。クラスIDを省略すると、既存のクラスIDを削除する。 `UAC`

/SetClassId6 *ネットワーク接続名* [*クラスID*]

指定したネットワーク接続にIPv6 DHCPクラスIDを設定する。クラスIDを省略すると、既存のクラスIDを削除する。 `UAC` `2008R2以降`

/ShowClassId *ネットワーク接続名*

指定したネットワーク接続で使用可能なIPv4 DHCPクラスIDを表示する。

/ShowClassId6 *ネットワーク接続名*

指定したネットワーク接続で使用可能なIPv6 DHCPクラスIDを表示する。 `2008R2以降`

実行例1

Ethで始まるネットワーク接続で、IPv4アドレスを更新する。

```
C:\Work>Ipconfig /Renew Eth*

Windows IP 構成


イーサネット アダプター Ethernet0:

  接続固有の DNS サフィックス . . . . .: example.jp
```

```
リンクローカル IPv6 アドレス. . . . .: fe80::8975:e410:febd:4e8b%5
IPv4 アドレス . . . . . . . . . .: 192.168.1.31
サブネット マスク . . . . . . . . .: 255.255.255.0
デフォルト ゲートウェイ . . . . . .: fe80::6284:bdff:fefb:79a8%5
                                      192.168.1.1
```

実行例2

DNSにホスト情報を登録する。この操作には管理者権限が必要。

```
C:¥Work>Ipconfig /RegisterDns

Windows IP 構成

このコンピューターのすべてのアダプターに対する DNS リソース レコードの登録を開始しま
した。すべてのエラーは、イベント ビューアーに 15 分以内に報告されます。
```

▌ コマンドの働き

Ipconfigコマンドは、TCP/IPv4およびTCP/IPv6の設定を表示したり、DHCPで割り当てられているIPアドレスを解放したりする。参照しているDNSが動的更新をサポートしていれば、ホスト名とIPアドレスの組を登録または削除することもできる。

Nbtstat.exe

NBT(NetBIOS over TCP/IP)
の統計情報を表示する

| 2000 | XP | 2003 | 2003R2 | Vista | 2008 | 2008R2 | 7 | 2012 | 8 | 2012R2 | 8.1 |
| 10 | 2016 | 2019 | 2022 | 11 |

構文

Nbtstat [-a コンピュータ名] [-A IPアドレス] [-c] [-n] [-r] [-R] [-RR] [-s] [-S] [更新間隔]

▌ スイッチとオプション

Nbtstatコマンドの一部のスイッチは、大文字と小文字を区別する。

-a コンピュータ名

コンピュータ名(NetBIOS名)で指定したコンピュータ上のNetBIOS情報を表示する。

-A IPアドレス

IPアドレスで指定したコンピュータ上のNetBIOS情報を表示する。

-c

NetBIOSネームキャッシュ内のコンピュータ名とIPアドレスを表示する。

-n

NetBIOSローカルネームテーブル内のNetBIOS名を表示する。

-r

ブロードキャストとWINS(Windows Internet Name Service)サーバ参照によって解決したNetBIOS名と統計情報を表示する。

-R

> NetBIOSネームキャッシュ内のリモートコンピュータ情報を破棄する。 `UAC`

-RR

> WINS（Windows Internet Name Service）サーバに登録されNetBIOS名を解放して更新する。 `UAC`

-s

> IPアドレスをNetBIOS名に名前解決して、NBTセッションテーブルを表示する。

-S

> IPアドレスのままNBTセッションテーブルを表示する。

更新間隔

> [Ctrl]+[C]キーを押すまで、指定した間隔（単位は秒）で統計情報を繰り返し表示する。

（実行例）

NetBIOSネームテーブルの情報を表示する。

```
C:¥Work>Nbtstat -n

Ethernet0:
ノード IP アドレス: [192.168.1.226] スコープ ID: []

            NetBIOS ローカル ネーム テーブル

    名前              種類        状態
---------------------------------------------
WS22STDC1    <00>  一意        登録済
AD2022       <00>  グループ    登録済
AD2022       <1C>  グループ    登録済
WS22STDC1    <20>  一意        登録済
AD2022       <1B>  一意        登録済
```

▟ コマンドの働き

Nbtstatコマンドは、NBTが有効なコンピュータで、コンピュータ名（NetBIOS名）、ドメインマスタブラウザ、MACアドレス、ネームキャッシュなどの情報を表示する。

Net.exe

ユーザーアカウントやサービスなどを操作する

2000 | XP | 2003 | 2003R2 | Vista | 2008 | 2008R2 | 7 | 2012 | 8 | 2012R2 | 8.1 |
10 | 2016 | 2019 | 2022 | 11

構文

Net [スイッチ] [オプション]

スイッチ	説明
Accounts	アカウントポリシーを設定する
Computer	ドメインでコンピュータアカウントを操作する `UAC`

Config	Server ／ Workstation サービスを設定する
File	使用中の共有ファイルを操作する **UAC**
Group	ドメインの非ビルトイングループとメンバーシップを操作する
Help	Net コマンドのスイッチとオプションの詳しい使い方を表示する
HelpMsg	エラーコードの説明を表示する
LocalGroup	ローカルグループとメンバーシップを操作する
Name	メッセージの宛先の別名を操作する **2003R2 以前**
Print	共有プリンタへの印刷ジョブを操作する **2008 以前**
Send	Messenger サービスを通じてメッセージを送信する **2003R2 以前**
Session	共有資源の利用状況を管理する **UAC**
Share	共有資源を表示または設定する
{Start | Stop | Pause | Continue}	サービスを開始／停止／一時停止／再開する **UAC**
Statistics	Server ／ Workstation サービスの統計情報を表示する
Time	システムの日時をタイムサーバと同期する **UAC**
Use	共有資源を利用する
User	ドメイン／ローカルのユーザーアカウントを操作する **UAC**
View	共有資源とキャッシュ設定を表示する

■ コマンドの働き

Netコマンドは、ユーザー、コンピュータ、グループ、共有資源、サービスの管理、時刻の同期、Win32エラーコードのヘルプ表示までカバーする、総合システム管理コマンドである。

Windows 9x/NTと互換性があり、すべてのバージョンのWindowsで使えるコマンドだが、Active Directoryへの対応は不十分である。たとえば「Net User ユーザー名 * /Add」コマンドでユーザーアカウントを登録できるが、ユーザー名は20文字以下に制限されており、設定できないユーザー属性がある。

■ Net Accounts──アカウントポリシーを設定する

2000 **XP** **2003** **2003R2** **Vista** **2008** **2008R2** **7** **2012** **8** **2012R2** **8.1** **10** **2016** **2019** **2022** **11**

構文

Net Accounts [/ForceLogoff:{*強制ログオフまでの時間* | No}] [/MinPwLen:*最小パスワード長*] [/MaxPwAge:{*パスワード有効期間* | Unlimited}] [/MinPwAge:*パスワード変更禁止期間*] [/UniquePw:*使用できない旧パスワード数*] [/Domain]

■ スイッチとオプション

/ForceLogoff:{*強制ログオフまでの時間* | No}

アカウントの有効期限やログオン可能時間を超過した場合に、ユーザーを強制的にログオフさせるまでの待ち時間(分)を0分から9,999,999分で指定する。既定値はNoで強制的にログオフしない。0分はNoとは異なり即座にログオフさせる。 **UAC**

87

/MinPwLen:*最小パスワード長*

パスワードの最小文字数を0文字から256文字(10 1809以前と2012R2以前は14文字まで)で指定する。既定値は0文字(ドメインコントローラは7文字)。 **UAC**

/MaxPwAge:{*パスワード有効期間* | Unlimited}

パスワードの有効期限を1日から999日、または無期限を表すUnlimitedで指定する。既定値は42日。 **UAC**

/MinPwAge:*パスワード変更禁止期間*

パスワードの変更禁止期間を0日から999日の間で、パスワード有効期間より短い日数で指定する。既定値は0日(変更禁止期間なし)。 **UAC**

/UniquePw:*使用できない旧パスワード数*

過去に使用したパスワードを、指定した変更回数以内に再使用できないようにする。回数は0回(無制限、既定値)、または1回(現在のパスワード)から24回で指定する。 **UAC**

/Domain

所属ドメインのドメインコントローラ上で操作を実行する。省略するとローカルコンピュータで実行する。

実行例

ドメインのアカウントポリシー設定(Default Domain Policyの設定)を表示する。

```
C:¥Work>Net Accounts /Domain
強制ログオフまでの時間 (分):                              しない
パスワード変更禁止期間 (日数):                            1
パスワード有効期間 (日数):                                42
最小パスワード長:                                         7
使用できない旧パスワード数:                               24
ロックアウトしきい値:                                     しない
ロックアウト期間 (分):                                    30
ロックアウト監視ウィンドウ (分):                          30
コンピューターの役割:                                     PRIMARY
コマンドは正常に終了しました。
```

■ コマンドの働き

「Net Accounts」コマンドは、ローカルコンピュータまたはドメインのパスワードポリシーの設定を表示または変更する。スイッチとオプションを省略すると、ローカルコンピュータのパスワードポリシーを表示する。

Net Computer——ドメインでコンピュータアカウントを操作する

2000 | 2003 | 2003R2 | 2008 | 2008R2 | 2012 | 2012R2 | 2016 | 2019 | 2022 | UAC

構文

Net Computer ¥¥*コンピュータ名* {/Add | /Del}

■ スイッチとオプション

¥¥コンピュータ名

　登録または削除するコンピュータ名を指定する。

/Add

　コンピュータアカウントを作成する。

/Del

　コンピュータアカウントを削除する。

実行例

　ドメインにコンピュータアカウント TESTPC を作成する。この操作には管理者権限が
必要。

```
C:\Work>Net Computer \\TESTPC /Add
コマンドは正常に終了しました。
```

■ コマンドの働き

　「Net Computer」コマンドはドメインコントローラ上でだけ有効なコマンドで、コンピュー
タアカウントを登録または削除する。

　コンピュータアカウントの登録先は既定のコンテナで、任意のコンテナを指定するこ
とはできない。また、ドメインへの参加権限(コンピュータアカウントパスワードの変更
権限)はEveryoneに付与する。

　ドメインコントローラ以外で実行すると、「このコマンドは Windows ドメイン コント
ローラーでのみ使用できます。」というエラーが発生する。

■ Net Config——Server／Workstationサービスを設定作する

2000　XP　2003　2003R2　Vista　2008　2008R2　7　2012　8　2012R2　8.1
10　2016　2019　2022　11

構文1 Serverサービスを構成する

Net Config Server [/AutoDisconnect:*切断までのアイドル時間*]
[/SrvComment:*説明文*] [/Hidden:{Yes | No}]

構文2 Workstationサービスを構成する

Net Config Workstation [/CharCount:*送信バイト数*] [/CharTime:*タイムア
ウト*] [/CharWait:*タイムアウト*]

■ スイッチとオプション

Server

　Serverサービスを設定する。省略すると設定を表示する。 **UAC**

Workstation

　Workstation サービスを設定する。省略すると設定を表示する。設定変更は
Windows 2000でだけ可能。

/AutoDisconnect: *切断までのアイドル時間*

共有資源の使用中に指定した時間アイドル状態が続いた場合、共有資源への接続を強制的に切断する。アイドル時間(分)は -1分から65,535分で指定する。-1分を指定すると自動切断しない。既定値は15分。 `UAC`

/SrvComment: *説明文*

エクスプローラなどで表示されるコンピュータの説明文を、ダブルクォートで括って指定する。 `UAC`

/Hidden:{Yes | No}

ネットワークコンピュータの一覧にコンピュータ名を表示するか指定する。既定値はNoでコンピュータ名を表示する。 `UAC`

/CharCount: *送信バイト数*

通信デバイスにデータを送信するまでのデータ量を0バイトから65,535バイトで指定する。既定値は16バイト。 `2000`

/CharTime: *タイムアウト*

通信デバイスにデータを送信する際のタイムアウトを0ミリ秒から65,535,000ミリ秒で指定する。既定値は250ミリ秒。 `2000`

/CharWait: *タイムアウト*

通信デバイスが使用可能になるまでの待ち時間を0秒から65,535秒で指定する。既定値は0秒(コマンドヘルプでは3,600秒)。 `2000`

実行例

ネットワークコンピュータに表示しないようにServerサービスを設定して、任意の説明文を設定する。この操作には管理者権限が必要。

```
C:¥Work>Net Config Server /SrvComment:"このサーバは非表示です"
コマンドは正常に終了しました。


C:¥Work>Net Config Server
サーバー名                                    ¥¥WS22STDC1
サーバー コメント                             このサーバは非表示です

ソフトウェア バージョン                       Windows Server 2022 Standard Evaluation
アクティブなネットワーク (サーバー)
      NetbiosSmb (WS22STDC1)
      NetBT_Tcpip_{C6B959E4-ECC8-4F64-96DF-B8ADE33C1AE4} (WS22STDC1)


隠しサーバー                                  No
最大ユーザー数                                16777216
各セッションのオープン ファイルの最大数       16384

アイドル セッション時間 (分)                  15
コマンドは正常に終了しました。
```

■ コマンドの働き

「Net Config」コマンドは、共有資源を提供するServerサービスと、共有資源を利用するWorkstationサービスの設定を表示または変更する。

Workstationサービスの設定変更はWindows 2000でだけ実行できるが、実際に使用すると「パラメータが間違っています」エラーが発生して設定できない。「Net Config Server」コマンドを実行するには管理者権限が必要だが、「Net Config Workstation」コマンドでは管理者権限は不要。

Net File──使用中の共有ファイルを操作する

2000 | XP | 2003 | 2003R2 | Vista | 2008 | 2008R2 | 7 | 2012 | 8 | 2012R2 | 8.1 |
10 | 2016 | 2019 | 2022 | 11 | UAC

構文

Net File [*ファイルID* [/Close]]

■ スイッチとオプション

ファイルID
> IDで指定したファイルを使用中のユーザー名、ロック数、ファイルのパス、アクセス許可設定を表示する。ファイルIDは、「Net File」コマンドをスイッチとオプションなしで実行することで表示できる。

/Close
> IDで指定したファイルを閉じてロックを解除する。

実行例

共有フォルダ内の使用中のファイルを表示する。この操作には管理者権限が必要。

```
C:\Work>Net File

ID          パス                                      ユーザー名          ロック数

-------------------------------------------------------------------------------
805307244   C:\Work\                                  user1              0
805307254   C:\Work\                                  user1              0
コマンドは正常に終了しました。
```

■ コマンドの働き

「Net File」コマンドは、共有フォルダを提供するコンピュータ上で実行して、共有中のファイルの使用状況を確認/クローズできる。

Net Group──ドメインの非ビルトイングループとメンバーシップを操作する

2000 | XP | 2003 | 2003R2 | Vista | 2008 | 2008R2 | 7 | 2012 | 8 | 2012R2 | 8.1 |
10 | 2016 | 2019 | 2022 | 11

構文1 ドメインの非ビルトイングループを表示または説明文を設定する
Net Group [グループ名 [/Comment:説明文]] [/Domain]

構文2 ドメインのグループを登録または削除する
Net Group グループ名 {/Add [/Comment:説明文] | /Delete} [/Domain]

構文3 ドメインのグループにメンバーを登録または削除する
Net Group グループ名 ユーザー名 {/Add | /Delete} [/Domain]

■ スイッチとオプション

グループ名

操作対象の非ビルトイングループを指定する。スペースを含む場合はダブルクォートで括る。グループ名だけを指定して他のスイッチとオプションを省略すると、グループのメンバーシップを表示する。

/Comment:説明文

グループに設定する説明文を指定する。スペースを含む場合はダブルクォートで括る。/Addまたは/Deleteスイッチを併用しない場合は、既存のグループの説明文を編集する。

/Domain

ドメインコントローラ以外のコンピュータ上で「Net Group」コマンドを実行する場合に指定する。

ユーザー名

グループにメンバーとして登録または削除するユーザー名またはグループ名を、スペースで区切って1つ以上指定する。

/Add

ユーザーやグループをグループのメンバーとして登録する。

/Delete

ユーザーやグループをグループのメンバーから削除する。

実行例

ドメインコントローラ上でドメインにグループSample Groupを作成し、ユーザーTestUserをメンバーに追加する。この操作にはドメインの管理者権限が必要。

```
C:¥Work>Net Group "Sample Group" /Add /Comment:"サンプル グループ"
コマンドは正常に終了しました。

C:¥Work>Net Group "Sample Group" TestUser /Add
コマンドは正常に終了しました。
```

■ コマンドの働き

「Net Group」コマンドは、既定ではActive DirectoryのUsersコンテナに登録されている、Domain AdminsやEnterprise Adminsなどのビルトインでないグループを操作する。AdministratorsやUsersなどのビルトイングループは「Net LocalGroup」コマンドで操作する。

ドメインコントローラ以外で実行すると、「このコマンドは Windows ドメイン コントローラーでのみ使用できます。」というエラーが発生する。

■ Net Help──Netコマンドのスイッチとオプションの詳しい使い方を表示する

2000 | XP | 2003 | 2003R2 | Vista | 2008 | 2008R2 | 7 | 2012 | 8 | 2012R2 | 8.1
10 | 2016 | 2019 | 2022 | 11

構文1 スイッチのヘルプを表示する
Net Help [{*スイッチ* | Names | Services | Syntax}]

構文2 スイッチのヘルプを表示する
Net *スイッチ* {/Help | /?}

■ スイッチとオプション

スイッチ
　　詳細なヘルプを表示したいスイッチを指定する。

Names
　　コマンドで使用する一般的な名前の説明を表示する。

Services
　　「Net {Start | Stop | Pause | Continue}」コマンドで操作可能なサービスを表示する。

Syntax
　　コマンドの一般的な文法やオプション指定時の注意点を表示する。

/Help
　　文法やオプションの説明を含む詳細なヘルプを表示する。

/?
　　文法だけの簡易ヘルプを表示する。

実行例
　「Net User」コマンドの詳しい使い方を表示する。

```
C:¥Work>Net Help User
このコマンドの構文は次のとおりです:

NET USER
[ユーザー名 [パスワード | *] [オプション]] [/DOMAIN]
        ユーザー名 {パスワード | *} /ADD [オプション] [/DOMAIN]
        ユーザー名 [/DELETE] [/DOMAIN]
        ユーザー名 [/TIMES:{時間 | ALL}]
        ユーザー名 [/ACTIVE: {YES | NO}]

NET USER は、コンピューターのユーザー アカウントを作成および変更します。スイッチ
なしで使用した場合は、コンピューターのユーザー アカウントの一覧が表示されます。
ユーザー アカウント情報はユーザー アカウント データベースに格納されます。
 (以下略)
```

1
ネットワークコマンド編

■ **コマンドの働き**

「Net Help」コマンドは、Netコマンドの各スイッチとオプションについて、使い方や指定方法を表示する。

Net HelpMsg——エラーコードの説明を表示する

2000 | XP | 2003 | 2003R2 | Vista | 2008 | 2008R2 | 7 | 2012 | 8 | 2012R2 | 8.1 |
10 | 2016 | 2019 | 2022 | 11 |

構文

Net HelpMsg エラーコード

■ **スイッチとオプション**

エラーコード
    Win32エラーコードを番号で指定する。

実行例

エラーコード5の説明を表示する。

```
C:¥Work>Net HelpMsg 5

アクセスが拒否されました。
```

■ **コマンドの働き**

「Net HelpMsg」コマンドは、コマンドの実行結果やイベントログなどで表示される、Windowsのエラーコード(Win32エラーコード、システムエラーコード)の説明を表示する。

Net LocalGroup——ローカルグループとメンバーシップを操作する

2000 | XP | 2003 | 2003R2 | Vista | 2008 | 2008R2 | 7 | 2012 | 8 | 2012R2 | 8.1 |
10 | 2016 | 2019 | 2022 | 11 |

構文1 ローカルグループを表示または説明文を設定する
Net LocalGroup [グループ名 [/Comment:説明文]] [/Domain]

構文2 ローカルグループを登録または削除する
Net LocalGroup グループ名 {/Add [/Comment:説明文] | /Delete}
[/Domain]

構文3 ローカルグループにメンバーを登録または削除する
Net LocalGroup グループ名 ユーザー名 {/Add | /Delete} [/Domain]

■ **スイッチとオプション**

グループ名
    操作対象のローカルグループを指定する。スペースを含む場合はダブルクォートで括る。グループ名だけを指定して他のスイッチとオプションを省略すると、グループの

メンバーシップを表示する。

/Comment:*説明文*

グループに設定する説明文を指定する。スペースを含む場合はダブルクォートで括る。
/Add または /Delete スイッチを併用しない場合は、既存のグループの説明文を編集
する。

/Domain

ドメインコントローラ以外のコンピュータ上で「Net LocalGroup」コマンドを実行して、
ドメインのビルトイングループを操作する場合に指定する。

ユーザー名

グループにメンバーとして登録または削除するユーザー名またはグループ名を、スペー
スで区切って1つ以上指定する。

/Add

ユーザーやグループをグループのメンバーとして登録する。

/Delete

ユーザーやグループをグループのメンバーから削除する。

1

ネットワーク
コマンド編

実行例1

ドメインコントローラ上でローカルグループ Local Sample Group を作成し、ユーザー
TestUser をメンバーに追加する。この操作にはドメインの管理者権限が必要。

```
C:¥Work>Net Group "Local Sample Group" /Add /Comment:"ローカル サンプル グループ"
コマンドは正常に終了しました。

C:¥Work>Net Group "Local Sample Group" TestUser /Add
コマンドは正常に終了しました。
```

実行例2

ドメインのメンバーコンピュータ上で、ローカルの Administrators グループにドメイ
ンユーザー AD2022¥TestUser を追加する。この操作にはコンピュータの管理者権限が必要。

```
C:¥Work>Net LocalGroup Administrators AD2022¥TestUser /Add
コマンドは正常に終了しました。
```

■ コマンドの働き

「Net LocalGroup」コマンドは、Administrators や Users などのビルトイングループとロー
カルグループを操作する。ドメインコントローラでは、ビルトイングループは Active
Directory の Builtin コンテナに登録されている。ドメインの非ビルトイングループを操作
するには、「Net Group」コマンドを使用する。

■ Net Name——メッセージの宛先の別名を操作する

2000 | XP | 2003 | 2003R2

95

構文

Net Name [エイリアス [{/Add | /Delete}]]

■ スイッチとオプション

エイリアス

メッセージの送り先として使える別名を15文字以内で指定する。

{/Add | /Delete}

エイリアスを追加(/Add、既定値)または削除(/Delete)する。

実行例

Messenger サービスを開始して、エイリアス SendMe を登録する。

```
C:¥Work>Net Name SendMe /Add
Messenger サービスは開始されていません。

開始しますか? (Y/N) [Y]: y
Messenger サービスを開始します...
Messenger サービスは正常に開始されました。

メッセージ名 SENDME は追加されました。
```

■ コマンドの働き

「Net Name」コマンドは、Messenger サービスを通じてメッセージを送信する際の、宛先名に別名(エイリアス)を登録または削除する。登録した別名は、コンピュータを再起動すると消滅する。

■ Net Print──共有プリンタへの印刷ジョブを操作する

| 2000 | XP | 2003 | 2003R2 | Vista | 2008 |

構文

Net Print 共有プリンタ名 [印刷ジョブ番号] [{/Hold | /Release | /Delete}]

■ スイッチとオプション

共有プリンタ名

共有プリンタのUNCパスを「¥¥ コンピュータ名 ¥ 共有名」形式で指定する。

印刷ジョブ番号

印刷ジョブの識別番号を指定する。

{/Hold | /Release | /Delete}

指定した印刷ジョブを一時停止(/Hold)、再開(/Release)、削除(/Delete)する。

実行例

コンピュータ xppro1 上の共有プリンタ Test Printer の印刷ジョブを表示する。

```
C:\Work>Net Print "\\xppro1\Test Printer"

\\xppro1 のプリンタ


名前                         ジョブ番号 サイズ           ステータス


-------------------------------------------------------------------------------
Test Printer キュー          0 ジョブ                   *アクティブなプリンタ*
コマンドは正常に終了しました。
```

ネットワーク編
コマンド
1

■ コマンドの働き

「Net Print」コマンドは、共有プリンタの印刷ジョブを操作する。共有プリンタのUNC
パス以外のスイッチとオプションを省略して実行すると、印刷ジョブを表示する。

▀▚ Net Send——Messengerサービスを通じてメッセージを送信する

2000 XP 2003 2003R2

構文

Net Send {*宛先* | * | /Domain[:*名前*] | /Users} *メッセージ*

■ スイッチとオプション

宛先

メッセージの送信先となるコンピュータ名やユーザー名、エイリアスを指定する。ス
ペースを含む場合はダブルクォートで括る。

*

送り先として有効なすべての宛先に対して、一斉にメッセージを送信する。

/Domain[:*名前*]

指定したドメインまたはワークグループに対してメッセージを一斉送信する。名前を
省略すると、現在参加しているドメインまたはワークグループ内のすべての宛先に対
してメッセージを一斉送信する。

/Users

「Net Send」コマンドを実行するコンピュータに接続している、すべてのユーザーに
対してメッセージを送信する。

メッセージ

送信するテキストを指定する。

実行例

TAROSANにメッセージを送信する。

```
C:\Work>Net Send TAROSAN ちょっと席を外します
メッセージは TAROSAN に正常に送信されました。
```

■ コマンドの働き

　「Net Send」コマンドは、Messengerサービスを実行するコンピュータにテキストメッセージを送信する。

⬛ Net Session——共有資源の利用状況を管理する

`2000` `XP` `2003` `2003R2` `Vista` `2008` `2008R2` `7` `2012` `8` `2012R2` `8.1`
`10` `2016` `2019` `2022` `11` `UAC`

構文

Net Session [¥¥コンピュータ名] [/Delete] [/List]

■ スイッチとオプション

¥¥コンピュータ名
　セッションを表示または切断するコンピュータ名を指定する。省略するとローカルコンピュータを使用する。

/Delete
　指定したコンピュータとのセッションを切断し、使用中のファイルを閉じる。コンピュータ名を省略するとすべてのセッションを閉じる。

/List
　結果を表形式で表示する。既定値は一覧形式。

実行例

　共有フォルダに接続中のコンピュータとユーザーを表示する。この操作には管理者権限が必要。

```
C:¥Work>Net Session /List

ユーザー名            user1
コンピューター        [fe80::893:3694:54f0:5495]
ゲスト ログオン       No
クライアント タイプ
アイドル時間          00:00:02

コマンドは正常に終了しました。
```

■ コマンドの働き

　「Net Session」コマンドは、ローカルの共有資源への接続と利用状況を管理する。スイッチとオプションを省略して実行すると、現在共有資源を使用中のクライアントコンピュータ名、ユーザー名、アイドル時間などを表示する。

⬛ Net Share——共有資源を表示または設定する

`2000` `XP` `2003` `2003R2` `Vista` `2008` `2008R2` `7` `2012` `8` `2012R2` `8.1`
`10` `2016` `2019` `2022` `11`

構文1 フォルダなどを共有する

Net Share *共有名=フォルダ名* [/Grant:*ユーザー名,アクセス許可*] [/Users:*ユー
ザー数* | /Unlimited] [/Remark:*説明文*] [/Cache:*キャッシュ設定*]

構文2 共有資源の設定を表示またはオプションを設定する

Net Share [*共有名* [/Users:*ユーザー数* | /Unlimited] [/Remark:*説明文*]
[/Cache:*キャッシュ設定*]]

構文3 共有資源を削除する

Net Share {*共有名* | *デバイス名* | *フォルダ名*} [*\\コンピュータ名*] /Delete

1
ネットワーク
コマンド編

■ スイッチとオプション

共有名

表示、設定、公開する共有資源の名前を指定する。共有名の末尾に「$」を付けると隠
し共有となり、エクスプローラなどで表示されなくなる。

フォルダ名

公開または公開を解除するフォルダの絶対パスを指定する。

/Grant:*ユーザー名,アクセス許可*

共有アクセス権を与えるユーザー名またはグループ名を指定する。アクセス許可には
次のいずれかを指定する。複数のアクセス許可エントリを設定するには、/Grant スイッ
チを繰り返し指定する。 **2003 以降**

アクセス許可	説明
Read	読み取り
Change	変更
Full	フルコントロール

{/Users:*ユーザー数* | /Unlimited}

共有資源にアクセス可能な最大ユーザー数を指定する。/Unlimited を指定すると無制
限になる。

/Remark:*説明文*

共有資源の説明文をダブルクォートで括って指定する。

/Cache:*キャッシュ設定*

共有資源をオフラインで使用する際の、クライアントキャッシュオプションを指定す
る。

キャッシュ設定	説明
Manual	ドキュメントとプログラムをオフラインで保存するか、ユーザーが選択できるよ うにする。[オフラインの設定] ダイアログの、[ユーザーが指定したファイルお よびプログラムのみオフラインで利用可能にする] オプションに相当する。 Windows 2000 と Windows XP では、[キャッシュの設定] ダイアログの [ドキュ メントの手動キャッシュ] オプションに相当する
Documents	自動的にドキュメントをオフラインで保存する。[オフラインの設定] ダイアログ の、[共有フォルダからユーザーが開いたファイルとプログラムは、すべて自動的 にオフラインで利用可能にする] オプションに相当する
Programs	自動的にドキュメントとプログラムをオフラインで保存する。[オフラインの設定] ダイアログの、[パフォーマンスが最適になるようにする] オプションに相当する

前ページよりの続き

BranchCache	ブランチキャッシュを有効にして、ドキュメントとプログラムをオフラインで保存するか、ユーザーが選択できるようにする。[オフラインの設定] ダイアログの、[BranchCache を有効にする] オプションと [ユーザーが指定したファイルおよびプログラムのみオフラインで利用可能にする] オプションに相当する 2008R2 以降
None	ドキュメントとプログラムのオフライン保存を無効にする。[オフラインの設定] ダイアログの、[共有フォルダにあるファイルやプログラムはオフラインで利用可能にしない] オプションに相当する。Windows XP では、[キャッシュの設定] ダイアログの [このフォルダで、キャッシュを可能にする] オプションに相当する
Automatic	[キャッシュの設定] ダイアログの [ドキュメントの自動キャッシュ] オプションに相当する 2000
No	[キャッシュの設定] ダイアログの [このフォルダで、キャッシュを可能にする] オプションに相当する 2000

デバイス名

　共有プリンタへの接続を切断する際に、プリンタデバイスを LPT1: から LPT9: で指定する。

/Delete

　共有を解除し共有名を削除する。共有元のフォルダなどは削除されない。

実行例

　C:¥Work フォルダを共有して設定を確認する。この操作には管理者権限が必要。

```
C:¥Work>Net Share Work=C:¥Work /Grant:Administrators,Full /Grant:Users,Change
/Users:10 /Remark:"作業用共有フォルダ" /Cache:Manual
Work が共有されました。

C:¥Work>Net Share Work
共有名              Work
パス                C:¥Work
注釈                作業用共有フォルダ
最大ユーザー数       10
ユーザー
キャッシュ          ドキュメントの手動キャッシュ
アクセス許可        BUILTIN¥Administrators, FULL
                    BUILTIN¥Users, CHANGE

コマンドは正常に終了しました。
```

■ コマンドの働き

　「Net Share」コマンドは、共有資源の表示、作成、公開、オプション設定、削除の操作を実行する。スイッチとオプションを省略して実行すると、現在提供中の共有資源を表示する。

▚ Net {Start | Stop | Pause | Continue}
──サービスを開始／停止／一時停止／再開する

2000 XP 2003 2003R2 Vista 2008 2008R2 7 2012 8 2012R2 8.1
10 2016 2019 2022 11 UAC

100

構文

Net {Start | Stop | Pause | Continue} [*サービス名*] [{/Yes | /y | /No | /n}]

■ スイッチとオプション

サービス名

操作するサービスを、表示名またはレジストリに登録されたサービス名で指定する。名前にスペースを含む場合はダブルクォートで括る。

{/Yes | /y | /No | /n}

依存関係があるサービスの停止を許可(/Yesまたは/y)または拒否(/Noまたは/n)する。

実行例

Print Spoolerサービスを停止する。この操作には管理者権限が必要。

```
C:\Work>Net Stop "Print Spooler"
Print Spooler サービスを停止中です.
Print Spooler サービスは正常に停止されました。
```

■ コマンドの働き

「Net Start」「Net Stop」「Net Pause」「Net Continue」コマンドは、それぞれサービスを開始、停止、一時停止、再開する。「Sc |Start | Stop | Pause | Continue|」コマンドも同じ機能である。サービス名を省略して「Net Start」コマンドを実行すると、現在実行中のサービスを表示する。

■ Net Statistics——Server／Workstationサービスの統計情報を表示する

2000 | XP | 2003 | 2003R2 | Vista | 2008 | 2008R2 | 7 | 2012 | 8 | 2012R2 | 8.1 | 10 | 2016 | 2019 | 2022 | 11

構文

Net Statistics {Server | Workstation}

■ スイッチとオプション

Server

Serverサービスの統計情報を表示する。 11 2016 以前

Workstation

Workstationサービスの統計情報を表示する。

実行例

Workstationサービスの統計情報を表示する。

```
C:\Work>Net Statistics Workstation
\\W11PRO21H2 のワークステーション統計情報
```

```
統計情報の開始日時 2022/05/15 15:30:20


   受信バイト数                                     19296
   受信サーバー メッセージ ブロック (SMB) 数        3
   送信バイト数                                     12922
   送信サーバー メッセージ ブロック (SMB) 数        0
   読み取り操作                                     0
   書き込み操作                                     0
   拒否された Raw 読み取り                           0
   拒否された Raw 書き込み                           0

   ネットワーク エラー                              0
   接続に成功した回数                               0
   再接続に成功した回数                             0
   サーバーから切断された回数                       0

   開始セッション数                                 0
   ハングしたセッション数                           0
   異常終了したセッション数                         0
   異常終了した操作回数                             0
   使用回数                                         5
   失敗した使用回数                                 0

コマンドは正常に終了しました。
```

■ コマンドの働き

「Net Statistics」コマンドは、Server サービスまたは Workstation サービスによる SMB（Server Message Block）通信の統計情報を表示する。統計情報にはセッション数、送受信バイト数、読み書き操作数などが含まれる。

■ Net Time——システムの日時をタイムサーバと同期する

| 2000 | XP | 2003 | 2003R2 | Vista | 2008 | 2008R2 | 7 | 2012 | 8 | 2012R2 | 8.1 |
| 10 | 2016 | 2019 | 2022 | 11 |

構文1 タイムソースコンピュータやドメインコントローラと時刻を同期する

Net Time [{\\コンピュータ名 | /Domain[:ドメイン名] | /RtsDomain[:ドメイン名]}] [/Set [/y]]

構文2 タイムソースコンピュータと時刻を同期する

Net Time [\\コンピュータ名] [{/QuerySntp | /SetSntp[:NTPサーバ]}]

■ スイッチとオプション

\\コンピュータ名
　　時刻を表示または同期するコンピュータを指定する。

/Domain[:ドメイン名]
　　指定したドメインのドメインコントローラのうち、最もネットワーク的に近いドメイ

ンコントローラをタイムソースとして時刻を同期する。ドメイン名を省略すると現在のドメインを使用する。

/RtsDomain[: ドメイン名]

指定したドメイン内の、最も信頼できるタイムサーバ(通常はPDCエミュレータの役割を実行するドメインコントローラ)と時刻を同期する。ドメイン名を省略すると現在のドメインを使用する。

/Set [/y]

コンピュータの日付時刻を変更する。/Setスイッチを指定しない限り日時は変化しない。/yスイッチも指定すると時刻調整の確認プロンプトを表示しない。 UAC

/QuerySntp

現在設定されているSNTP(Simple Network Time Protocol)またはNTP(Network Time Protocol)サーバの名前を表示する。 2008 以前

/SetSntp[:*NTPサーバ*]

同期対象のSNTP/NTPサーバのホスト名またはIPアドレスを、スペースで区切って1つ以上指定する。複数のタイムソースを指定する場合は全体をダブルクォートで括る。 2008 以前

実行例1

ドメインad2022.example.jp内で最も信頼できるタイムソースと時刻を同期する。

```
C:\Work>Net Time /RtsDomain:ad2022.example.jp /Set /y
\\ws22stdc1.ad2022.example.jp の現在の時刻は 2022/06/05 16:39:09 です

コマンドは正常に終了しました。
```

実行例2

SNTP/NTPサーバとしてtime.windows.comとtime.nist.govを指定する。

```
C:\Work>Net Time /SetSntp:"time.windows.com time.nist.gov"
コマンドは正常に終了しました。
```

■ コマンドの働き

「Net Time」コマンドは、コンピュータの時計をタイムサーバと同期させる。スイッチとオプションを省略して実行すると、参加しているドメインのタイムソースの日時を表示する。

ドメインに参加していないコンピュータの場合、コマンドを実行するユーザーの権限でアクセス可能なタイムソースを指定する必要がある。Windows Server 2008 R2以降では/QuerySntpスイッチと/SetSntpスイッチがなく、NTPサーバの登録と確認にはW32tmコマンドを使用する。

■ Net Use——共有資源を利用する

| 2000 | XP | 2003 | 2003R2 | Vista | 2008 | 2008R2 | 7 | 2012 | 8 | 2012R2 | 8.1 |
| 10 | 2016 | 2019 | 2022 | 11 |

> **構文1** 共有資源をドライブやデバイスに割り当てる
>
> Net Use [{*デバイス名* | *}] [¥¥*コンピュータ名*¥*共有名*[¥*フォルダ名*]] [/User:
> *ユーザー名*] [{*パスワード* | *}] [/SmartCard] [/SaveCred]
> [/Persistent:{Yes | No}] [/Home] [/RequireIntegrity]
> [/RequirePrivacy] [/WriteThrough] [/Transport:{Tcp | Quic}
> [/SkipCertCheck]] [/RequestCompression:{Yes | No}] [/Global]
>
> **構文2** 共有資源を切断する
>
> Net Use {*デバイス名* | *} [/Global] /Delete [/y]

■ スイッチとオプション

デバイス名

共有資源を割り当てるドライブ文字(D: からZ:)またはプリンタポート(LPT1: から
LPT9:)を指定する。「*」を指定すると利用可能なデバイス名を順に割り当てる。現在
使用中の共有資源を表示する場合にだけ、デバイス名の指定を省略できる。

¥¥コンピュータ名¥共有名[¥フォルダ名]

共有資源のパスをUNC形式で指定する。名前にスペースが含まれる場合はUNCパ
ス全体をダブルクォートで括る。

/User:ユーザー名

共有資源を利用できる資格を持ったユーザー名を指定する。省略すると現在のユーザー
の資格情報を使用する。

パスワード

/Userスイッチで指定したユーザーのパスワードを指定する。「*」を指定するとプロ
ンプトを表示する。

/SmartCard

ユーザー認証にスマートカードを使用する。 `XP 以降`

/SaveCred

接続に使用する資格情報(ユーザー名とパスワード)を保存して、次回以降も使用する。

/Persistent:{Yes | No}

共有資源への再接続オプションを設定する。Yesを指定すると、次回ログオンしたと
きにも共有資源に自動的に接続できる。他のスイッチをすべて省略して/Persistent
スイッチだけを指定した場合、今後新規に接続する共有資源の再接続オプションの既
定値を設定できる。再接続オプションの既定値を表示する場合は、スイッチとオプショ
ンをすべて省略して「Net Use」コマンドを実行する。

再接続オプション	説明
Yes	永続的。次回ログオン時にも自動的に再接続する
No	一時的。今回のセッションだけ共有資源に接続し、ログオフすると切断する

/Home

ユーザーのホームフォルダに接続する。ホームフォルダの設定は、ユーザーアカウン
トのプロパティで、プロファイルの一部として設定する。

/RequireIntegrity

通信内容を改ざんされないようにデジタル署名の使用を要求する。 `10 1709 以降`
`2019 以降`

/RequirePrivacy

盗聴されても通信内容がわからないように暗号化を要求する。 `10 1709 以降` `2019 以降`

/WriteThrough

ファイルの作成や更新をキャッシュしないようにして、書き込みが確実にディスクに反映されるようにする。 `10 1809 以降` `2019 以降`

/Transport:{Tcp | Quic} [/SkipCertCheck]

SMB over QUIC を使用する(Quic)または使用しない(Tcp)。/SkipCertCheck を指定すると、証明書の検証を省略する。 `2022` `11`

/RequestCompression:{Yes | No}

SMB 圧縮を使用する(Yes)または使用しない(No)。 `2022` `11`

/Global

すべてのユーザーに共有資源の割り当てを設定する。 `UAC` `2022` `11`

/Delete [/y]

共有資源への接続を切断する。/y スイッチも指定すると確認プロンプトを表示しない。

実行例1

共有フォルダ ¥¥ws22stdc1.ad2022.example.jp¥Work に X: ドライブを割り当てる。

```
C:¥Work>Net Use X: ¥¥ws22stdc1.ad2022.example.jp¥Work /RequireIntegrity
/RequirePrivacy /RequestCompression:Yes
コマンドは正常に終了しました。
```

実行例2

X: ドライブの割り当てを削除する。

```
C:¥Work>Net Use X: /Delete
X: が削除されました。
```

■ コマンドの働き

「Net Use」コマンドは、共有フォルダや共有プリンタなどの共有資源にドライブ文字やデバイス名を割り当てて使用可能にする。スイッチとオプションを省略して実行すると、接続中の共有資源を表示する。

Net User ──ドメイン/ローカルのユーザーアカウントを操作する

`2000` `XP` `2003` `2003R2` `Vista` `2008` `2008R2` `7` `2012` `8` `2012R2` `8.1`
`10` `2016` `2019` `2022` `11` `UAC`

構文1 ユーザーアカウントを表示またはパスワードやオプションを編集する
Net User [*ユーザー名*] [{*パスワード* | *}] [*ユーザー属性*] [/Domain]

構文2 ユーザーアカウントを作成または削除する
Net User *ユーザー名* [{*パスワード* | *}] {/Add | /Delete} [*ユーザー属性*]
[/Domain]

■ スイッチとオプション

ユーザー名
操作対象のユーザーの、ログオンに使用する名前を指定する。ユーザー名は英数記号で20文字まで使用できる。

{パスワード | *}
ユーザーのパスワードを設定または変更する。「*」を指定するとプロンプトを表示する。省略するとパスワードなしになる。

/Domain
現在のドメインのドメインコントローラ上で操作を実行する。省略するとローカルコンピュータで実行する。

/Add
ユーザーアカウントを新規作成する。

/Delete
ユーザーアカウントを削除する。削除操作ではオプションは指定できない。

■ ユーザー属性

ユーザーアカウントの属性として、以下の設定を追加で指定できる。

/Active:{Yes | No}
ユーザーアカウントを有効(Yes、既定値)または無効(No)にする。GUIのユーザーのプロパティの[アカウントを無効にする]に相当する。

/Comment:[説明文]
ユーザーアカウントの説明文を指定する。GUIのユーザーのプロパティの[説明]に相当する。説明文を省略すると既存の説明文を削除する。

/CountryCode:国/地域番号
ユーザーのヘルプやエラーメッセージで使用する言語を国/地域番号で指定する。既定値は0(000)でWindowsの設定に従う。

/Expires:{アカウントの有効期限 | Never}
ユーザーアカウントの有効期限をシステムの日付形式で指定する。日本語版Windowsの標準はYYYY/MM/DD形式。Neverを指定するとユーザーアカウントは無期限になる。

/FullName:[フルネーム]
ユーザーのフルネームを指定する。GUIのユーザーのプロパティの[フルネーム]に相当する。フルネームを省略すると、既存のフルネームを削除する。

/HomeDir:[ホームフォルダのパス]
ユーザーのホームフォルダのパスを指定する。GUIのユーザーのプロパティの[ホームフォルダ]に相当する。ホームフォルダのパスを省略すると、既存のホームフォルダのパスを削除する。

/PasswordChg:{Yes | No}
ユーザーがパスワードを変更できるか(Yes、既定値)、変更できないか(No)指定する。GUIのユーザーのプロパティの[ユーザーはパスワードを変更できない]に相当する。

/PasswordReq:{Yes | No}
パスワードを必須にするか(Yes、既定値)、パスワードなしを許すか(No)指定する。

/LogonPasswordChg:{Yes|No}

ユーザーが次にログオンしたときパスワードの変更を強制するか(Yes)、強制しないか(No、既定値)指定する。GUIのユーザーのプロパティの[ユーザーは次回ログオン時にパスワードの変更が必要]に相当する。 `Vista以降`

/ProfilePath:[ユーザープロファイルのパス]

ユーザープロファイルのパスを指定する。GUIのユーザーのプロパティの[プロファイルパス]に相当する。ユーザープロファイルのパスを省略すると、既存のユーザープロファイルのパスを削除する。

/ScriptPath:[ログオンスクリプトのパス]

ログオンスクリプトのパスを指定する。GUIのユーザーのプロパティの[ログオンスクリプト]に相当する。ユーザープロファイルのパスを省略すると、既存のユーザープロファイルのパスを削除する。

/Times:{ログオン時間 | All}

ユーザーがログオン可能な曜日や時間を指定する。GUIのユーザーのプロパティの[ログオン時間]に相当する。ログオン時間は曜日と時間のリストで構成されており、次のようにカンマで区切って指定する。曜日と時間の組を複数指定する場合はセミコロンで区切って指定する。

・ 曜日[-曜日][,曜日[-曜日]],時間[-時間][,時間[-時間]]

曜日は次のように標準系または短縮形を使用する。

標準形1	標準形2	短縮形1	短縮形2
Monday	月曜日	M	月
Tuesday	火曜日	T	火
Wednesday	水曜日	W	水
Thursday	木曜日	Th	木
Friday	金曜日	F	金
Saturday	土曜日	S	土
Sunday	日曜日	Su	日

時間は24時間制で、08:00-21:00のように1時間単位で指定する。12時間制で指定する場合は、時刻のあとに「am」「pm」「a.m.」「p.m.」「午前」「午後」のいずれかを追加する。ログオン時間の代わりにAllを指定すると、ユーザーは全曜日の全時間帯でログオン可能になる。また、/Times:スイッチだけを指定して曜日と時間を省略すると、全曜日の全時間帯でログオン不可になる。

/UserComment:[ユーザーコメント]

ユーザーアカウントのコメントを指定する。GUIのユーザーのプロパティには、この設定を表示する項目はない。ユーザーコメントを省略すると、既存のユーザーコメントを削除する。

/Workstations:{コンピュータ名 | *}

ユーザーがログオン可能なコンピュータを、カンマで区切って最大8台まで指定する。GUIのユーザーのプロパティの[ログオン先]に相当する。「*」または無指定の場合は、すべてのコンピュータでログオン可能になる。

実行例

ドメインにユーザーNewUserを新規作成する。パスワードは作成者があらかじめ指定し、ユーザーの初回ログオン時に変更させる。ログオン可能な曜日と時間は、月曜日から金曜

日は朝8時から夜9時まで、土曜日と日曜日は朝9時から夜6時までとする。

この操作にはドメインの管理者権限が必要。また、ドメインコントローラ上で実行する場合は管理者権限が必要。

```
C:\Work>Net User NewUser * /Add /Comment:"ユーザー登録操作のサンプル" /FullName:"新
しいユーザー" /LogonPasswordChg:Yes /Times:M-F,8:00-21:00;S-Su,9:00-18:00 /Domain
ユーザーのパスワードを入力してください:
確認のためにパスワードを再入力してください:
コマンドは正常に終了しました。
```

■ コマンドの働き

「Net User」コマンドは、ローカルコンピュータやドメインのユーザーアカウントを表示、登録、編集、削除する。

スイッチやオプションをすべて省略して実行すると、ローカルコンピュータに登録されたユーザーアカウントを表示する。既存のユーザー名を指定すると、アカウントが有効かロックされているか、パスワード有効期間、最終パスワード変更日時、所属するグループなどを表示する。

ユーザーのプロパティの[パスワードを無期限にする]を設定するオプションはないが、次のコマンドで補完できる。

```
Wmic UserAccount Where (Name = "ユーザー名") Set PasswordExpires=False
```

■ Net View──共有資源とキャッシュ設定を表示する

2000 | XP | 2003 | 2003R2 | Vista | 2008 | 2008R2 | 7 | 2012 | 8 | 2012R2 | 8.1
10 | 2016 | 2019 | 2022 | 11

構文1 共有資源とコンピュータ、ドメインを表示する
Net View [{\\コンピュータ名 [/Cache] [/All] | /Domain[:ドメイン名]}]

構文2 NetWareサーバを表示する
Net View /Network:Nw [\\コンピュータ名]

■ スイッチとオプション

\\コンピュータ名
　　共有資源を表示するコンピュータを指定する。

/Cache
　　指定したコンピュータの共有資源と、クライアントキャッシュオプションを表示する。

/All
　　指定したコンピュータの共有資源を、隠し共有も含めてすべて表示する。コンピュータを指定しない場合は、ドメインまたはワークグループ内を検索する。

/Domain[: ドメイン名]
　　指定したドメインまたはワークグループ内で、共有資源を提供しているコンピュータを表示する。ドメイン名を省略すると、コンピュータではなくドメイン名とワークグループ名を表示する。

/Network:Nw

NetWare ネットワーク上のサーバを表示する。 2008 以前

実行例

すべての共有資源を表示する。

```
C:¥Work>Net View ¥¥ws22stdc1.ad2022.example.jp /All
¥¥ws22stdc1.ad2022.example.jp の共有リソース

このサーバは非表示です

共有名     タイプ  使用  コメント

-------------------------------------------------------------------------------
ADMIN$    Disk          Remote Admin
C$        Disk          Default share
IPC$      IPC           Remote IPC
NETLOGON  Disk          Logon server share
SYSVOL    Disk          Logon server share
Work      Disk          作業用共有フォルダ
コマンドは正常に終了しました。
```

■ コマンドの働き

「Net View」コマンドは、共有資源の情報を表示する。

Netsh.exe

ネットワークシェルコマンドライ
ンスクリプトユーティリティ

2000 | XP | 2003 | 2003R2 | Vista | 2008 | 2008R2 | 7 | 2012 | 8 | 2012R2 | 8.1
10 | 2016 | 2019 | 2022 | 11

構文

Netsh [-a エイリアスファイル名] [-c コンテキスト] [-r リモートコンピュータ名]
[-u ユーザー名] [-p {パスワード | *}] [{コマンド | -f スクリプトファイル名}]

■ オプション

-a エイリアスファイル名

指定したファイルに記述した Netsh コマンドを実行したあと、Netsh プロンプトに戻
る。

-c コンテキスト

後述するコンテキスト(操作対象)を1つ指定する。

-r リモートコンピュータ名

Netsh コマンドを実行するコンピュータを指定する。

-u ユーザー名

Netsh コマンドを実行するユーザー名を指定する。

109

-p {パスワード | *}

　ユーザーのパスワードを指定する。「*」を指定すると、パスワードを対話的に入力するプロンプトを表示する。

コマンド

　Netshコマンドを記述する。

-f スクリプトファイル名

　指定したファイルに記述したNetshコマンドを実行したあと、Netshコマンドを終了する。

インターフェイス名

　「イーサネット」のようなネットワーク接続の名前、または接続のインデックス番号を指定する。

📂 コンテキスト

　Netshコマンドは、操作の対象をコンテキストで指定して、サブコマンドで表示や設定を実行する。Windowsのバージョンやエディション、インストールした役割と機能によって使用可能なコンテキストが異なる。

　標準的なコンテキストは次のとおり。コンテキストやサブコマンド、オプションは大文字と小文字を区別しない。オプションも含めて、他の名前や設定値と区別できる最短の文字数まで短縮して記述できる。

コンテキスト	短縮形	説明
AdvFirewall	ad	Windows ファイアウォールの送受信規則を操作する **Vista 以降**
BranchCache	br	ブランチキャッシュを操作する **Vista 以降**
Bridge	bri	ネットワークブリッジを操作する **XP 以降**
DhcpClient	dh	DHCP クライアントの動作を確認する **Vista 以降**
DnsClient	dn	DNS クライアントを操作する **2008R2 以降**
Firewall	f	Windows ファイアウォールを操作する **XP 以降**
Http	ht	HTTP.sys の設定を操作する **Vista 以降**
Interface	i	ネットワークインターフェイスと TCP/IP を操作する
Ipsec	ip	IPsec を操作する **2003 以降**
IpsecDosProtection	ipsecd	IPsec DoS Protection の設定を操作する **2008R2** **2012** **2012R2** **2016** **2019** **2022**
Lan	l	有線 LAN の接続とセキュリティ設定を操作する **XP 以降**
Mbn	mbn	モバイルブロードバンドネットワークを操作する **7** **8** **8.1** **10** **11**
Namespace	n	DNS 名前解決ポリシーテーブルを操作する **2008R2 以降**
NetIo	ne	NetIO の設定を操作する **Vista 以降**
Nlm	nl	ネットワーク接続と接続コストを操作する **2022** **11**
P2p	p2p	ピアツーピアネットワークを操作する **Vista** **7** **8** **8.1** **10** **11**
Ras	r	ルーティングとリモートアクセスサービスを操作する
Rpc	rp	リモートプロシージャコールを操作する **2003 以降**
Trace	trace	ネットワークトレースを操作する **2008R2 以降**

Wcn	wcn	Windows Connect Now を操作する **Vista** **7** **8** **8.1** **10** **11**
Wfp	w	Windows フィルタプラットフォームを操作する **2008R2 以降**
WinHttp	wi	WinHTTP のプロキシ設定を操作する **Vista 以降**
WinSock	winso	WinSock の設定を操作する **XP 以降**
Wlan	wlan	無線 LAN の接続とセキュリティ設定を操作する **Vista** **7** **8** **8.1** **10** **11**

■■ 共通サブコマンド

どのコンテキストでも共通に利用できるサブコマンドは次のとおり。コンテキスト独自のサブコマンドは、コンテキスト別の説明を参照。

サブコマンド	短縮形	説明
..	..	1 階層上のコンテキストに移動する
{? | Help}	{? | h}	コンテキストやサブコマンドを表示する
Abort	a	オフラインモードで行われた変更を破棄する
Add	add	構成エントリを追加する
Add Helper ファイル名	add helpe	ヘルパー DLL をインストールする
Alias [別名] [設定値]	al	別名を登録する
{Bye | Exit | Quit}	{b | exi | q}	Netsh コマンドを終了する
Commit	c	オフラインモードで行われた変更を確定する
Delete	de	構成エントリを削除する
Delete Helper ファイル名	de helpe	ヘルパー DLL をアンインストールする
Dump	d	構成スクリプトを表示する
Exec ファイル名	e	スクリプトファイルを実行する
Offline	of	オフラインモードに設定する
Online	on	オンラインモードに設定する
Popd	po	スタックからコンテキストをポップする
Pushd	pu	スタックにコンテキストをプッシュする
Set File [Mode=]モード [Name=]ファイル名	se	コンソール出力をファイルにコピーする
Set Machine [Name=]コンピュータ名 [[User=]ユーザー名] [[Pwd=]{パスワード | *}]	se m	操作対象のコンピュータと資格情報を設定する。省略するとローカルコンピュータで実行する
Set Mode [Mode=]{Online | Offline}	se mo	モードをオンラインまたはオフラインに設定する
Show Alias	sh a	別名を表示する
Show Helper	sh helpe	ヘルパー DLL を表示する
Show Mode	sh m	現在のモードを表示する
Unalias 別名	u	別名を削除する

実行例

「ローカル エリア接続」の IP アドレス、サブネットマスク、デフォルトゲートウェイ、参照 DNS サーバを、対話モードで一時的に変更する。この操作には管理者権限が必要。

111

```
C:¥Work>Netsh
netsh>interface
netsh interface>ipv4
netsh interface ipv4>set address name="ローカル エリア接続" source=static
address=192.168.1.111 mask=255.255.255.0 gateway=192.168.1.254 store=active

netsh interface ipv4>show addresses name="ローカル エリア接続"

インターフェイスの構成 "ローカル エリア接続"
    DHCP 有効:                        いいえ
    IP アドレス:                     192.168.1.111
    サブネット プレフィックス:       192.168.1.0/24 (マスク 255.255.255.0)
    デフォルト ゲートウェイ:          192.168.1.254
    ゲートウェイ メトリック:           1
    インターフェイス メトリック:       10
```

コマンドの働き

Netshコマンドは、多様なネットワークコンポーネントを構成するためのインターフェイスである。Netshコマンドの機能はインストールしたヘルパーDLLによって変化し、コンテキスト内のサブコマンドごとに多数のスイッチとオプションがあるため、本書ではサブコマンドの一覧と説明だけを解説する。

参考

● Netsh コマンドの構文、コンテキスト、形式
  https://learn.microsoft.com/ja-jp/windows-server/networking/technologies/netsh/
  netsh-contexts
● Netsh Command Reference
  https://learn.microsoft.com/en-us/previous-versions/windows/it-pro/windows-
  server-2008-R2-and-2008/cc754516(v=ws.10)

Netsh AdvFirewall
──Windowsファイアウォールの送受信規則とIPsecの設定を操作する

Vista | 2008 | 2008R2 | 7 | 2012 | 8 | 2012R2 | 8.1 | 10 | 2016 | 2019 | 2022 | 11

■ サブコマンド

サブコマンド	短縮形	説明
ConSec	c	接続セキュリティ規則の設定サブコンテキストに移動する
Export ファイル名	e	設定をバイナリファイルに書き出す **UAC**
Firewall	f	送受信ファイアウォール規則の設定サブコンテキストに移動する
Import ファイル名	i	設定をバイナリファイルから読み込む **UAC**
MainMode	m	メインモード規則の設定サブコンテキストに移動する **2008R2 以降**

112

Monitor	mo	ファイアウォールの各規則の設定サブコマンドに移動する
Reset [Export ファイル名]	r	設定を既定値にリセットする。リセット前に現在の設定をバイナリファイルに書き出すこともできる **UAC**
Set AllProfiles [State {On | Off | NotConfigured}] [FirewallPolicy {FirewallPolicy | BlockInboundAlways | AllowInbound},{AllowOutbound | BlockOutbound | NotConfigured}] [Settings {LocalFirewallRules | LocalConsecRules | InboundUserNotification | RemoteManagement | UnicastResponseToMulticast} {Enable | Disable | NotConfigured}] [Logging {AllowedConnections {Enable | Disable | NotConfigured} | DroppedConnections {Enable | Disable | NotConfigured} | FileName {ファイル名 | NotConfigured} | MaxFileSize {サイズ | NotConfigured}}]	s a	プロファイル共通の設定を変更する。サイズ（KB）は 1 ～ 32,767 の範囲で指定する
Set CurrentProfile 設定値	s c	使用中のプロファイルの設定を変更する。使用可能な設定値は「Set AllProfiles」サブコマンドを参照
Set DomainProfile 設定値	s d	ドメインプロファイルの設定を変更する
Set Global Ipsec [StrongCrlCheck {0 | 1 | 2 | NotConfigured}] [SaIdleTimeMin {アイドル時間 | NotConfigured}] [DefaultExemptions {None | NeighborDiscovery | Icmp | Dhcp | NotConfigured}] [IpsecThroughNat {Never | ServerBehindNat | ServerAndClientBehindNat | NotConfigured}] [AuthZComputerGrp {None | SDDL | NotConfigured}] [AuthZUserGrp {None | SDDL | NotConfigured}]	s g i	IPsec のグローバルな設定を変更する。アイドル時間（分）は 5 ～ 60 の範囲で指定する
Set Global MainMode [MmKeyLifeTime [時間min][, セッション数sess]] [MmSecMethods メインモード指定] [MmForceDh {Yes | No}]	s g m	グローバルな設定を変更する。時間（分）は 1 ～ 2,880 の間で指定する。セッション数は 0 ～ 2,147,483,647 の間で指定する。メインモード指定は次の形式で指定する。Default を指定すると既定の設定に変更する。 ・keyexch:enc-integrity ・keyexch の値：{DhGroup1 | DhGroup2 | DhGroup14 | DhGroup24 | Ecdhp256 | Ecdhp384} ・enc の値：{3DES | DES | AES128 | AES192 | AES256} ・integrity の値：{MD5 | SHA1 | SHA256 | SHA384}
Set PrivateProfile設定値	s p	プライベートプロファイルの設定を変更する。使用可能な設定値は「Set AllProfiles」サブコマンドを参照。
Set PublidProfile 設定値	s pu	パブリックプロファイルの設定を変更する。使用可能な設定値は「Set AllProfiles」サブコマンドを参照
Set Store {Local | Gpo=コンピュータ名 | Gpo=ドメイン名¥GPO名 | Gpo=ドメイン名¥GUID}	s s	ポリシーストアを設定する
Show AllProfiles [{State | FirewallPolicy | Settings | Logging}]	sh a	プロファイル共通の設定を表示する
Show CurrentProfile [{State | FirewallPolicy | Settings | Logging}]	sh c	使用中のプロファイルの設定を表示する

Show DomainProfile [{State | FirewallPolicy | Settings | Logging}]	sh d	ドメインプロファイルの設定を表示する
Show Global [{IPsec | StatefulFtp | StatefulPptp | MainMode | Categories}]	sh g	グローバルな設定を表示する
Show PrivateProfile [{State | FirewallPolicy | Settings | Logging}]	sh p	プライベートプロファイルの設定を表示する
Show PublidProfile [{State | FirewallPolicy | Settings | Logging}]	sh pu	パブリックプロファイルの設定を表示する
Show Store	sh s	ポリシーストアを表示する

■ サブコンテキスト

ConSec

サブコマンド	短縮形	説明
Add Rule Name=*規則名 設定名=設定値*	a r	接続セキュリティ規則を登録する **UAC**
Delete Rule [Name=]{*規則名* | All}	de r	接続セキュリティ規則を削除する **UAC**
Dump	d	接続セキュリティ規則を書き出す
Set Rule {[Group=]*グループ名* | [Name=]*規則名*} New *設定名=設定値*	s r	接続セキュリティ規則を変更する **UAC**
Show Rule [Name=]{*規則名* | All} [Verbose]	sh r	接続セキュリティ規則を表示する **UAC**

Firewall

サブコマンド	短縮形	説明
Add Rule Name=*規則名 設定名=設定値*	a r	送受信ファイアウォール規則を登録する **UAC**
Delete Rule [Name=]{*規則名* | All}	de r	送受信ファイアウォール規則を削除する **UAC**
Dump	d	送受信ファイアウォール規則を書き出す
Set Rule {[Group=]*グループ名* | [Name=]*規則名*} New *設定名=設定値*	s r	送受信ファイアウォール規則を変更する **UAC**
Show Rule [Name=]{*規則名* | All} [Verbose]	sh r	送受信ファイアウォール規則を表示する

MainMode

サブコマンド	短縮形	説明
Add Rule Name=*規則名 設定名=設定値*	a r	メインモード規則を登録する **UAC**
Delete Rule [Name=]{*規則名* | All}	de r	メインモード規則を削除する **UAC**
Dump	d	メインモード規則を書き出す
Set Rule {[Group=]*グループ名* | [Name=]*規則名*} New *設定名=設定値*	s r	メインモード規則を変更する **UAC**
Show Rule [Name=]{*規則名* | All} [Verbose]	sh r	メインモード規則を表示する **UAC**

Monitor

サブコマンド	短縮形	説明
Delete Mmsa [{*送信元 送信先* | All}]	de mmsa	メインモードセキュリティアソシエーションを削除する **UAC**

Delete Qmsa [{送信元 送信先 | All}]	de qmsa	クイックモードセキュリティアソシエーションを削除する **UAC**
Dump	d	メインモード規則を書き出す
Show ConSec [Rule Name={規則名 | All}] [Verbose]	s c	接続セキュリティ設定の状態を表示する **UAC**
Show CurrentProfile	s cu	現在のプロファイル（ドメイン、プライベート、パブリック）を表示する
Show Firewall [Rule Name={規則名 | All}] [Verbose]	s f	送受信ファイアウォール設定の状態を表示する
Show MainMode [Rule Name={規則名 | All}] [Verbose]	s ma	メインモード設定の状態を表示する **UAC**
Show Mmsa [{送信元 送信先 | All}]	s mm	メインモードセキュリティアソシエーションを表示する **UAC**
Show Qmsa [{送信元 送信先 | All}]	s q	クイックモードセキュリティアソシエーションを表示する **UAC**

実行例 1

　カスタムの接続セキュリティ規則を登録して設定内容を表示する。この操作には管理者権限が必要。

```
netsh advfirewall consec>Add Rule Name="カスタムの接続セキュリティ規則"
Description="コンピュータ認証とユーザー認証を必須とするカスタムの接続セキュリティ規
則" Profile=Any Type=Static Mode=Transport EndPoint1=192.168.2.0/24
EndPoint2=192.168.3.0/24 Protocol=Any Action=RequestInRequestOut Auth1=ComputerKerb
Auth2=UserKerb QmSecMethods=ESP:SHA1-None+60min+100000kb,ESP:SHA1-
AES128+60min+100000kb,ESP:SHA1-3DES+60min+100000kb,AH:SHA1+60min+100000kb
OK

netsh advfirewall consec>Show Rule Name="カスタムの接続セキュリティ規則" Verbose

規則名:                        カスタムの接続セキュリティ規則
------------------------------------------------------------------------
                                                                        b
説明:                          コンピュータ認証とユーザー認証を必須とするカス
タムの接続セキュリティ規則
有効:                          はい
プロファイル:                  ドメイン,プライベート,パブリック
種類:                          静的
モード:                        トランスポート
InterfaceTypes:                任意
エンドポイント 1:              192.168.2.0/24
エンドポイント 2:              192.168.3.0/24
プロトコル:                    任意
操作:                          RequestInRequestOut
Auth1:                         ComputerKerb
Auth2:                         UserKerb
MainModeSecMethods:            DHGroup2-AES128-SHA1,DHGroup2-3DES-SHA1
メイン モードのキーの有効期限:  480 分 0 秒
QuickModeSecMethods:           ESP:SHA1-なし+60min+100000kb,ESP:SHA1-
AES128+60min+100000kb,ESP:SHA1-3DES+60min+100000kb,AH:SHA1+60min+100000kb
QuickModePFS:                  なし
```

規則のソース:	ローカル設定
承認の適用:	いいえ
OK	

実行例2

TCPポート8080への接続許可規則を登録して設定内容を表示する。登録時にだけ管理者権限が必要。

```
netsh advfirewall firewall>Add Rule Name="TCP 8080ポートの接続許可" Description="TCP
8080への接続を許可する" Profile=Any Dir=In Protocol=TCP LocalPort=8080 Action=Allow
OK

netsh advfirewall firewall>Show Rule Name="TCP 8080ポートの接続許可" Verbose
```

規則名:	TCP 8080ポートの接続許可
説明:	TCP 8080への接続を許可する
有効:	はい
方向:	入力
プロファイル:	ドメイン, プライベート, パブリック
グループ:	
ローカル IP:	任意
リモート IP:	任意
プロトコル:	TCP
ローカル ポート:	8080
リモート ポート:	任意
エッジ トラバーサル:	いいえ
インターフェイスの種類:	任意
セキュリティ:	NotRequired
規則のソース:	ローカル設定
操作:	許可
OK	

実行例3

カスタムのメインモード規則を登録して設定内容を表示する。この操作には管理者権限が必要。

```
netsh advfirewall mainmode>Add Rule Name="カスタムのメインモード規則" Description="
コンピュータ認証を必須とするメインモ ード規則" Profile=Any Type=Static
EndPoint1=192.168.2.0/24 EndPoint2=192.168.3.0/24 Auth1=ComputerKerb
MmSecMethods=DhGroup2:3DES-SHA256,ECDHP384:3DES-SHA384
OK

netsh advfirewall mainmode>Show Rule Name="カスタムのメインモード規則" Verbose
```

規則名:	カスタムのメインモード規則
説明:	コンピュータ認証を必須とするメインモード規則

```
有効:                        はい
プロファイル:                        ドメイン,プライベート,パブリック
エンドポイント 1:            192.168.2.0/24
エンドポイント 2:            192.168.3.0/24
Auth1:                       ComputerKerb
セキュリティ メソッド:       DHGroup2-3DES-SHA256,ECDHP384-3DES-SHA384
DH の強制:                        いいえ
キーの有効期限:              480 分、0 秒
規則のソース:                 ローカル設定
OK
```

■ コマンドの働き

「Netsh AdvFirewall」コマンドは、「セキュリティが強化された Windows ファイアウォール」または「セキュリティが強化された Windows Defender ファイアウォール」の規則を操作する。

▚ Netsh BranchCache——ブランチキャッシュを操作する

Vista 2008 2008R2 7 2012 8 2012R2 8.1 10 2016 2019 2022 11

■ サブコマンド

サブコマンド	短縮形	説明
ExportKey [OutputFile=]パス [PassPhrase=]パスフレーズ	e	コンテンツの保護キーをファイルに書き出す UAC
Flush	f	ローカルキャッシュと発行キャッシュのコンテンツを消去する UAC
ImportKey [InputFile=]パス [PassPhrase=]パスフレーズ	i	コンテンツの保護キーをファイルから読み込む UAC
Reset	r	設定を既定値にリセットする UAC
Set CacheSize [Size=]{Default | バイト数} [[Percent=]{True | False}]	se c	ローカルキャッシュのサイズを設定する。値はバイト数またはディスクサイズに対するパーセンテージで設定する UAC
Set Key [[PassPhrase=] パスフレーズ]	se k	コンテンツの保護キーを生成するためのパスフレーズを設定する。パスフレーズを省略すると、ランダムなキーを生成する UAC
Set LocalCache [Directory=]{Default | パス}	se l	ローカルキャッシュの保存先パスを設定する UAC
Set PublicationCache [Directory=]{Default | パス}	se p	ローカル発行キャッシュの保存先パスを設定する UAC
Set PublicationCacheSize [Size=]{Default | バイト数} [[Percent=]{True | False}]	se publicationcaches	ローカル発行キャッシュのサイズを設定する。値はバイト数またはディスクサイズに対するパーセンテージで設定する UAC
Set Service [Mode=]サービス状態 [[Location=]ホスト名 [ClientAuthentication=]{Domain | None} [ServeOnBattery=]{True | False}]	se s	BranchCache サービスの状態を設定する UAC

前ページよりの続き

Show HostedCache	sh ho	ホスト型キャッシュの場所を表示する
Show LocalCache	sh l	ローカルキャッシュの状態を表示する
Show PublicationCache	sh p	ローカル発行キャッシュの状態を表示する
Show Status [[Detail=]{Basic | All}]	sh s	BranchCacheサービスの状態を表示する
Smb	s	ブランチキャッシュSMB遅延の設定サブコンテキストに移動する

サブコンテキスト

Smb

サブコマンド	短縮形	説明
Dump	d	ブランチキャッシュSMB遅延の設定を書き出す
Set Latency [Latency=]ミリ秒	se l	ブランチキャッシュSMB遅延を設定する **UAC**
Show Latency	sh l	ブランチキャッシュSMB遅延の設定を表示する

■ コマンドの働き

　ブランチキャッシュ(BranchCache)は、クライアントがアクセスするファイルをキャッシュして通信を効率化する。分散キャッシュモードとホスト型キャッシュモードの2つがある。

　ホスト型キャッシュモードはWindows Serverの機能で、「ファイルサービスと記憶域サービス」の「ネットワークファイル用BranchCache」役割サービスをインストールするか、BranchCache機能をインストールすることで利用可能になる。

　「Netsh BranchCache」コマンドはVistaとWindows Server 2008にも搭載されているが、標準でブランチキャッシュを利用できるのはWindows Server 2008 R2以降である。

参考

● BranchCache
https://learn.microsoft.com/ja-jp/windows-server/networking/branchcache/branchcache

Netsh Bridge──ネットワークブリッジを操作する

| XP | 2003 | 2003R2 | Vista | 2008 | 2008R2 | 7 | 2012 | 8 | 2012R2 | 8.1 | 10 |
| 2016 | 2019 | 2022 | 11 |

■ サブコマンド

サブコマンド	短縮形	説明
Install	i	非サポートで機能しない
Set Adapter [Id=]アダプタID [[ForceCompatMode=]{Enable | Disable}]	s a	L3モードを有効または無効に設定する
Show Adapter [[Id=]アダプタID]	sh a	ブリッジ用のネットワークアダプタの情報を表示する
Uninstall	u	非サポートで機能しない

■ コマンドの働き

「Netsh Bridge」コマンドは、ネットワークブリッジを設定する。

■ Netsh DhcpClient——DHCPクライアントの動作を確認する

`Vista` `2008` `2008R2` `7` `2012` `8` `2012R2` `8.1` `10` `2016` `2019` `2022` `11`

■ サブコマンド

サブコマンド	短縮形	説明
Trace {Enable	Disable}	t	トレースを有効または無効にする
Trace Dump	t du	最新のトレース100件分を表示する。Windows 11ではイベントログに誘導される `2008R2 以降` `UAC`

■ コマンドの働き

「Netsh DhcpClient」コマンドは、DHCP（Dynamic Host Configuration Protocol）クライアントの動作をトレースファイルに記録して確認する。トレースを有効にすると、トレースファイルを%Windir%¥System32¥LogFiles¥WMIフォルダに作成する。

■ Netsh DnsClient——DNSクライアントを操作する

`2008R2` `7` `2012` `8` `2012R2` `8.1` `10` `2016` `2019` `2022` `11`

■ サブコマンド

サブコマンド	短縮形	説明
Add DnsServers [Name=]インターフェイス名 [Address=]IPアドレス [[Index=]順位 [Validate=]{Yes	No}]	a d	ネットワークインターフェイスにDNS参照設定を登録する `UAC`
Add Encryption [Server=]IPアドレス [DoHTemplate=]テンプレートURI [[AutoUpgrade=]{Yes	No} [UdpFallback=]{Yes	No}]	a e	DoH（DNS over HTTPS）用にDNSサーバを登録する `UAC` `2022` `11`
Add Global [[Doh=]{Yes	No	Auto}]	a g	システムの既定のDoH使用を設定する。`UAC` `2022` `11` Doh= オプションの設定値： ・Yes ＝インターフェイス設定による（既定値） ・No ＝DoHを使用しない ・Auto ＝既知のDoHサーバでUDPフォールバックを使ったDoHの使用を強制する
Delete DnsServers [Name=]インターフェイス名 [[Address=]{IPアドレス	All} [Validate=]{Yes	No}]	de d	ネットワークインターフェイスからDNS参照設定を削除する `UAC`
Delete Encryption [Server=]IPアドレス	de e	DoH用のDNSサーバを削除する `UAC` `2022` `11`
Delete Global [Global=]{DoH	All}	de g	システムの既定のDoH設定を復元する。`UAC` `2022` `11` ・DoH ＝既定のグローバル設定を復元する ・All ＝すべての設定を既定値に戻す

前ページよりの続き

Set DnsServers [Name=]インターフェイス名 [Source=]{Dhcp | Static} [[Address=]{IPアドレス | None} [Register=]{None | Primary | Both} [Validate=]{Yes | No}]	se d	ネットワークインターフェイスの DNS 参照設定と動的登録設定を変更する。 UAC Register= オプションの設定値: ・None =動的登録をしない ・Primary =プライマリ DNS サフィックスでだけ登録する ・Both =プライマリ DNS サフィックスと接続ごとの DNS サフィックスの両方で登録する
Set Encryption [Server=]IPアドレス [DoHTemplate=]テンプレートURI [[AutoUpgrade=]{Yes | No} [UdpFallback=]{Yes | No}]	se e	DoH 用に登録した DNS サーバ情報を変更する UAC 2022 11
Set Global [[Doh=]{Yes | No | Auto}]	se g	システムの既定の DoH 使用設定を変更する UAC 2022 11
Show Encryption [[Server=]IPアドレス]	s e	DoH に対応した DNS サーバの一覧を表示する 2022 11
Show Global	s g	システムの既定の DoH 設定を表示する 2022 11
Show State	s s	名前解決ポリシーテーブルの状態を表示する

実行例

DoHに対応したDNSサーバの一覧を表示する。

```
netsh dnsclient>Show Encryption

149.112.112.112 の暗号化設定
--------------------------------------------------------------------
DNS-over-HTTPS テンプレート : https://dns.quad9.net/dns-query
自動アップグレード : no
UDP フォールバック : no

9.9.9.9 の暗号化設定
--------------------------------------------------------------------
DNS-over-HTTPS テンプレート : https://dns.quad9.net/dns-query
自動アップグレード : no
UDP フォールバック : no

8.8.8.8 の暗号化設定
--------------------------------------------------------------------
DNS-over-HTTPS テンプレート : https://dns.google/dns-query
自動アップグレード : no
UDP フォールバック : no
 (以下略)
```

■ コマンドの働き

「Netsh DnsClient」コマンドは、ネットワーク接続にDNS参照設定を追加または変更したり、DoHを設定したりする。

Windows Server 2022 と Windows 11 21H2 では、「Netsh DnsClient Add Global」コマンドと「Netsh DnsClient Set Global」コマンドのヘルプで、「Doh=」オプションが「だ ~ =」と表示される。

■ Netsh Firewall──Windowsファイアウォールを操作する

■ サブコマンド

サブコマンド	短縮形	説明
Add AllowedProgram [Program=]パス [Name=]規則名 [[Mode=]{Enable | Disable} [Scope=]{All | Subnet | Custom} [Addresses=]カスタムスコープ [Profile=] {Current | Domain | Standard | All}]	a a	プログラムの規則を登録する。Scope オプションに Custom を選択した場合、Addresses オプションでスコープを設定できる。スコープには、IP アドレス、サブネット、範囲、LocalSubnet をカンマで区切って複数設定できる **UAC**
Add PortOpening [Protocol=]{Tcp | Udp | All} [Port=]ポート番号 [Name=]規則名 [[Mode=]{Enable | Disable} [Scope=]{All | Subnet | Custom} [Addresses=]カスタムスコープ [Profile=]{Current | Domain | Standard | All}]	a p	ポートの規則を登録する **UAC**
Delete AllowedProgram [Program=]パス [[Profile=]{Current | Domain | Standard | All}]	de a	プログラムの規則を削除する **UAC**
Delete PortOpening [Protocol=]{Tcp | Udp | All} [Port=]ポート番号 [[Profile=]{Current | Domain | Standard | All}]	de p	ポートの規則を削除する **UAC**
Reset	r	ファイアウォールの設定を既定値にリセットする **UAC**
Set AllowedProgram [Program=]パス [[Name=]規則名 [Mode=]{Enable | Disable} [Scope=]{All | Subnet | Custom} [Addresses=]カスタムスコープ [Profile=] {Current | Domain | Standard | All}]	se a	プログラムの規則を変更する **UAC**
Set IcmpSetting [Type=]{番号 | All} [[Mode=] {Enable | Disable} [Profile=]{Current | Domain | Standard | All}]	se i	ICMP の構成を設定する。**UAC** Type ＝オプションの設定値： ・2 ＝発信パケットのサイズ超過を許可する ・3 ＝到達不能な宛先を許可する ・4 ＝発信元抑制を許可する ・5 ＝リダイレクトを許可する ・8 ＝着信エコー要求を許可する ・9 ＝着信ルータ要求を許可する ・11 ＝発信時間超過を許可する ・12 ＝問題のある発信パラメータを許可する。 ・13 ＝着信タイムスタンプ要求を許可する ・17 ＝着信マスク要求を許可する。 ・All ＝上記すべて
Set Logging [[FileLocation=]パス [MaxFileSize=]ファイルサイズ [DroppedPackets=]{Enable | Disable} [Connections=]{Enable | Disable}]	se l	ファイアウォールのログを設定する。1 つ以上のオプションを指定する必要がある。ログファイルの既定のパスは %Windir%¥System32¥Log Files¥Firewall¥pfirewall.log。ファイルサイズ（KB）は 1 ～ 32,767 の範囲で設定する **UAC**
Set MulticastBroadcastResponse [Mode=] {Enable | Disable} [[Profile=]{Current | Domain | Standard | All}]	se m	マルチキャスト／ブロードキャスト応答モードを有効または無効に設定する **UAC**
Set Notifications [Mode=]{Enable | Disable} [[Profile=]{Current | Domain | Standard | All}]	se n	ファイアウォールからのポップアップ通知を有効または無効に設定する **UAC**
Set OpMode [Mode=]{Enable | Disable} [「Exceptions=」{Enable | Disable} [Profile=]{Current | Domain | Standard | All}]	se o	ファイアウォールの操作モードと例外モードを有効または無効に設定する **UAC**

1 ネットワークコマンド編

	短縮形	説明
Set PortOpening [Protocol=]{Tcp | Udp | All} [Port=]ポート番号 [[Name=]規則名 [Mode=]{Enable | Disable} [Scope=]{All | Subnet | Custom} [Addresses=]カスタムスコープ [Profile=]{Current | Domain | Standard | All}]	se p	ポートの規則を変更する **UAC**
Set Service [Type=]{FileAndPrint | RemoteAdmin | RemoteDesktop | Upnp | All} [[Mode=]{Enable | Disable} [Scope=]{All | Subnet | Custom} [Addresses=]カスタムスコープ [Profile=]{Current | Domain | Standard | All}]	se s	サービスの構成を設定する。 **UAC** Type= オプションの設定値： ・FileAndPrint ＝ファイルとプリンタの共有 ・RemoteAdmin：リモート管理 ・RemoteDesktop：リモートアシスタンスとリモートデスクトップ ・Upnp：UPnP フレームワーク
Show Config [[Verbose=]{Enable | Disable}]	sh c	ファイアウォールの構成を表示する
Show CurrentProfile	sh cu	現在のプロファイルを表示する
Show IcmpSetting [[Verbose=]{Enable | Disable}]	sh i	ICMP の構成を表示する
Show Logging	sh l	ファイアウォールのログ設定を表示する
Show MulticastBroadcastResponse	sh m	マルチキャスト／ブロードキャスト応答モードの設定を表示する
Show Notifications	sh n	ファイアウォールからのポップアップ通知設定を表示する
Show OpMode	sh o	ファイアウォールの操作モードと例外モードの設定を表示する
Show PortOpening [[Verbose=]{Enable | Disable}]	sh p	ポートの規則を表示する
Show Service [[Verbose=]{Enable | Disable}]	sh s	サービスの構成を表示する
Show State [[Verbose=]{Enable | Disable}]	sh st	ファイアウォールの状態を表示する

■ コマンドの働き

　「Netsh Firewall」コマンドは、XP から Windows Server 2008 までの Windows ファイアウォールを構成する。Windows Server 2008 R2 以降ではスイッチが残っているだけで機能せず、「Netsh AdvFirewall」コマンドを使用する。

▓ Netsh Http——HTTP.sys の設定を操作する

`Vista` `2008` `2008R2` `7` `2012` `8` `2012R2` `8.1` `10` `2016` `2019` `2022` `11`

■ サブコマンド

サブコマンド	短縮形	説明
Add CacheParam [Type=]{CacheRangeChunkSize | MaxCacheResponseSize} [Value=]バイト数	a c	HTTP サービスのキャッシュ設定を登録する
Add IpListen [IpAddress=]IPアドレス	a i	IP 待ち受け一覧に IP アドレスを登録する。 ・0.0.0.0 ＝任意の IPv4 アドレスアドレス ・:: ＝任意の IPv6 アドレス
Add Setting [SettingType=]SslThrottle [Value=]バイト数	a se	HTTP サービスに既定の SSL スロットル設定を登録する

コマンド	短縮形	説明
Add SslCert [{HostNamePort=ホスト名:ポート番号 | IpPort=IPアドレス:ポート番号 | Ccs=ポート番号}] [Json=ファイル名] [AppId=アプリケーションGUID] [CertHash=証明書ハッシュ] [CertStoreName=証明書ストア名] [VerifyClientCertRevocation={Enable | Disable}] [VerifyRevocationWithCachedClientCertOnly={Enable | Disable}] [UsageCheck={Enable | Disable}] [RevocationFreshnessTime=更新間隔秒数] [UrlRetrievalTimeout=タイムアウトミリ秒] [SslCtlIdentifier=証明書発行者] [SslCtlStoreName=証明書発行者ストア名] [DsMapperUsage={Enable | Disable}] [ClientCertNegotiation={Enable | Disable}] [Reject={Enable | Disable}] [DisableHttp2={Enable | Disable}] [DisableQuic={Enable | Disable}] [DisableLegacyTls={Enable | Disable}] [DisableTls12={Enable | Disable}] [DisableTls13={Enable | Disable}] [DisableOcspStapling={Enable | Disable}] [EnableTokenBinding={Enable | Disable}] [LogExtendedEvents={Enable | Disable}] [EnableSessionTicket={Enable | Disable}]	a s	ホスト名やIPアドレス、ポート番号などで示すサーバにSSLサーバ証明書をバインドし、対応するクライアントの証明書取り扱いポリシーを登録する
Add Timeout [TimeoutType=]{IdleConnectionTimeout | HeaderWaitTimeout} [Value=]タイムアウト秒数	a t	HTTPサービスに既定のタイムアウト設定を登録する
Add UrlAcl [Url=]URL [{[User=]ユーザー名 [[Listen=]{Yes | No} [Delegate=]{Yes | No}] | [Sddl=]SDDL文字列}]	a u	非管理者用にURL予約エントリを登録し、アクセス許可を設定する
Delete Cache [[Url=]URI [Recursive=]{Yes | No}]	de c	指定したURIまたはすべてのキャッシュを削除する **UAC**
Delete IpListen [IpAddress=]IPアドレス	de i	IP待ち受け一覧からIPアドレスを削除する
Delete Setting [SettingType=]SslThrottle	de se	SSLスロットル設定を削除して既定値に戻す
Delete SslCert {IpPort=IPアドレス:ポート番号 | HostNamePort=ホスト名:ポート番号 | Ccs=ポート番号}	de s	SSLサーバ証明書のバインドと、対応するクライアントの証明書取り扱いポリシーを削除する
Delete Timeout [TimeoutType=]{IdleConnectionTimeout | HeaderWaitTimeout}	de t	タイムアウト設定を削除して既定値に戻す
Delete UrlAcl [Url=]URL	de u	URL予約エントリを削除する
Flush LogBuffer	f l	ログファイルの内部バッファをフラッシュする **UAC**
Show CacheParam	s cachep	HTTPサービスのキャッシュ設定を表示する
Show CacheState [[Url=]URL]	s c	URLキャッシュ情報を表示する
Show IpListen	s i	IP待ち受け一覧を表示する
Show ServiceState [[View=]{Session | RequestQ} [Verbose=]{Yes | No}]	s se	HTTPサービスのスナップショット情報を表示する
Show Setting	s set	HTTPサービスの設定を表示する
Show SslCert [{IpPort=IPアドレス:ポート番号 | HostnamePort=ホスト名:ポート番号 | Ccs=ポート番号 | ScopedCcs=ホスト名:ポート番号} [Json=Enable]]	s s	SSLサーバ証明書のバインド設定を表示する
Show Timeout	s t	HTTPサービスのタイムアウト値（秒）を表示する
Show UrlAcl [[Url=]URL]	s u	URL予約エントリを表示する

1
ネットワークコマンド編

前ページよりの続き

Update SslCert {HostNamePort=ホスト名:ポート番号 | IpPort=IPアドレス:ポート番号 | Ccs=ポート番号} AppId=アプリケーションGUID [CertHash=証明書ハッシュ] [CertStoreName=証明書ストア名] [VerifyClientCertRevocation={Enable | Disable}] [VerifyRevocationWithCachedClientCertOnly={Enable | Disable}] [UsageCheck={Enable | Disable}] [RevocationFreshnessTime=更新間隔秒数] [UrlRetrievalTimeout=タイムアウトミリ秒] [SslCtlIdentifier=証明書発行者] [SslCtlStoreName=証明書発行者ストア名] [DsMapperUsage={Enable | Disable}] [ClientCertNegotiation={Enable | Disable}] [Reject={Enable | Disable}] [DisableHttp2={Enable | Disable}] [DisableQuic={Enable | Disable}] [DisableLegacyTls={Enable | Disable}] [DisableTls12={Enable | Disable}] [DisableTls13={Enable | Disable}] [DisableOcspStapling={Enable | Disable}] [EnableTokenBinding={Enable | Disable}] [LogExtendedEvents={Enable | Disable}] [EnableSessionTicket={Enable | Disable}]	u s	SSLサーバ証明書のバインドと、対応するクライアントの証明書取り扱いポリシーを変更する
Update SslPropertyEx {HostnamePort=ホスト名:ポート番号 | IpPort=IPアドレス:ポート番号 | Ccs=ポート番号} [{PropertyId=0 ReceiveWindow=受信ウィンドウサイズ | PropertyId=1 MaxSettingsPerFrame=フレームあたり最大数 MaxSettingsPerMinute=1分あたり最大数}]	u sslp	SSLサーバ証明書のバインド設定の拡張属性を更新する。 ・受信ウィンドウサイズ：0xffff ～ 0x7fffffff ・フレームあたり最大数：2,796,202 以下 ・1分あたり最大数：7 以上

■ コマンドの働き

「Netsh Http」コマンドは、カーネルモードドライバとしてHTTP（Hypertext Transfer Protocol）通信を処理するHTTP.sysの設定を操作する。

参考

● Netsh http commands
https://learn.microsoft.com/en-us/windows-server/networking/technologies/netsh/netsh-http

■ Netsh Interface──ネットワークインターフェイスとTCP/IPを操作する

2000 XP 2003 2003R2 Vista 2008 2008R2 7 2012 8 2012R2 8.1 10 2016 2019 2022 11

■ サブコマンド

サブコマンド	短縮形	説明
6to4	6	IPv6 over IPv4 トンネル（6to4）の設定サブコンテキストに移動する
HttpsTunnel	ht	IP-HTTPS トンネルの設定サブコンテキストに移動する
IPv4	i	TCP/IPv4 の設定サブコンテキストに移動する
IPv6	ipv6	TCP/IPv6 の設定サブコンテキストに移動する
IPv6 6to4	ipv6 6	IPv6 over IPv4 トンネル（6to4）の設定サブコンテキストに移動する。詳細は「Netsh Interface 6to4」サブコンテキストを参照
IPv6 Isatap	ipv6 i	IPv6 over IPv4 トンネル（ISATAP：Intra-Site Automatic Tunnel Addressing Protocol）の設定サブコンテキストに移動する。詳細は「Netsh Interface Isatap」サブコンテキストを参照
Isatap	is	ISATAP の設定サブコンテキストに移動する

PortProxy	p	ポートプロキシ（ポートフォワード）の設定サブコンテキストに移動する
Tcp	t	TCP（Transmission Control Protocol）の設定サブコンテキストに移動する
Teredo	te	IPv6 over IPv4 トンネル（Teredo）の設定サブコンテキストに移動する
Udp	u	UDP（User Datagram Protocol）の設定サブコンテキストに移動する

■ サブコンテキスト

6to4

サブコマンド	短縮形	説明
Set Interface [Name=]インターフェイス名 [[Routing=]{Enabled | Disabled | Default}]	s i	6to4 インターフェイスを設定する
Set Relay [[Name=]6to4リレー名 | Default]] [[State=]{Enabled | Disabled | Automatic | Default}] [[Interval=]解決間隔分]	s r	6to4 リレーを設定する
Set Routing [[Routing=]{Enabled | Disabled | Automatic | Default}] [[SiteLocals=]{Enabled | Disabled | Default}]	s ro	6to4 ルーティングを設定する
Set State [[State=]{Enabled | Disabled | Default}] [[UndoOnStop=]{Enabled | Disabled | Default}]	s s	6to4 サービスを設定する
Show Interface	sh i	6to4 インターフェイスの構成情報を表示する
Show Relay	sh r	6to4 リレー情報を表示する
Show Routing	sh ro	6to4 ルーティング情報を表示する
Show State	sh s	6to4 サービス情報を表示する

HttpsTunnel

サブコマンド	短縮形	説明
Add Interface [Type=]{Server | Client} [Url=]URL [State=]{Enabled | Disabled | Default} [[AuthMode=]{None | Certificates}]	a i	IP-HTTPS（IP over HTTPS）インターフェイスを登録する
Delete Interface	de i	IP-HTTPS インターフェイスを削除する
Reset	r	設定を削除して既定値に戻す
Set Interface [[Url=]URL] [[State=]{Enabled | Disabled | Default}] [[AuthMode=]{None | Certificates}	s i	IP-HTTPS インターフェイスの設定を変更する
Show Interfaces [[Store=]{Active | Persistent}]	sh i	IP-HTTPS インターフェイスの設定を表示する
Show Statistics [[Interface=]インターフェイス名]	sh s	IP-HTTPS インターフェイスの統計情報を表示する

IPv4

サブコマンド	短縮形	説明
Add Address [Name=]インターフェイス名 [[Address=]IPアドレス[/プレフィックス]] [[Mask=]サブネットマスク] [[Type=]{Unicast | Anycast}] [[Gateway=]IPアドレス [GwMetric=]メトリック値] [[ValidLifeTime=]有効期間 | Infinite}] [[PreferredLifeTime=]有効期間 | Infinite}] [[SubInterface=]LUID] [[Store=]{Active | Persistent}] [[SkipAsSource=]{True | False}]	a a	インターフェイスに IP アドレス、サブネットマスク、デフォルトゲートウェイなどを登録する。サブインターフェイスを使用する場合は、サブインターフェイスの LUID（Locally Unique Identifier）を指定する。Store= オプションの設定値： ・Active ＝再起動まで有効 ・Persistent ＝固定（既定値）

Add DnsServers [Name=]*インターフェイス名* [Address=]*IPアドレス* [[Index=]*優先順位*] [[Validate=] {Yes | No}]	a d	インターフェイスに参照 DNS サーバを登録する。優先順位を省略すると、参照設定の末尾（優先順位は最低）に追加する
Add ExcludedPortRange [Protocol=]{Tcp | Udp} [StartPort=]*開始ポート番号* [NumberOfPorts=]*除外数* [[Store=]{Active | Persistent}]	a e	開始ポート番号から除外数分の、連続するポートを除外する設定を登録する
Add Neighbors [Interface=]*インターフェイス名* [Address=]*IPアドレス* [Neighbor=]*MACアドレス* [[SubInterface=]*LUID*] [[Store=]{Active | Persistent}]	a n	近隣探索用に IP アドレスと MAC アドレスの対応を登録する
Add Route [Prefix=]*IPアドレス/プレフィックス* [Interface=]*インターフェイス名* [[NextHop=]*IPアドレス*] [[SitePrefixLength=]*プレフィックス長*] [[Metric=]*メトリック値*] [[Publish=]{No | Age | Yes}] [[ValidLifeTime=]{*有効期間* | Infinite}] [[PreferredLifeTime=]{*有効期間* | Infinite}] [[Store=] {Active | Persistent}]	a n	ルートを登録する
Add WinsServers [Name=]*インターフェイス名* [Address=]*IPアドレス* [[Index=]*優先順位*]	a w	インターフェイスに参照 WINS（Windows Internet Name Service）サーバを登録する。優先順位を省略すると、参照設定の末尾（優先順位は最低）に追加する
Delete Address [Name=]*インターフェイス名* [[Address=]*IPアドレス*] [[Gateway=]{*IPアドレス* | All}] [[Store=]{Active | Persistent}]	de a	インターフェイスから IP アドレス、サブネットマスク、デフォルトゲートウェイなどを削除する
Delete ArpCache [[Name=]*インターフェイス名*] [Address=]*IPアドレス*] [[SubInterface=]*LUID*] [[Store=]{Active | Persistent}]	de ar	アドレス解決プロトコル（ARP：Address Resolution Protocol）キャッシュを削除する **UAC**
Delete DestinationCache [[Interface=]*インターフェイス名*] [[Address=]*<IPアドレス>*]	de d	宛先キャッシュを削除する **UAC**
Delete DnsServers [Name=]*インターフェイス名* [[Addr=]{*IPアドレス* | All}] [[Validate=]{Yes | No}]	de dn	インターフェイスから参照 DNS サーバを削除する
Delete ExcludedPortRange [Protocol=]{Tcp | Udp} [StartPort=]*開始ポート番号* [NumberOfPorts=]*除外数* [[Store=]{Active | Persistent}]	de e	連続するポートの除外設定を削除する
Delete Neighbors [[Name=]*インターフェイス名*] [Address=]*IPアドレス*] [[SubInterface=]*インターフェイス名*] [[Store=]{Active | Persistent}]	de n	近隣探索用に登録した IP アドレスと MAC アドレスの対応を削除する **UAC**
Delete Route [Prefix=]*IPアドレス/プレフィックス* [Interface=]*インターフェイス名* [[NextHop=]*IPアドレス*] [[Store=]{Active | Persistent}]	de r	ルート設定を削除する
Delete WinsServers [Name=]*インターフェイス名* [[Addr=]{*IPアドレス* | All}]	de w	インターフェイスから参照 WINS サーバを削除する
Install	i	IP プロトコルスタックをインストールする **UAC**
Reset	r	設定を削除して既定値に戻す **UAC**
Set Address [Name=]*インターフェイス名* [[Source=] {Dhcp | Static}] [[Address=]*IPアドレス/プレフィックス*] [[Mask=]*サブネットマスク*] [[Gateway=]{*IPアドレス* | None} GwMetric=]*メトリック値*] [[Type=] {Unicast | Anycast}] [[SubInterface=]*LUID*] [[Store=] {Active | Persistent}]	s a	インターフェイスに IP アドレス、サブネットマスク、デフォルトゲートウェイなどの設定を変更する。DHCP で割り当てるように設定することもできる
Set Compartment [Compartment=]*コンパートメントID* [DefaultCurHopLimit=]*ホップ制限値* [Store=] {Active | Persistent}	s c	コンパートメントの既定値を設定する

Set DnsServers [Name=]インターフェイス名 [Source=]{Dhcp | Static} [[Address=]{IPアドレス | None}] [[Register=]{None | Primary | Both}] [[Validate=]{Yes | No}]	s d	インターフェイスの参照 DNS サーバ設定を変更する
Set DynamicPortRange [Protocol=]{Tcp |Udp} [StartPort=]開始ポート番号 [NumberOfPorts=]ポート数 [[Store=]{Active | Persistent}]	s dy	動的ポート割り当て用のポート範囲を設定する
Set Global [[DefaultCurHopLimit=]ホップ制限値] [[NeighborCacheLimit=]最大キャッシュ数] [[RouteCacheLimit=]最大キャッシュ数] [[ReassemblyLimit=]最大バッファサイズ] [[IcmpRedirects=]{{Enabled | Disabled}}] [[SourceRoutingBehavior=]{Drop | Forward | DontForward}] [[TaskOffload=]{Enabled | Disabled}] [[DhcpMediaSense=]{Enabled | Disabled}] [[MediaSenseEventLog=]{Enabled | Disabled}] [[MldLevel=]{None | SendOnly | All}] [[MldVersion=] {Version1 | Version2 | Version3}] [[MulticastForwarding=]{Enabled | Disabled}] [[GroupForwardedFragments=]{Enabled | Disabled}] [[RandomizeIdentifiers=]{Enabled | Disabled}] [[Store=]{Active | Persistent}] [[AddressMaskReply=]{Enabled | Disabled}] [[MinMtu=]最小MTU] [[FlowLabel=]{Enabled | Disabled}] [[LoopbackLargeMtu=]{Enabled | Disabled}] [[LoopbackWorkerCount=]{Enabled | Disabled}] [[LoopbackExecutionMode=]{Inline | Adaptive}] [[SourceBasedEcmp=]{Enabled | Disabled}] [[ReassemblyOutOfOrderLimit=]最大フラグメント数]	s g	IPv4 のグローバル構成を設定する
Set Interface [Interface=]インターフェイス名 [[Forwarding=]{Enabled | Disabled}] [[Advertise=] {Enabled | Disabled}] [[Mtu=]MTU] [[SitePrefixLength=]プレフィックス長] [[Nud=] {Enabled | Disabled}] [[BaseReachableTime=]到達可能時間ミリ秒] [[RetransmitTime=]再転送時間ミリ秒] [[DadTransmits=]転送数] [[RouterDiscovery=] {Enabled | Disabled | Dhcp}] [[ManagedAddress=] {Enabled | Disabled}] [[OtherStateful=]{Enabled | Disabled}] [[WeakHostSend=]{Enabled | Disabled}] [[WeakHostReceive=]{Enabled | Disabled}] [[IgnoreDefaultRoutes=]{Enabled | Disabled}] [[AdvertisedRouterLifeTime=]有効期間秒>] [[AdvertiseDefaultRoute=]{Enabled | Disabled}] [[CurrentHopLimit=]最大ホップ数] [[Store=]{Active | Persistent}] [[ForceArpNdWolPattern=]{Enabled | Disabled}] [[EnableDirectedMacWolPattern=] {Enabled | Disabled}] [[EcnCapability=] {EcnDisabled | Ect1 | Ect0 | Application}] [[RaBasedDnsConfig=]{Enabled | Disabled}] [[DhcpStaticIpCoexistence=]{Enabled | Disabled}]	s i	IPv4 のインターフェイスごとの構成を設定する
Set Neighbors [Interface=]インターフェイス名 [Address=]IPアドレス [Neighbor=]MACアドレス [[Store=]{Active | Persistent}]	s n	近隣探索用の IP アドレスと MAC アドレスの対応設定を変更する
Set Route [Prefix=]IPアドレス/プレフィックス [Interface=]インターフェイス名 [[Nexthop=]IPアドレス] [[SitePrefixLength=]プレフィックス長] [[Metric=] メトリック値] [[Publish=]{No | Age | Yes}] [[ValidLifeTime=]{有効期間 | Infinite}] [[PreferredLifeTime=]{有効期間 | Infinite}] [[Store=] {Active | Persistent}]	s r	インターフェイスのルート設定を変更する

1

ネットワークコマンド編

前ページよりの続き

Set SubInterface [Interface=]インターフェイス名 [[Mtu=]MTU] [[SubInterface=]LUID] [[Store=]{Active | Persistent}]	s s	サブインターフェイスを設定する
Set WinsServers [Name=]インターフェイス名 [Source=]{Dhcp | Static} [[Addr=]{IPアドレス | None}]	s w	インターフェイスの参照 WINS サーバ設定を変更する
Show Addresses [[Name=]インターフェイス名]	sh a	IP アドレス情報を表示する
Show Compartments [[Compartment=]コンパートメントID] [[Level=]{Normal | Verbose}] [[Store=] {Active | Persistent}]	sh c	コンパートメント情報を表示する
Show Config [[Name=]インターフェイス名]	sh con	インターフェイスの構成情報を表示する
Show DestinationCache [[Interface=]インターフェイス名 [[Address=]IPアドレス]] [[Level=]{Normal | Verbose}]	sh d	宛先キャッシュ情報を表示する
Show DnsServers [[Name=]インターフェイス名]	sh dn	DNS 参照設定の情報を表示する
Show DynamicPortRange [Protocol=]{Tcp | Udp} [[Store=]{Active | Persistent}]	sh dy	動的ポート情報を表示する
Show ExcludedPortRange [Protocol=]{Tcp | Udp} [[Store=]{Active | Persistent}]	sh e	除外ポート情報を表示する
Show Global [[Store=]{Active | Persistent}]	sh g	グローバル設定情報を表示する
Show IcmpStats [[Rr=]更新間隔秒]	sh i	ICMP 統計情報を表示する
Show Interfaces [[Interface=]インターフェイス名] [[Rr=]更新間隔秒] [[Level=]{Normal | Verbose}] [[Store=]{Active | Persistent}]	sh in	インターフェイスの情報を表示する
Show IpAddresses [[Interface=]インターフェイス名] [[Level=]{Normal | Verbose}] [[Store=]{Active | Persistent}]	sh ip	IP アドレス情報を表示する
Show IpNetToMedia [[Rr=]更新間隔秒]	sh ipn	IP ネットワークと物理メディアのマッピング情報（Net to Media）を表示する
Show IpStats [[Rr=]更新間隔秒]	sh ips	IP 統計情報を表示する
Show Joins [[Interface=]インターフェイス名] [[Level=]{Normal | Verbose}]	sh j	参加したマルチキャストグループの情報を表示する
Show Neighbors [[Interface=]インターフェイス名 [[Address=]IPアドレス]] [[SubInterface=]LUID] [[Level=]{Normal | Verbose}] [[Store=]{Active | Persistent}]	sh n	近隣探索用のキャッシュ情報を表示する
Show Offload [[Name=]インターフェイス名]	sh o	オフロード情報を表示する
Show Route [[Level=]{Normal | Verbose}] [[Store=] {Active | Persistent}]	sh r	ルーティングテーブルの情報を表示する
Show SubInterfaces [[Interface=]インターフェイス名] [[SubInterface=]LUID] [[Level=]{Normal | Verbose}] [[Store=]{Active | Persistent}]	sh s	サブインターフェイスの情報を表示する
Show TcpConnections [[LocalAddress=]IPアドレス] [[LocalPort=]ポート番号] [[RemoteAddress=]IPアドレス] [[RemotePort=]ポート番号] [[Rr=]更新間隔秒]	sh t	TCP 接続の情報を表示する
Show TcpStats [[Rr=]更新間隔秒]	sh tcps	TCP 統計情報を表示する
Show UdpConnections [[LocalAddress=]IPアドレス>] [[LocalPort=]ポート番号] [[Rr=]更新間隔秒]	sh u	UDP 接続の情報を表示する
Show UdpStats [[Rr=]更新間隔秒]	sh udps	UDP 統計情報を表示する
Show WinsServers [[Name=]インターフェイス名]	sh w	WINS 参照設定の情報を表示する
Uninstall	u	IP プロトコルスタックをアンインストールする **UAC**

IPv6

サブコマンド	短縮形	説明
Add Address [Interface=]インターフェイス名 [Address=]IPアドレス[/プレフィックス] [[Type=] {Unicast | Anycast}] [[ValidLifeTime=]{有効期間 | Infinite}] [[PreferredLifeTime=]{有効期間 | Infinite}] [[Store=]{Active | Persistent}] [[SkipAsSource=] {True | False}]	a a	インターフェイスに IPv6 アドレスなど を登録する。 ・Store= オプションの設定値： ・Active ＝再起動まで有効 ・Persistent ＝固定（既定値）
Add DnsServers [Name=]インターフェイス名 [Address=]IPアドレス [[Index=]優先順位] [[Validate=] {Yes | No}]	a d	インターフェイスに参照 DNS サーバを 登録する。優先順位を省略すると、参 照設定の末尾（優先順位は最低）に追 加する
Add ExcludedPortRange [Protocol=]{Tcp | Udp} [StartPort=]開始ポート番号 [NumberOfPorts=]除外数 [[Store=]{Active | Persistent}]	a e	開始ポート番号から除外数分の、連続 するポートを除外する設定を登録する
Add Neighbors [Interface=]インターフェイス名 [Address=]IPアドレス [Neighbor=]MACアドレス [[SubInterface=]LUID] [[Store=]{Active | Persistent}]	a n	近隣探索用に IPv6 アドレスと MAC ア ドレスの対応を登録する
Add PotentialRouter [Interface=]インターフェイス名 [[Address=]IPアドレス]	a p	インターフェイスに利用可能なルータ を登録する
Add PrefixPolicy [Prefix=]IPアドレス/プレフィックス [Precedence=]優先順位 [Label=]ラベル値 [[Store=] {Active | Persistent}]	a pr	プレフィックスの選択優先順位を登録 する
Add Route [Prefix=]IPアドレス/プレフィックス [Interface=]インターフェイス名 [[NextHop=]IPアドレ ス] [[SitePrefixLength=]プレフィックス長] [[Metric=] メトリック値] [[Publish=]{No | Age | Yes}] [[ValidLifeTime=]{有効期間 | Infinite}] [[PreferredLifeTime=]{有効期間 | Infinite}] [[Store=] {Active | Persistent}]	a r	ルートを登録する
Add V6V4Tunnel [Interface=]<String> [LocalAddress=]IPアドレス [RemoteAddress=]IPア ドレス	a v	IPv6-in-IPv4 トンネルを登録する
Delete Address [Interface=]インターフェイス名 [Address=]IPアドレス [[Store=]{Active | Persistent}]	de a	インターフェイスから IPv6 アドレスな どを削除する
Delete DestinationCache [[Interface=]インターフェ イス名 [[Address=]IPアドレス]]	de d	宛先キャッシュを削除する **UAC**
Delete DnsServers [Name=]インターフェイス名 [[Address=]{IPアドレス | All}] [[Validate=]{Yes | No}]	de dn	インターフェイスから参照 DNS サーバ を削除する
Delete ExcludedPortRange [Protocol=]{Tcp | Udp} [StartPort=]開始ポート番号 [NumberOfPorts=]除外数 [[Store=]{Active | Persistent}]	de e	連続するポートの除外設定を削除する
Delete Interface [Interface=]インターフェイス名	de i	インターフェイスを削除する
Delete Neighbors [[Interface=]インターフェイス名 [[Address=]IPアドレス] [[SubInterface=]LUID]] [[Store=]{Active | Persistent}]	de n	近隣探索用に登録した IPv6 アドレスと MAC アドレスの対応を削除する **UAC**
Delete PotentialRouter [Interface=]インターフェイス 名 [[Address=]IPアドレス]	de p	利用可能なルータを削除する
Delete PrefixPolicy [Prefix=]IPアドレス/プレフィック ス [[Store=]{Active | Persistent}]	de pr	プレフィックスの選択優先順位情報を 削除する
Delete Route [Prefix=]IPアドレス/プレフィックス [Interface=]インターフェイス名 [[NextHop=]IPアド レス] [[Store=]{Active | Persistent}]	de r	ルート設定を削除する
Reset	r	設定を削除して既定値に戻す **UAC**

Set Address [Interface=]インターフェイス名 [Address=]IPアドレス [[Type=]{Unicast | Anycast}] [[ValidLifeTime=]{有効期間 | Infinite}] [[PreferredLifeTime=]{有効期間 | Infinite}] [[Store=]{Active | Persistent}]	s a	インターフェイスの IPv6 アドレスなどの設定を変更する
Set Compartment [Compartment=]コンパートメントID [DefaultCurHopLimit=]ホップ制限値 [Store=]{Active | Persistent}	s c	コンパートメントの既定値を設定する
Set DnsServers [Name=]インターフェイス名 [Source=]{Dhcp | Static} [[Address=]{IPアドレス | None}] [[Register=]{None | Primary | Both}] [[Validate=]{Yes | No}]	s d	インターフェイスの参照 DNS サーバ設定を変更する
Set DynamicPortRange [Protocol=]{Tcp | Udp} [StartPort=]開始ポート番号 [NumberOfPorts=]ポート数 [[Store={Active | Persistent}]	s dy	動的ポート割り当て用のポート範囲を設定する
Set Global [[DefaultCurHopLimit=]ホップ制限値] [[NeighborCacheLimit=]最大キャッシュ数] [[RouteCacheLimit=]最大キャッシュ数] [[ReassemblyLimit=]最大バッファサイズ] [[IcmpRedirects=]{Enabled | Disabled}] [[SourceRoutingBehavior=]{Drop | Forward | DontForward}] [[TaskOffload=]{Enabled | Disabled}] [[DhcpMediaSense=]{Enabled | Disabled}] [[MediaSenseEventlog=]{Enabled | Disabled}] [[MldLevel=]{None | SendOnly | All}] [[MldVersion=]{Version1 | Version2 | Version3}] [[MulticastForwarding=]{Enabled | Disabled}] [[GroupForwardedFragments=]{Enabled | Disabled}] [[RandomizeIdentifiers=]{Enabled | Disabled}] [[Store=]{Active | Persistent}] [[AddressMaskReply=]{Enabled | Disabled}] [[MinMtu=]最小MTU] [[Flowlabel=]{Enabled | Disabled}] [[LoopbackLargeMtu=]{Enabled | Disabled}] [[LoopbackWorkerCount=]{Enabled | Disabled}] [[LoopbackExecutionMode=]{Inline | Adaptive}] [[SourceBasedEcmp=]{Enabled | Disabled}] [[ReassemblyOutOfOrderLimit=]最大フラグメント数]	s g	IPv6 のグローバル構成を設定する
Set Interface [Interface=]インターフェイス名 [[Forwarding=]{Enabled | Disabled}] [[Advertise=]{Enabled | Disabled}] [[Mtu=]MTU] [[SitePrefixLength=]プレフィックス長] [Nud=]{Enabled | Disabled}] [[BaseReachableTime=]到達可能時間ミリ秒] [[RetransmitTime=]再転送時間ミリ秒] [[DadTransmits=]転送数] [[RouterDiscovery=]{Enabled | Disabled | Dhcp}] [[ManagedAddress=]{Enabled | Disabled}] [[OtherStateful=]{Enabled | Disabled}] [[WeakHostSend=]{Enabled | Disabled}] [[WeakHostReceive=]{Enabled | Disabled}] [[IgnoreDefaultRoutes=]{Enabled | Disabled}] [[AdvertisedRouterLifeTime=]有効期間秒] [[AdvertiseDefaultRoute=]{Enabled | Disabled}] [[CurrentHopLimit=]最大ホップ数] [[Store=]{Active | Persistent}] [[ForceArpNdWolPattern=]{Enabled | Disabled}] [[EnableDirectedMacWolPattern=]{Enabled | Disabled}] [[EcnCapability=]{EcnDisabled | Ect1 | Ect0 | Application}] [[RaBasedDnsConfig=]{Enabled | Disabled}] [[DhcpStaticIpCoexistence=]{Enabled | Disabled}]	s i	IPv6 のインターフェイスごとの構成を設定する
Set Neighbors [Interface=]インターフェイス名 [Address=]IPアドレス [Neighbor=]MACアドレス [[Store=]{Active | Persistent}]	s n	近隣探索用の IPv6 アドレスと MAC アドレスの対応設定を変更する

Set PrefixPolicy [Prefix=]*IPアドレス/プレフィックス* [Precedence=]*優先順位* [Label=]*ラベル値* [[Store=] {Active | Persistent}]	s p	プレフィックスの選択優先順位を設定する
Set Privacy [[State=]{Enabled | Disabled}] [[MaxDadAttempts=]*重複アドレス数*] [[MaxValidLifeTime=]*有効期間*] [[MaxPreferredLifeTime=]*有効期間*] [[RegenerateTime=]*廃止時間*] [[MaxRandomTime=] *ランダム遅延上限*] [[Store=]{Active | Persistent}]	s pri	プライバシー構成を設定する
Set Route [Prefix=]*IPアドレス/プレフィックス* [Interface=]*インターフェイス名* [[Nexthop=]*IPアドレス*] [[SitePrefixLength=]*プレフィックス長*] [[Metric=] *メトリック値*] [[Publish=]{No | Age | Yes}] [ValidLifeTime=]{*有効期間* | Infinite}] [[PreferredLifeTime=]{*有効期間* | Infinite}] [[Store=] {Active | Persistent}]	s r	インターフェイスのルート設定を変更する
Set SubInterface [Interface=]*インターフェイス名* [[Mtu=]*MTU*] [[SubInterface=]*LUID*] [[Store=]{Active | Persistent}]	s s	サブインターフェイスを設定する
Set Teredo [[Type=]{Disabled | Client | EnterpriseClient | NatAwareClient | Server | Default}] [[ServerName=]{*ホスト名* | *IPアドレス* | Default}] [[RefreshInterval=]{*更新間隔秒* | Default}] [[ClientPort=]{*UDPポート番号* | Default}] [[ServerVirtualIp=]{*IPアドレス* | Default}]	s t	Teredo を設定する
Show Addresses [[Interface=]*インターフェイス名* [[Level=]{Normal | Verbose}] [[Store=]{Active | Persistent}]	sh a	IPv6 アドレス情報を表示する
Show Compartments [[Compartment=]*コンパートメントID*] [[Level=]{Normal | Verbose}] [[Store=] {Active | Persistent}]	sh c	コンパートメント情報を表示する
Show DestinationCache [[Interface=]*インターフェイス名* [[Address=]*IPアドレス*] [[Level=]{Normal | Verbose}]	sh d	宛先キャッシュ情報を表示する
Show DnsServers [[Name=]*インターフェイス名*]	sh dn	DNS 参照設定の情報を表示する
Show DynamicPortRange [Protocol=]{Tcp | Udp} [[Store=]{Active | Persistent}]	sh dy	動的ポート情報を表示する
Show ExcludedPortRange [Protocol=]{Tcp | Udp} [[Store=]{Active | Persistent}]	sh e	除外ポート情報を表示する
Show Global [[Store=]{Active | Persistent}]	sh g	グローバル設定情報を表示する
Show Interfaces [[Interface=]*インターフェイス名*] [[Rr=]*更新間隔秒*] [[Level=]{Normal | Verbose}] [[Store=]{Active | Persistent}]	sh i	インターフェイスの情報を表示する
Show IpStats [[Rr=]*更新間隔秒*]	sh ip	IPv6 統計情報を表示する
Show Joins [[Interface=]*インターフェイス名*] [[Level=]{Normal | Verbose}]	sh j	参加したマルチキャストグループ情報を表示する
Show Neighbors [[Interface=]*インターフェイス名* [[Address=]*IPアドレス*]] [[SubInterface=]*LUID*] [[Level=]{Normal | Verbose}] [[Store=]{Active | Persistent}]	sh n	近隣探索用のキャッシュ情報を表示する
Show Offload [[Name=]*インターフェイス名*]	sh o	オフロード情報を表示する
Show PotentialRouters [[Interface=]*インターフェイス名*]	sh p	利用可能なルータを表示する
Show PrefixPolicies [[Store=]{Active | Persistent}]	sh pr	プレフィックスの選択優先順位情報を表示する
Show Privacy [[Store=]{Active | Persistent}]	sh pri	プライバシー構成情報を表示する

前ページよりの続き

	短縮形	説明
Show Route [[Level=]{Normal | Verbose}] [[Store=]{Active | Persistent}]	sh r	ルーティングテーブルの情報を表示する
Show SitePrefixes	sh s	サイトプレフィックステーブルの情報を表示する
Show SubInterfaces [[Interface=]インターフェイス名] [[SubInterface=]LUID] [[Level=]{Normal | Verbose}] [[Store=]{Active | Persistent}]	sh su	サブインターフェイスの情報を表示する
Show TcpStats [[Rr=]更新間隔秒]	sh tc	TCP 統計情報を表示する
Show Teredo	sh t	Teredo の情報を表示する
Show TfoFallback	sh tf	TCP Fast Open フォールバックの情報を表示する
Show UdpStats [[Rr=]更新間隔秒]	sh u	UDP 統計情報を表示する

Isatap

サブコマンド	短縮形	説明
Set Router [[Name=]{ルータ名 | Default}] [[State=]{Enabled | Disabled | Default}] [[Interval=]解決間隔分]	s s	ISATAP ルータを設定する
Set State [State=]{Enabled | Disabled | Default}	s r	ISATAP 状態を設定する
Show Router	sh r	ISATAP ルータを表示する
Show State	sh s	ISATAP 状態を表示する

PortProxy

サブコマンド	短縮形	説明
Add V4ToV4 [ListenPort=]{IPv4ポート番号 | サービス名] [[ConnectAddress=]{IPv4アドレス | ホスト名}] [[ConnectPort=]{IPv4ポート番号 | サービス名}] [[ListenAddress=]{IPv4アドレス | ホスト名}] [[Protocol=]Tcp]	a v	IPv4 アドレスとポートで待ち受けて、IPv4 経由でプロキシ接続するためのエントリを登録する UAC
Add V4ToV6 [ListenPort=]{IPv4ポート番号 | サービス名] [[ConnectAddress=]{IPv6アドレス | ホスト名}] [[ConnectPort=]{IPv6ポート番号 | サービス名}] [[ListenAddress=]{IPv4アドレス | ホスト名}] [[Protocol=]Tcp]	a v4tov6	IPv4 アドレスとポートで待ち受けて、IPv6 経由でプロキシ接続するためのエントリを登録する UAC
Add V6ToV4 [ListenPort=]{IPv6ポート番号 | サービス名] [[ConnectAddress=]{IPv4アドレス | ホスト名}] [[ConnectPort=]{IPv4ポート番号 | サービス名}] [[ListenAddress=]{IPv6アドレス | ホスト名}] [[Protocol=]Tcp]	a v6	IPv6 アドレスとポートで待ち受けて、IPv4 経由でプロキシ接続するためのエントリを登録する UAC
Add V6ToV6 [ListenPort=]{IPv6ポート番号 | サービス名] [[ConnectAddress=]{IPv6アドレス | ホスト名}] [[ConnectPort=]{IPv6ポート番号 | サービス名}] [[ListenAddress=]{IPv6アドレス | ホスト名}] [[Protocol=]Tcp]	a v6tov6	IPv6 アドレスとポートで待ち受けて、IPv6 経由でプロキシ接続するためのエントリを登録する UAC
Delete V4ToV4 [ListenPort=]{IPv4ポート番号 | サービス名} [[ListenaAdress=]{IPv4アドレス | ホスト名}] [[Protocol=]Tcp]	de v	IPv4 アドレスとポートで待ち受けて、IPv4 経由でプロキシ接続するためのエントリを削除する UAC
Delete V4ToV6 [ListenPort=]{IPv4ポート番号 | サービス名} [[ListenAddress=]{IPv4アドレス | ホスト名}] [[Protocol=]Tcp]	de v4tov6	IPv4 で待ち受けて、IPv6 経由でプロキシ接続するためのエントリを削除する UAC
Delete V6ToV4 [ListenPort=]{IPv6ポート番号 | サービス名} [[ListenAddress=]{IPv6アドレス | ホスト名}] [[Protocol=]Tcp]	de v6	IPv6 アドレスとポートで待ち受けて、IPv4 経由でプロキシ接続するためのエントリを削除する UAC

1 ネットワークコマンド編

Delete V6ToV6 [ListenPort=]{*IPv6ポート番号* | サービス名} [[ListenAddress=]{*IPv6アドレス* | *ホスト名*}] [[Protocol=]Tcp]	de v6tov6	IPv6 アドレスとポートで待ち受けて、IPv6 経由でプロキシ接続するためのエントリを削除する **UAC**
Reset	r	設定を削除して既定値に戻す **UAC**
Set V4ToV4 [ListenPort=]{*IPv4ポート番号* | サービス名} [[ConnectAddress=]{*IPv4アドレス* | *ホスト名*}] [[ConnectPort=]{*IPv4ポート番号* | サービス名}] [[ListenAddress=]{*IPv4アドレス* | *ホスト名*}] [[Protocol=]Tcp]	se v	IPv4 アドレスとポートで待ち受けて、IPv4 経由でプロキシ接続するためのエントリ設定を変更する **UAC**
Set V4ToV6 [ListenPort=]{*IPv4ポート番号* | サービス名} [[ConnectAddress=]{*IPv6アドレス* | *ホスト名*}] [[ConnectPort=]{*IPv6ポート番号* | サービス名}] [[ListenAddress=]{*IPv4アドレス* | *ホスト名*}] [[Protocol=]Tcp]	se v4tov6	IPv4 アドレスとポートで待ち受けて、IPv6 経由でプロキシ接続するためのエントリ設定を変更する **UAC**
Set V6ToV4 [ListenPort=]{*IPv6ポート番号* | サービス名} [[ConnectAddress=]{*IPv4アドレス* | *ホスト名*}] [[ConnectPort=]{*IPv4ポート番号* | サービス名}] [[ListenAddress=]{*IPv6アドレス* | *ホスト名*}] [[Protocol=]Tcp]	se v6	IPv6 アドレスとポートで待ち受けて、IPv4 経由でプロキシ接続するためのエントリ設定を変更する **UAC**
Set V6ToV6 [ListenPort=]{*IPv6ポート番号* | サービス名} [[ConnectAddress=]{*IPv6アドレス* | *ホスト名*}] [[ConnectPort=]{*IPv6ポート番号* | サービス名}] [[ListenAddress=]{*IPv6アドレス* | *ホスト名*}] [[Protocol=]Tcp]	se v6tov6	IPv6 アドレスとポートで待ち受けて、IPv6 経由でプロキシ接続するためのエントリ設定を変更する **UAC**
Show All	s a	ポートプロキシ設定を表示する
Show V4ToV4	s v	IPv4 で待ち受けて、IPv4 経由でプロキシ接続するためのエントリを表示する
Show V4ToV6	s v4tov6	IPv4 で待ち受けて、IPv6 経由でプロキシ接続するためのエントリを表示する
Show V6ToV4	s v6	IPv6 で待ち受けて、IPv4 経由でプロキシ接続するためのエントリを表示する
Show V6ToV6	s v6tov6	IPv6 で待ち受けて、IPv6 経由でプロキシ接続するためのエントリを設定する

Tcp

サブコマンド	短縮形	説明
Add SupplementalPort [Template=]{Internet | Datacenter | Automatic | Custom | Compat} [LocalPort=]{* | *ポート番号*} [RemotePort=]{* | *ポート番号*}	a s	送信元ポートと宛先ポートのペアに TCP テンプレートを設定する
Add SupplementalSubnet [Template=]{Internet | Datacenter | Automatic | Custom | Compat} [Family=]{IPv4 | IPv6} [Address=]*IPアドレス[/プレフィックス長]*	a supplementals	宛先サブネットに TCP テンプレートを設定する
Delete SupplementalPort [LocalPort=]{* | *ポート番号*} [RemotePort=]{* | *ポート番号*}	de s	送信元ポート（LocalPort）と宛先ポート（RemotePort）のペアに対する TCP テンプレートを削除する
Delete SupplementalSubnet [Family=]{IPv4 | IPv6} [Address=]*IPアドレス[/プレフィックス長]*	de supplementals	宛先サブネットに対する TCP テンプレートを削除する

Reload	rel	永続的な設定を再読み込みする（使用不可）**UAC**
Reset	r	設定を削除して既定値に戻す **UAC**
RunDown	ru	実行中のトレースセッションで接続を停止する
Set Global [[Rss=]{Disabled | Enabled | Default}] [[AutoTuningLevel=]{Disabled | HighlyRestricted | Restricted | Normal | Experimental}] [[CongestionProvider=]{None | Ctcp | Default}] [[EcnCapability=]{Disabled | Enabled | Default}] [[Timestamps=]{Disabled | Enabled | Default}] [[InitialRto=]*SYN再転送時間ミリ秒*] [[Rsc=]{Disabled | Enabled | Default}] [[NonSackRttResiliency=]{Disabled | Enabled | Default}] [[MaxSynRetransmissions=]*SYN接続試行回数*] [[FastOpen=]{Disabled | Enabled | Default}] [[FastOpenFallback=]{Disabled | Enabled | Default}] [[HyStart=]{Disabled | Enabled | Default}] [[Prr=] {Disabled | Enabled | Default}] [[PacingProfile=]{Off | InitialWindow | SlowStart | Always | Default}]	s g	全接続共通の TCP 構成を設定する
Set Heuristics [[Wsh=]{Disabled | Enabled | Default}] [[ForceWs=]{Disabled | Enabled | Default}]	s heu	ウィンドウスケーリングヒューリスティック構成を設定する
Set Security [[Mpp=]{Disabled | Enabled | Default}] [[StartPort=]*ポート番号*] [[NumberOfPorts=]*ポート数*] [[Profiles=]{Disabled | Enabled | Default}]	s se	TCP セキュリティ構成を設定する
Set Supplemental [Template=]{Automatic | Datacenter | Internet | Compat | Custom} [[MinRto=]*TCP再送信タイムアウトミリ秒*] [[Icw=]*初期輻輳ウィンドウサイズ*] [[CongestionProvider=] {None | Ctcp | Dctcp | Default}] [[EnableCwndRestart=]{Disabled | Enabled | Default}] [[DelayedAckTimeout=]*遅延ACKタイムアウトミリ秒*] [[DelayedAckFrequency=]*遅延ACK間隔*] [[Rack=]{Disabled | Enabled | Default}] [[TailLossProbe=]{Disabled | Enabled | Default}]	s su	TCP テンプレートに基づく TCP 構成を設定する
Show Global [[Store=]{Active | Persistent}]	sh g	全接続共通の TCP 構成を表示する
Show Heuristics [[Heuristics=]{Wsh | ForceWs}]	sh heu	ウィンドウスケーリングヒューリスティック構成を表示する
Show RscStats [[Interface=]*インターフェイス名*]	sh r	受信セグメント合体（RCS：Receive Segment Coalescing）構成を表示する
Show Security [[Store=]{Active | Persistent}]	sh s	TCP セキュリティ構成を表示する
Show Supplemental [[Template=]{Automatic | Datacenter | Internet | Compat | Custom}]	sh su	TCP テンプレートに基づく TCP 構成を表示する
Show SupplementalPorts [[Level=]{Normal | Verbose}]	sh supplementalp	送信元ポートと宛先ポートのペア情報を表示する
Show SupplementalSubnets [[Level=]{Normal | Verbose}]	sh supplementals	宛先サブネットの情報を表示する

Teredo

サブコマンド	短縮形	説明
Set State [[Type]={Disabled | Client | EnterpriseClient | NatAwareClient | Server | Default}] [[ServerName=]{ホスト名 | IPアドレス | Default}] [[RefreshInterval=]{更新間隔秒数 | Default}] [[ClientPort=]{ポート番号 | Default}] [[ServerVirtualIp=]{IPアドレス | Default}]	s s	Teredo の状態を設定する
Show State	sh s	Teredo の状態を表示する

Udp

サブコマンド	短縮形	説明
Reset	r	設定を削除して既定値に戻す **UAC**
Set Global [[Uro=]{Disabled | Enabled | Default}]	s g	全接続共通の UDP 構成（URO：UDP Receive Offload）を設定する
Show Global [[Store=]{Active | Persistent}]	sh g	全接続共通の UDP 構成を表示する

■ コマンドの働き

「Netsh Interface」コマンドは、ネットワークインターフェイスと TCP/IP、IPv6 over IPv4 トンネルを設定する。

参考

● Netsh interface portproxy commands

https://learn.microsoft.com/en-us/windows-server/networking/technologies/netsh/netsh-interface-portproxy

■■ Netsh Ipsec——IPsecを操作する

| 2003 | 2003R2 | Vista | 2008 | 2008R2 | 7 | 2012 | 8 | 2012R2 | 8.1 | 10 | 2016 | 2019 | 2022 | 11 |

■ サブコマンド

サブコマンド	短縮形	説明
Dynamic	dy	現在アクティブな IPsec の設定サブコンテキストに移動する
Static	s	IPsec の既定の設定サブコンテキストに移動する

■ サブコンテキスト

Dynamic

サブコマンド	短縮形	説明
Add MmPolicy [Name=]ポリシー名 [[QmPerMm=]セッション数] [[MmLifeTime=]キー更新間隔分] [[SoftSaExpirationTime =]SA有効期限分] [[MmSecMethods=]"セキュリティメソッド"]	a m	メインモードポリシーをセキュリティポリシーデータベース（SPD：Security Policy Database）に登録する。セキュリティメソッドは「暗号化アルゴリズム - ハッシュアルゴリズム -DH グループ」の形式で、スペースで区切って１つ以上指定する。 ・暗号化アルゴリズム：DES、3DES ・ハッシュアルゴリズム：MD5、SHA1 ・DH（Diffie-Hellman）グループ：1 =低、2 =中、3 = DH2048
Add QmPolicy [Name=]ポリシー名 [[Soft={Yes | No}] [[PfsGroup={Grp1 | Grp2 | Grp3 | GrpMm | NoPfs}] [[QmSecMethods="セキュリティメソッド"]	a q	クイックモードポリシーを SPD に登録する。セキュリティメソッドは次のいずれかの形式で、スペースで区切って１つ以上指定する。 1. ESP[暗号化アルゴリズム ,ハッシュアルゴリズム]:k/s 2. AH[ハッシュアルゴリズム]:k/s 3. AH[ハッシュアルゴリズム]+ESP[暗号化アルゴリズム ,認証方式]:k/s ・暗号化アルゴリズム：DES、3DES、None ・ハッシュアルゴリズム：MD5、SHA1 ・認証方式：MD5、SHA1、None ・k：有効期間（KB） ・s：有効期間（秒）
Add Rule [SrcAddr=]{送信元IPアドレス | アドレス範囲 | ホスト名} [DstAddr=]{宛先IPアドレス | アドレス範囲 | ホスト名} [MmPolicy=]ポリシー名 [[QmPolicy=]ポリシー名] [[Protocol=]{Any | Icmp | Tcp | Udp | Raw | プロトコル番号}] [[SrcPort=]{送信元ポート番号 | 0}] [[DstPort=]{宛先ポート番号 | 0}] [[Mirrored=]{Yes | No}] [[ConnType=]{Lan | DialUp | All}] [[ActionInbound=]{Permit | Block | Negotiate}] [[ActionOutbound=]{Permit | Block | Negotiate}] [[SrcMask=]{マスク | プレフィックス}] [[DstMask=]{マスク | プレフィックス}] [[TunnelDstAddress=]{宛先IPアドレス | ホスト名}] [[Kerberos=]{Yes | No}] [[Psk=]事前共有キー] [[RootCa=]"証明書[CertMap:{Yes | No}] [ExcludeCaName:{Yes | No}]"]	a r	規則と関連するポリシーを SPD に登録する
Delete All	de a	SPD からすべてのポリシー、フィルタ、認証方式を削除する
Delete Mmpolicy [Name=]{ポリシー名 | All}	de m	SPD からメインモードポリシーを削除する
Delete Qmpolicy [Name=]{ポリシー名 | All}	de q	SPD からクイックモードポリシーを削除する
Delete Rule [SrcAddr=]{送信元IPアドレス | アドレス範囲 | ホスト名} [DstAddr=]{宛先IPアドレス | アドレス範囲 | ホスト名} [Protocol=]{Any | Icmp | Tcp | Udp | Raw | プロトコル番号} [SrcPort=]{送信元ポート番号 | 0} [DstPort=]{宛先ポート番号 | 0} [Mirrored=]{Yes | No} [ConnType=]{Lan | DialUp | All} [SrcMask=]{マスク | プレフィックス} [[DstMask=]{マスク | プレフィックス}] [[TunnelDstAddress=]{宛先IPアドレス | ホスト名}]	de r	SPD から規則と関連するポリシーを削除する

Delete Sa	de s	IPsec Security Association を削除する **UAC**
Set Config [Property=]{IpsecDiagnostics | IpsecExempt | IpsecLogInterval | IkeLogging | StrongCrlCheck | BootMode | BootExemptions} [Value=]*設定値*	s c	IPsec の構成と起動時の動作を設定する。 ・value の有効な設定値 ・ipsecdiagnostics : 0 ～ 7 ・ikelogging : 0、1 ・strongcrlcheck : 0 ～ 2 ・ipsecloginterval : 60 ～ 86,400（秒） ・ipsecexempt : 0 ～ 3 ・bootmode : stateful、block、permit ・bootexemptions : none、" 例外 " 例外はブートモードで常に許可するプロトコルとポートの一覧で、「*プロトコル : 送信元ポート番号 : 宛先ポート番号 : 方向*」の形式でスペースで区切って 1 つ以上指定する。 ・プロトコル : ICMP、TCP、UDP、RAW、プロトコル番号 ・方向 : inbound、outbound
Set MmPolicy [Name=]*ポリシー名* [[QmPerMm=]*セッション数*] [[MmLifeTime=]*キー更新間隔分*] [[SoftSaExpirationTime =]*SA有効期限分*] [[MmSecMethods=]"*セキュリティメソッド*"]	s m	メインモードポリシーの設定を変更する
Set QmPolicy [Name=]*ポリシー名* [[Soft=]{Yes | No}] [[PfsGroup=]{Grp1 | Grp2 | Grp3 | GrpMm | NoPfs}] [[QmSecMethods=]"*セキュリティメソッド*"]	s q	クイックモードポリシーの設定を変更する。セキュリティメソッドは「Add QmPolicy」サブコマンドを参照。
Set Rule [SrcAddr=]{*送信元IPアドレス | アドレス範囲 | ホスト名*} [DstAddr=]{*宛先IPアドレス | アドレス範囲 | ホスト名*} [[MmPolicy=]*ポリシー名*] [[QmPolicy=]*ポリシー名*] [[Protocol=]{Any | Icmp | Tcp | Udp | Raw | *プロトコル番号*}] [[SrcPort=]{*送信元ポート番号 | 0*}] [[DstPort=]{*宛先ポート番号 | 0*}] [[Mirrored=]{Yes | No}] [[ConnType=]{Lan | DialUp | All}] [[ActionInbound=]{Permit | Block | Negotiate}] [[ActionOutbound=]{Permit | Block | Negotiate}] [[SrcMask=]{*マスク | プレフィックス*}] [[DstMask=]{*マスク | プレフィックス*}] [[TunnelDstAddress=]{*宛先IPアドレス | ホスト名*}] [[Kerberos=]{Yes | No}] [[Psk=]*事前共有キー*] [[RootCa=]*証明書* [CertMap:{Yes | No}] [ExcludeCaName:{Yes | No}]"]	s r	規則と関連するポリシーの設定を変更する
Show All [[ResolveDns=]{Yes | No}]	sh a	ポリシー、フィルタ、SA、統計情報を表示する
Show Config	sh c	IPsec の設定情報を表示する
Show MmFilter [Name=]{*フィルタ名 | All*} [[Type=]{Generic | Specific}] [[SrcAddr=]{*送信元IPアドレス | アドレス範囲 | ホスト名*}] [[DstAddr=]{*宛先IPアドレス | アドレス範囲 | ホスト名*}] [[SrcMask=]{*マスク | プレフィックス*}] [[DstMask=]{*マスク | プレフィックス*}] [[ResolveDns=]{Yes | No}]	sh mmf	メインモードフィルタの情報を表示する
Show MmPolicy [Name=]{*ポリシー名 | All*}	sh m	メインモードポリシーの情報を表示する
Show MmSas [All] [[SrcAddr=]{*送信元IPアドレス | アドレス範囲 | ホスト名*}] [[DstAddr=]{*宛先IPアドレス | アドレス範囲 | ホスト名*}] [[Format=]{List | Table}] [[ResolveDns=]{Yes | No}]	sh mms	メインモードセキュリティアソシエーションの情報を表示する **UAC**

1

Show QmFilter [Name={フィルタ名 | All}] [[Type=] {Generic | Specific}] [[SrcAddr={送信元IPアドレス | アドレス範囲 | ホスト名}] [[DstAddr={宛先IPアドレス | アドレス範囲 | ホスト名}] [[SrcMask={マスク | プレ フィックス}] [[DstMask={マスク | プレフィックス}] [[Protocol={Any | Icmp | Tcp | Udp | Raw | プロトコ ル番号}] [[SrcPort={送信元ポート番号 | 0}] [[DstPort={宛先ポート番号 | 0}] [[ActionInbound=] {Permit | Block | Negotiate}] [[ActionOutbound=] {Permit | Block | Negotiate}] [[ResolveDns={Yes | No}]	sh qmf	クイックモードフィルタの情報を表示する
Show QmPolicy [Name={ポリシー名 | All}	sh q	クイックモードポリシーの情報を表示する
Show QmSas [All] [[SrcAddr={送信元IPアドレス | ア ドレス範囲 | ホスト名}] [[DstAddr={宛先IPアドレス | アドレス範囲 | ホスト名}] [[Protocol={Any | Icmp | Tcp | Udp | Raw | プロトコル番号}] [[Format={List | Table}] [[ResolveDns= }{Yes | No}]	sh qms	クイックモードセキュリティアソシエーションの情報を表示する **UAC**
Show Rule [Type={Transport | Tunnel}] [SrcAddr=] {送信元IPアドレス | アドレス範囲 | ホスト名} [DstAddr={宛先IPアドレス | アドレス範囲 | ホスト名} [[Protocol={Any | Icmp | Tcp | Udp | Raw | プロトコ ル番号}] [[SrcPort={送信元ポート番号 | 0}] [[DstPort={宛先ポート番号 | 0}] [[ActionInbound=] {Permit | Block | Negotiate}] [[ActionOutbound=] {Permit | Block | Negotiate}] [[SrcMask={マスク | プ レフィックス}] [[DstMask={マスク | プレフィックス}] [[ResolveDns= }{Yes | No}]	sh r	規則と関連するポリシーの情報を表示する

Static

サブコマンド	短縮形	説明
Add Filter [FilterList=]フィルタリスト名 [SrcAddr=] {送信元IPアドレス | アドレス範囲 | ホスト名} [DstAddr={宛先IPアドレス | アドレス範囲 | ホスト名} [[Description=]説明] [Protocol={Any | Icmp | Tcp | Udp | Raw | プロトコル番号}] [[Mirrored=]{Yes | No}] [[SrcMask={マスク | プレフィックス}] [[DstMask=] {マスク | プレフィックス}] [[SrcPort={送信元ポート番 号 | 0}] [[DstPort={宛先ポート番号 | 0}]	a f	フィルタリストにフィルタを登録する
Add FilterAction [Name=]フィルタ操作名 [[Description=]説明] [[QmPfs=]{Yes | No}] [[Inpass=] {Yes | No}] [[Soft=]{Yes | No}] [[Action={Permit | Block | Negotiate}] [[QmSecMethods=]"セキュリ ティメソッド"]	a filtera	フィルタ操作を作成する。セキュリティメソッドは次のいずれかの形式で、スペースで区切って1つ以上指定する。 1. ESP[*暗号化アルゴリズム* ,*ハッシュアルゴリズム*]:*k*/*s* 2. AH[*ハッシュアルゴリズム*]:*k*/*s* 3. AH[*ハッシュアルゴリズム*]+ESP[*暗号化アルゴリズム* , *認証方式*]:*k*/*s* ・暗号化アルゴリズム：DES、3DES、None ・ハッシュアルゴリズム：MD5、SHA1 ・認証方式：MD5、SHA1、None ・k：有効期間（KB） ・s：有効期間（秒）
Add FilterList [Name=]フィルタリスト名 [[Description=]説明]	a filterl	空のフィルタリストを作成する

Add Policy [Name=]*ポリシー名* [[Description=]*説明*] [[MmPfs=]{Yes | No}] [[QmPerMm=]*セッション数*] [[MmLifeTime=]*キー更新間隔分*] [[ActivateDefaultRule=]{Yes | No}] [[PollingInterval=]*ポーリング間隔分*] [[Assign=]{Yes | No}] [[MmSecMethods=]"*セキュリティメソッド*"]	a p	既定の応答規則でポリシーを作成する。セキュリティメソッドは「*暗号化アルゴリズム -ハッシュアルゴリズム -DH グループ*」の形式で、スペースで区切って１つ以上指定する。 ・暗号化アルゴリズム : DES、3DES ・ハッシュアルゴリズム : MD5、SHA1 ・DH（Diffie-Hellman）グループ : 1 = 低、2 =中、3 = DH2048
Add Rule [Name=]*規則名* [Policy=]*ポリシー名* [FilterList=]*フィルタリスト名* [FilterAction=]*フィルタ操作名* [Tunnel=]{*IPアドレス | ホスト名*} [[ConnType=]{Lan | Dialup | All}] [[Activate=]{Yes | No}] [[Description=]*説明*] [[Kerberos=]{Yes | No}] [[Psk=]*事前共有キー*] [[RootCa=]"*証明書* CertMap:{Yes | No} ExcludeCaName:{Yes | No}"]	a r	規則を登録する
Delete All	de a	フィルタ、フィルタ操作、フィルタリストをすべて削除する
Delete Filter [FilterList=]*フィルタリスト名* [SrcAddr=]{*送信元IPアドレス | アドレス範囲 | ホスト名*} [DstAddr=]{*宛先IPアドレス | アドレス範囲 | ホスト*} [[Protocol=]{Any | Icmp | Tcp | Udp | Raw | *プロトコル番号*}] [[SrcMask=]{*マスク | プレフィックス*}] [[DstMask=]{*マスク | プレフィックス*}] [[SrcPort=]{*送信元ポート番号* | 0}] [[DstPort=]{*宛先ポート番号* | 0}] [[Mirrored=]{Yes | No}]	de f	フィルタリストからフィルタを削除する
Delete FilterAction [Name=]{*フィルタ操作名* | All}	de filtera	フィルタ操作を削除する
Delete FilterList [Name=]{*フィルタリスト名* | All}	de filterl	フィルタリストを削除する
Delete Policy [Name=]{*ポリシー名* | All}	de p	ポリシーを削除する
Delete Rule {[Name=]*規則名* | [Id=]*規則ID* | All} [Policy=]*ポリシー名*	de r	規則を削除する
ExportPolicy [File=]*ファイル名*	e	ポリシーをファイルに書き出す。既定の拡張子は .ipsec
ImportPolicy [File=]*ファイル名*	i	ファイルからポリシーを読み込む
Set Batch [Mode=]{Enable | Disable}	s b	バッチ更新モードを設定する
Set DefaultRule [Policy=]*ポリシー名* [[QmPfs=]{Yes | No}] [[Activate=]{Yes | No}] [[QmSecMethods=]"*セキュリティメソッド*"] [[Kerberos=]{Yes | No}] [[Psk=]*事前共有キー*] [[RootCa=] "*証明書* CertMap:{Yes | No} ExcludeCaName:{Yes | No}"]	s d	既定の応答規則を設定する
Set FilterAction {[Name=]*フィルタ操作名* | [Guid=]*GUID*} [[NewName=]*新しいフィルタ名*] [[Description=]*説明*] [[QmPfs=]{Yes | No}] [[Inpass=]{Yes | No}] [[Soft=]{Yes | No}] [[Action=]{Permit | Block | Negotiate}] [[QmSecMethods=]"*セキュリティメソッド*"]	s filtera	フィルタ操作を変更する。セキュリティメソッドは「Add FilterAction」サブコマンドを参照。
Set FilterList {[Name=]*フィルタリスト名* | [Guid=]*GUID*} [[NewName=]*新しいフィルタリスト名*] [[Description=]*説明*]	s f	フィルタリストを変更する
Set Policy {[Name=]*ポリシー名* | [Guid=]*GUID*} [[NewName=]*新しいポリシー名*] [[Description=]*説明*] [[MmPfs=]{Yes | No}] [[QmPerMm=]*セッション数*] [[MmLifeTime=]*キー更新間隔分*] [[ActivateDefaultRule=]{ Yes | No}] [[PollingInterval=]*ポーリング間隔分*] [[Assign=]{Yes | No}] [[GpoName=]*GPO名*] [[MmSecMethods=]"*セキュリティメソッド*"]	s p	ポリシーを変更する。セキュリティメソッドは「Add Policy」サブコマンドを参照

前ページよりの続き

Set Rule {[Name=]*規則名* | [Id=]*規則ID*} [Policy=]*ポリシー名* [[Newname=]*新しい規則名*] [[Description=]*説明*] [[Filterlist=]*フィルタリスト名*] [[Filteraction=]*フィルタ操作名*] [[Tunnel=]*{IPアドレス | ホスト名*}] [[Conntype=]{Lan | Dialup | All}] [[Activate=]{Yes | No}] [[Kerberos=]{Yes | No}] [[Psk=]*事前共有キー*] [[Rootca=] "*証明書* Certmap:{Yes | No} Excludecaname:{Yes | No}"]	s r	規則を変更する
Set Store [Location=]{Local | Domain} [[Domain=]*ADドメイン名*]	s s	既定のポリシーストアを設定する
Show All [[Format=]{List | Table}] [[Wide=]{Yes | No}]	ah a	フィルタ、フィルタ操作、フィルタリストの情報をすべて表示する。wide=yesを指定すると、80桁表示に合わせて表示を切り詰める
Show FilterAction {[Name=]*フィルタ操作名* | [Rule=]*規則名* | All} [[Level=]{Verbose | Normal}] [[Format=]{List | Table }] [[Wide=]{Yes | No}]	sh filtera	フィルタ操作の情報を表示する
Show FilterList {[Name=]*フィルタリスト名* | [Rule=]*規則名* | All} [[Level=]{Verbose | Normal}] [[Format=]{List | Table }] [[ResolveDns=]{Yes | No}] [[Wide=]{Yes | No}]	sh f	フィルタリストの情報を表示する
Show GpoAssignedPolicy [[Name=]*GPO名*]	sh g	GPOに割り当てたポリシーの情報を表示する **UAC**
Show Policy {[Name=]*ポリシー名* | All} [[Level=]{Verbose | Normal}] [[Format=]{List | Table }] [[Wide=]{Yes | No}]	sh p	ポリシーの情報を表示する
Show Rule {[Name=]*規則名* | [Id=]*規則ID* | All | Default} [Policy=]*ポリシー名* [[Type=]{Tunnel | Tranport}] [[Level=]{Verbose | Normal}] [[Format=]{List | Table }] [[Wide=]{Yes | No}]	sh r	規則の情報を表示する
Show Store	sh s	ポリシーストアの情報を表示する

■ コマンドの働き

「Netsh Ipsec」コマンドは、IPsec（Security Architecture for Internet Protocol）を操作する。

■ Netsh IpsecDosProtection
——IPsec DoS Protectionの設定を操作する

`2008R2` `2012` `2012R2` `2016` `2019` `2022`

■ サブコマンド

サブコマンド	短縮形	説明
Add AllowedKeyingModule [Name=]{Ikev1 | Ikev2 | Authip} [[InternalPrefix=]*IPv6アドレス[/プレフィックス]*]	a a	IPsec DoS Protectionのキーモジュールを登録する
Add Filter [[PublicPrefix=]*IPv6アドレス[/プレフィックス]*] [[InternalPrefix=]*IPv6アドレス[/プレフィックス]*] [Action=]{Exempt | Block}	a f	IPsec DoS Protectionのフィルタを登録する
Add Interface [Name=]*インターフェイス名* [Type=]{Public | Internal}	a i	IPsec DoS Protectionのインターフェイスを登録する
Delete AllowedKeyingModule [Name=]{Ikev1 | Ikev2 | Authip} [[InternalPrefix=]*IPv6アドレス[/プレフィックス]*]	de a	キーモジュールを削除する

	短縮形	説明
Delete Filter [[PublicPrefix=]]*IPv6アドレス[/プレフィックス]]* [[InternalPrefix=]]*IPv6アドレス[/プレフィックス]]*	de f	フィルタを削除する **UAC**
Delete Interface [Name=]インターフェイス名	de i	インターフェイスを削除する
Reset	r	設定を削除して既定値に戻す **UAC**
Set Dscp [Type=]{IpsecAuthenticated | IpsecUnauthenticated | Icmpv6 | Filtered | Default} [Value=]{*DCSP値* | Disable}	s d	IP ヘッダの ToS（Type of Service）フィールドに設定する DSCP（Differentiated Services Code Point）の値を設定する
Set Miscellaneous [[StateIdleTimeout=]*タイムアウト秒*] [[PerIpRateLimitIdleTimeout=]*タイムアウト秒*] [[MaxEntries=]*最大エントリ数*] [[MaxPerIpRateLimitQueues=]*最大キュー*] [[DefaultBlock=]{Enable | Disable}]	s m	IPsec DoS Protection のその他の設定を構成する
Set RateLimit [Type=]{IpsecAuthenticated | IpsecUnauthenticated | IpsecUnauthenticatedPerIp | Icmpv6 | Filtered | Default} [Value=]{*レート制限値* | Disable}	s r	IPsec DoS Protection のレート制限を設定する
Show All	sh a	IPsec DoS Protectionの構成、統計、状態情報を表示する **UAC**
Show AllowedKeyingModule	sh allo	キーモジュール情報を表示する **UAC**
Show Dscp [Type=]{IpsecAuthenticated | IpsecUnauthenticated | Icmpv6 | Filtered | Default}	sh d	DSCP の情報を表示する **UAC**
Show Filter	sh f	フィルタの情報を表示する **UAC**
Show Interface [[Type=]{Public | Internal}]	sh i	インターフェイスの情報を表示する **UAC**
Show Miscellaneous	sh m	その他の設定の情報を表示する **UAC**
Show RateLimit [[Type=]{IpsecAuthenticated | IpsecUnauthenticated | IpsecUnauthenticatedPerIp | Icmpv6 | Filtered | Default}	sh r	レート制限の設定を表示する **UAC**
Show State [[PublicPrefix=]]*IPv6アドレス[/プレフィックス]]* [[InternalPrefix=]]*IPv6アドレス[/プレフィックス]]*	sh s	条件に一致するエントリを表示する **UAC**
Show Statistics	sh stati	統計情報を表示する **UAC**

■ コマンドの働き

「Netsh IpsecDosProtection」コマンドは、IPsec DoS（Denial of Service）Protection を操作する。

■ Netsh Lan──有線LANの接続とセキュリティ設定を操作する

XP | 2003 | 2003R2 | Vista | 2008 | 2008R2 | 7 | 2012 | 8 | 2012R2 | 8.1 | 10 | 2016 | 2019 | 2022 | 11

■ サブコマンド

サブコマンド	短縮形	説明
Add Profile [FileName=]ファイル名 [Interface=]インターフェイス名	a p	XML ファイルからプロファイルを登録する
Delete Profile [Interface=]インターフェイス名	de p	インターフェイスからプロファイルを削除する

141

前ページよりの続き

Export Profile [Folder=]フォルダ名 [[Interface=]インターフェイス名]	e p	指定したフォルダにプロファイルをXML 形式でエクスポートする。ファイル名はインターフェイス名になる
Reconnect [[Interface=]インターフェイス名]	r	インターフェイスを再接続する
Set AllowExplicitCreds [Allow=]{Yes | No}	se al	ユーザーがログオンしていないときに、コンピュータが保存しているユーザー資格情報を認証に使用できるか設定する
Set AutoConfig [Enabled=]{Yes | No} [Interface=]インターフェイス名	se a	インターフェイスの自動構成を有効または無効にする
Set BlockPeriod [Value=]中断期間分	se b	有線ネットワークにブロック期間を設定する
Set EapUserData [FileName=]ファイル名 [AllUsers=]{Yes | No} [Interface=]インターフェイス名	se e	有線ネットワークのインターフェイスに EAP ユーザーデータを追加する
Set ProfileParameter [[Interface=]インターフェイス名] [[AuthMode=]{MachineOrUser | MachineOnly | UserOnly | Guest}] [[SsoMode=]{PreLogon | PostLogon | None}] [[MaxDelay=]タイムアウト秒] [[AllowDialog=]{Yes | No}] [[UserVlan=]{Yes | No}] [[OneXEabled=]{Yes | No}] [[OneXEnforced=]{Yes | No}]	se p	有線ネットワークのプロファイルの既定値を設定する
Set Tracing [Mode=]{Yes | No | Persistent}	se t	有線ネットワークのトレースを有効または無効にする
Show Interfaces	s i	有線ネットワークのインターフェイス情報を表示する
Show Profiles [[Interface=]インターフェイス名]	s p	プロファイル情報を表示する
Show Settings	s s	有線ネットワークの設定を表示する
Show Tracing	s t	有線ネットワークのトレース状態を表示する

■ コマンドの働き

「Netsh Lan」コマンドは、有線LANの接続とセキュリティ設定を操作する。無線LANの操作は「Netsh Wlan」コマンドで実行する。

◤ Netsh Mbn──モバイルブロードバンドネットワークを操作する

`7` `8` `8.1` `10` `11`

■ サブコマンド

サブコマンド	短縮形	説明
Add DmProfile [Interface=]インターフェイス名 [Name=]ファイル名	a d	DM 構成プロファイルを登録する
Add Profile [Interface=]インターフェイス名 [Name=]ファイル名	a p	ネットワークプロファイルを登録する
Connect [Interface=]インターフェイス名 [ConnMode=]{Tmp | Name} [Name=]{ファイル名 | プロファイル名}	c	MBN に接続する
Delete DmProfile [Interface=]インターフェイス名 [Name=]プロファイル名	de d	DM 構成プロファイルを削除する
Delete Profile [Interface=]インターフェイス名 [Name=]プロファイル名	de p	ネットワークプロファイルを削除する
Diagnose [Interface=]インターフェイス名	dia	接続の問題を診断する

Disconnect [Interface=]インターフェイス名	di	MBN の接続を切断する
Set AcState [Interface=]インターフェイス名 [State=] {AutoOff | AutoOn | ManualOff | ManualOn}	se a	モバイルブロードバンドデータの自動接続（Auto Connect）を設定する
Set DataEnablement [Interface=]インターフェイス名 [ProfileSet=]{Internet | Mms | All} [Mode=]{Yes | No}	se d	モバイルブロードバンドデータを有効または無効に設定する
Set DataRoamControl [Interface=]インターフェイス名 [ProfileSet=]{Internet | Mms | All} [State=]{None | Partner | All}	se datar	モバイルブロードバンドデータのローミング状態を設定する
Set EnterpriseApnParams [Interface=]インターフェイス名 [AllowUserControl=]{Yes | No | Nc} [AllowUserView=]{Yes | No | Nc} [ProfileAction=]{Add | Delete | Modify | Nc}	se e	モバイルブロードバンドデータのエンタープライズアクセスポイント名（APN：Access Point Name）の扱いを設定する
Set HighestConnCategory [Interface=]インターフェイス名 [HighestCc=]{Admim | User | Operator | Device}	se hi	モバイルブロードバンドデータの最上位の接続カテゴリを設定する
Set PowerState [Interface=]インターフェイス名 [State=]{On | Off}	se po	モバイルブロードバンド無線（トランシーバ）の電源をオンまたはオフに設定する
Set ProfileParameter [Name=]プロファイル名 [[Interface=]インターフェイス名] [[Cost=]{Default | Unrestricted | Fixed | Variable}]	se p	プロファイルの設定を変更する
Set SlotMapping [Interface=]インターフェイス名 [SlotIndex=]スロット番号	se s	モバイルブロードバンドモデムの装着スロットを割り当てる
Set Tracing [Mode=]{Yes | No}	se t	トレースを有効または無効に設定する
Show AcState [Interface=]インターフェイス名	s a	モバイルブロードバンドデータの自動接続の情報を表示する
Show Capability [Interface=]インターフェイス名	s ca	インターフェイス機能情報を表示する
Show Connection [Interface=]インターフェイス名	s c	インターフェイスの接続情報を表示する
Show D3Cold [Interface=]インターフェイス名	s d3	モバイルブロードバンドモデムの D3Cold サポート情報を表示する
Show DataEnablement [Interface=]インターフェイス名	s d	モバイルブロードバンドデータの有効化状態を表示する
Show DataRoamControl [Interface=]インターフェイス名	s datar	モバイルブロードバンドデータのローミング状態を表示する
Show DmProfiles [[Name=]プロファイル名] [[Interface=]インターフェイス名]	s dm	DM 構成プロファイルを表示する
Show EnterpriseApnParams [Interface=]インターフェイス名	s e	モバイルブロードバンドデータのエンタープライズアクセスポイント名（APN：Access Point Name）の扱いを表示する
Show HighestConnCategory [Interface=]インターフェイス名	s hi	モバイルブロードバンドデータの最上位の接続カテゴリを表示する
Show HomeProvider [Interface=]インターフェイス名	s ho	ホームプロバイダ情報を表示する
Show Interfaces	s i	MBN のインターフェイスを表示する
Show NetLteAttachInfo [Interface=]インターフェイス名	s n	LTE（Long Term Evolution）アタッチ情報を表示する
Show Pin [Interface=]インターフェイス名	s pi	PIN（Personal Identification Number）情報を表示する
Show PinList [Interface=]インターフェイス名	sh pinl	PIN を表示する

前ページよりの続き

Show PreferredProviders [Interface=]インターフェイス名	sh pre	優先プロバイダ情報を表示する
Show Profiles [[Name=]プロファイル名] [[Interface=]インターフェイス名] [[Purpose=]GUID]	s p	プロファイルの一覧を表示する。Purpose の GUID は「Show Purpose」サブコマンドで表示できる
Show ProfileState [Interface=]インターフェイス名 [Name=]プロファイル名	s profilest	プロファイルの状態を表示する
Show ProvisionedContexts [Interface=]インターフェイス名	s prov	用意されたコンテキスト情報を表示する
Show Purpose	s pu	目的を表示する
Show Radio [Interface=]インターフェイス名	s r	無線の状態を表示する
Show ReadyInfo [Interface=]インターフェイス名	s re	インターフェイスの準備状態を表示する
Show Signal [Interface=]インターフェイス名	s s	シグナル情報を表示する
Show SlotMapping [Interface=]インターフェイス名	s sl	モバイルブロードバンドモデムのスロット割り当て情報を表示する
Show SlotStatus [Interface=]インターフェイス名	s slots	モバイルブロードバンドモデムのスロット情報を表示する
Show SmsConfig [Interface=]インターフェイス名	s sm	SMS（Short Message Service）の構成情報を表示する
Show Tracing	s t	トレースの有効化状態を表示する
Show VisibleProviders [Interface=]インターフェイス名	s v	プロバイダ情報を表示する
Test [Feature={Connectivity | Power | Radio | Esim | Sms | Dssa | Lte | Bringup}] [TestPath=ファイル名] [TaefPath=TAEFファイル名] [Param=追加パラメータ]	t	TAEF（Test Authoring and Execution Framework）を利用してテストを実行する

■ コマンドの働き

「Netsh Mbn」コマンドは、モバイルブロードバンドネットワーク（MBN：Mobile Broadband Network）を操作する。

参考

- Netsh mbn commands
  https://learn.microsoft.com/en-us/windows-server/networking/technologies/netsh/netsh-mbn
- Test Authoring and Execution Framework (TAEF)
  https://learn.microsoft.com/ja-jp/windows-hardware/drivers/taef/

■ Netsh Namespace──DNS名前解決ポリシーテーブルを操作する
2008R2 7 2012 8 2012R2 8.1 10 2016 2019 2022 11

■ サブコマンド

サブコマンド	短縮形	説明
Show EffectivePolicy [[Namespace=]名前空間]	s e	DirectAccess クライアントで有効な、DNS 名前解決ポリシーテーブル内のエントリを表示する
Show Policy [[Namespace=]名前空間]	s p	DNS 名前解決ポリシーテーブル内のエントリを表示する

実行例

DNS名前解決ポリシーテーブルの設定を表示する。

```
netsh namespace>Show Policy

DNS 名前解決ポリシー テーブルの設定

.contoso.com の設定
------------------------------------------------------------------------
DNSSEC (証明機関)                    :
DNSSEC (検証)                        : disabled
DNSSEC (IPsec)                       : disabled
DirectAccess (証明機関)              :
DirectAccess (DNS サーバー)          :
DirectAccess (IPsec)                 : disabled
DirectAccess (プロキシ設定)          : プロキシを使用しない

Generic (DNS サーバー)               :
Generic (VPN トリガー)               : disabled
IDN (エンコード)                     : UTF-8 (既定)


.example.jp の設定
------------------------------------------------------------------------
DNSSEC (証明機関)                    :
DNSSEC (検証)                        : disabled
DNSSEC (IPsec)                       : disabled
DirectAccess (証明機関)              :
DirectAccess (DNS サーバー)          :
DirectAccess (IPsec)                 : disabled
DirectAccess (プロキシ設定)          : プロキシを使用しない

Generic (DNS サーバー)               :
Generic (VPN トリガー)               : disabled
IDN (エンコード)                     : UTF-8 (既定)
```

■ コマンドの働き

「Netsh Namespace」コマンドは、DNS名前解決ポリシーテーブル(NRPT：Name Resolution Policy Table)を操作する。NRPTはグループポリシーの「コンピュータの構成￥ポリシー￥Windowsの設定￥名前解決ポリシー」で設定する。

■ Netsh Netio——NetIOの設定を操作する

| Vista | 2008 | 2008R2 | 7 | 2012 | 8 | 2012R2 | 8.1 | 10 | 2016 | 2019 | 2022 | 11 |

■ **サブコマンド**

サブコマンド	短縮形	説明
Add BindingFilter [Npi=]*GUID* [Client=]*GUID* [Provider=]*GUID* [[Type=]{Block | SingleClient}] [[Store=]{Active | Persistent}]	a b	ネットワークプログラミングインターフェイス（NPI：Network Programming Interface）を通じてバインドフィルタを登録する
Delete BindingFilter [Npi=]*GUID* [Client=]*GUID* [Provider=]*GUID* [[Store=]{Active | Persistent}]	de b	バインドフィルタを削除する
Show BindingFilters [[Store=]{Active | Persistent}]	s b	バインドフィルタを表示する

■ **コマンドの働き**

「Netsh NetIo」コマンドは、ネットワーク入力出力（NetIO：Network Input Output）の設定を操作する。

◪ Netsh Nlm──ネットワーク接続と接続コストを操作する

`2022` `11`

■ **サブコマンド**

サブコマンド	短縮形	説明
Enum Connections	e c	INetworkConnection オブジェクトを表示する
Enum Networks	e n	INetwork オブジェクトを表示する
Query All *ファイル名*	q a	全サービスのネットワーク状態をファイルに書き出す
Set ConnectionQuality [*GUID*] [{Good | Bad | Ignore}]	s c	インターフェイスの接続品質を設定する
Show Connectivity	s c	INetworkListManager の接続状態を表示する
Show Cost	s cos	INetworkCostManager のコストを表示する

実行例

INetworkListManager の接続状態を表示する。

```
netsh nlm>Show Connectivity

INetworkListManager の接続状態:
-------------------------------------------

  接続: IPv4-インターネット、 IPv6-localnetwork
  接続済み: True
  インターネットに接続されている: True
```

■ **コマンドの働き**

「Netsh Nlm」コマンドは、ネットワークリストマネージャ（NLM：Network List Manager）を通じて、ネットワークインターフェイスとネットワーク接続、接続コストなどを表示する。ネットワークインターフェイスの接続品質を設定することもできる。

◆ Netsh P2p——ピアツーピアネットワークを操作する

Vista | 7 | 8 | 8.1 | 10 | 11

■ サブコマンド

サブコマンド	短縮形	説明
Collab	c	コラボレーションの設定サブコンテキストに移動する 7
Group	g	P2P グループの設定サブコンテキストに移動する
IdMgr	i	P2P 識別情報の設定サブコンテキストに移動する
Pnrp	p	Peer Name Resolution Protocol（PNRP）の設定を操作する

■ サブコンテキスト

Collab

サブコマンド	短縮形	説明
Contact	c	連絡先の設定サブコンテキストに移動する
Contact Delete ピア名	c d	連絡先ストアから連絡先を削除する
Contact Export [FileName=]ファイル名	c e	連絡先をエクスポートする
Contact Import [FileName=]ファイル名	c i	連絡先をインポートする
Set {Id=ピア名 | FriendlyName=フレンドリ名 | Watch={True | False} | WatchPerm={Allow | Block}}	c s	連絡先データを設定する
Show Contacts	sh c	連絡先を表示する
Show Xml [FileName=]ファイル名	sh x	連絡先 XML ファイルの内容を表示する

Group

サブコマンド	短縮形	説明
Database Show Statistics [Identity=]P2PID [Group=]P2PID	da s s	P2PID で指定したデータベースの統計情報を表示する
Gping [IPアドレス]:ポート番号	g	グループポートへの接続を確認する
Resolve {Any | Remote} [Group=]P2PID [名前]	r	グループ内の名前を解決して IP アドレスを表示する
Show Acl {Identity [Identity=] P2PID | Db [Identity=]P2PID [Group=]P2PID | ファイル名}	s ac	アクセス権設定を表示する
Show Address [Group=]P2PID [名前]	s a	現在のノードにおいて、グループ内の名前を解決して IP アドレスを表示する

IdMgr

サブコマンド	短縮形	説明
Delete Group [Identity=]P2PID {[Group=]P2PID | All | Expired}	d g	グループを削除する
Delete Identity {[Identity=]P2PID | All } [Quiet]	d i	識別情報を削除する
Show Groups {[Identity=]P2PID | All} [Expired]	s g	グループを表示する
Show Identities {[Identity=]P2PID | All}	s i	識別情報を表示する
Show Statistics	s s	識別情報とグループの数を表示する

Pnrp

サブコマンド	短縮形	説明
Cloud Flush [Cloud=]クラウド名	c f	キャッシュをフラッシュする **UAC**
Cloud Repair [Cloud=]クラウド名	c r	分割検出と修復を開始する
Cloud Set PnrpMode [[Mode=]{Auto | Ro | Default}] [Cloud=]クラウド名]	c se p	PNRP モードの設定を変更する
Cloud Set Seed [Seed=]{ホスト名 | IPアドレス | Default} [Cloud=]クラウド名	c se s	PNRP シードサーバの設定を変更する
Cloud Show Initialization [[Cloud=]{* | クラウド名}]	c sh i	クラウドのブートストラップ設定を表示する
Cloud Show List [[Cloud=]クラウド名]	c sh l	クラウドを表示する
Cloud Show Names [[Cloud=]{* | クラウド名}]	c sh n	名前を表示する
Cloud Show PnrpMode [Cloud=]クラウド名	c sh p	PNRP モード情報を表示する
Cloud Show Seed [Cloud=]クラウド名	c sh se	PNRP シードサーバ情報を表示する
Cloud Show Statistics [[Cloud=]{* | クラウド名}]	c sh s	クラウドの統計情報を表示する
Cloud Start [Cloud=]クラウド名	c s	クラウドを開始する
Cloud Synchronize Host [Host=]ホスト名 [Cloud=]クラウド名	c sy ho	ホストとクラウドを同期する
Cloud Synchronize Seed [Cloud=]クラウド名	c sy s	シードサーバとクラウドを同期する
Diagnostics Ping Host [Host=]{ホスト名 | IPアドレス} [Cloud=]クラウド名	di p ho	ホストの応答を確認する
Diagnostics Ping Seed [Cloud=]クラウド名	di p s	シードサーバの応答を確認する
Peer Add Registration [PeerName=]ピア名 [Cloud=]クラウド名 [[Comment]=コメント]	p a r	クラウドにピア名を登録する
Peer Delete Registration [PeerName=]{* | ピア名} [Cloud=]クラウド名	p de r	クラウドからピア名を削除する
Peer Enumerate [PeerName=]ピア名 [Cloud=]クラウド名 [[MaxResults=]表示数]	p e	クラウドのピア名を表示する
Peer Resolve [PeerName=]ピア名 [[Cloud=]クラウド名]	p r	ピア名を解決する
Peer Set MachineName [[Name=]ピア名] [[Publish]={Start | Stop}] [[AutoPublish]={Enable | Disable}]	p se m	コンピュータのピア名の公開を設定する
Peer Show ConvertedName [PeerName=]ピア名	p s c	指定した名前をピア名または DNS 名に変換する
Peer Show MachineName	p s m	コンピュータのピア名を表示する
Peer Show Registration [[Cloud=]クラウド名]	p s r	登録されたピア名を表示する
Peer TraceRoute [PeerName=]ピア名 [Cloud=]クラウド名	p t	追跡でピア名を解決する

■ コマンドの働き

「Netsh P2p」コマンドは、ピアツーピア（P2P：Peer-to-Peer）ネットワークを操作する。

■ Netsh Ras——ルーティングとリモートアクセスサービスを操作する

| 2000 | XP | 2003 | 2003R2 | Vista | 2008 | 2008R2 | 7 | 2012 | 8 | 2012R2 | 8.1 |
| 10 | 2016 | 2019 | 2022 | 11 |

■ サブコマンド

サブコマンド	短縮形	説明
Aaaa	a	AAAA（Authentication, Accounting, Auditing, Authorization）の設定サブコンテキストに移動する
Add AuthType [Type=]{PAP | MD5CHAP | MSCHAPv2 | EAP | CERT}	ad a	リモートアクセスサーバでネゴシエートする認証の種類を登録する
Add Link [Type=]{SWC | LCP}	ad l	PPP（Point-to-Point Protocol）でネゴシエートするリンク設定を登録する
Add MultiLink [Type=]{MULTI | BACP}	ad m	PPPでネゴシエートするマルチリンク設定を登録する
Add RegisteredServer [[Domain=]ドメイン名 [Server=]コンピュータ名]	ad r	ドメインにリモートアクセスサーバを登録する
Delete AuthType [Type=]{PAP | MD5CHAP | MSCHAPv2 | EAP | CERT}	de a	リモートアクセスサーバでネゴシエートする認証の種類を削除する
Delete Link [Type=]{SWC | LCP}	de l	PPPでネゴシエートするリンク設定を削除する
Delete MultiLink [Type=]{MULTI | BACP}	de m	PPPでネゴシエートするマルチリンク設定を削除する
Delete RegisteredServer [[Domain=]ドメイン名 [Server=]コンピュータ名]	de r	ドメインにリモートアクセスサーバを削除する
Diagnostics	di	診断サブコンテキストに移動する
Ip	i	IPv4設定サブコンテキストに移動する
IPv6	ipv	IPv6設定サブコンテキストに移動する
Set AuthMode [Mode=]{Standard | NoDcc | Bypass}	s a	認証モードを設定する
Set Client [Name=]ユーザー名 [State=]{Disconnect | ResetStats}	s cl	ユーザーの接続を切断または統計をリセットする
Set Conf [ConfState=]{Enabled | Disabled}	s c	リモートアクセスサーバを有効または無効に設定する
Set Ikev2Connection [[IdleTimeout=]タイムアウト分] [[NwOutAgeTime=]停止時間分]	s i	IKEv2クライアント接続のアイドルタイムアウトとネットワーク停止時間を設定する
Set Ikev2SaExpiry [[SaExpiryTime=]有効期限分] [[SaDataSizeLimit=]データサイズ制限MB]	s ikev2s	IKEv2セキュリティアソシエーションの期限を設定する
Set PortStatus [[Name=]ポート名]	s p	RASポートの統計情報をリセットする
Set Sstp-Ssl-Cert [[Name=]証明書名] [[Hash=]ハッシュ値]	s s	SSTP（Secure Socket Tunneling Protocol）で使用する証明書を設定する
Set Type [IPv4RtrType=]{LanOnly | LanAndDd | None} [IPv6RtrType=]{LanOnly | LanAndDd | None} [RasType=]{IPv4 | IPv6 | Both | None}	s ty	ルータとリモートアクセスサーバ機能を設定する
Set User [Name=]ユーザー名 [Dialin=]{Permit | Deny | Policy} [CbPolicy=]{None | Caller | Admin} [CbNumber=]コールバック番号]	s u	ユーザーのリモートアクセス属性を設定する
Set WanPorts [Device=]デバイス名 [[RasInOnly=]{Enabled | Disabled}] [[DdInOut=]{Enabled | Disabled}] [[DdOutOnly=]{Enabled | Disabled}] [[Phone=]電話番号] [[MaxPorts=]ポート数]	s w	WANポートのオプションを設定する
Show ActiveServers	sh ac	リモートアクセスサーバを表示する
Show AuthMode	sh a	認証モードを表示する **UAC**

前ページよりの続き

Show AuthType	sh autht	有効な認証の種類を表示する **UAC**
Show Client [[Name=]{ユーザー名 | *}]	sh c	接続中のクライアント情報を表示する **UAC**
Show Conf	sh co	リモートアクセスサーバの設定を表示する
Show Ikev2Connection	sh i	IKEv2 クライアント接続のアイドルタイムアウトとネットワーク停止時間を表示する **UAC**
Show Ikev2SaExpiry	sh ikev2s	IKEv2 セキュリティアソシエーションの期限を表示する **UAC**
Show Link	sh l	PPP でネゴシエートするリンク設定を表示する **UAC**
Show MultiLink	sh m	PPP でネゴシエートするマルチリンク設定を表示する **UAC**
Show PortStatus [[Name=]ポート名] [[State=]{NonOperational | Disconnected | CallingBack | Listening | Authenticating | Connected | Initializing}]	sh p	RAS ポートの状態を表示する **UAC**
Show RegisteredServer [[Domain=]ドメイン名 [Server=]コンピュータ名]	sh r	リモートアクセスサーバが登録されているか表示する
Show Sstp-Ssl-Cert	sh ss	SSTP で使用する証明書情報を表示する **UAC**
Show Status	sh s	RAS の状態を表示する **UAC**
Show Type	sh ty	ルータとリモートアクセスサーバ機能の情報を表示する
Show User [[Name=]ユーザー名] [[Mode=]{Permit | Report}]	sh u	ユーザーのリモートアクセス設定を表示する
Show WanPorts [[Device=]デバイス名]	sh w	WAN ポートのオプション設定を表示する

■ サブコンテキスト

Aaaa

サブコマンド	短縮形	説明
Add AcctServer [Name=]コンピュータ名 [[Secret=]共有シークレット [Init-Score=]初期スコア [Port=]ポート番号 [Timeout=]タイムアウト秒 [Messages=]{Enabled | Disabled}]	a ac	RADIUS（Remote Authentication Dial In User Service）アカウンティングサーバを登録する
Add AuthServer [Name=]コンピュータ名 [[Secret=]共有シークレット [Init-Score=]初期スコア [Port=]ポート番号 [Timeout=]タイムアウト秒 [Signature=]{Enabled | Disabled}]	a a	RADIUS 認証サーバを登録する
Delete AcctServer [Name=]コンピュータ名	de ac	RADIUS アカウンティングサーバを削除する
Delete AuthServer [Name=]コンピュータ名	de a	RADIUS 認証サーバを削除する
Set Accounting [Provider=]{Windows | Radius | None}	s ac	RADIUS アカウンティングプロバイダを設定する
Set AcctServer [Name=]コンピュータ名 [[Secret=]共有シークレット [Init-Score=]初期スコア [Port=]ポート番号 [Timeout=]タイムアウト秒 [Messages=]{Enabled | Disabled}]	s acct	RADIUS アカウンティングサーバを設定する
Set Authentication [Provider=]{Windows | Radius}	s a	RADIUS 認証プロバイダを設定する
Set AuthServer [Name=]コンピュータ名 [[Secret=]共有シークレット [Init-Score=]初期スコア [Port=]ポート番号 [Timeout=]タイムアウト秒 [Signature=]{Enabled | Disabled}]	s auths	RADIUS 認証サーバを設定する

Set IpsecPolicy [Psk=]{ENABLED | DISABLED} [Secret=]事前共有キー	s i	L2TP（Layer 2 Tunneling Protocol）接続の IPsec ポリシーを設定する
Show Accounting	sh ac	RADIUS アカウンティングプロバイダを表示する **UAC**
Show AcctServer [[Name=]コンピュータ名]	sh acct	RADIUS アカウンティングサーバを表示する
Show Authentication	sh a	RADIUS 認証プロバイダを表示する
Show AuthServer [[Name=]コンピュータ名]	sh auths	RADIUS 認証サーバを表示する
Show IpsecPolicy	sh i	L2TP 接続の IPsec ポリシーを表示する

Diagnostics

サブコマンド	短縮形	説明
Set CmTracing [State=]{Enabled | Disabled}	s c	接続マネージャーサービスプロファイルのログを有効または無効に設定する
Set LogLevel [Events=]{Error | Warn | All | None}	s l	RAS のグローバルログレベルを設定する
Set ModemTracing [State=]{Enabled | Disabled}	s m	モデム設定とメッセージのトレースを有効または無効に設定する
Set RasTracing [Component=]{コンポーネント名 | *} [State=]{Enabled | Disabled}	s r	コンポーネントの拡張トレースを有効または無効に設定する
Set SecurityEventLog [State=]{Enabled | Disabled}	s s	セキュリティイベントログを有効または無効に設定する
Set TraceFacilities [State=]{Enabled | Disabled | Clear}	s t	すべてのネットワーク接続の拡張トレースを有効または無効に設定する
Show All [Type=]{File | Email} [Destination=]{ファイル名 | メールアドレス} [[Compression=]{Enabled | Disabled} [Hours=]時間 [Verbose=]{Enabled | Disabled}]	sh a	リモートアクセス診断レポートをファイルに保存またはメール送信する
Show CmTracing	sh c	接続マネージャーログの状態を表示する
Show Configuration [Type=]{File | Email} [Destination=]{ファイル名 | メールアドレス} [[Compression=]{Enabled | Disabled} [Hours=]時間 [Verbose=]{Enabled | Disabled}]	sh co	RAS の構成情報をファイルに保存またはメール送信する
Show Installation [Type=]{File | Email} [Destination=]{ファイル名 | メールアドレス} [[Compression=]{Enabled | Disabled} [Hours=]時間 [Verbose=]{Enabled | Disabled}]	sh i	RAS のインストール情報をファイルに保存またはメール送信する
Show LogLevel	sh logl	RAS のグローバルログレベルを表示する
Show Logs [Type=]{File | Email} [Destination=]{ファイル名 | メールアドレス} [[Compression=]{Enabled | Disabled} [Hours=]時間 [Verbose=]{Enabled | Disabled}]	sh l	RAS のログをファイルに保存またはメール送信する
Show ModemTracing	sh m	モデム設定とメッセージのトレース設定を表示する
Show RasTracing [[Component=]コンポーネント名]	sh r	コンポーネントの拡張トレース設定を表示する
Show SecurityEventLog	sh s	セキュリティイベントログ設定を表示する
Show TraceFacilities	sh t	すべてのネットワーク接続の拡張トレース設定を表示する

1
ネットワーク
コマンド編

Ip

サブコマンド	短縮形	説明
Add Range [From=]*IPアドレス* [To=]*IPアドレス*	a r	静的 IP アドレスプールを登録する
Delete Pool	de p	静的 IP アドレスプールをすべて削除する
Delete Range [From=]*IPアドレス* [To=]*IPアドレス*	de r	静的 IP アドレスプールを削除する
Set Access [Mode=]{All | ServerOnly}	s a	クライアントのアクセス可能な範囲を設定する
Set AddrAssign [Method=]{Auto | Pool}	s ad	クライアントへの IP アドレス割り当て方法を設定する
Set AddrReq [Mode=]{Allow | Deny}	s addrr	クライアントが IP アドレスを要求可能か設定する
Set BroadcastNameResolution [Mode=]{Enabled | Disabled}	s b	NetBIOS over TCP/IP を使ったブロードキャストの名前解決を可能にするか設定する
Set Negotiation [Mode=]{Allow | Deny}	s n	クライアント接続に対して IP を構成することを許可するか設定する
Set PreferredAdapter [[Name=]*インターフェイス名*]	s p	RAS 用の優先ネットワークアダプタを設定する **UAC**
Show Config	sh c	リモートアクセス IP 構成を表示する **UAC**
Show PreferredAdapter	sh p	RAS 用の優先ネットワークアダプタを表示する **UAC**

IPv6

サブコマンド	短縮形	説明
Set Access [Mode=]{All | ServerOnly}	s a	クライアントのアクセス可能な範囲を設定する
Set Negotiation [Mode=]{Allow | Deny}	s n	クライアント接続に対して IPv6 を構成することを許可するか設定する
Set Prefix [Prefix=]*プレフィックス*	s p	クライアントに設定する IPv6 プレフィックスを設定する
Set RouterAdvertise [Mode=]{Enable | Disable}	sr	ルーターアドバタイズオプションを設定する
Show Config	sh c	リモートアクセス IPv6 構成を表示する **UAC**

■ コマンドの働き

「Netsh Ras」コマンドは、ルーティングとリモートアクセスサービス（RRAS：Routing and Remote Access Service）を操作する。

◢ Netsh Rpc──リモートプロシージャコールを操作する

`2003` `2003R2` `Vista` `2008` `2008R2` `7` `2012` `8` `2012R2` `8.1` `10` `2016` `2019` `2022` `11`

■ サブコマンド

サブコマンド	短縮形	説明
Add サブネット	a	スペースで区切って 1 つ以上指定したサブネットを登録する **UAC**

Delete サブネット	de	スペースで区切って 1 つ以上指定したサブネットを削除する
Filter	f	RPC ファイアウォールフィルタ設定サブコンテキストに移動する
Reset	r	設定を既定値にリセットする **UAC**
Show Interfaces	s i	サブネットの選択バインド設定を表示する

■ サブコンテキスト

Filter

サブコマンド	短縮形	説明
Add Condition [Field=]フィールド名 [MatchType=]比較演算子 [Data=]設定値	a c	RPC ファイアウォールフィルタの規則に条件を登録する
Add Filter	a f	RPC ファイアウォールフィルタを登録する
Add Rule [Layer=]{Um | Epmap | Ep_Add | Proxy_Conn | Proxy_If} [ActionType=]{Block | Permit | Continue} [[FilterKey=]UUID] [[Persistence=]Volatile] [[Audit=]Enable]	a r	RPC ファイアウォールフィルタの規則を登録する
Delete Filter [FilterKey=]UUID	de f	RPC ファイアウォールフィルタを削除する
Delete Rule	de r	RPC ファイアウォールフィルタの規則を削除する
Show Filter	s f	RPC ファイアウォールフィルタを表示する

■ コマンドの働き

　「Netsh Rpc」コマンドは、リモートプロシジャコール（RPC：Remote Procedure Call）を操作する。

■ Netsh Trace──ネットワークトレースを操作する

`2008R2` `7` `2012` `8` `2012R2` `8.1` `10` `2016` `2019` `2022` `11`

■ サブコマンド

サブコマンド	短縮形	説明
Convert [Input=]ETLトレースファイル名 [[Output=]出力ファイル名] [[Dump=]{Csv | Xml | Evtx | Txt | No}] [[Report=]{Yes | No}] [[Overwrite=]{Yes | No}] [[TmFPath=]一時ファイル名] [[ManPath=]マニフェストファイル名]	c	トレースファイルを HTML 形式のレポートファイルに変換する
Correlate [Input=]ETLトレースファイル名 [Output=]出力ファイル名 [[Filter=]GUID] [[Overwrite=]{Yes | No}] [[RetainCorrelationEvents=]{Yes | No}] [[RetainPii=]{Yes | No}] [[RetainGlobalEvents=]{Yes | No}]	cor	標準化またはフィルタを使用して、トレースファイルを別のファイルに出力する
Diagnose [Scenario=]シナリオ名 [[NamedAttribute=]属性値] [[SaveSessionTrace=]{Yes | No}] [[Report=]{Yes | No}] [[Capture=]{Yes | No}]	di	診断セッションを開始する。利用可能なシナリオ名は、「Show Scenarios」サブコマンドで表示できる
Merge 入力ファイル 出力ファイル名	m	スペースで区切って 1 つ以上指定したトレースファイル（入力ファイル）を結合する

153

前ページよりの続き

Show CaptureFilterHelp	sh c	キャプチャフィルタ（CaptureFilters）のヘルプを表示する
Show GlobalKeywordsAndLevels	sh g	グローバルキーワード（GlobalKeywords）とグローバルレベル（GlobalLevel）を表示する
Show HelperClass [Name=]ヘルパークラス名	sh helpe	ヘルパークラス情報を表示する
Show Interfaces	sh i	ネットワークインターフェイスを表示する
Show Provider [Name=]プロバイダ名	sh p	指定したプロバイダの詳細情報を表示する。プロバイダ名は「Show Providers」サブコマンドで表示できる
Show ProviderFilterHelp	sh providerf	プロバイダフィルタのヘルプを表示する
Show Providers	sh providers	プロバイダ情報を表示する
Show Scenario [Name=]シナリオ名	sh sc	指定したシナリオの詳細情報を表示する。シナリオ名は「」サブコマンドで表示できる
Show Scenarios	sh scenarios	シナリオ情報を表示する
Show Status	sh s	トレースセッション情報を表示する
PostReset	p	不明
Start [SessionName=]セッション名] [[Scenario=]シナリオ名[,...]] [[GlobalKeywords=]キーワード[,...]] [[GlobalLevel=]レベル値] [[Capture=]{Yes | No}] [[CaptureType=]{Physical | VmSwitch | Both}] [[Report=]{Yes | No | Disabled}] [[Persistent=]{Yes | No}] [[TraceFile=]ファイル名] [[MaxSize=]{最大サイズMB | 0}] [[FileMode=]{Single | Circular | Append}] [[Overwrite=]{Yes | No}] [[Correlation=]{Yes | No | Disabled}] [CaptureFilters] [[Provider=]プロバイダ名] [[Keywords=]キーワード[,...]] [[Level=]レベル値] [BufferSize=]バッファサイズKB] [[ProviderFilter=]{Yes | No}] [[PerfMerge=]{Yes | No}]	s	トレースセッションを開始する。利用可能なシナリオ名は、「Show Scenarios」サブコマンドで表示できる。利用可能なGlobalKeywordsとGlobalLevelは、「Show GlobalKeywordsAndLevels」サブコマンドで表示できる。CaptureFiltersの使用方法は、「Show CaptureFilterHelp」サブコマンドで表示できる。プロバイダ名は「Show Providers」サブコマンドで表示できる
Stop [SessionName=]セッション名]	sto	トレースセッションを停止する

■ コマンドの働き

「Netsh Trace」コマンドは、ネットワークトレース（通信キャプチャ）を操作する。

Netsh Wcn──Windows Connect Nowを操作する
Vista 7 8 8.1 10 11

■ サブコマンド

サブコマンド	短縮形	説明
Enroll [EnrolleeUuid=]UUID [Password=]パスワード [Profile=]プロファイル名 [[Interface=]インターフェイス名] [[Type=]{Auto | Ethernet | 802dot11}]	e	UUID（Universally Unique IDentifier）で指定したデバイスで、WPS（Wi-Fi Protected Setup）を使用して接続する

154

Query [Ssid=]*SSID* [[Interface=]インターフェイス名]	q	SSID（Service Set Identifier）で指定したアクセスポイントの情報を表示する

■ コマンドの働き

「Netsh Wcn」コマンドは、Windows Connect Now（WCN）の設定を操作する。

■ Netsh Wfp──Windowsフィルタプラットフォームを操作する

`2008R2` `7` `2012` `8` `2012R2` `8.1` `10` `2016` `2019` `2022` `11`

■ サブコマンド

サブコマンド	短縮形	説明
Capture Start [[Cab=]{On | Off}] [[TraceOnly=]{On | Off}] [[Keywords=]{None | Bcast | Mcast | Bcast+Mcast}] [[File=]ファイル名]	c s	診断情報のキャプチャを開始する **UAC**
Capture Status	c stat	キャプチャ状態を表示する
Capture Stop	c sto	キャプチャを停止する
Set Options [[NetEvents=]{On | Off}] [[Keywords=]{None | Bcast | Mcast| Bcast+Mcast}] [[TxnWatchdog=]タイムアウトミリ秒]	se o	グローバル WFP オプションを設定する
Show AppId [File=]ファイル名	s a	ファイルのアプリケーション ID を表示する
Show BootTimePolicy [[File=]{ファイル名 | -}]	s b	Windows 起動時のポリシーとフィルタを XML ファイルまたは画面に出力する。既定のファイル名は「btpol.xml」
Show Filters [[File=]{ファイル名 | -}] [[Protocol=]プロトコル番号] [[LocalAddr=]IPアドレス] [[RemoteAddr=]IPアドレス] [[LocalPort=]ポート番号] [[RemotePort=]ポート番号] [[AppId=]ファイル名] [[UserId=]ユーザー名] [[Dir=]{In | Out}] [[Verbose=]{On | Off}]	s f	通信条件に一致するフィルタを XML ファイルまたは画面に出力する。既定のファイル名は「filters.xml」 **UAC**
Show IkeEvents [[File=]{ファイル名 | -}] [[RemoteAddr=]IPアドレス]	s i	IKE（Internet Key Exchange）エポックイベントを XML ファイルまたは画面に出力する。既定のファイル名は「ikeevents.xml」。**UAC**
Show NetEvents [[File=]{ファイル名 | -}] [[Protocol=]プロトコル番号] [[LocalAddr=]IPアドレス] [[RemoteAddr=]IPアドレス] [[LocalPort=]ポート番号] [[RemotePort=]ポート番号] [[AppId=]ファイル名] [[UserId=]ユーザー名] [[TimeWindow=]タイムウィンドウ秒]	s n	通信条件に一致するネットワークイベントをXMLファイルまたは画面に出力する。既定のファイル名は「netevents.xml」 **UAC**
Show Options [OptionsFor=]{Netevents | Keywords | TxnWatchdog}	s o	グローバル WFP オプションの設定を表示する
Show Security [Type=]{Callout | Engine | Filter | IkeSadb | IpsecSadb | Layer | NetEvents | Provider | ProviderContext | SubLayer} [[Guid=]GUID	s se	オブジェクトの SDDL（Security Descriptor Definition Language）を表示する
Show State [[File=]{ファイル名 | -}]	s s	WFP と IPsec の状態を XML ファイルまたは画面に出力する。既定のファイル名は「wfpstate.xml」 **UAC**

Show SysPorts [[File=]{ファイル名	-}]	s sy	TCP/IP と RPC サブシステムで使用する システムポートを XML ファイルまたは画 面に出力する。既定のファイル名は 「sysports.xml」 **UAC**

■ コマンドの働き

「Netsh Wfp」コマンドは、Windows フィルタプラットフォーム（WFP：Windows Filtering Platform）を操作する。

🔷 Netsh WinHttp――WinHTTP のプロキシ設定を操作する

Vista | **2008** | **2008R2** | **7** | **2012** | **8** | **2012R2** | **8.1** | **10** | **2016** | **2019** | **2022** | **11**

■ サブコマンド

サブコマンド	短縮形	説明
Import Proxy [Source=]Ie	i p	Internet Explorer のオプションからプロキシサーバの設定を インポートする
Reset AutoProxy	r a	WinHTTP 自動検出サービス設定を既定値にリセットする
Reset Proxy	r p	WinHTTP プロキシ設定を既定値にリセットする
Reset Tracing	r t	使用不可。「Netsh Trace Stop」コマンドを使用する
Set Proxy [Proxy-Server=]プロ キシサーバ指定 [Bypass-List=]バ イパス指定	se p	プロトコル、プロキシサーバ、ポート番号、プロキシをバイ パスするホスト名（<local> を含む）を設定する
Set Tracing	se t	使用不可。「Netsh Trace Start Scenario=InternetClient」 コマンドを使用する
Show Proxy	s p	WinHTTP プロキシ設定を表示する
Show Tracing	s t	使用不可。「Netsh Trace Show」コマンドを使用する

■ コマンドの働き

「Netsh WinHttp」コマンドは、Windows HTTP Services（WinHTTP）のプロキシ設定を操作する。

🔷 Netsh WinSock――WinSock の設定を操作する

XP | **2003** | **2003R2** | **Vista** | **2008** | **2008R2** | **7** | **2012** | **8** | **2012R2** | **8.1** | **10** | **2016** | **2019** | **2022** | **11**

■ サブコマンド

サブコマンド	短縮形	説明
Audit Trail	a t	インストールされて削除された Winsock LSP（Layered Service Provider）を表示する
Remove Provider カタログID	rem p	Winsock LSP を削除する
Reset	r	設定を既定値にリセットする **UAC**
Set AutoTuning {On	Off}	se a	自動チューニングを有効または無効に設定する
Show AutoTuning	s a	自動チューニングの設定を表示する
Show Catalog	s c	Winsock カタログの内容を表示する

■ コマンドの働き

「Netsh WinSock」コマンドは、WinSock（Windows Sockets）の設定を操作する。

■ Netsh Wlan──無線LANの接続とセキュリティ設定を操作する

`Vista` `7` `8` `8.1` `10` `11`

■ サブコマンド

サブコマンド	短縮形	説明
Add Filter [Permission=]{Allow | Block | DenyAll} [[Ssid=]*SSID*] [NetworkType=]{Infrastructure | Adhoc}	a f	許可またはブロックされたネットワークの一覧にワイヤレスネットワークを登録する
Add Profile [FileName=]*ファイル名* [[Interface=]*インターフェイス名* [[User=]{All | Current}]	a p	ワイヤレスネットワークのプロファイルを登録する
Connect [Name=]*プロファイル名* [Ssid=]*SSID* [[Interface=]*インターフェイス名*]	c	ワイヤレスネットワークに接続する
Delete Filter [Permission=]{Allow | Block | DenyAll} [[Ssid=]*SSID*] [NetworkType=]{Infrastructure | Adhoc}	de f	許可またはブロックされたネットワークの一覧からワイヤレスネットワークを削除する
Delete Profile [Name=]*プロファイル名* [[Interface=] *インターフェイス名*]	de p	ワイヤレスネットワークのプロファイルを削除する
Disconnect [[Interface=]*インターフェイス名*]	di	ワイヤレスネットワークから切断する
Export HostedNetworkProfile	e ho	ホストされたネットワークのプロファイルを XML ファイルにエクスポートする
Export Profile [Name=]*プロファイル名* [Folder=]*フォルダ名* [[Interface=]*インターフェイス名* [Key=Clear]	e p	プロファイルを「インターフェイス名 - プロファイル名 .xml」というファイル名で指定のフォルダに保存する。key=clear を指定すると、ワイヤレスネットワークの接続に使用するパスフレーズをプレーンテキストで出力できる
IHV StartLogging	i s	Wi-Fi IHV（Independent Hardware Vendor）ログの記録を開始する
IHV StopLogging	i sto	Wi-Fi IHV ログの記録を停止する
Refresh HostedNetwork [Data=]*パスフレーズ*	ref ho	ホストされたネットワークのパスフレーズを更新する
ReportIssues	r	ワイヤレスネットワークのスマートトレースレポートを作成する
Set AllowExplicitCreds [Allow=]{Yes | No}	s al	共有資格情報の使用を許可するか否か設定する
Set AutoConfig [Enabled=]{Yes | No} [Interface=]*インターフェイス名*	s a	自動構成を有効または無効に設定する
Set BlockedNetworks [Display=]{Show | Hide}	s b	ネットワークの表示に、ブロックされたネットワークを含めるか否か設定する
Set BlockPeriod [Value=]*中断時間分*	s blockp	自動接続の試行を中断する時間を設定する
Set CreateAllUserProfile [[Enabled=]{Yes | No}]	s c	プロファイルの作成をすべてのユーザーに許可するか否か設定する

1
ネットワーク編
コマンド編

157

1 ネットワークコマンド編

Set HostedNetwork [Mode=]{Allow | Disallow} [Ssid=]*SSID* [Key=]*パスフレーズ* [KeyUsage=] {Persistent | Temporary}	s ho	ホストされたネットワークのプロパティを設定する
Set ProfileOrder [Name=]プロファイル名 [Interface=]インターフェイス名 [Priority=]優先順位	s p	プロファイルの優先順位を設定する
Set ProfileParameter [Name=]プロファイル名 [[Interface=]インターフェイス名] [SsidName=*SSID*] [ConnectionType={ESS | IBSS}] [AutoSwitch={Yes | No}] [ConnectionMode={Auto | Manual}] [NonBroadcast={Yes | No}] [Randomization={Yes | No | Daily}] [Authentication={Open | Shared | WPA | WPA2 | WPAPSK | WPA2PSK}] [Encryption={None | WEP | TKIP | AES}] [KeyType={NetworkKey | Passphrase}] [KeyIndex=インデックス値] [KeyMaterial={ネットワークキー | パスフレーズ}] [PmkCacheMode={Yes | No}] [PmkCacheSize= キャッシュ数] [PmkCacheTtl=有効期間秒] [PreAuthMode={Yes | No}] [PreAuthThrottle=再認証 数] [Fips={Yes | No}] [UseOneX={Yes | No}] [AuthMode={MachineOrUser | MachineOnly | UserOnly | Guest}] [SsoMode={PreLogon | PostLogon | None}] [MaxDelay=タイムアウト秒] [AllowDialog={Yes | No}] [UserVlan={Yes | No}] [HeldPeriod=認証試行間隔秒] [AuthPeriod=応答待機 時間秒] [StartPeriod=EAPOL開始待機時間秒] [MaxStart=EAPOL開始メッセージ最大数] [MaxAuthFailures=認証失敗最大数] [CacheUserData={Yes | No}] [Cost={Default | Unrestricted | Fixed | Variable}]	s profilep	ワイヤレスネットワークプロファイルのプロパティを設定する
Set ProfileType [Name=]プロファイル名 [Profiletype=]{All | Current} [[Interface=]インターフェイス名]	s profilet	プロファイルの種類を設定する
Set Randomization [Enabled=]{Yes | No} [Interface=]インターフェイス名	s r	MAC アドレスのランダム化を有効または無効に設定する
Set Tracing [Mode=]{Yes | No | Persistent}]	s t	トレースを有効または無効に設定する
Show All	sh al	ワイヤレスネットワークと無線デバイス情報を表示する
Show AllowExplicitCreds	sh allo	共有資格情報の使用許可設定を表示する
Show AutoConfig	sh a	自動構成の設定を表示する
Show BlockedNetworks	sh b	ネットワークの表示に、ブロックされたネットワークを含める設定を表示する
Show CreateAllUserProfile	sh c	プロファイルの作成をすべてのユーザーに許可する設定を表示する
Show Drivers [[Interface=]インターフェイス名]	sh d	無線デバイスドライバ情報を表示する
Show Filters [Permission=]{Allow | Block}	sh f	許可またはブロックされたワイヤレスネットワークを表示する
Show HostedNetwork [[Setting=]Security]	sh ho	ホストされたネットワークのプロパティを設定する
Show Interfaces	sh i	無線 LAN インターフェイスを表示する
Show Networks [[Interface=]インターフェイス名] [[Mode=]{Ssid | Bssid}]	sh n	認識しているネットワークの一覧を表示する

Show OnlyUseGpProfilesForAllowedNetworks	sh o	グループポリシーで構成されたネットワークで、グループポリシーで指定したプロファイルだけを使用する設定か表示する
Show Profiles [[Name=]プロファイル名] [Interface=]インターフェイス名] [Key=Clear]	sh p	プロファイルの設定を表示する
Show Randomization	sh r	MAC アドレスのランダム化設定を表示する
Show Settings	sh s	無線 LAN のグローバル設定を表示する
Show Tracing	sh t	トレースセッション情報を表示する
Show WirelessCapabilities	sh w	システムの無線 LAN 機能を表示する
Show WlanReport [Duration=レポート期間日] [Log=イベントログファイル名] [Logger=自動ロガー]	sh wl	ワイヤレスセッションレポートを作成する **UAC**

■ コマンドの働き

「Netsh Wlan」コマンドは、無線 LAN(WLAN:Wireless Local Area Network)の設定を操作する。

Netstat.exe

通信状態とプロトコルの統計情報を表示する

| 2000 | XP | 2003 | 2003R2 | Vista | 2008 | 2008R2 | 7 | 2012 | 8 | 2012R2 | 8.1 |
| 10 | 2016 | 2019 | 2022 | 11 |

構文

Netstat [-a] [-b] [-e] [-f] [-i] [-n] [-o] [-pプロトコル] [-r] [-s] [-t] [-v] [-x] [-y] [更新間隔]

📍 スイッチとオプション

-a

すべての通信と待ち受け中のポート番号を表示する。

-b

通信中または待ち受け中のポートを所有するプログラム名(ホストプロセス)を、可能な限り追跡して表示する。-aスイッチと併用できる。 **XP 以降 UAC**

-e

イーサネット(データリンク層)の統計情報を表示する。-sスイッチと併用できる。

-f

結果を完全修飾ドメイン名(FQDN:Fully Qualified Domain Name)で表示する。-aスイッチと併用できる。 **Vista 以降**

-i

TCP接続が現在の状態で経過した時間を表示する。 **2022 11**

-n

IPアドレスとポート番号を数値形式で表示する。既定では名前解決後のホスト名などを表示する。-aオプションと併用できる。

-o

通信中または待ち受け中のポートを所有するプログラムのプロセスIDを表示する。
-aスイッチと併用できる。 **XP 以降**

-p *プロトコル*

次のいずれかのプロトコルを指定して、その通信だけを表示する。

TCP、UDP、TCPv6、UDPv6

また、-sスイッチと併用してプロトコルごとの統計情報を表示する場合は、次のプロトコルを指定できる。

IP、IPv6、ICMP、ICMPv6、TCP、TCPv6、UDP、UDPv6

-q

プロトコル、ローカルおよびリモートアドレス、ポート、待ち受け状態を表示する。
2012R2 **10 以降**

-r

ルーティングテーブルを表示する。「Route Print」コマンドと同等。

-s

IP、IPv6、ICMP、ICMPv6、TCP、TCPv6、UDP、UDPv6の統計情報を表示する。
特定のプロトコルの統計情報だけを表示する場合は -pスイッチを併用する。

-t

通信中または待ち受け中のポートのオフロード状態を表示する。-aスイッチと併用
できる。 **2003 以降**

-v

-bスイッチと併用して、ポートの作成に使われた実行ファイルとコンポーネント群
を表示する。 **XP から2003R2**

-x

NetworkDirectのポート使用状況を表示する。 **2012 以降**

-y

全接続のTCPテンプレートを表示する。他のスイッチとは併用できない。
2012 以降

更新間隔

[Ctrl] + [C] キーを押すまで、指定した間隔(秒)で統計情報を継続的に表示する。

実行例

すべての通信と待ち受け中のポートのホストプロセスを表示する。この操作には管理
者権限が必要。

```
C:¥Work>Netstat -a -b

アクティブな接続

 プロトコル  ローカル アドレス     外部アドレス          状態
 TCP         0.0.0.0:21           ws22stdc1:0          LISTENING
 ftpsvc
 [svchost.exe]
 TCP         0.0.0.0:80           ws22stdc1:0          LISTENING
```

```
所有者情報を取得できません
  TCP         0.0.0.0:88          ws22stdc1:0          LISTENING
[lsass.exe]
  TCP         0.0.0.0:135         ws22stdc1:0          LISTENING
  RpcSs
[svchost.exe]
  TCP         0.0.0.0:389         ws22stdc1:0          LISTENING
(以下略)
```

■ コマンドの働き

Netstatコマンドは、IP、ICMP、TCP、UDPの各プロトコルについて、通信中または接続待ちのポート番号、プロセス情報、プロトコルの統計情報などを表示する。「Netstat -anot」のように複数のスイッチを連結して指定できる。すべてのスイッチとオプションを省略すると、アクティブなTCP接続の情報を表示する。

Nslookup.exe
DNSサーバにドメインやホストなどの情報を問い合わせる

2000 | XP | 2003 | 2003R2 | Vista | 2008 | 2008R2 | 7 | 2012 | 8 | 2012R2 | 8.1 | 10 | 2016 | 2019 | 2022 | 11

構文1 非対話モードで問い合わせを実行する
Nslookup [-オプション] 検索対象 [DNSサーバ名]

構文2 対話モードで問い合わせを実行する
Nslookup [-オプション] [- DNSサーバ名]

■ 共通のスイッチとオプション

Nslookupコマンドのスイッチとオプションは、大文字と小文字を区別する。

-オプション

  非対話モードでは、問い合わせ(クエリ)に必要なオプションを指定する。対話モードでは、クエリの既定値となるオプションを指定する。クエリオプションは、「-all -type=SOA」のようにスペースで区切って複数指定できる。

検索対象

  非対話モードで、ドメイン名やホスト名など、問い合わせるデータを指定する。

DNSサーバ名

  クエリを送信するDNSサーバを指定する。非対話モードでは「- DNSサーバ名」のように、ハイフンとスペースに続けてDNSサーバを指定する。省略するとネットワークインターフェイスに設定された優先DNSサーバを使用する。

■ 非対話モードと対話モードで共通に設定できるオプション

all

  クエリオプションの現在の設定を表示する。

cl[ass]=クラス名

問い合わせるクラスを次から設定する。

クラス	説明
IN	インターネットクラス（既定値）
CHAOS	Chaos クラス
HESIOD	MIT Athena Hesiod クラス
ANY	上記のすべてのクラス

do[main]=ドメイン名

ホスト名に付加する既定のDNSドメイン名を設定する。

ixfr[ver]=数値

IXFR（Incremental Zone Transfers）モードによる差分ゾーン転送を使用し、バージョン番号を設定する。既定値は1。

[no]d2

詳細なデバッグ情報の表示を設定する。既定値は表示しない（nod2）。

[no]deb[ug]

デバッグ情報の表示を設定する。既定値は表示しない（nodebug）。

[no]def[name]

検索対象に既定のDNSドメイン名を付加するか設定する。既定値は付加する（defname）。

[no]ig[noretc]

パケットトランケーション（パケット切り捨て）によるエラーを無視するか設定する。既定値は無視しない（noignoretc）。

po[rt]=ポート番号

DNSサーバに接続するTCP/UDPポート番号を設定する。既定値は53。

[no]rec[urse]

既定のDNSサーバに情報がない場合、再帰を使用して他のDNSサーバに問い合わせるか設定する。既定値は再帰を使用する（recurse）。

[no]sea[rch]

検索対象に検索ドメイン名リストのDNSドメイン名を付加するか設定する。既定値は付加する（search）。

[no]v[c]

仮想回線の使用を設定する。既定値は使用しない（novc）。

[no]msxfr

マイクロソフト高速ゾーン転送の使用を設定する。既定値は使用する（msxfr）。

ro[ot]=ホスト名

既定のルートサーバを設定する。既定値は「A.ROOT-SERVERS.NET.」。

ret[ry]=数値

問い合わせ時のリトライ回数を設定する。既定値は1回。

srchl[ist]=ドメイン名1[/ドメイン名2/...]

ホスト名に付加する既定のDNSドメイン名をドメイン名1に設定し、既定のDNSドメイン名では情報が見つからないときに、代替で付加するDNSドメイン名のリストをスラッシュで区切って1つ以上設定する。domainオプションで指定したドメイン名は、自動的にドメイン名1に設定される。

ti[meout]=*数値*

　問い合わせ時のタイムアウト時間を設定する。既定値は2秒。

{ty[pe]= | q[uerytype]=}*リソース種別*

　問い合わせるリソースの種別を次から指定する（抜粋）。既定値は「A+AAAA」。

リソース種別	説明
ANY	すべてのリソース種別
A	ホストの IPv4 アドレス
AAAA	ホストの IPv6 アドレス
AFSDB	AFSDB（Andrew File System Database）リソース
ATMA	ATMA（Asynchronous Transfer Mode address）リソース
CNAME	別名（エイリアス）に対する正規名
GID	グループ ID
HINFO	ホスト情報（CPU と OS の種類）
ISDN	ISDN（統合デジタルサービス通信網）リソース
KEY	公開キー
MB	メールボックス
MG	メールグループ
MINFO	管理者のメールボックス情報
MR	名前を変更したメールボックス
MX	メールサーバ（メールエクスチェンジャ）
NS	DNS サーバ（ネームサーバ）
NXT	Next リソース
OPT	オプションリソース
PTR	IP アドレスに対応するホスト名（ポインタ）
RP	担当者
RT	ルートスルー
SIG	署名
SOA	ゾーン情報の SOA（Start Of Authority）
SRV	サービスロケータ
TXT	テキスト情報
UID	ユーザー ID
UINFO	ユーザー情報
WINS	WINS（Windows Internet Name Service）リソース
WINSR	WINS（Windows Internet Name Service）逆引き参照リソース
WKS	実行しているサービス（Well Known Service）
X25	X.25 リソース

■ 対話モード専用のサブコマンド

exit

　Nslookup コマンドを終了する。

help

　使用可能なサブコマンドを表示する。

ls [*オプション*] *DNS ドメイン名* [> *ファイル名*]

　指定した DNS ドメイン内のレコードを表示する。このサブコマンドを正常に実行す

るには、DNSサーバ側でゾーン転送を許可している必要がある。「> ファイル名」オプションを使用すると、指定したファイルに処理結果を保存できる。また、「>> ファイル名」とすると、指定したファイルに処理結果を追加(アペンド)できる。

lsサブコマンドのオプションは次のとおり。

オプション	説明
-a	別名(エイリアス)に対する正規名を表示する(-t CNAME と同じ)
-d	すべてのリソース種別を表示する(-t ANY と同じ)
-t リソース種別	指定したリソース種別のレコードを表示する。指定可能なリソース種別は非対話モードの type オプションを参照
-h	ホスト情報(CPU と OS の種類)を表示する(-t HINFO と同じ)
-s	実行しているサービス(Well Known Service)を表示する(-t WKS と同じ)

lserver ホスト名

Nslookupコマンド起動時のDNSサーバで名前解決を行い、得られたホストを新しい既定のDNSサーバに設定する。

quit

Nslookupコマンドを終了する。 **Vista 以降**

root

問い合わせるDNSサーバを既定のルートサーバに変更する。既定のルートサーバは「root=ホスト名」オプションで設定できる。

set オプション

「set all」のように問い合わせのオプションを設定する。

server ホスト名

現在使用中のDNSサーバで名前解決を行い、得られたホストを新しい既定のDNSサーバに設定する。

view ファイル名

lsサブコマンドで作成したファイルを読み込んで表示する。

実行例

非対話モードで、ad2022.example.jp ドメインのSRV リソースレコードを照会する。

```
C:¥Work>Nslookup -type=SRV _ldap._tcp.dc._msdcs.ad2022.example.jp
サーバー: UnKnown
Address: ::1

_ldap._tcp.dc._msdcs.ad2022.example.jp  SRV service location:
        priority      = 0
        weight        = 100
        port          = 389
        svr hostname  = ws22stdc1.ad2022.example.jp
ws22stdc1.ad2022.example.jp     internet address = 192.168.1.226
```

■ コマンドの働き

Nslookupコマンドは、DNSサーバに対して問い合わせ(クエリ)を送信して、DNSサーバが保持している情報を取得する。

Pathping.exe

| 2000 | XP | 2003 | 2003R2 | Vista | 2008 | 2008R2 | 7 | 2012 | 8 | 2012R2 | 8.1 |
| 10 | 2016 | 2019 | 2022 | 11 |

構文

Pathping [-g ホスト] [-h 最大ホップ数] [-i 送信元IPアドレス] [-n] [-p 待ち時間] [-q クエリ数] [-w タイムアウト] [-P] [-R] [-T] [-4] [-6] ターゲット名

■ スイッチとオプション

Pathpingコマンドの一部のスイッチは、大文字と小文字を区別する。

-g ホスト

IPアドレスをスペースで区切って1つ以上指定したホストリストに従って、緩やかな
ソースルーティング（loose source routing）を使用する。

-h ホップ数

指定したホップ数分の経路を記録する。既定値は30。

-i 送信元IPアドレス

送信元IPアドレスを指定する。

-n

IPアドレスをホスト名に解決しない。

-p 待ち時間

次のEcho要求を送信するまでの待ち時間をミリ秒単位で指定する。

-q クエリ数

ホップごとに送信するEcho要求の数を指定する。既定値は100。

-w タイムアウト

Echo要求に対するEcho応答待ちタイムアウト時間をミリ秒単位で指定する。既定
値は4,000（4秒）。

-P

RSVP（Resource Reservation Protocol）のPATHを検証する。 XP

-R

各ホップがRSVP対応か検証する。 2000 XP

-T

レイヤー2優先度タグ（L2 priority tags）に応じて各ホップを検証する。 2000 XP

-4

明示的にIPv4を使用する。 XP以降

-6

明示的にIPv6を使用する。 XP以降

ターゲット名

診断対象をホスト名やIPアドレスで指定する。

ホスト sv1.ad.example.jp との通信状態を診断する。

```
C:\Work>Pathping sv1.ad.example.jp

Tracing route to sv1.ad.example.jp [192.168.1.231]
over a maximum of 30 hops:
  0  cl1.ad.example.jp [192.168.1.29]
  1  sv1.ad.example.jp [192.168.1.231]

Computing statistics for 25 seconds...
            Source to Here   This Node/Link
Hop  RTT    Lost/Sent = Pct  Lost/Sent = Pct  Address
 0                                            cl1.ad.example.jp [192.168.1.29]
                              0/ 100 =  0%   |
 1    0ms    0/ 100 =  0%     0/ 100 =  0%   sv1.ad.example.jp [192.168.1.231]

Trace complete.
```

■ コマンドの働き

Pathping コマンドは、ICMP(Internet Control Message Protocol) Echo 要求パケット
をターゲットに送信して応答をチェックすることで、通信経路やターゲットとの疎通を確
認するとともに、通信状況を診断する。

Ping.exe

通信経路やターゲットとの
疎通を診断する

2000 | XP | 2003 | 2003R2 | Vista | 2008 | 2008R2 | 7 | 2012 | 8 | 2012R2 | 8.1
10 | 2016 | 2019 | 2022 | 11

構文

Ping [-t] [-a] [-n 要求数] [-l サイズ] [-p] [-f] [-i TTL] [-v TOS] [-r ホップ数]
[-s ホップ数] [{-j | -k} ホスト] [-w タイムアウト] [-R] [-S ソースIPアドレス]
[-c コンパートメント] [-4] [-6] ターゲット名

■ スイッチとオプション

Ping コマンドの一部のスイッチは、大文字と小文字を区別する。

-t

  Ctrl + Break キーまたは Ctrl + C キーで中止するまで実行し続ける。

-a

  IPアドレスをホスト名に逆引き解決する。

-n 要求数

  送信するEcho要求の数を指定する。既定値は4回。

-l サイズ

送信する Echo 要求のメッセージのサイズをバイト単位で指定する。既定値は 32 バイト、最大値は 65,527 バイト。

-p

Hyper-V ネットワーク仮想化プロバイダのアドレスをターゲットまたはソースに使用する。 `2012R2 以降`

-f

IP ヘッダの Don't Fragment フラグをオンにする（IPv4 だけ）。

-i *TTL*

IP ヘッダの TTL（Time To Live）フィールドの値を指定する。既定値はホストに依存し、最大値は 255。

-v *TOS*

IP ヘッダの TOS（Type Of Service）フィールドの値を指定する（IPv4 だけ）。既定値は 0。

・スイッチは残されているが無効。 `2008R2 以降`

-r ホップ数

IP ヘッダのオプションフィールドの Record Route オプションを設定して、指定したホップ数分の経路を記録する（IPv4 だけ）。ホップ数は 1 から 9 の間で指定する。

-s ホップ数

IP ヘッダのオプションフィールドの Internet Timestamp オプションを設定して、指定したホップ数分のタイムスタンプを記録する（IPv4 だけ）。ホップ数は 1 から 4 の間で指定する。

-j ホスト

IP アドレスをスペースで区切って 1 つ以上指定したホストリストに従って、緩やかなソースルーティング（loose source routing）を使用する（IPv4 だけ）。

-k ホスト

IP アドレスをスペースで区切って 1 つ以上指定したホストリストに従って、厳密なソースルーティング（strict source routing）を使用する（IPv4 だけ）。

-w タイムアウト

Echo 要求に対する Echo 応答待ちタイムアウト時間をミリ秒単位で指定する。既定値は 4,000（4 秒）。

-R

IPv6 拡張ヘッダのルーティングヘッダを設定して、復路の経路もテストする（IPv6 だけ）。このスイッチは大文字で指定する。 `2003 以降`

-S ソース IP アドレス

送信元 IPv6 アドレスを指定する（IPv6 だけ）。このスイッチは大文字で指定する。 `2003 以降`

-c コンパートメント

ルーティングコンパートメントを番号で指定する。 `2012R2 以降`

-4

明示的に IPv4 を使用する。 `2003 以降`

-6

明示的に IPv6 を使用する。 `2003 以降`

ターゲット名

　　診断対象をホスト名やIPアドレスで指定する。

実行例

ホスト ws22stdc1.ad2022.example.jp への通信状態を診断する。

```
C:¥Work>Ping -4 -n 3 ws22stdc1.ad2022.example.jp

ws22stdc1.ad2022.example.jp [192.168.1.226]に ping を送信しています 32 バイトのデータ:
192.168.1.226 からの応答: バイト数 =32 時間 <1ms TTL=128
192.168.1.226 からの応答: バイト数 =32 時間 <1ms TTL=128
192.168.1.226 からの応答: バイト数 =32 時間 <1ms TTL=128

192.168.1.226 の ping 統計:
    パケット数: 送信 = 3、受信 = 3、損失 = 0 (0% の損失)、
ラウンド トリップの概算時間 (ミリ秒):
    最小 = 0ms、最大 = 0ms、平均 = 0ms
```

■ コマンドの働き

　Ping コマンドは、ICMP(Internet Control Message Protocol) Echo 要求パケットをターゲットに送信して応答をチェックすることで、通信経路やターゲットとの疎通を確認する。

　Windows ファイアウォールは既定で ICMP Echo 要求パケットを遮断するため、Ping コマンドで疎通確認をするには、ターゲットコンピュータで遮断解除の設定が必要である。

　なお、IPv6 ルーティングヘッダは RFC 5905 で使用されなくなったため、-R スイッチを使用しても効果がない場合がある。

Route.exe

IPのルーティングテーブルを操作する

2000 | XP | 2003 | 2003R2 | Vista | 2008 | 2008R2 | 7 | 2012 | 8 | 2012R2 | 8.1
10 | 2016 | 2019 | 2022 | 11

構文

Route [-f] [-p] [{-4 | -6}] コマンド [宛先ホスト] [Mask サブネットマスク]
[ゲートウェイ] [Metric メトリック値] [If インターフェイス番号]

■ スイッチとオプション

-f

　　ルーティングテーブル内のすべての経路情報(ルートエントリ)をクリアする。Add コマンドと併用すると、コマンドの実行前に経路情報をクリアする。 **UAC**

-p

　　経路設定を次のレジストリに記録して、再起動後も経路情報を維持する。

　　HKEY_LOCAL_MACHINE¥SYSTEM¥CurrentControlSet¥Services¥Tcpip¥Parameters¥PersistentRoutes

　　既定では再起動すると経路情報は消滅する。

-4

　　明示的にIPv4を使用する。**Vista以降**

-6

　　明示的にIPv6を使用する。**Vista以降**

コマンド

　　次のいずれかを指定する。

コマンド	説明
Print	経路情報を表示する.
Add	経路情報を追加する **UAC**
Delete	経路情報を削除する **UAC**
Change	経路情報を変更する **UAC**

宛先ホスト

　　経路情報の宛先となるホストやネットワークを、ホスト名またはIPアドレスで指定する。Networksファイルに登録されている名前を使用できる。PrintまたはDeleteコマンドの場合、宛先ホストにはワイルドカード「*」「?」を指定できる。

Mask サブネットマスク

　　経路情報のサブネットマスクを指定する。Maskオプション省略時の既定値は255.255.255.255。

ゲートウェイ

　　経路情報のゲートウェイをホスト名またはIPアドレスで指定する。PrintまたはDeleteコマンドの場合、ゲートウェイにはワイルドカード「*」「?」を指定できる。

Metric メトリック値

　　宛先ホストまでの通信コストを示すメトリック値を、1から9,999までの数値で指定する。

If インターフェイス番号

　　通信経路で使用するネットワークインターフェイスを番号で指定する。インターフェイス番号は、「Route Print」コマンドでインターフェイス一覧として表示できる。Ifスイッチを省略すると、ゲートウェイのIPアドレスに基づいてインターフェイスを自動的に決定するが、意図したとおりに経路を設定するには明示的にIfスイッチを指定する方がよい。

実行例1

IPv4アドレスが127で始まるルートエントリを表示する。

```
C:¥Work>Route -4 Print 127*
===========================================================================
インターフェイス一覧
  5...00 0c 29 cb ae 29 ......Intel(R) 82574L Gigabit Network Connection
  1...........................Software Loopback Interface 1
===========================================================================

IPv4 ルート テーブル
===========================================================================
アクティブ ルート:
```

ネットワーク宛先	ネットマスク	ゲートウェイ	インターフェイス	メトリック
127.0.0.0	255.0.0.0	リンク上	127.0.0.1	331
127.0.0.1	255.255.255.255	リンク上	127.0.0.1	331
127.255.255.255	255.255.255.255	リンク上	127.0.0.1	331

```
==========================================================================
固定ルート:
 なし
```

実行例2

　ゲートウェイ172.16.3.4からネットワーク172.16.0.0/16へのメトリック3の経路情報を登録する。この操作には管理者権限が必要。

```
C:¥Work>Route Add 172.16.0.0 Mask 255.255.0.0 172.16.3.4 Metric 3
 OK!
```

実行例3

　ネットワーク172.16.0.0/16への経路情報を、ゲートウェイ172.16.99.254、メトリック1に修正する。この操作には管理者権限が必要。

```
C:¥Work>Route Change 172.16.0.0 Mask 255.255.0.0 172.16.99.254 Metric 1
 OK!
```

実行例4

　ネットワーク172.16.0.0/16への経路情報を削除する。この操作には管理者権限が必要。

```
C:¥Work>Route Delete 172.16.0.0
 OK!
```

■ コマンドの働き

　Routeコマンドは、Internet Protocol(IP)のルーティングテーブル(通信経路設定表)を編集する。特定のホストやネットワークのIPアドレス、ゲートウェイ(ルータ)のIPアドレス、使用するネットワークインターフェイス、通信コスト(メトリック)などを設定することで、宛先ごとに最適な通信経路を選択できるようにする。

Tracert.exe

通信経路を探索して応答時間をチェックする

| 2000 | XP | 2003 | 2003R2 | Vista | 2008 | 2008R2 | 7 | 2012 | 8 | 2012R2 | 8.1 |
| 10 | 2016 | 2019 | 2022 | 11 |

構文

Tracert [-d] [-h *最大ホップ数*] [-j *ホスト*] [-w *タイムアウト*] [-R] [-S *ソースIP アドレス*] [-4] [-6] *ターゲット名*

■ スイッチとオプション

Tracertコマンドの一部のスイッチは、大文字と小文字を区別する。

-d

IPアドレスをホスト名に名前解決しない。DNSの逆引き参照を行わないので処理が高速になる。

-h *最大ホップ数*

調査するホップ数の最大値を指定する。最大ホップ数を超えると調査を打ち切る。

-j *ホスト*

IPアドレスをスペースで区切って1つ以上指定したホストリストに従って、ルーズソースルーティング(Loose Source Routing)を使用する(IPv4だけ)。

-w *タイムアウト*

Echo要求に対するEcho応答待ちタイムアウト時間をミリ秒単位で指定する。既定値は4,000(4秒)。

-R

IPv6拡張ヘッダのルーティングヘッダを設定して、復路の経路もテストする(IPv6だけ)。このスイッチは大文字で指定する。 2003 以降

-S *ソースIPアドレス*

送信元IPv6アドレスを指定する(IPv6だけ)。このスイッチは大文字で指定する。
2003 以降

-4

明示的にIPv4を使用する。 2003 以降

-6

明示的にIPv6を使用する。 2003 以降

ターゲット名

診断対象をホスト名やIPアドレスで指定する。

実行例

ホスト www.shoeisha.co.jp までの通信経路にあるルータのIPアドレスと応答時間をチェックする。

```
C:¥Work>Tracert -d www.shoeisha.co.jp

www.shoeisha.co.jp [114.31.94.139] へのルートをトレースしています
経由するホップ数は最大 30 です:

  1    <1 ms    <1 ms    <1 ms  192.168.1.1
  2     9 ms     9 ms     9 ms  10.114.96.1
  3     9 ms     9 ms     9 ms  10.1.192.35
  4    10 ms    10 ms     9 ms  172.25.26.37
  5     9 ms     9 ms    17 ms  10.1.15.117
  6    15 ms    15 ms    15 ms  175.129.17.53
  7    17 ms    17 ms    17 ms  203.165.0.54
  8    16 ms    19 ms    37 ms  210.171.225.22
  9    18 ms    17 ms    27 ms  212.74.66.230
```

10	17 ms	17 ms	17 ms	212.74.89.209
11	18 ms	17 ms	17 ms	61.120.192.109
12	17 ms	17 ms	17 ms	117.55.223.137
13	17 ms	18 ms	17 ms	114.31.94.228
14	16 ms	17 ms	15 ms	114.31.94.139

トレースを完了しました。

コマンドの働き

Tracertコマンドは、ICMP Echoメッセージを送信してルータを探索し、ターゲットまでの通信経路と応答時間を計測する。ICMP Echo要求に応答しないよう設定されているルータやホストは追跡できない。

Winrs.exe

リモートコンピュータでコマンドを実行する

2000 | XP | 2003 | 2003R2 | Vista | 2008 | 2008R2 | 7 | 2012 | 8 | 2012R2 | 8.1
10 | 2016 | 2019 | 2022 | 11

構文

Winrs [-AllowDelegate] [-Compression] [-Directory:*開始フォルダ*]
[-Environment:*環境変数=設定値*] [-NoEcho] [-NoProfile] [-Remote:*エンドポイント*] [-Unencrypted] [-UseSsl] [-UserName:[*ユーザー名*]]
[-Password:[*パスワード*]] *コマンド*

スイッチとオプション

{-AllowDelegate | -Ad}
ユーザーの資格情報を、リモートコンピュータからさらに別のコンピュータにアクセスする際にも利用する。 Vista以降

{-Compression | -Comp}
リモートシェルの通信を圧縮してデータ量を縮小する。

{-Directory | -d}:*開始フォルダ*
リモートでコマンドを実行する際のフォルダを指定する。既定はリモートコンピュータ上の環境変数 %UserProfile% が示す、実行ユーザーのプロファイルフォルダを使用する。

{-Environment | -Env}:*環境変数=設定値*
リモートでコマンドを実行する際の環境変数を定義する。複数の環境変数を定義する場合はこのスイッチ全体を繰り返し指定する。

{-NoEcho | -Noe}
リモートでコマンドを実行する際、プロンプトに対する入力を表示しない。既定ではエコーはオン。

{-NoProfile | -Nop}
リモートでコマンドを実行する際、リモートのユーザープロファイルを読み込まない。リモートでコマンドを実行するユーザーアカウントが、リモートコンピュータの管理

者でない場合に指定する。

{-Remote | -r}:エンドポイント

リモートコンピュータを指定するために、コンピュータ名または接続 URL をエンドポイントとして指定する。URL は [トランスポート ://]ホスト名[:ポート番号] の形式で、「http://169.51.2.101:80」のように指定する。省略するとローカルコンピュータ(-r:localhost)を使用する。

{-Unencrypted | -Un}

リモートシェルの通信を暗号化しない。既定では Kerberos または NTLM を使って暗号化する。トランスポートが HTTPS の場合は既定で暗号化されているため、このスイッチは無効になる。

{-UseSsl | -Ssl}

WinRM の既定のポートを使用して SSL 接続を使用する。HTTPS トランスポートとは使用するポート番号が異なる場合がある。 **XP から 2003R2**

{-UserName | -u}:[ユーザー名]

リモートでコマンドを実行するユーザー名を指定する。省略するとプロンプトを表示する。

{-Password | -p}:[パスワード]

リモートでコマンドを実行するユーザーのパスワードを指定する。省略するとプロンプトを表示する。

コマンド

リモートコンピュータで実行するコマンドとオプションを指定する。実行ファイルのパス(コマンド名とスイッチの間ではない)にスペースを含む場合はダブルクォートで括る。

実行例

リモートコンピュータで「DIR C:¥」コマンドを実行する。通信データは圧縮する。

```
C:¥Work>Winrs -Remote:ws22stdc1.ad2022.example.jp -Compression DIR C:¥
 ドライブ C のボリューム ラベルがありません。
 ボリューム シリアル番号は 30EE-867A です

 C:¥ のディレクトリ

2022/05/26  01:02    <DIR>          inetpub
2021/05/08  17:20    <DIR>          PerfLogs
2021/08/20  09:31    <DIR>          Program Files
2021/05/08  23:43    <DIR>          Program Files (x86)
2021/08/20  10:37    <DIR>          Users
2022/05/26  01:03    <DIR>          Windows
2022/06/12  16:49    <DIR>          Work
               0 個のファイル                   0 バイト
               7 個のディレクトリ  48,764,583,936 バイトの空き領域
```

コマンドの働き

Winrs コマンドは、リモートコンピュータでコマンドを実行する。リモートコンピュー

タ側ではあらかじめ「Winrm QuickConfig」コマンドを実行して、リモート管理要求を受け入れるように設定しておく。

ユーザーが終了を指示するまで動き続けるコマンドをリモートで実行する場合は、Ctrl + C キーまたは Ctrl + Break キーを押して終了させる。さらに続けて Ctrl + C キーを押すと Winrs コマンド自体が終了する。

ただし、GUI アプリケーションや UAC の昇格プロンプトを表示するコマンドをリモートで実行すると、ウィンドウを表示できないため操作できなくなる。Ctrl + C キーを2回押して Winrs コマンドごと終了すれば復帰する。

ドメインと
グループポリシー 編

2

本章で解説するコマンドは、基本的に Windows Server を Active Directory ドメインコントローラまたは LDAP サーバに設定して、対応する管理ツールをインストールすることで利用可能になる。他の Windows ではリモートサーバー管理ツール（RSAT）などをインストールすることで同等のコマンドを利用できる。

Adprep.exe

Active Directory のフォレスト／ドメインを準備する

2003 | 2003R2 | 2008 | 2008R2 | 2012 | 2012R2 | 2016 | 2019 | 2022 | UAC

構文

Adprep {/ForestPrep | /DomainPrep [/GpPrep] | /RodcPrep} [*オプション*]

■ スイッチとオプション

/ForestPrep

スキーママスタ上でフォレストの情報を更新する。

/DomainPrep [/GpPrep]

インフラストラクチャマスタ上でドメインの情報を更新する。先にフォレストの情報を更新する必要がある。/GpPrep スイッチを併用すると、Active Directory と SYSVOL 共有内の、グループポリシーオブジェクトのアクセス許可を更新する。

/RodcPrep

ディレクトリパーティションのアクセス許可を更新して、読み取り専用ドメインコントローラに複製できるようにする。先にフォレストの情報を更新する必要がある。
2008 以降

/Forest フォレスト名

/ForestPrep の実行時に操作対象のフォレストを指定する。フォレスト名は、DNS 名または NetBIOS 名のいずれかを指定する。既定では現在のフォレストを対象とする。
2012 以降

/Domain ドメイン名

/DomainPrep の実行時に操作対象のドメイン名を指定する。ドメイン名は、DNS 名または NetBIOS 名のいずれかを指定する。既定では現在のドメインを使用する。
2012 以降

/User ユーザー名

任意のドメインを操作する際の接続ユーザー名を指定する。既定では現在のユーザーを使用する。 2012 以降

/UserDomain ドメイン名

/User オプションで指定したユーザーが所属するドメイン名を指定する。ドメイン名は、DNS 名または NetBIOS 名のいずれかを指定する。 2012 以降

/Password {パスワード | *}

/User オプションで指定したユーザーのパスワードを指定する。「*」を指定するとプロンプトを表示する。 2012 以降

/ForceReplicate

/ForestPrep の実行後、スキーママスタからインフラストラクチャマスタにパーティションを複製して更新する。 2012 以降

/NoSpWarning

/ForestPrepの実行中に、ドメインコントローラの最低要件メッセージと更新の確認を表示しない。インストールしようとしているドメインコントローラのバージョンに対して、フォレスト内の全ドメインコントローラが満たすべき最低要件は次のとおり。

インストールするドメインコントローラのバージョン	最低要件
Windows Server 2022	Windows Server 2003 以降
Windows Server 2019	Windows Server 2003 以降
Windows Server 2016	Windows Server 2003 以降
Windows Server 2012 R2	Windows Server 2003 以降
Windows Server 2012	Windows Server 2003 以降
Windows Server 2008 R2	Windows 2000 Server SP4 以降
Windows Server 2008	Windows 2000 Server SP4 以降
Windows Server 2003 R2	Windows 2000 Server SP2 以降
Windows Server 2003	Windows 2000 Server SP2 以降

/Silent

メッセージを表示しないで処理を実行する。 **2008 以降**

/Wssg

終了時に拡張エラーコードを返す。 **2008**

/NoFileCopy

準備のためにインストールソースからローカルにファイルをコピーしない。 **2003** **2003R2**

実行例

Windows Server 2012 Active Directory ドメイン(フォレスト)を、Windows Server 2022用に準備する。この操作にはEnterprise Adminsの権限が必要。

```
C:¥Work>D:¥support¥adprep¥Adprep.exe /ForestPrep /NoSpWarning
現在のスキーマのバージョン 69


スキーマをバージョン 88 にアップグレードしています


ファイルの署名を検証しています
"ws12r2stdc1.ad2012r2.example.jp" に接続しています
SSPI を使って現在のユーザーとしてログインしています
ファイル "D:¥support¥adprep¥sch70.ldf" からディレクトリをインポートしています
エントリを読み込んでいます......
5 個のエントリを正しく修正しました。

コマンドが正しく完了しました
 (中略)

コマンドが正しく完了しました
Adprep はフォレスト全体の情報を正しく更新しました。
```

Adprepコマンドは、Windows Serverのインストールメディアに収録されている非標準コマンドで、フォレストやドメインのスキーマを拡張して、新しいバージョンのドメインコントローラを追加できるように準備する。

Windows Server 2012以降では、ドメインコントローラへの昇格操作にフォレストとドメインの準備が統合されているため、基本的にはAdprepコマンドを単独で実行する必要はなくなった。しかし、大規模なフォレストやドメインで複製を含めて準備に時間がかかる場合は昇格操作が失敗してしまうので、事前にAdprepコマンドを実施して準備を終えておくとよい。準備作業はスキーママスタやインフラストラクチャマスタと通信できればよいので、ドメインコントローラ以外でもAdprepコマンドを実行できる。

なお、Windows Server 2016からWindows Server 2022までスキーマは同じで、フォレスト機能レベルやドメイン機能レベルもWindows Server 2016が最高となっている。

Auditpol.exe　　　　監査ポリシーを操作する

| Vista | 2008 | 2008R2 | 7 | 2012 | 8 | 2012R2 | 8.1 | 10 | 2016 | 2019 | 2022 | 11 |

構文

Auditpol スイッチ [オプション]

■ スイッチ

スイッチ	説明
/Backup	監査ポリシーの設定をファイルに保存する
/Clear	監査ポリシーを削除する
/Get	監査ポリシーの設定を表示する
/List	監査ポリシーのカテゴリを表示する
/Remove	ユーザー別の監査ポリシーを削除する
/Restore	監査ポリシーの設定を復元する
/ResourceSacl	グローバル監査ポリシーを設定する 2008R2 以降
/Set	監査ポリシーの設定を編集する

■ コマンドの働き

Auditpolコマンドは、システム単位、またはユーザー別の詳細な監査ポリシーを構成する。グループポリシーでは監査の設定が「コンピュータの構成」に分類されているため、コンピュータ単位でしか監査を設定できないが、Auditpolコマンドではユーザー別の監査ポリシーを設定できる。

■ Auditpol {/Backup | /Restore}
── 監査ポリシーの設定をファイルに保存/復元する

| Vista | 2008 | 2008R2 | 7 | 2012 | 8 | 2012R2 | 8.1 | 10 | 2016 | 2019 | 2022 | 11 |
| UAC |

Auditpol {/Backup | /Restore} /File:*ファイル名*

■ スイッチとオプション

/File: ファイル名
　　バックアップまたは復元するファイル名を指定する。

実行例1

　　監査ポリシーを AuditBackup.csv ファイルに保存する。この操作には管理者権限が必要。

```
C:\Work>Auditpol /Backup /File:AuditBackup.csv
コマンドは正常に実行されました。
```

実行例2

　　AuditBackup.csv ファイルを読み込んで、監査ポリシーを復元する。この操作には管理者権限が必要。

```
C:\Work>Auditpol /Restore /File:AuditBackup.csv
コマンドは正常に実行されました。
```

■ コマンドの働き

　「Auditpol /Backup」コマンドは、システム監査ポリシーと、すべてのユーザー別の監査ポリシーを CSV 形式のテキストファイルに保存する。作成した CSV ファイルは「Auditpol /Restore」コマンドで復元できる。

■ Auditpol /Clear——監査ポリシーを削除する

| Vista | 2008 | 2008R2 | 7 | 2012 | 8 | 2012R2 | 8.1 | 10 | 2016 | 2019 | 2022 | 11 |
| UAC |

構文
Auditpol /Clear [/y]

■ スイッチとオプション

/y
　　削除時にプロンプトを表示しない。

実行例

　　システムとユーザー別の監査ポリシーをすべて削除し、監査の設定を無効にする。この操作には管理者権限が必要。

```
C:\Work>Auditpol /Clear
よろしいですか? (取り消すには N を、続行するにはその他のキーを押してください)y
```

■ コマンドの働き

「Auditpol /Clear」コマンドは、全監査ポリシーを削除する。すべてのカテゴリとサブカテゴリの監査設定が一括してクリアされて、すべての監査オプションが無効になる。**N** キーを押してもコマンドは実行されるので、操作を取り消すには **Ctrl** + **C** キーを押してコマンド自体を停止する。

◪ Auditpol /Get──監査ポリシーの設定を表示する

Vista | **2008** | **2008R2** | **7** | **2012** | **8** | **2012R2** | **8.1** | **10** | **2016** | **2019** | **2022** | **11**
UAC

構文

Auditpol /Get [/User:{ユーザー名 | *SID*}] [/Category:{カテゴリ名 | *GUID* | *}] [/SubCategory:{サブカテゴリ名 | *GUID*}] [/Option:オプション名] [/Sd] [/r]

■ スイッチとオプション

/User:{ユーザー名 | *SID*}
　　ユーザー別の監査設定として、操作対象のユーザーをユーザー名または SID で指定する。このスイッチを使用する場合は、/Category スイッチか /SubCategory スイッチも指定する必要がある。/User スイッチを省略するとシステムの監査ポリシーを使用する。

/Category:{カテゴリ名 | *GUID* | *}
　　操作対象のカテゴリを、カテゴリ名またはカテゴリ GUID で指定する。「*」を指定するとすべてのカテゴリを使用する。複数のカテゴリを指定する場合はカンマで区切って列挙する。カテゴリ名にスペースを含む場合はダブルクォートで括る。指定可能なカテゴリ名は「Auditpol /List /Category」コマンドで表示できる。

/Option:オプション名
　　指定したオプション名に対応する設定値を表示する。オプション名は、次のレジストリキーにある同名のレジストリ値に対応する。

　　HKEY_LOCAL_MACHINE\SYSTEM\CurrentControlSet\Control\Lsa

オプション名	説明
CrashOnAuditFail	[監査：セキュリティ監査のログを記録できない場合は直ちにシステムをシャットダウンする] セキュリティオプションに相当する
FullPrivilegeAuditing	[監査：バックアップと復元の特権の使用を監査する] セキュリティオプションに相当する
AuditBaseObjects	[監査：グローバルシステムオブジェクトへのアクセスを監査する] セキュリティオプションに相当する
AuditBaseDirectories	カーネルオブジェクトのコンテナを監査する

/SubCategory:{サブカテゴリ名 | *GUID*}
　　操作対象のサブカテゴリを、サブカテゴリ名またはサブカテゴリ GUID で指定する。複数のサブカテゴリを指定する場合はカンマで区切って列挙する。サブカテゴリ名にスペースを含む場合はダブルクォートで括る。指定可能なサブカテゴリ名は、「Auditpol

/List /SubCategory:カテゴリ名」コマンドで表示できる。

/Sd

監査ポリシーの操作の委任に使用するセキュリティ記述子（Security Descriptor）を表示する。

/r

コンピュータ名、適用対象、サブカテゴリ名、サブカテゴリSID、監査設定をCSV形式で表示する。

実行例

「オブジェクト アクセス」カテゴリのシステム監査ポリシーを表示する。この操作には管理者権限が必要。

```
C:\Work>Auditpol /Get /Category:"オブジェクト アクセス"
システム監査ポリシー
カテゴリ/サブカテゴリ                              設定
オブジェクト アクセス
  ファイル システム                               監査なし
  レジストリ                                     監査なし
  カーネル オブジェクト                            監査なし
  SAM                                          監査なし
  証明書サービス                                  監査なし
  生成されたアプリケーション                         監査なし
  ハンドル操作                                    監査なし
  ファイルの共有                                  監査なし
  フィルタリング プラットフォーム パケットのドロップ            監査なし
  フィルタリング プラットフォームの接続                   監査なし
  その他のオブジェクト アクセス イベント                  監査なし
  詳細なファイル共有                              監査なし
  リムーバブル記憶域                              監査なし
  集約型ポリシー ステージング                        監査なし
```

■ コマンドの働き

「Auditpol /Get」コマンドは、システムやユーザー別の監査ポリシー設定を表示する。

Auditpol /List——監査ポリシーのカテゴリを表示する

Vista | 2008 | 2008R2 | 7 | 2012 | 8 | 2012R2 | 8.1 | 10 | 2016 | 2019 | 2022 | 11

構文

Auditpol /List {/User | /Category | /SubCategory:{カテゴリ名 | GUID | *} } [/v] [/r]

■ スイッチとオプション

/User

ユーザー別の監査ポリシーが定義されているユーザーを表示する。/vスイッチを併用すると、ユーザーのSIDも表示する。 UAC

/Category

監査ポリシーで利用可能なカテゴリ名を表示する。/vスイッチを併用すると、カテゴリのGUIDも表示する。

/SubCategory:{カテゴリ名 | GUID | *}

カテゴリ名やカテゴリのGUIDで指定したカテゴリについて、利用可能なサブカテゴリ名を表示する。「*」を指定すると、すべてのカテゴリについてサブカテゴリ名を表示する。/vスイッチを併用すると、サブカテゴリのGUIDも表示する。

/v

カテゴリ、サブカテゴリ、SID情報を表示する。

/r

カテゴリ、サブカテゴリ、SID情報をCSV形式で表示する。

実行例

利用可能な監査ポリシーのカテゴリ名を表示する。

```
C:\Work>Auditpol /List /Category
カテゴリ/サブカテゴリ
DS アクセス
アカウント ログオン
アカウント管理
オブジェクト アクセス
システム
ポリシーの変更
ログオン/ログオフ
特権の使用
詳細追跡
```

■ コマンドの働き

「Auditpol /List」コマンドは、定義されている監査ポリシーのカテゴリやサブカテゴリを表示したり、監査ポリシーを設定されているユーザーアカウントを表示したりする。

■ Auditpol /Remove——ユーザー別の監査ポリシーを削除する

| Vista | 2008 | 2008R2 | 7 | 2012 | 8 | 2012R2 | 8.1 | 10 | 2016 | 2019 | 2022 | 11 |
| UAC |

構文

Auditpol /Remove {/User:{ユーザー名 | SID} | /AllUsers}

■ スイッチとオプション

/User:{ユーザー名 |SID}

ユーザー別の監査設定として、操作対象のユーザーアカウントをユーザー名またはSIDで指定する。

/AllUsers

ユーザー別の監査ポリシーをすべて削除する。

182

ドメインユーザーAD2022¥User1に設定されている監査ポリシーを削除する。この操作には管理者権限が必要。

```
C:¥Work>Auditpol /Remove /User:AD2022¥User1
コマンドは正常に実行されました。
```

■ コマンドの働き

「Auditpol /Remove」コマンドは、指定したユーザーまたは全ユーザーに対して設定されている、ユーザー別の監査ポリシーを削除する。

■ Auditpol /ResourceSacl──グローバル監査ポリシーを設定する

2008R2 7 2012 8 2012R2 8.1 10 2016 2019 2022 11 UAC

構文

Auditpol /ResourceSacl [/Set /Type:リソース [/Success] [/Failure] /User:{ユーザー名 | SID} [/Access:アクセスフラグ] [/Condition:式]] [/Remove /Type:リソース /User:{ユーザー名 | SID}] [/Clear /Type:リソース] [/View /Type:リソース [/User:{ユーザー名 | SID}]]

■ スイッチとオプション

/Set

/Typeスイッチで指定したすべてのリソースに、オブジェクトアクセスの監査のためのグローバルシステムアクセス制御リスト（SACL）を設定する。

/Type: リソース

監査対象のリソースとして次のいずれかを指定する。大文字と小文字を区別する。

リソース	説明
File	ファイルとフォルダ
Key	レジストリキー

/Success

成功の監査を設定する。

/Failure

失敗の監査を設定する。

/User:{ ユーザー名 | SID}

ユーザー別の監査設定として、操作対象のユーザーをユーザー名またはSIDで指定する。

/Access: アクセスフラグ

監査対象の操作として、次のフラグを1つ以上指定する。

フラグ	説明
GA	汎用：フルコントロール
GR	汎用：一般的な読み取り
GW	汎用：一般的な書き込み
GX	汎用：一般的な実行

前ページよりの続き

FA	ファイルアクセス：フルコントロール
FR	ファイルアクセス：読み取り
FW	ファイルアクセス：書き込み
FX	ファイルアクセス：実行
KA	レジストリアクセス：フルコントロール
KR	レジストリアクセス：読み取り
KW	レジストリアクセス：書き込み
KX	レジストリアクセス：実行

/Condition:式

属性に基づく式を指定する。 **2012 以降**

/Remove

/Typeスイッチで指定したリソースのグローバルSACLから、/Userスイッチで指定したユーザーのエントリを削除する。

/Clear

/Typeスイッチで指定したリソースのグローバルSACLから、すべてのエントリを削除する。

/View

/Typeスイッチで指定したリソースのグローバルSACLから、/Userスイッチで指定したユーザーのエントリを表示する。

実行例1

ドメインユーザーAD2022¥User1について、すべてのファイルの読み取りと書き込みアクセスの成功と失敗の監査を設定する。この操作には管理者権限が必要。

```
C:¥Work>Auditpol /ResourceSacl /Set /Type:File /User:AD2022¥User1 /Success /Failure
/Access:FRFW
コマンドは正常に実行されました。
```

実行例2

ファイルのグローバル監査ポリシーを表示する。この操作には管理者権限が必要。

```
C:¥Work>Auditpol /ResourceSacl /View /Type:File
エントリ:        1
リソースの種類:    File
ユーザー:        AD2022¥user1
フラグ:          成功および失敗
条件:        (null)
アクセス:
   FILE_GENERIC_READ
   FILE_WRITE_DATA
   FILE_APPEND_DATA
   FILE_WRITE_EA
   FILE_WRITE_ATTRIBUTES

コマンドは正常に実行されました。
```

■ コマンドの働き

「Auditpol /ResourceSacl」コマンドは、すべてのファイルやフォルダ、またはすべての
レジストリキーに、オブジェクトアクセスの監査を構成する。設定した監査が効果を発揮
するには、「Auditpol /Set」コマンドなどでオブジェクトアクセスの監査ポリシーを有効
にする必要がある。

▚ Auditpol /Set──監査ポリシーの設定を編集する

Vista 2008 2008R2 7 2012 8 2012R2 8.1 10 2016 2019 2022 11
UAC

構文

Auditpol /Set [/User:{*ユーザー名* |*SID*} [/Include] [/Exclude]]
[/Category:{*カテゴリ名* | *GUID*} [/Success:*監査フラグ*] [/Failure:*監査フラ
グ*]] [/SubCategory:{*サブカテゴリ名* | *GUID*} [/Success:*監査フラグ*]
[/Failure:*監査フラグ*]] [/Option:*オプション名* /Value:*監査フラグ*] [/Sd *SDDL*]

■ スイッチとオプション

/User:{*ユーザー名* |*SID*}

ユーザー別の監査設定として、操作対象のユーザーをユーザー名またはSIDで指定す
る。/Categoryスイッチまたは/SubCategoryスイッチも指定する。省略するとシス
テムの監査ポリシーを使用する。

/Include

システム監査ポリシーの有無にかかわらず、ユーザー別の監査ポリシーを生成する(既
定値)。/Userスイッチと併用する。

/Exclude

システム監査ポリシーの有無にかかわらず、ユーザー別の監査ポリシーを生成しない。
/Userスイッチと併用する。

/Category:{*カテゴリ名* | *GUID*}

操作対象のカテゴリを、カテゴリ名またはカテゴリGUIDで指定する。複数のカテゴ
リを指定する場合はカンマで区切って列挙する。カテゴリ名にスペースを含む場合は
ダブルクォートで括る。指定可能なカテゴリ名は「Auditpol /List /Category」コマン
ドで表示できる。

/Success:*監査フラグ*

指定したカテゴリまたはサブカテゴリに対して成功の監査を設定する(既定値)。

/Failure:*監査フラグ*

指定したカテゴリまたはサブカテゴリに対して失敗の監査を設定する。

/Value:*監査フラグ*

指定したオプション名に対応する値を設定する。

監査フラグ

次のいずれかを指定する。

フラグ	説明
Enable	有効
Disable	無効

/Subcategory:{*サブカテゴリ名* | *GUID*}

操作対象のサブカテゴリを、サブカテゴリ名またはサブカテゴリGUIDで指定する。複数のサブカテゴリを指定する場合はカンマで区切って列挙する。サブカテゴリ名にスペースを含む場合はダブルクォートで括る。指定可能なサブカテゴリ名は、「Auditpol /List /SubCategory:カテゴリ名」コマンドで表示できる。

/Option:*オプション名* /Value:*監査フラグ*

「Auditpol /Get」コマンドを参照。

/Sd *SDDL*

監査ポリシーへのアクセスを委任するために使用するセキュリティ記述子を、SDDL形式で指定する。

(実行例)

ドメインユーザーAD2022¥User1に対して、「システム」カテゴリの成功の監査を設定する。この操作には管理者権限が必要。

```
C:¥Work>Auditpol /Set /User:AD2022¥User1 /Category:システム /Success:Enable /Include
コマンドは正常に実行されました。

C:¥Work>Auditpol /Get /User:AD2022¥User1 /Category:システム
ユーザー アカウント {S-1-5-21-2249762365-3817833934-863554133-1103} の監査ポリシー
カテゴリ/サブカテゴリ                      包括的設定              排他的設定
システム
  セキュリティ システムの拡張            -成功                   -指定なし
  システムの整合性                       -成功                   -指定なし
  IPsec ドライバー                       -成功                   -指定なし
  その他のシステム イベント              -成功                   -指定なし
  セキュリティ状態の変更                 -成功                   -指定なし
```

■ コマンドの働き

「Auditpol /Set」コマンドは、システムまたはユーザー別の監査ポリシーを設定する。

Csvde.exe

CSVファイルを使って
ディレクトリオブジェクトを
編集する

| 2000 | 2003 | 2003R2 | 2008 | 2008R2 | 2012 | 2012R2 | 2016 | 2019 | 2022 |

(構文)

Csvde.exe [-i] -f *ファイル名* [-s *サーバ名*] [-c *置換前文字列 置換後文字列*] [-v]
[-j *ログ保存先*] [-t *ポート番号*] [-d *ベースDN*] [-r *LDAPフィルタ*] [-p {Base |
OneLevel | SubTree}] [-l *出力属性*] [-o *無視属性*] [-g] [-m] [-n] [-k] [-u]
[-h] [-a *ユーザーDN* {*パスワード* | *}] [-b *ユーザー名 ドメイン名* {*パスワード* |
*}]

■ スイッチとオプション

-i

コマンドをインポートモードで実行する。省略するとエクスポートモードで動作する。
UAC

-f ファイル名

エクスポートモード時は出力ファイル名を、インポートモード時は入力ファイル名を
指定する。

-s サーバ名

接続するディレクトリサーバ名を指定する。省略すると所属ドメインのドメインコン
トローラを使用する。

-c 置換前文字列 置換後文字列

データ中の置換前文字列を置換後文字列に置き換える。

-v

詳細な情報を表示する。

-j ログ保存先

ログファイルの保存フォルダを指定する。省略するとカレントフォルダを使用する。
ログファイル名は csv.log に固定。

-t ポート番号

接続ポート番号を指定する。既定値は389。-sスイッチで指定したポート番号が優先
される。

-d ベース DN

LDAP検索時のベースDNを指定する。

-r LDAP フィルタ

検索用のLDAPクエリを指定する。既定値は「"(objectClass=*)"」。

-p {Base | OneLevel | SubTree}

LDAP検索の範囲を指定する。

-l 出力属性

取得対象属性名を、カンマで区切って1つ以上指定する。

-o 無視属性

出力属性のうち別のコマンドの入力に渡さない属性を、カンマで区切って1つ以上指
定する。

-g

LDAP検索の際に、ページ検索を使用しない。

-m

Active Directory特有の ObjectGUID、objectSID、pwdLastSet、samAccountType
属性を出力しない。

-n

バイナリ属性値を出力しない。

-k

インポート時に次のエラーを無視して処理を継続する。

・Object already exists

・Constraint violation

・Attribute or value already exists

-u

エクスポート時にUnicodeを使用する。

-h

SASL（Simple Authentication Security Layer）暗号化を有効にする。 **2012 以降**

-a *ユーザーDN* {*パスワード* | ***}

簡易バインド時のユーザー名とパスワードを指定する。「*」を指定するとプロンプト
を表示する。

-b *ユーザー名 ドメイン名* {*パスワード* | ***}

ネゴシエート認証（SSPI：Security Service Provider Interface）時のユーザー名、ド
メイン名、パスワードを指定する。「*」を指定するとプロンプトを表示する。

実行例1

ユーザーの Windows 2000 より前の名前を取得する。

```
C:¥Work>Csvde -f List.txt -r "(objectCategory=Person)" -l samAcountName
"(null)" に接続しています
SSPI を使って現在のユーザーとしてログインしています
ディレクトリをファイル List.txt にエクスポートしています
エントリを検索しています...
エントリを書き出しています
......
エクスポートが完了しました。後処理を実行しています...
6 個のエントリがエクスポートされました

コマンドが正しく完了しました

C:¥Work>Type list.txt
DN,(null)
"CN=Administrator,CN=Users,DC=ad2022,DC=example,DC=jp"
"CN=Guest,CN=Users,DC=ad2022,DC=example,DC=jp"
"CN=krbtgt,CN=Users,DC=ad2022,DC=example,DC=jp"
"CN=User1,CN=Users,DC=ad2022,DC=example,DC=jp"
"CN=User2,CN=Users,DC=ad2022,DC=example,DC=jp"
"CN=User3,CN=Users,DC=ad2022,DC=example,DC=jp"
```

実行例2

「Attrlist.txt」ファイルに記述したユーザーアカウントをインポートする。この操作には
管理者権限が必要。

```
C:¥Work>TYPE Attrlist.txt
objectClass,dn,givenName,samAccountName,Description
user,"CN=Sample1,CN=Users,DC=ad2022,DC=example,DC=jp",サンプル1,Sample1,CSVDEサンプル
user,"CN=Sample2,CN=Users,DC=ad2022,DC=example,DC=jp",サンプル2,Sample2,CSVDEサンプル

C:¥Work>Csvde -i -f Attrlist.txt
"(null)" に接続しています
SSPI を使って現在のユーザーとしてログインしています
ファイル "Attrlist.txt" からディレクトリをインポートしています
```

2

ドメインと
グループポリシー編

```
エントリを読み込んでいます...
2 個のエントリを正しく修正しました。

コマンドが正しく完了しました
```

■ コマンドの働き

Csvdeコマンドは、カンマ区切りテキストファイル（CSV）を使用してディレクトリ内のオブジェクトを操作する。

ユーザーやコンピュータの一括登録などに利用できるが、暗号化されたパスワードを扱うことができない。また、インポートしたユーザーアカウントは無効化された状態で登録される。インポート時に日本語を使用する場合、入力ファイルはANSIで保存する。

Dcdiag.exe　　　　ドメインコントローラを診断する

[2008] [2008R2] [2012] [2012R2] [2016] [2019] [2022]

構文

Dcdiag [/s:*ドメインコントローラ名*[:*ポート番号*]] [/a] [/e] [/u:*ユーザー名* /p:{*パスワード* | * | ""}] [/n:*名前付けコンテキスト*] [/f:*ログファイル名*] [/x:*XMLログファイル名*] [/Test:*テスト名*] [/Skip:*テスト名*] [/c] [/Fix] [/Xsl:*スタイルシートファイル名*] [/q] [/v] [/i] [/h]

■ スイッチとオプション

/s:*ドメインコントローラ名*[:*ポート番号*]

指定したドメインコントローラのLDAPポートに接続して診断を実行する。省略するとローカルコンピュータで実行する。このスイッチはDcPromoとRegisterInDnsテストでは無効。

/a

サイト内の全ドメインコントローラを診断する。

/e

フォレスト内の全ドメインコントローラを診断する。/aスイッチに優先する。

/u:*ユーザー名*

LDAPバインドに使用するユーザー名を「ドメイン名￥ユーザー名」の形式で指定する。/pスイッチも併用する。

/p:{*パスワード* | * | ""}

/uスイッチと併用して、ユーザーのパスワードを指定する。「*」を指定するとプロンプトを表示する。パスワードがない場合は「""」を指定する。

/n:*名前付けコンテキスト*

診断対象の名前付けコンテキストを、NetBIOS名、DNS名、DN形式のいずれかで指定する。

/f:*ログファイル名*

診断結果をログファイルに書き込む。

189

/x:XMLログファイル名

DNSテストにおいて、診断結果をXML形式のログファイルに書き込む。

/Test:テスト名

テスト名で指定した診断を実行する。指定可能なテスト名は、「テスト名と診断内容」を参照。

/Skip:テスト名

テスト名で指定した診断をスキップする。

/c

DcPromoとRegisterInDNSテストを除いて全テストを実行する。/Skipスイッチと併用できる。

/Fix

MachineAccountテストにおいて、検出した問題を修正する。

/Xsl:スタイルシートファイル名

DNSテストにおいて、XLSまたはXLST形式のスタイルシートを参照する。

/q

エラーメッセージだけを表示する。

/v

詳細情報を表示する。

/i

余分なエラーメッセージを表示しない。

/h

ヘルプを表示する。

■ テスト名と診断内容

/Testスイッチと/Skipスイッチで指定可能なテスト名と、診断内容は次のとおり。

テスト名	診断内容　　*：24時間以内のイベント
Advertising	ドメインコントローラが次の情報をアドバタイズしているか確認する。 ・ドメインコントローラ情報 ・LDAPサーバ ・書き込み可能なディレクトリ ・キー配布センター ・タイムサーバ ・グローバルカタログ
CheckSDRefDom	各ディレクトリパーティションに、適切なセキュリティ記述子の参照ドメインが設定されているか確認する
CheckSecurityError	セキュリティに関する複製の全体的な正常性を診断する。このテストは既定では実行されない。特定の複製ソースドメインコントローラを診断するには、「/ReplSource: ソースドメインコントローラ名」オプションを指定する
Connectivity	ドメインコントローラ接続性を診断する ・DNS の登録状態 ・ICMP/LDAP/RPC による疎通確認
CrossRefValidation	相互参照の有効性を確認する
CutoffServers	複製パートナーの停止により、受信方向の複製を実行できないドメインコントローラを確認する。このテストは既定では実行されない
DFSREvent	分散ファイルシステム複製による複製状態* を確認する **UAC**

DNS	フォレスト全体の DNS の正常性を確認する。このテストは既定では実行されない。次のいずれかを指定することで、詳細なテストを選択できる。すべて省略すると、外部名の解決以外の全テストを実行する。 ・/DnsBasic——基本のテスト ・/DnsForwarders——フォワーダとルートヒント ・/DnsDelegation——委任 ・/DnsDynamicUpdate——動的更新 ・/DnsRecordRegistration——レコード登録 ・/DnsResolveExtName——外部名の解決（既定で「www.microsoft.com」を参照する。「/DnsInternetName: 任意の名前」スイッチも指定できる） ・/DnsAll——上記すべて
DcPromo	サーバをドメインコントローラに昇格可能か、DNS を確認する。追加のオプションとして以下のいずれかを指定する ・/DnsDomain:DNS ドメイン名 ・/NewForest ・/NewTree /ForestRoot: フォレストルートドメイン名 ・/ChildDomain ・/ReplicaDC
FrsEvent	ファイル複製サービスによる複製状態* を確認する
Intersite	サイト間の複製状態を確認する
KccEvent	知識整合性チェッカー（KCC）の正常性* を確認する **UAC**
KnowsOfRoleHolders	ドメインコントローラが役割（FSMO）の所有者を認識して接続できるか確認する
LocatorCheck	グローバルカタログ、PDC（プライマリドメインコントローラ）エミュレータ、タイムサーバ、キー配布センターなどが検索可能で応答があるか確認する
MachineAccount	コンピュータアカウントの有無と有効性を確認する。次のオプションを指定することもできる。**UAC** ・/RecreateMachineAccount——コンピュータアカウントを再作成する ・/FixMachineAccount——コンピュータアカウントのフラグを修正する
NCSecDesc	名前付けコンテキストのセキュリティ設定において、複製に対するアクセス許可設定を確認する
NetLogons	複製に必要なログオン特権が付与されているか確認する **UAC**
ObjectsReplicated	コンピュータアカウントとディレクトリシステムエージェント（DSA）の複製状況を確認する。特定のオブジェクトの複製状況を確認する場合は、次のオプションも指定する。 ・/n: 名前付けコンテキスト ・/ObjectDn:DN
OutboundSecureChannels	テストを実行するドメイン内の全ドメインコントローラから、「/TestDomain: ドメイン名」オプションで指定したドメインのドメインコントローラに向けて、セキュアチャネルが確立されているか確認する。このテストは既定では実行されない。次のオプションも指定できる。 ・/NoSiteRestriction——サイト外のドメインコントローラもテストする
RegisterInDNS	「/DnsDomain:DNS ドメイン名」オプションで指定したドメイン名について、ドメインコントローラのロケータ DNS レコードを DNS に登録できるか確認する
Replications	ドメインコントローラ間の複製状態を確認する **UAC**
RidManager	RID マスタへの疎通と登録内容を確認する
Services	ドメインコントローラとして必要なサービスが実行されているか確認する **UAC**
SysVolCheck	SYSVOL 共有の状態を確認する **UAC**
SystemLog	システムがエラーなく実行されていること* を確認する **UAC**
Topology	KCC が生成したトポロジで孤立したドメインコントローラがないことを確認する。このテストは既定では実行されない

前ページよりの続き

VerifyEnterpriseReferences	特定のシステム参照が、フォレスト全体において複製で損なわれていないことを確認する。このテストは既定では実行されない
VerifyReferences	特定のシステム参照が、ドメイン内において複製で損なわれていないことを確認する
VerifyReplicas	全アプリケーションディレクトリパーティションが、全レプリカサーバで正しく有効化されているか確認する。このテストは既定では実行されない

実行例

ドメインコントローラの既定のテストを実行する。すべての診断を正常に完了するには管理者権限が必要。

```
C:¥Work>Dcdiag

ディレクトリ サーバー診断

初期セットアップを実行しています:
   ホーム サーバーの検索を試みています...
   ホーム サーバー = sv1
   * AD フォレストが識別されました。
   初期情報の収集が完了しました。

必須の初期テストを実行しています

   サーバーをテストしています: Default-First-Site-Name¥SV1
      テストを開始しています: Connectivity
         ......................... SV1 はテスト Connectivity に合格しました
(中略)
   エンタープライズ テストを実行しています: ad.example.jp
      テストを開始しています: LocatorCheck
         ......................... ad.example.jp はテスト LocatorCheck に合格しました
      テストを開始しています: Intersite
         ......................... ad.example.jp はテスト Intersite に合格しました
```

コマンドの働き

Dcdiag コマンドは、ドメインとドメインコントローラを総合的に診断する。ドメインコントローラ、ドメイン、フォレスト、オブジェクト複製、名前解決などの項目を個別に診断することもできる。

Dcgpofix.exe

ドメインの既定のグループポリシーオブジェクトを再作成する

[2003] [2003R2] [2008] [2008R2] [2012] [2012R2] [2016] [2019] [2022] [UAC]

構文

Dcgpofix [/IgnoreSchema] [/Target:{Domain | DC | BOTH}]

■ スイッチとオプション

/IgnoreSchema

Active Directory スキーマのバージョンチェックを行わず、異なるスキーマバージョンでも Dcgpofix コマンドを実行する。既定では、コマンドを実行するサーバのスキーマバージョンと同じ場合にだけ機能する。

/Target:{Domain | DC | BOTH}

再作成するグループポリシーオブジェクトとして、既定のドメインポリシー（Domain）、既定のドメインコントローラポリシー（DC）、両方（BOTH）のいずれかを指定する。省略すると両方を復元する。

実行例

既定のドメインポリシーと、既定のドメインコントローラポリシーを再作成する。この操作には管理者権限が必要。

```
C:\Work>Dcgpofix

Microsoft(R) Windows(R) Operating System Default Group Policy Restore Utility v5.1

Copyright (C) Microsoft Corporation. 1981-2003

説明: ドメインの既定のグループ ポリシー オブジェクト (GPO) を再度作成します。

構文: DcGPOFix [/ignoreschema] [/Target: Domain | DC | BOTH]


このユーティリティを使うと、既定のドメイン ポリシーまたは既定の
ドメイン コントローラー ポリシーのどちらかまたは両方をドメインの作成直後の
状態に復元できます。この操作を実行するにはドメイン管理者でなければなりません。

警告: これらの GPO に加えた変更はすべて失われます。このユーティリティは
障害の回復だけを目的としています。

次のドメインの既定のドメイン ポリシーおよび既定のドメイン コントローラー ポリシーを
復元しようとしています。
ad2022.example.jp
続行しますか: <Y/N>? y
警告: この操作を行うと、選択された GPO で行われた 'ユーザー権利の割り当て' がすべて
置き換えられます。これにより一部のサ ーバー アプリケーションでエラーが発生する可能性
があります。 続行しますか: <Y/N>? y
既定のドメイン ポリシーは正しく復元されました
注意: 既定のドメイン ポリシーの内容だけが復元されました。このグループ ポリシー オブ
ジェクトへのグループ ポリシー リンク は変更されませんでした。
既定では、既定のドメイン ポリシーはドメインにリンクされています。

既定のドメイン コントローラー ポリシーは正しく復元されました
注意: 既定のドメイン コントローラー ポリシーの内容だけが復元されました。このグループ
ポリシー オブジェクトへのグループ  ポリシー リンクは変更されませんでした。
既定では、既定のドメイン コントローラー ポリシーはドメイン コントローラー OU にリン
クされています。
```

■ コマンドの働き

Dcgpofix コマンドは、ドメインの既定のグループポリシーオブジェクト(GPO)である Default Domain Policy と Default Domain Controllers Policy を再作成して初期化する。

Dcpromo.exe
ドメインコントローラを
昇格／降格する

| 2000 | 2003 | 2003R2 | 2008 | 2008R2 | 2012 | 2012R2 | 2016 | 2019 | 2022 | UAC |

構文

Dcpromo [/Answer:*無人インストールファイル名*] [/Unattend[{:*無人インストールファイル名* | *無人インストールパラメータ*}]] [/Adv] [/UninstallBinaries] [/Promotion] [/Demotion] [/CreateDcAccount] [/UseExistingAccount:Attach] [/ForceRemoval]

■ スイッチとオプション

/Answer:*無人インストールファイル名*

無人インストールファイル名で指定したパラメータファイルの内容に従って、自動的に昇格または降格を実行する。 **2000** **2003** **2003R2**

/Unattend[{:*無人インストールファイル名* | *無人インストールパラメータ*}]

無人インストールファイル名で指定したパラメータファイルの内容に従って、自動的に昇格または降格を実行する。ファイル名の代わりに、無人インストール用のパラメータをスペースで区切って1つ以上指定することもできる。 **2008 以降**

/Adv

詳細なインストールオプションを有効にする。メディアからのインストール(IFM：Install From Media)を実行できる。IFM を使用する場合は、「Dsdbutil Ifm」コマンドまたは「Ntdsutil Ifm」コマンドでソースファイルを作成しておく。

/?:*スイッチ名*

指定したスイッチの詳細なヘルプと、使用できるパラメータを表示する。

■ Windows Server 2012以降

以下のスイッチとオプションは互換性維持のために残されており、Windows Server 2012以降ではサーバーマネージャで実行するよう誘導される。

/UninstallBinaries

[Active Directory ドメインサービス]のコンポーネントをアンインストールする。アンインストール後に確認ダイアログが表示される。 **2008 以降**

/Promotion

サーバをドメインコントローラに昇格する。 **2008 以降**

/Demotion

ドメインコントローラを降格する。 **2008 以降**

/CreateDcAccount

読み取り専用ドメインコントローラのコンピュータアカウントを作成する。

/UseExistingAccount:Attach

　　読み取り専用DCのサーバを、コンピュータアカウントに関連付ける。 2008 以降

/ForceRemoval

　　ドメインコントローラを強制的に降格する。 2008R2 以降

実行例 1

　　Windows Server 2022 を実行するサーバを、新しいフォレスト「ad.example.jp」の最初のドメインコントローラとして無人インストールする。この操作には管理者権限が必要。

▼ パラメータファイル「NewForest-Promote.txt」

```
[DCINSTALL]
InstallDNS=yes
NewDomain=forest
NewDomainDnsName=ad.example.jp
DomainNetBiosName=EXAMPLE
SiteName=Default-First-Site-Name
ReplicaOrNewDomain=domain
ForestLevel=7
DomainLevel=7
DatabasePath="C:\Windows\NTDS"
LogPath="C:\Windows\NTDS"
RebootOnCompletion=yes
SYSVOLPath="C:\Windows\sysvol"
SafeModeAdminPassword=P@ssw0rd
```

```
C:\Work>Dcpromo /Unattend:Newforest-Promote.txt
dcpromo の無人操作は Windows PowerShell の ADDSDeployment モジュールに置き換えられて
います。詳細については、http://go.microsoft.com/fwlink/?LinkId=220924 を参照してくだ
さい
Active Directory ドメイン サービス バイナリがインストールされているかどうかを確認し
ています...
Active Directory ドメイン サービス バイナリをインストールしています。おまちください
...
Active Directory ドメイン サービスのセットアップ

環境およびパラメーターを検証しています...
Windows Server 2022 ドメイン コントローラーには、セキュリティ設定 "Windows NT 4.0 と
互換性のある暗号化アルゴリズムを許可する" の既定値が設定されています。これにより、セ
キュアチャネル セッションを確立するときに、セキュリティの弱い暗号化アルゴリズムの使
用は許可されなくなります。

この設定の詳細については、サポート技術情報 (KB) の記事 942564 (http://go.microsoft.
com/fwlink/?LinkId=104751) を参照してください。

権限のある親ゾーンが見つからないか、Windows DNS サーバーが実行されていないため、この
DNS サーバーの委任を作成できません 。既存の DNS インフラストラクチャと統合する場合は
、ドメイン "ad.example.jp" 外からの名前解決が確実に行われるように、親ゾーンでこの
DNS サーバーへの委任を手動で作成する必要があります。それ以外の場合は、何もする必要は
```

2 ドメインと
グループポリシー編

ありません。

次のアクションが実行されます:
新しいフォレストの最初の Active Directory ドメイン コントローラーとしてこのサーバー
を構成します。

新しいドメイン名は "ad.example.jp" です。これは新しいフォレスト名にもなります。

ドメインの NetBIOS 名は "EXAMPLE" です。

フォレストの機能レベル: Windows Server 2022

ドメインの機能レベル: Windows Server 2022

サイト: Default-First-Site-Name

追加オプション:
  読み取り専用ドメイン コントローラー: "いいえ"
  グローバル カタログ: はい
  DNS サーバー: はい

DNS 委任の作成: いいえ

データベースの場所: C:\Windows\NTDS
ログ ファイルの場所: C:\Windows\NTDS
SYSVOL フォルダーの場所: C:\Windows\sysvol

DNS サーバー サービスはこのコンピューターにインストールされます。
DNS サーバー サービスはこのコンピューターに構成されます。
このコンピューターは、この DNS サーバーを優先 DNS サーバーとして使用するように構成さ
れます。

新しいドメイン Administrator アカウントのパスワードはこのコンピューターのローカル
Administrator アカウントのパスワードと同じものに設定されます。

開始しています...

DNS インストールの実行中...

次の操作を行うには Ctrl+Cキーを押してください: キャンセル

DNS のインストール終了を待っています
..
DNS サーバー サービスが認識されるのを待っています... 0

DNS サーバー サービスの開始を待っています... 0

グループ ポリシー管理コンソールのインストールが必要かどうか確認しています...

グループ ポリシー管理コンソールをインストールしています...
......
ディレクトリ パーティションを作成しています: CN=Configuration,DC=ad,DC=example,DC=jp; 1383 個のオブジェクトが残っていま す
.
ディレクトリ パーティションを作成しています: CN=Configuration,DC=ad,DC=example,DC=jp; 811 個のオブジェクトが残っています

ディレクトリ パーティションを作成しています: CN=Configuration,DC=ad,DC=example,DC=jp; 412 個のオブジェクトが残っています
.
ディレクトリ パーティションを作成しています: CN=Configuration,DC=ad,DC=example,DC=jp; 91 個のオブジェクトが残っています

コンピューターの DNS コンピューター名のルートを ad.example.jp に設定しています

.
machine¥software¥microsoft¥windows を保護しています
.
machine¥system を保護しています
.
Kerberos Policy を保護しています

ドメイン コントローラーの操作が完了しました

このコンピューターに DNS サーバー サービスを構成しています...
....
必要に応じて Active Directory Web サービスを有効にしています...

暗号化ファイル システム サービスの構成中です...

.
ドメイン "ad.example.jp" のこのコンピューターに Active Directory ドメイン サービスがインストールされました。

この Active Directory ドメイン コントローラーは、サイト "Default-First-Site-Name" に割り当てられています。サイトは Active Directory サイトとサービス管理ツールで管理できます。

実行例2

　無人インストールでドメインの最後のドメインコントローラを降格する。降格後も「Active Directory ドメインサービス(AD DS)」の役割は残る。この操作には管理者権限が必要。

▼ パラメータファイル「RemoveLastDC.txt」

```
[DCINSTALL]
IsLastDCInDomain=yes
AdministratorPassword="P@ssw0rd"
RemoveApplicationPartitions=yes
RebootOnCompletion=yes
```

```
C:¥Work>Dcpromo /Unattend:RemoveLastDC.txt
```
dcpromo の無人操作は Windows PowerShell の ADDSDeployment モジュールに置き換えられて
います。詳細については、http://go.microsoft.com/fwlink/?LinkId=220924 を参照してくだ
さい
Active Directory ドメイン サービス バイナリがインストールされているかどうかを確認し
ています...
Active Directory ドメイン サービスのセットアップ

環境およびパラメーターを検証しています...

次のアクションが実行されます:
このコンピューターから Active Directory ドメイン サービスを削除します。

この Active Directory ドメイン コントローラーをドメイン "ad.example.jp" の最後のドメ
イン コントローラーとして指定しまし た。

操作が完了するとこのドメインは削除されます。

この Active Directory ドメイン コントローラーからアプリケーション ディレクトリ パー
ティションがすべて削除されます。

このドメイン コントローラーには、アプリケーション ディレクトリ パーティションの最後
のレプリカが 1 つまたは複数含まれています。削除操作が完了すると、これらのパーティショ
ンは消去されます。

開始しています...
..
サービス IsmServ を停止しています

サービス kdc を停止しています

.
Active Directory ドメイン サービスは、¥Registry¥Machine¥System¥CurrentControlSet¥Ser
vices¥NTDS レジストリ キー (削除ルート =0) を正常に削除しました。
.
ドメイン コントローラーの操作が完了しました

必要に応じて Active Directory Web サービスを無効にしています...
.
Active Directory ドメイン サービスは、このコンピューターから削除されました。

Active Directory ドメイン サービス (AD DS) バイナリは、このドメイン コントローラーの
降格後もインストールされたままになります。AD DS バイナリをアンインストールするには、
サーバー マネージャーを使用して AD DS の役割を削除してください。
```
```

▚ コマンドの働き

Dcpromoコマンドは、ドメインコントローラの昇格または降格を実行する。Windows Server 2012以降では、昇格と降格はサーバーマネージャで行うように変更されており、Dcpromoコマンドは無人インストール用である。

無人インストールでは、ファイルやコマンドラインでパラメータを与えることで、自動的に昇格や降格を実行できる。昇格の前に「Active Directoryドメインサービス(AD DS)」や「DNSサーバ」などの役割と機能をインストールする必要はない。

無人インストール時に指定するForestLevel(フォレスト機能レベル)とDomainLevel(ドメイン機能レベル)は、次の値を指定する。Windows Server 2019とWindows Server 2022に専用の機能レベルはなく、Windows Server 2016と同じ値である。

フォレストとドメインの機能レベル	値
Windows 2000 混在またはネイティブ	0
Windows Server 2003 中間	1
Windows Server 2003	2
Windows Server 2008	3
Windows Server 2008 R2	4
Windows Server 2012	5
Windows Server 2012 R2	6
Windows Server 2016	7

2

ドメインと
グループポリシー編

参考

● ドメイン コントローラーの無人昇格と降格のための DCPROMO 応答ファイルの構文
https://learn.microsoft.com/ja-jp/troubleshoot/windows-server/identity/syntax-build-answer-files-unattended-installation-ad-ds

Djoin.exe   オフラインでドメインに参加する

2008R2 7 2012 8 2012R2 8.1 10 2016 2019 2022 11

構文1 ドメインコントローラ上で実行し、ドメインにコンピュータアカウントを用意する

Djoin /Provision /Domain *ドメイン名* /Machine *コンピュータ名* /SaveFile *ファイル名* [/MachineOu *OU名*] [/DcName *ドメインコントローラ名*] [/Reuse] [/DownLevel] [/DefPwd] [/NoSearch] [/PrintBlob] [/RootCaCerts] [/CertTemplate *テンプレート名*] [/PolicyNames *ポリシー名*] [/PolicyPaths *ポリシーのパス*] [/NetBIOS *NetBIOSコンピュータ名*] [/Psite *サイト名*] [/Dsite *サイト名*] [/PrimaryDns *DNSドメイン名*]

構文2 クライアント上で実行し、Windowsクライアントをオフラインでドメインに参加させる

Djoin /RequestOdj /LoadFile *ファイル名* /WindowsPath *Windowsフォルダのパス* [/LocalOs]

■■ スイッチとオプション（構文1）

/Provision

ドメインにコンピュータアカウントを作成する。

/Domain ドメイン名

参加する Active Directory ドメイン名を指定する。

/Machine コンピュータ名

ドメインに参加させるコンピュータの名前を指定する。

/SaveFile ファイル名

ドメイン参加時に必要なプロビジョニングデータを、指定したテキストファイルに Unicode で保存する。オフラインのクライアントは、このファイルを使用して「Djoin /RequestOdj」コマンドでドメインに参加する。

/MachineOu OU名

コンピュータアカウントを作成する組織単位（OU：Organization Unit）の識別名（DN：Distinguished Name）を、「OU=OU名 ,DC= ドメイン名」の形式で指定する。省略すると既定のコンテナ（Computers）に作成する。

/DcName ドメインコントローラ名

コンピュータアカウントを作成するドメインコントローラ名を指定する。

/Reuse

既存のコンピュータアカウントを再利用する。

/DownLevel

Windows Server 2008 R2 より古いバージョンの Windows Server で構築したドメインをサポートする。

/DefPwd

既定のコンピュータアカウントパスワードを使用する（非推奨）。

/NoSearch

/DcName スイッチと併用して、コンピュータアカウントの競合の検出を省略する。

/PrintBlob

ドメイン参加に必要なプロビジョニングデータを表示する。/SaveFile スイッチで作成するテキストファイルの内容と等しい。

/RootCaCerts

ルート証明機関の証明書を含める。 `2012 以降`

/CertTemplate テンプレート名

テンプレート名で指定したコンピュータ証明書テンプレートを含める。 `2012 以降`

/PolicyNames ポリシー名

適用するグループポリシーオブジェクト名をセミコロン(;)で区切って指定する。
`2012 以降`

/PolicyPaths ポリシーのパス

適用するレジストリポリシーのパスをセミコロン(;)で区切って指定する。
`2012 以降`

/NetBIOS NetBIOS コンピュータ名

ドメインに参加させるコンピュータの NetBIOS コンピュータ名を指定する。
`2012R2 以降`

/Psite サイト名

固定的に割り当てる所属サイト名を指定する。 **2012R2 以降**

/Dsite サイト名

動的に割り当てる初期の所属サイト名を指定する。 **2012R2 以降**

/PrimaryDns DNS ドメイン名

プライマリ DNS ドメイン名を指定する。 **2012R2 以降**

◢◣ スイッチとオプション（構文2）

/RequestOdj

次回起動時にオフラインドメイン参加を要求する。 **UAC**

/LoadFile ファイル名

プロビジョニングデータファイル名を指定する。

/WindowsPath Windows フォルダのパス

停止中の Windows インスタンスをドメインに参加させる際に、Windows フォルダ
のパスを指定する。

/LocalOs

現在実行中の Windows インスタンスをドメインに参加させる。/WindowsPath スイッ
チには現在の Windows フォルダのパスを指定する。%SystemRoot% や %Windir%
も使用できる。

実行例1

ドメイン ad.example.jp 上の OU1 にコンピュータ cl1 を準備して、Provision.txt ファイル
にプロビジョニングデータを保存する。

```
C:¥Work>Djoin /Provision /Domain ad.example.jp /Machine cl1 /MachineOu
OU=OU1,DC=ad,DC=example,DC=jp /SaveFile C:¥Work¥Provision.txt

コンピューターをプロビジョニングしています...
[cl1] はドメイン [ad.example.jp] に正常にプロビジョニングされました。
プロビジョニング データは [C:¥Work¥Provision.txt] に正常に保存されました。

コンピューターのプロビジョニングが正常に完了しました。
この操作を正しく終了しました。
```

実行例2

作成したプロビジョニングデータファイル Provision.txt を使って、現在実行中の
Windows をドメインに参加させる。この操作には管理者権限が必要。

```
C:¥Work>Djoin /RequestOdj /LoadFile C:¥Work¥Provision.txt /WindowsPath %Windir%
/LocalOs
プロビジョニング データを次のファイルから読み込んでいます: [C:¥Work¥Provision.txt]。

オフライン ドメイン プロビジョニング要求は正常に完了しました。
変更を適用するには、再起動する必要があります。
この操作を正しく終了しました。
```

■ コマンドの働き

オフラインドメイン参加とは、Windows Server 2008 R2 および Windows 7 以降の Windows を実行するコンピュータが、ドメインコントローラと通信できない環境でもドメインに参加できる機能である。大量の Windows クライアントコンピュータをドメインに効率的に参加させるといった使い方ができる。

/WindowsPath スイッチにはオフライン状態の Windows フォルダのパスを指定するが、/LocalOs スイッチと併用して、現在実行中の Windows インスタンスをドメインに参加させることもできる。

/SaveFile スイッチや /PrintBlob スイッチで生成するプロビジョニングデータは、BASE64 エンコードされたメタデータ BLOB(Binary Large OBject)である。プロビジョニングデータにはドメイン名、ドメインコントローラ名、ドメインのセキュリティ ID(SID)、コンピュータアカウントのパスワードなどが含まれている。

Dsacls.exe
ディレクトリオブジェクトのアクセス権を操作する

| 2008 | 2008R2 | 2012 | 2012R2 | 2016 | 2019 | 2022 |

構文

Dsacls [¥¥サーバ名[:ポート番号]¥]オブジェクトDN [/i:継承範囲] [/n] [/p:継承フラグ] [/g アクセス権リスト] [/r ユーザー名リスト] [/d アクセス権リスト] [/s [/t]] [/a] [/ResetDefaultDacl] [/ResetDefaultSacl] [/TakeOwnership] [/Domain:ドメイン名] [/User:ユーザー名] [/Passwd:{パスワード | *}] [/Simple]

■ スイッチとオプション

[¥¥ サーバ名 [: ポート番号]¥] オブジェクト DN

アクセス権リスト(ACL)を表示または編集するオブジェクトのDNを指定する。サーバ名やポート番号を指定して、リモートのディレクトリサーバを操作することもできる。DN 中にスペースを含む場合は全体をダブルクォートで括る。

/i:継承範囲

ACL の継承(適用)範囲を指定する。

継承範囲	説明
T	このオブジェクトと子オブジェクトすべて（既定値）
S	子オブジェクトだけ
P	このオブジェクトと直下の子オブジェクトだけ

/n

既存のアクセス権エントリ(ACE)を置換する。既定では既存の ACL に ACE を追加する。

/p:継承フラグ

ACL を親オブジェクトから継承し保護する(Y)か、継承も保護もしない(N)を指定する。既定は保護する(Y)。

/g アクセス権リスト

1 つ以上のユーザーまたはグループとアクセス権の組を、指定したオブジェクトに追

加して許可する。 **UAC**

/r ユーザー名リスト

1つ以上のユーザーまたはグループのアクセス権を、指定したオブジェクトから削除する。 **UAC**

/d アクセス権リスト

1つ以上のユーザーまたはグループとアクセス権の組を、指定したオブジェクトに追加して拒否する。 **UAC**

/s

ドメインで、オブジェクトのアクセス権をオブジェクトクラスの既定値にリセットする。「パラメーターが間違っています。」と表示されるが、指定のオブジェクトのACLはリセットされている。 **UAC**

/t

/sスイッチと併用して、オブジェクトツリーのアクセス権を、そのオブジェクトクラスの既定値にリセットする。

/a

所有者と監査の設定も表示する。

/ResetDefaultDacl

オブジェクトのアクセス権設定(DACL)をオブジェクトクラスの既定値にリセットする。 **UAC**

/ResetDefaultSacl

オブジェクトの監査設定(SACL)をオブジェクトクラスの既定値にリセットする。 **UAC**

/TakeOwnership

オブジェクトの所有者を現在のユーザーに設定する。 **UAC**

/Domain: ドメイン名

操作対象のドメイン名を指定する。

/User: ユーザー名

接続するユーザー名を指定する。

/Passwd:{パスワード | *}

接続するユーザーのパスワードを指定する。「*」を指定するとプロンプトを表示する。

/Simple

平文通信を使用したLDAP簡易バインドを使用する。既定ではネゴシエート認証(SSPI: Security Service Provider Interface)でバインドする。

■■ アクセス権エントリ(ACE)の形式

ACEは次の形式で記述する。

構文

対象:アクセス許可[*;オブジェクトタイプ*][*;継承オブジェクトタイプ*]

対象

ACEの設定対象を、ユーザー名またはグループ名、SIDで指定する。

アクセス許可

アクセス許可（拒否）設定を1つ以上指定する。

汎用のアクセス許可	アクセス許可の表示	説明
GR	・READ PERMISSIONS ・LIST CONTENTS ・READ PROPERTY ・LIST OBJECT	汎用読み取り
GE	・READ PERMISSIONS ・LIST CONTENTS	汎用実行
GW	・READ PERMISSIONS ・WRITE SELF ・WRITE PROPERTY	汎用書き込み
GA	・FULL CONTROL	汎用すべて

特定のアクセス許可	アクセス許可の表示	説明
LC	LIST CONTENTS	内容の表示
RP	READ PROPERTY	すべてのプロパティの読み取り
WP	WRITE PROPERTY	すべてのプロパティの書き込み
SD	DELETE	削除
DT	DELETE TREE	サブツリーの削除
RC	READ PERMISSIONS	アクセス許可の読み取り
WD	WRITE PERMISSIONS	アクセス許可の修正
WO	CHANGE OWNERSHIP	所有者の修正
WS	WRITE SELF	検証された書き込みすべて
CC	CREATE CHILD	すべての子オブジェクトの作成
DC	DELETE CHILD	すべての子オブジェクトの削除
CA	CONTROL ACCESS	すべての拡張権利
LO	LIST OBJECT	オブジェクト一覧を表示

オブジェクトタイプ

アクセス許可によって操作可能なオブジェクトタイプ（User、Computer、Groupなど）
や属性を制限する場合に、オブジェクトタイプまたは属性名を指定する。

継承オブジェクトタイプ

アクセス許可を継承可能なオブジェクトタイプを制限する場合に、オブジェクトタイ
プを指定する。

実行例

User1がグループGrp1に対してフルコントロールのアクセス許可を持つように設定する。
この操作には管理者権限が必要。

```
C:¥Work>Dsacls "CN=Grp1,OU=OU1,DC=ad,DC=example,DC=jp" /g EXAMPLE¥User1:GA
所有者: EXAMPLE¥Domain Admins
グループ: EXAMPLE¥Domain Admins

アクセスの一覧:
許可 EXAMPLE¥Domain Admins          FULL CONTROL
許可 EXAMPLE¥user1                  FULL CONTROL
 (中略)
コマンドは正常に終了しました
```

■ コマンドの働き

　Dsaclsコマンドは、ディレクトリオブジェクトのアクセス権と所有者を表示または編集する。

　オブジェクトDN以外のすべてのスイッチとオプションを省略すると、指定したオブジェクトのアクセス権を表示する。

　Dsaclコマンドで編集できるのは、ディレクトリ内のオブジェクトの随意アクセス制御リスト（DACL：Discretionary Access Control List）で、オブジェクトの読み書きなどの権利を制御する。

　監査に使用するシステムアクセス制御リスト（SACL：System Access Control List）はリセットだけ可能。

Dsamain.exe

ディレクトリデータベースを
オフラインで操作する

2008 | 2008R2 | 2012 | 2012R2 | 2016 | 2019 | 2022 | UAC

構文

Dsamain /DbPath *DBファイル名* [/LogPath *ログフォルダ名*] [/AdLds]
/LdapPort *ポート番号* [/SslPort *ポート番号*] [/GcPort *ポート番号*]
[/GcSslPort *ポート番号*] [/AllowUpgrade] [/AllowNonAdminAccess]

■ スイッチとオプション

/DbPath *DBファイル名*
　ディレクトリデータベースのファイル名を指定する。

/LogPath *ログフォルダ名*
　ログファイルを書き込むフォルダ名を指定する。

/AdLds
　AD LDS用のディレクトリデータベースを開くときに指定する。

/LdapPort *ポート番号*
　LDAP接続用の未使用のポート番号を指定する。

/SslPort *ポート番号*
　LDAPS接続用の未使用のポート番号を指定する。

/GcPort *ポート番号*
　グローバルカタログ接続用の未使用のポート番号を指定する。

/GcSslPort *ポート番号*
　SSLを使用したグローバルカタログ接続用の未使用のポート番号を指定する。

/AllowUpgrade
　必要に応じて旧形式のディレクトリデータベースをアップグレードする。

/AllowNonAdminAccess
　Domain AdminsまたはEnterprise Admins以外のユーザーもディレクトリ内のデータにアクセスを許可する。

実行例

　オフラインのディレクトリデータベース C:¥Work¥ntds.dit を、ポート 51389 でオープンする。終了するときは Ctrl + C キーを押す。この操作には管理者権限が必要。

```
C:¥Work>Dsamain /DbPath C:¥Work¥ntds.dit /LdapPort 51389
EVENTLOG (Warning): NTDS General / セキュリティ : 3051
ディレクトリは、LDAP 追加操作中に属性ごとの承認を強制しないように構成されています。
警告イベントは
ログに記録されますが、要求はブロックされません。


この設定は安全ではなく、一時的なトラブルシューティング手順としてだけ使用する必要があ
ります。以下のリンクで推奨される軽減策を確認してください。


詳細については、https://go.microsoft.com/fwlink/?linkid=2174032 を参照してください。

EVENTLOG (Warning): NTDS General / セキュリティ : 3054
nTSecurityDescriptor を最初に設定または変更するときに、暗黙的な所有者特権を許可する
ようにディレクトリが構成されました
LDAP の追加および変更操作中に属性を削除します。警告イベントはログに記録されますが、
ブロックされる要求はありません。


この設定はセキュリティで保護されていないため、一時的なトラブルシューティング手順とし
てだけ使用する必要があります。以下のリンクで推奨される軽減策をご確認ください。


詳細については、 https://go.microsoft.com/fwlink/?linkid=2174032.
をご覧ください
EVENTLOG (Warning): NTDS LDAP / LDAP インターフェイス : 2818
ディレクトリ サービスで UDP ポートを排他的に開くことができませんでした。


追加データ:

ポート番号:

51389

エラー値:

0 この操作を正しく終了しました。

IP アドレス
```

```
 0.0.0.0:51389

EVENTLOG (Informational): NTDS General / サービス コントロール : 1000
Microsoft Active Directory ドメイン サービスのスタートアップが完了しました
Ctrl+C
EVENTLOG (Informational): NTDS General / サービス コントロール : 1004
Active Directory ドメイン サービスを正常にシャットダウンしました。
```

■ コマンドの働き

Dsamainコマンドは、オフラインのディレクトリデータベースファイルをマウントして、AD DSやAD LDSの管理ツールからアクセス可能にする。その際、通常のディレクトリサービスは稼働したままDsamainコマンドを実行する。

オープンしたディレクトリデータベースを操作するには、[Active Directoryユーザーとコンピュータ]などの管理ツールを開いて接続先ドメインコントローラの変更を実行し、「localhost:LDAPポート番号」のように指定して接続する。

Dsamainコマンドを終了してマウントを解除するには Ctrl + C キーを押す。

Dsadd.exe

ディレクトリにオブジェクトを
登録する

2003 | 2003R2 | 2008 | 2008R2 | 2012 | 2012R2 | 2016 | 2019 | 2022

構文

Dsadd {Computer | Contact | Group | Ou | Quota| User } [オプション]

■ スイッチ

スイッチ	説明
Computer	コンピュータオブジェクトを登録する
Contact	連絡先オブジェクトを登録する
Group	グループオブジェクトを登録する
Ou	組織単位（OU）オブジェクトを登録する
Quota	ディレクトリパーティションにクォータを登録する
User	ユーザーオブジェクトを登録する

■ 共通オプション

オブジェクトDN

操作対象オブジェクトの識別名(DN)を指定する。省略すると標準入力(Stdin)から入力を受け取る。DNにスペースを含む場合はダブルクォートで括る。DNは次の属性(構成要素)を必要なだけカンマでつないで列挙した形式である。

属性	種類
CN= 値	オブジェクト、コンテナ
OU= 値	組織単位（OU）
DC= 値	ドメイン名（ドメインコンポーネント）

オブジェクト	DN の例
コンピュータ	CN= ws22stdc1,OU=Domain Controllers,DC=ad2022,DC=example,DC=jp
連絡先	CN=SampleContact,OU=Sample OU,DC=ad2022,DC=example,DC=jp
組織単位（OU）	OU=Domain Controllers,DC=ad2022,DC=example,DC=jp
ユーザー	CN=Administrator,CN=Users,DC=ad2022,DC=example,DC=jp
クォータ	CN=SampleUser1,CN=NTDS Quotas,DC=ad2022,DC=example,DC=jp
サイト	CN=Default-First-Site-Name,CN=Sites,CN=Configuration,DC=ad2022,DC=example,DC=jp
サブネット	CN=192.168.1.0/24,CN=Subnets,CN=Sites,CN=Configuration,DC=ad2022,DC=example,DC=jp
ディレクトリサーバ	CN=ws22stdc1,CN=Servers,CN=Default-First-Site-Name,CN=Sites,CN=Configuration,DC=ad2022,DC=example,DC=jp
ディレクトリパーティション	CN=Configuration,DC=ad2022,DC=example,DC=jp

-Desc *説明*
　　オブジェクトの説明属性を設定する。スペースを含む場合はダブルクォートで括る。

-s *コンピュータ名*
　　操作対象のディレクトリサーバを指定する。

-d *ドメイン名*
　　操作対象のドメイン名を指定する。

-u *ユーザー名*
　　接続するユーザー名を指定する。

-p {*パスワード* | *}
　　接続するユーザーのパスワードを指定する。「*」を指定するとプロンプトを表示する。

-q
　　処理結果を表示しない。

-Uc
　　パイプからの入力とパイプへの出力をUnicode形式に指定する。

-Uco
　　パイプへの出力をUnicode形式に指定する。

-Uci
　　パイプからの入力をUnicode形式に指定する。

▉ コマンドの働き

　　Dsaddコマンドは、AD DS（Active Directoryドメインサービス）やAD LDS（Active Directory Lightweight Directory Service）のディレクトリにオブジェクトを登録する。
　　Dsaddコマンドにはディレクトリパーティションを作成するPartitionスイッチがないが、NtdsutilコマンドやDNSサーバ操作用の「Dnscmd /CreateDirectoryPartition」コマンドで作成できる。

■ Dsadd Computer──コンピュータオブジェクトを登録する

[2003] [2003R2] [2008] [2008R2] [2012] [2012R2] [2016] [2019] [2022]

構文

Dsadd Computer [*オブジェクトDN*] [-Loc *場所*] [-MemberOf *所属グループ*]
[-SamId *名前*] [*共通オプション*]

■ スイッチとオプション

-Loc *場所*

オブジェクトの場所属性を設定する。スペースを含む場合はダブルクォートで括る。

-MemberOf *所属グループ*

オブジェクトが所属するグループのDNを、スペースで区切って1つ以上指定する。

-SamId *名前*

Windows 2000より前の名前を指定する。省略すると、オブジェクトDN中のCN属
性値の、最初の20文字から自動生成する。

実行例

コンピュータオブジェクト TestServer1 を登録する。

```
C:\Work>Dsadd Computer "CN=TestServer1,OU=OU1,DC=ad,DC=example,DC=jp" -Desc テストサ
ーバ1号機 -Loc "サーバ室"
dsadd 成功:CN=TestServer1,OU=OU1,DC=ad,DC=example,DC=jp
```

■ コマンドの働き

「Dsadd Computer」コマンドは、コンピュータオブジェクトを登録する。

■ Dsadd Contact──連絡先オブジェクトを登録する

[2003] [2003R2] [2008] [2008R2] [2012] [2012R2] [2016] [2019] [2022]

構文

Dsadd Contact [*オブジェクトDN*] [-Fn *名*] [-Mi *イニシャル*] [-Ln *姓*]
[-Display *表示名*] [-Office *事業所*] [-Tel *電話番号*] [-Email *電子メール*]
[-HomeTel *電話番号（自宅）*] [-Pager *電話番号（ポケットベル）*] [-Mobile *電話番号（携帯電話）*] [-Fax *電話番号（FAX）*] [-IpTel *電話番号（IP電話）*]
[-Title *役職*] [-Dept *部署*] [-Company *会社名*] [*共通オプション*]

■ スイッチとオプション

-Fn *名*

連絡先の名属性を指定する。GUIでは[全般]タブの[名]に相当する。

-Mi *イニシャル*

連絡先のイニシャルまたはミドルネームを指定する。GUIでは[全般]タブの[イニシャ
ル]に相当する。

- **-Ln** *姓*

    連絡先の姓属性を指定する。GUIでは[全般]タブの[姓]に相当する。

- **-Display** *表示名*

    連絡先の表示名属性を指定する。GUIでは[全般]タブの[表示名]に相当する。

- **-Office** *事業所*

    連絡先の事業所属性を指定する。GUIでは[全般]タブの[事業所]に相当する。

- **-Tel** *電話番号*

    連絡先の電話番号属性を指定する。GUIでは[全般]タブの[電話番号]に相当する。

- **-Email** *電子メール*

    連絡先の電子メール属性を指定する。GUIでは[全般]タブの[電子メール]に相当する。

- **-HomeTel** *電話番号(自宅)*

    連絡先の自宅電話番号属性を指定する。GUIでは[電話]タブの[自宅]に相当する。

- **-Pager** *電話番号(ポケットベル)*

    連絡先のポケットベル番号属性を指定する。GUIでは[電話]タブの[ポケットベル]に相当する。

- **-Mobile** *電話番号(携帯電話番号)*

    連絡先の携帯電話番号属性を指定する。GUIでは[電話]タブの[携帯電話]に相当する。

- **-Fax** *電話番号(FAX)*

    連絡先のFAX番号属性を指定する。GUIでは[電話]タブの[FAX]に相当する。

- **-IpTel** *電話番号(IP電話番号)*

    連絡先のIP電話番号属性を指定する。GUIでは[電話]タブの[IP電話]に相当する。

- **-Title** *役職*

    連絡先の役職属性を指定する。GUIでは[組織]タブの[役職]に相当する。

- **-Dept** *部署*

    連絡先の部署属性を指定する。GUIでは[組織]タブの[部署]に相当する。

- **-Company** *会社名*

    連絡先の会社名属性を指定する。GUIでは[組織]タブの[会社名]に相当する。

実行例

連絡先Presidentを登録する。

```
C:¥Work>Dsadd Contact "CN=President,OU=OU1,DC=ad,DC=example,DC=jp" -Fn 社長 -Display
社長 -Office 新宿 -Tel 999-9999 -Email ceo@example.jp -Title 社長 -Dept 社長室
-Company Example株式会社
dsadd 成功:CN=President,OU=OU1,DC=ad,DC=example,DC=jp
```

■ コマンドの説明

「Dsadd Contact」コマンドは、連絡先オブジェクトを登録する。

■ Dsadd Group——グループオブジェクトを登録する

2003 2003R2 2008 2008R2 2012 2012R2 2016 2019 2022

Dsadd Group [*オブジェクトDN*] [-SecGrp {Yes | No}] [-Scope {l | g | u}]
[-Members *メンバー*] [-MemberOf *所属グループ*] [-SamId *名前*] [*共通オプ
ション*]

■ スイッチとオプション

-SecGrp {Yes | No}
> グループの種類がセキュリティグループの場合はYesを、配布グループの場合はNo
> を指定する。既定値はセキュリティグループ。

-Scope {l | g | u}
> グループのスコープを指定する。

スコープの種類	説明
l	ローカルグループ
g	グローバルグループ（既定値）
u	ユニバーサルグループ

-Members *メンバー*
> グループに所属するオブジェクトのDNを、スペースで区切って1つ以上指定する。

-MemberOf *所属グループ*
> オブジェクトが所属するグループのDNを、スペースで区切って1つ以上指定する。

-SamId *名前*
> Windows 2000より前の名前を指定する。省略すると、オブジェクトDN中のCN属
> 性値の、最初の20文字から自動生成する。

実行例

セキュリティグループTestTeamを作成し、Administratorsグループのメンバーに追加
する。また、グループメンバーとしてTestUserを追加する。

```
C:\Work>Dsadd Group "CN=TestTeam,OU=OU1,DC=ad,DC=example,DC=jp" -Desc テストチーム
-MemberOf "CN=Administrators,CN=Builtin,DC=ad,DC=example,DC=jp" -Members "CN=TestUs
er,OU=OU1,DC=ad,DC=example,DC=jp"
dsadd 成功:CN=TestTeam,OU=OU1,DC=ad,DC=example,DC=jp
```

■ コマンドの働き

「Dsadd Group」コマンドは、グループオブジェクトを登録する。ユニバーサルグループ
のセキュリティグループは、ドメインの機能レベルが「Windows 2000ネイティブ」以上の
場合に利用できる。

Dsadd Ou——組織単位(OU)オブジェクトを登録する

2003 | 2003R2 | 2008 | 2008R2 | 2012 | 2012R2 | 2016 | 2019 | 2022

構文

Dsadd Ou [*オブジェクトDN*] [*共通オプション*]

OU1の下にTestOUを作成する。

```
C:¥Work>Dsadd Ou "OU=TestOU,OU=OU1,DC=ad,DC=example,DC=jp" -Desc テストOU
dsadd 成功:OU=TestOU,OU=OU1,DC=ad,DC=example,DC=jp
```

■ コマンドの働き

「Dsadd Ou」コマンドは、組織単位(OU)オブジェクトを登録する。

■ Dsadd Quota——ディレクトリパーティションにクォータを登録する

2003 | 2003R2 | 2008 | 2008R2 | 2012 | 2012R2 | 2016 | 2019 | 2022

構文

Dsadd Quota [-Part パーティションDN] [-Rdn 相対識別名] -Acct 名前
-Qlimit {制限値 | -1} [共通オプション]

■ スイッチとオプション

-Part パーティションDN

クォータを登録するディレクトリパーティションをDNで指定する。省略すると標準
入力(Stdin)から入力を受け取る。DNにスペースを含む場合はダブルクォートで括る。

-Rdn 相対識別名

クォータオブジェクトの名前を指定する。省略すると-Acctスイッチに指定したユー
ザー名から、「ドメイン名_アカウント名」という名前のクォータを作成する。

-Acct 名前

クォータを設定するユーザー、グループ、コンピュータ、InetOrgPersonの名前を指
定する。

-Qlimit {制限値 | -1}

クォータの設定対象が所有できるオブジェクト数の上限を指定する。無制限の場合は
「-1」を指定する。

実行例

既定の名前付けコンテキストにTestUserという名前のクォータを登録する。

```
C:¥Work>Dsadd Quota -Rdn TestUser -Part DC=ad,DC=example,DC=jp -Acct
EXAMPLE¥TestUser -Qlimit 999
dsadd 成功:DC=ad,DC=example,DC=jp
```

■ コマンドの働き

「Dsadd Quota」コマンドは、ディレクトリパーティションにおいて、ユーザーやコンピュー
タなどのアカウントが所有できるオブジェクト数を制限する設定(クォータ)を登録する。

アカウントに設定されているクォータを検索するには、「Dsquery Quota -Acct 名前」コ
マンドを実行する。

■ Dsadd User──ユーザーオブジェクトを登録する

2003 | 2003R2 | 2008 | 2008R2 | 2012 | 2012R2 | 2016 | 2019 | 2022

構文

Dsadd User [オブジェクトDN] [-Upn ユーザープリンシパル名] [-MemberOf 所属グループ] [-SamId 名前] [-Fn 名] [-Mi イニシャル] [-Ln 姓] [-Display 表示名] [-FnP 名フリガナ] [-LnP 姓フリガナ] [-DisplayP 表示名フリガナ] [-EmpId 社員ID] [-Pwd {パスワード | *}] [-Office 事業所] [-Tel 電話番号] [-Email 電子メール] [-HomeTel 電話番号 (自宅)] [-Pager 電話番号 (ポケットベル)] [-Mobile 電話番号 (携帯電話番号)] [-Fax 電話番号 (FAX)] [-IpTel 電話番号 (IP電話番号)] [-WebPg Webページ] [-Title 役職] [-Dept 部署] [-Company 会社名] [-Mgr 上司] [-HmDir ホームフォルダ] [-HmDrv 接続ドライブ] [-Profile プロファイルパス] [-LoScr ログオンスクリプト] [-MustChPwd {Yes | No}] [-CanChPwd {Yes | No}] [-ReversiblePwd {Yes | No}] [-PwdNeverExpires {Yes | No}] [-AcctExpires {日数 | Never}] [-Disabled {Yes | No}] [共通オプション]

■ スイッチとオプション

-Upn ユーザープリンシパル名

「ユーザー名@ドメイン名」形式のユーザープリンシパル名(UPN)属性を指定する。

-MemberOf 所属グループ

オブジェクトが所属するグループのDNを、スペースで区切って1つ以上指定する。

-SamId 名前

Windows 2000より前の名前を指定する。省略すると、オブジェクトDN中のCN属性値の、最初の20文字から自動生成する。

-Fn 名

ユーザーの名属性を指定する。GUIでは[全般]タブの[名]に相当する。

-Mi イニシャル

ユーザーのイニシャルまたはミドルネームを指定する。GUIでは[全般]タブの[イニシャル]に相当する。

-Ln 姓

ユーザーの姓属性を指定する。GUIでは[全般]タブの[姓]に相当する。

-Display 表示名

ユーザーの表示名属性を指定する。GUIでは[全般]タブの[表示名]に相当する。

-FnP 名フリガナ

名に対するフリガナ属性を指定する。GUIでは[フリガナ]タブの[名]に相当する。
2008 以降

-LnP 姓フリガナ

姓に対するフリガナ属性を指定する。GUIでは[フリガナ]タブの[姓]に相当する。
2008 以降

-DisplayP 表示名フリガナ

表示名に対するフリガナ属性を指定する。GUIでは[フリガナ]タブの[表示名]に相当する。 2008 以降

2

ドメインと
グループポリシー編

-EmpId 社員ID

ユーザーの社員ID属性を指定する。GUIには表示項目はない。

-Pwd {パスワード | *}

ユーザーのパスワードを指定する。「*」を指定するとプロンプトを表示する。

-Office 事業所

ユーザーの事業所属性を指定する。GUIでは[全般]タブの[事業所]に相当する。

-Tel 電話番号

ユーザーの電話番号属性を指定する。GUIでは[全般]タブの[電話番号]に相当する。

-Email 電子メール

ユーザーの電子メール属性を指定する。GUIでは[全般]タブの[電子メール]に相当する。

-HomeTel 電話番号（自宅）

ユーザーの自宅電話番号属性を指定する。GUIでは[電話]タブの[自宅]に相当する。

-Pager 電話番号（ポケットベル）

ユーザーのポケットベル番号属性を指定する。GUIでは[電話]タブの[ポケットベル]に相当する。

-Mobile 電話番号（携帯電話番号）

ユーザーの携帯電話番号属性を指定する。GUIでは[電話]タブの[携帯電話]に相当する。

-Fax 電話番号（FAX）

ユーザーのFAX番号属性を指定する。GUIでは[電話]タブの[FAX]に相当する。

-IpTel 電話番号（IP電話番号）

ユーザーのIP電話番号属性を指定する。GUIでは[電話]タブの[IP電話]に相当する。

-WebPg Webページ

ユーザーのWebページ属性を指定する。GUIでは[全般]タブの[Webページ]に相当する。

-Title 役職

ユーザーの役職属性を指定する。GUIでは[組織]タブの[役職]に相当する。

-Dept 部署

ユーザーの部署属性を指定する。GUIでは[組織]タブの[部署]に相当する。

-Company 会社名

ユーザーの会社名属性を指定する。GUIでは[組織]タブの[会社名]に相当する。

-Mgr 上司

ユーザーの上司をDNで指定する。GUIでは[組織]タブの[上司]に相当する。

-HmDir ホームフォルダ

ユーザーのホームフォルダ（ホームディレクトリ）属性を指定する。UNC形式（¥¥サーバ名¥共有名）で指定する場合は、次の-HmDrvスイッチも指定する。GUIでは[プロファイル]タブの[ローカルパス]に相当する。

-HmDrv 接続ドライブ

ホームフォルダ（ホームディレクトリ）を接続するドライブ文字を指定する。ドライブ文字にコロンは付けない。GUIでは[プロファイル]タブの[接続ドライブ]に相当する。

-Profile プロファイルパス

移動ユーザープロファイルを使用する場合、ユーザープロファイルのパスを指定する。

GUIでは[プロファイル]タブの[プロファイルパス]に相当する。

-LoScr *ログオンスクリプト*

ログオンスクリプトのパスを指定する。GUIでは[プロファイル]タブの[ログオンスクリプト]に相当する。

-MustChPwd {Yes | No}

[ユーザーは次回ログオン時にパスワード変更が必要]オプションをオン(Yes)またはオフ(No)に設定する。既定値はオフ(No)。

-CanChPwd {Yes | No}

[ユーザーはパスワードを変更できない]オプションをオン(No)またはオフ(Yes)に設定する。既定値はオフ(Yes)。

-ReversiblePwd {Yes | No}

[暗号化を元に戻せる状態でパスワードを保存する]オプションをオン(Yes)またはオフ(No)に設定する。既定値はオフ(No)。

-PwdNeverExpires {Yes | No}

[パスワードを無期限にする]オプションをオン(Yes)またはオフ(No)に設定する。既定値はオフ(No)。

-AcctExpires {*日数* | Never}

アカウントの期限を日数で指定する。今日を0として、正数を指定すると未来の期限となり、負数を指定すると過去の期限でアカウントは期限切れとなる。Neverを指定すると無期限となる。既定値はNever。

-Disabled {Yes | No}

[アカウントは無効]オプションをオン(Yes)またはオフ(No)に設定する。既定値はオン(Yes)で、ヘルプと異なる。

実行例

ユーザーオブジェクト TestUser を登録する。

```
C:¥Work>Dsadd User "CN=TestUser,OU=OU1,DC=ad,DC=example,DC=jp" -Fn テスト -Ln ユーザー -Display "テストユーザー" -Pwd "P@ssw0rd" -Disabled No
dsadd 成功:CN=TestUser,OU=OU1,DC=ad,DC=example,DC=jp
```

■ コマンドの働き

「Dsadd User」コマンドは、ユーザーオブジェクトを登録する。ホームフォルダやプロファイルパスなどにユーザー名を含める場合は、環境変数$Username$を使用する。

Dsget.exe

ディレクトリからオブジェクトの属性を取得する

[2003] [2003R2] [2008] [2008R2] [2012] [2012R2] [2016] [2019] [2022]

構文

Dsget {Computer | Contact | Group | Ou | Partition | Quota | Server | Site | Subnet | User} [*オプション*]

スイッチ

スイッチ	説明
Computer	コンピュータオブジェクトの属性を取得する
Contact	連絡先オブジェクトの属性を取得する
Group	グループオブジェクトの属性を取得する
Ou	組織単位（OU）オブジェクトの属性を取得する
Partition	ディレクトリパーティションの情報を取得する
Quota	クォータの属性を取得する
Server	ディレクトリサーバの属性を取得する
Site	サイトオブジェクトの属性を取得する
Subnet	サブネットオブジェクトの属性を取得する
User	ユーザーオブジェクトの属性を取得する

共通オプション

オブジェクト DN
    操作対象オブジェクトのDNを、スペースで区切って1つ以上指定する。

  DNにスペースを含む場合はダブルクォートで括る。省略すると標準入力（Stdin）から入力を受け取る。

-Dn
    オブジェクトのDNを表示する。

-Desc
    オブジェクトの説明属性を表示する。

-s コンピュータ名
    操作対象のディレクトリサーバを指定する。

-d ドメイン名
    操作対象のドメイン名を指定する。

-u ユーザー名
    接続するユーザー名を指定する。

-p {パスワード | *}
    接続するユーザーのパスワードを指定する。「*」を指定するとプロンプトを表示する。

-c
    複数のターゲットオブジェクトを連続で処理し、途中でエラーが発生しても処理を継続する。

-q
    処理結果を表示しない。

-l
    結果を一覧表形式で表示する。

-Uc
    パイプからの入力とパイプへの出力をUnicode形式に指定する。

-Uco

　　パイプへの出力をUnicode形式に指定する。

-Uci

　　パイプからの入力をUnicode形式に指定する。

■ コマンドの働き

　　Dsgetコマンドは、ディレクトリからオブジェクトの属性を取得して表示する。

■ Dsget Computer——コンピュータオブジェクトの属性を取得する

　[2003] [2003R2] [2008] [2008R2] [2012] [2012R2] [2016] [2019] [2022]

|構文|

Dsget Computer [*オブジェクトDN*] [-Disabled] [-Loc] [-MemberOf
[-Expand]] [-Part *パーティションDN* [-Qlimit] [-Qused]] [-SamId] [-Sid]
[*共通オプション*]

■ スイッチとオプション

-Disabled

　　オブジェクトが有効(No)か無効(Yes)か表示する。

-Loc

　　オブジェクトの場所属性を表示する。

-MemberOf

　　オブジェクトが所属するグループを表示する。-Expand以外のオプションと併用できない。

-Expand

　　-MemberOfオプションと併用して、グループを再帰的に検索して表示する。

-Part *パーティションDN*

　　指定したディレクトリパーティションに接続する。

-Qlimit

　　-Partオプションと併用して、オブジェクトに設定されたクォータを表示する。

-Qused

　　-Partオプションと併用して、オブジェクトが使用しているクォータの量を表示する。

-SamId

　　Windows 2000より前の名前を表示する。

-Sid

　　オブジェクトのセキュリティIDを表示する。

|実行例|

　　名前がTestで始まるコンピュータオブジェクトを検索して、Windows 2000より前の名前、説明、場所の属性値を表示する。

```
C:¥Work>Dsquery Computer -Name Test* | Dsget Computer -SamId -Desc -Loc
```

```
desc          samid          loc
テストサーバ1号機  TESTSERVER1$    サーバ室
dsget 成功
```

■ コマンドの働き

「Dsget Computer」コマンドは、コンピュータオブジェクトの属性を表示する。オブジェクト DN 以外のスイッチとオプションをすべて省略すると、DN と説明属性を表示する。

■ Dsget Contact——連絡先オブジェクトの属性を取得する

`2003` `2003R2` `2008` `2008R2` `2012` `2012R2` `2016` `2019` `2022`

構文

Dsget Contact [*オブジェクトDN*] [-Fn] [-Mi] [-Ln] [-Display] [-Office]
[-Tel] [-Email] [-HomeTel] [-Pager] [-Mobile] [-Fax] [-IpTel] [-Title]
[-Dept] [-Company] [*共通オプション*]

■ スイッチとオプション

-Fn
連絡先の名属性を表示する。GUIでは[全般]タブの[名]に相当する。

-Mi
連絡先のイニシャルまたはミドルネームを表示する。GUIでは[全般]タブの[イニシャル]に相当する。

-Ln
連絡先の姓属性を表示する。GUIでは[全般]タブの[姓]に相当する。

-Display
連絡先の表示名属性を表示する。GUIでは[全般]タブの[表示名]に相当する。

-Office
連絡先の事業所属性を表示する。GUIでは[全般]タブの[事業所]に相当する。

-Tel
連絡先の電話番号属性を表示する。GUIでは[全般]タブの[電話番号]に相当する。

-Email
連絡先の電子メール属性を表示する。GUIでは[全般]タブの[電子メール]に相当する。

-HomeTel
連絡先の自宅電話番号属性を表示する。GUIでは[電話]タブの[自宅]に相当する。

-Pager
連絡先のポケットベル番号属性を表示する。GUIでは[電話]タブの[ポケットベル]に相当する。

-Mobile
連絡先の携帯電話番号属性を表示する。GUIでは[電話]タブの[携帯電話]に相当する。

-Fax
連絡先のFAX番号属性を表示する。GUIでは[電話]タブの[FAX]に相当する。

-IpTel
連絡先のIP電話番号属性を表示する。GUIでは[電話]タブの[IP電話]に相当する。

-Title

   連絡先の役職属性を表示する。GUIでは[組織]タブの[役職]に相当する。

-Dept

   連絡先の部署属性を表示する。GUIでは[組織]タブの[部署]に相当する。

-Company

   連絡先の会社名属性を表示する。GUIでは[組織]タブの[会社名]に相当する。

実行例

   連絡先オブジェクトを検索して、表示名、電話番号、電子メールの属性値を表示する。

```
C:¥Work>Dsquery Contact | Dsget Contact -Display -Tel -Email
  display     tel          email
  表示名
  社長        999-9999     ceo@example.jp
dsget 成功
```

■ コマンドの働き

   「Dsget Contact」コマンドは、連絡先オブジェクトの属性を表示する。オブジェクト
DN以外のスイッチとオプションをすべて省略すると、DNと説明属性を表示する。

■ Dsget Group──グループオブジェクトの属性を取得する

2003 2003R2 2008 2008R2 2012 2012R2 2016 2019 2022

構文

Dsget Group [*オブジェクトDN*] [{-MemberOf | -Members} [-Expand]]
[-Part *パーティションDN* [-Qlimit] [-Qused]] [-SecGrp] [-Scope]
[-SamId] [-Sid] [*共通オプション*]

■ スイッチとオプション

-MemberOf

   オブジェクトが所属するグループを表示する。

-Members

   単一のオブジェクトDNを指定した場合、グループに所属するメンバーを表示する。

-Expand

   -MemberOfオプションと併用して、グループを再帰的に検索して表示する。

-Part *パーティションDN*

   指定したディレクトリパーティションに接続する。

-Qlimit

   -Partオプションと併用して、オブジェクトに設定されたクォータを表示する。

-Qused

   -Partオプションと併用して、オブジェクトが使用しているクォータの量を表示する。

-SecGrp

   グループがセキュリティグループの場合はYesを、配布グループの場合はNoを表示

する。

-Scope

グループのスコープを表示する。

-SamId

Windows 2000 より前の名前を表示する。

-Sid

オブジェクトのセキュリティIDを表示する。

実行例

Testで始まるグループの情報を表示する。

```
C:¥Work>Dsquery Group -Name Test* | Dsget Group
  dn                                              desc
  CN=TestTeam,OU=OU1,DC=ad,DC=example,DC=jp        テストチーム
dsget 成功
```

■ コマンドの働き

「Dsget Group」コマンドは、グループオブジェクトの属性を表示する。オブジェクト
DN以外のスイッチとオプションをすべて省略すると、DNと説明属性を表示する。

🏁 Dsget Ou——組織単位(OU)オブジェクトの属性を取得する

`2003` `2003R2` `2008` `2008R2` `2012` `2012R2` `2016` `2019` `2022`

構文

Dsget Ou [*オブジェクトDN*] [*共通オプション*]

実行例

Testで始まるOUの情報を表示する。

```
C:¥Work>Dsquery Ou -Name Test* | Dsget Ou
  dn                                              desc
  OU=TestOU,OU=OU1,DC=ad,DC=example,DC=jp          テストOU
dsget 成功
```

■ コマンドの働き

「Dsget Ou」コマンドは、組織単位(OU)オブジェクトの属性を表示する。オブジェクト
DN以外のスイッチとオプションをすべて省略すると、DNと説明属性を表示する。

🏁 Dsget Partition——ディレクトリパーティションの情報を取得する

`2003` `2003R2` `2008` `2008R2` `2012` `2012R2` `2016` `2019` `2022`

Dsget Partition [*オブジェクトDN*] [-Qdefault] [-QtmbstnWt]
[-TopObjOwner [*表示数*]] [*共通オプション*]

■ **スイッチとオプション**

-Qdefault
　　既定のクォータ設定を表示する。

-QtmbstnWt
　　クォータの使用量を計算する際に、削除済み(Tombstone)オブジェクトを通常オブジェクトの何パーセントと想定して計算するか、減算率を表示する。

-TopObjOwner [*表示数*]
　　所有するオブジェクト数が多い順に、所有者情報を表示する。全所有者を表示する場合は、表示数に0を指定する。既定の表示数は10。

実行例

　　既定のパーティションについて、オブジェクト所有数トップ10を表示する。

```
C:\Work>Dsget Partition DC=ad,DC=example,DC=jp -TopObjOwner
Account DN        Objects Owned
CN=Domain Admins,CN=Users,DC=ad,DC=example,DC=jp          211
NT AUTHORITY\SYSTEM   53
CN=Administrators,CN=Builtin,DC=ad,DC=example,DC=jp       21

dsget 成功
```

■ **コマンドの働き**

　「Dsget Partition」コマンドは、ディレクトリパーティションの設定を表示する。オブジェクトDN以外のスイッチとオプションをすべて省略すると、既定のクォータ設定と減算率を表示する。

■ Dsget Quota——クォータの属性を取得する

[2003][2003R2][2008][2008R2][2012][2012R2][2016][2019][2022]

構文

Dsget Quota [*オブジェクトDN*] [-Acct] [-Qlimit] [*共通オプション*]

■ **スイッチとオプション**

-Acct
　　クォータの適用対象アカウントを表示する。

-Qlimit
　　クォータの制限値を表示する。

すべてのクォータの情報を表示する。

```
C:¥Work>Dsquery Quota | Dsget Quota
  acct                    qlimit
  EXAMPLE¥TestUser        999
dsget 成功
```

■ コマンドの働き

「Dsget Quota」コマンドは、クォータの設定を表示する。オブジェクトDN以外のスイッチとオプションをすべて省略すると、適用対象アカウントと制限値を表示する。

Dsget Server——ディレクトリサーバの属性を取得する

2003   2003R2   2008   2008R2   2012   2012R2   2016   2019   2022

構文

Dsget Server [*オブジェクトDN*] [-DnsName] [-IsGc] [-TopObjOwner [*表示数*]] [-Part] [-Site] [*共通オプション*]

■ スイッチとオプション

-DnsName

　ディレクトリサーバのホスト名を表示する。

-IsGc

　ディレクトリサーバがグローバルカタログサーバかどうか表示する。グローバルカタログサーバであればYesを、そうでなければNoを表示する。

-TopObjOwner *表示数*

　所有するオブジェクト数が多い順に、所有者情報を表示する。全所有者を表示する場合は、表示数に0を指定する。既定の表示数は10。

-Part

　ディレクトリサーバが所有するディレクトリパーティションの識別名を表示する。

-Site

　ディレクトリサーバが所属するサイトを表示する。

実行例

ディレクトリサーバの説明、ホスト名、所属サイト、グローバルカタログサーバかどうかを表示する。

```
C:¥Work>Dsquery Server | Dsget Server -Desc -DnsName -Site -IsGc
  desc    dnsname          site                    isgc
          sv1.ad.example.jp Default-First-Site-Name yes
dsget 成功
```

■ コマンドの働き

「Dsget Server」コマンドは、ディレクトリサーバの属性を表示する。オブジェクト DN 以外のスイッチとオプションをすべて省略すると、何も表示しない。取得対象は[Active Directoryユーザーとコンピュータ]に表示されるコンピュータオブジェクトではなく、[Active Directoryサイトとサービス]でサイトの下に表示されるサーバーオブジェクトである。

■ Dsget Site——サイトオブジェクトの属性を取得する

2003 | 2003R2 | 2008 | 2008R2 | 2012 | 2012R2 | 2016 | 2019 | 2022

構文

Dsget Site [*オブジェクトDN*] [-AutoTopology] [-CacheGroups]
[-PrefGcSite] [*共通オプション*]

■ スイッチとオプション

-AutoTopology
 サイト間トポロジの自動生成の状態について、有効(Yes)または無効(No)を表示する。

-CacheGroups
 ユニバーサルグループメンバーシップのキャッシュ設定について、有効(Yes)または無効(No)を表示する。

-PrefGcSite
 ユニバーサルグループメンバーシップのキャッシュ設定が有効な場合、キャッシュの更新に使用する優先グローバルカタログサイト名を表示する。

実行例

 すべてのサイトのサイト間トポロジ自動生成、キャッシュ設定、キャッシュ更新元サイトの情報を表示する。

```
C:\Work>Dsquery Site | Dsget Site -Dn -AutoTopology -CacheGroups -PrefGcSite
  dn
autotopology    cachegroups    prefGCsite
  CN=Default-First-Site-Name,CN=Sites,CN=Configuration,DC=ad,DC=example,DC=jp   yes
no            not configured
dsget 成功
```

■ コマンドの働き

「Dsget Site」コマンドは、サイトの属性を表示する。オブジェクト DN 以外のスイッチとオプションをすべて省略すると、DNと説明属性を表示する。

■ Dsget Subnet——サブネットオブジェクトの属性を取得する

2003 | 2003R2 | 2008 | 2008R2 | 2012 | 2012R2 | 2016 | 2019 | 2022

構文

Dsget Subnet [*オブジェクトDN*] [-Loc] [-Site] [*共通オプション*]

-Loc

サブネットの場所属性を表示する。

-Site

サブネットが関連付けられたサイト名を表示する。

実行例

すべてのサブネットの情報を表示する。

```
C:¥Work>Dsquery Subnet | Dsget Subnet
  dn
desc    site
  CN=192.168.1.0/24,CN=Subnets,CN=Sites,CN=Configuration,DC=ad,DC=example,DC=jp
Default-First-Site-Name
dsget 成功
```

■ コマンドの働き

「Dsget Subnet」コマンドは、サブネットの設定を表示する。オブジェクトDN以外のスイッチとオプションをすべて省略すると、DNと説明属性、関連付けられたサイト名を表示する。

Dsget User — ユーザーオブジェクトの属性を取得する

2003 | 2003R2 | 2008 | 2008R2 | 2012 | 2012R2 | 2016 | 2019 | 2022

構文

Dsget User [*オブジェクトDN*] [-Upn] [-MemberOf [-Expand]] [-Fn]
[-Mi] [-Ln] [-Display] [-FnP] [-LnP] [-DisplayP] [-EffectivePso]
[-EmpId] [-Office] [-Tel] [-Email] [-HomeTel] [-Pager] [-Mobile]
[-Fax] [-IpTel] [-WebPg] [-Title] [-Dept] [-Company] [-Mgr] [-HmDir]
[-HmDrv] [-Profile] [-LoScr] [-MustChPwd] [-CanChPwd]
[-ReversiblePwd] [-PwdNeverExpires] [-AcctExpires] [-Disabled]
[-Part *パーティションDN* [-Qlimit] [-Qused]] [-SamId] [-Sid] [*共通オプション*]

■ スイッチとオプション

-Upn

ユーザープリンシパル名を表示する。

-MemberOf

オブジェクトが所属するグループを表示する。-Expand以外のオプションと併用できない。

-Expand

-MemberOfオプションと併用して、グループを再帰的に検索して表示する。

-Fn

　　ユーザーの名属性を表示する。GUIでは[全般]タブの[名]に相当する。

-Mi

　　ユーザーのイニシャルまたはミドルネームを表示する。GUIでは[全般]タブの[イニシャ
　　ル]に相当する。

-Ln

　　ユーザーの姓属性を表示する。GUIでは[全般]タブの[姓]に相当する。

-Display

　　ユーザーの表示名属性を表示する。GUIでは[全般]タブの[表示名]に相当する。

-FnP

　　名に対するフリガナ属性を表示する。GUIでは[フリガナ]タブの[名]に相当する。
　　2008 以降

-LnP

　　姓に対するフリガナ属性を表示する。GUIでは[フリガナ]タブの[姓]に相当する。
　　2008 以降

-DisplayP

　　表示名に対するフリガナ属性を表示する。GUIでは[フリガナ]タブの[表示名]に相当
　　する。**2008 以降**

-EffectivePso

　　「細かい設定が可能なパスワードポリシー」を使用している場合、ユーザーに適用され
　　るパスワード設定オブジェクト(PSO)を表示する。**2008 以降**

-EmpId

　　ユーザーの社員ID属性を表示する。

-Office

　　ユーザーの事業所属性を表示する。GUIでは[全般]タブの[事業所]に相当する。

-Tel

　　ユーザーの電話番号属性を表示する。GUIでは[全般]タブの[電話番号]に相当する。

-Email

　　ユーザーの電子メール属性を表示する。GUIでは[全般]タブの[電子メール]に相当す
　　る。

-HomeTel

　　ユーザーの自宅電話番号属性を表示する。GUIでは[電話]タブの[自宅]に相当する。

-Pager

　　ユーザーのポケットベル番号属性を表示する。GUIでは[電話]タブの[ポケットベル]
　　に相当する。

-Mobile

　　ユーザーの携帯電話番号属性を表示する。GUIでは[電話]タブの[携帯電話]に相当す
　　る。

-Fax

　　ユーザーのFAX番号属性を表示する。GUIでは[電話]タブの[FAX]に相当する。

-IpTel

　　ユーザーのIP電話番号属性を表示する。GUIでは[電話]タブの[IP電話]に相当する。

-WebPg

ユーザーの Web ページ属性を表示する。GUI では[全般]タブの[Web ページ]に相当する。

-Title

ユーザーの役職属性を表示する。GUI では[組織]タブの[役職]に相当する。

-Dept

ユーザーの部署属性を表示する。GUI では[組織]タブの[部署]に相当する。

-Company

ユーザーの会社名属性を表示する。GUI では[組織]タブの[会社名]に相当する。

-Mgr

ユーザーの上司属性を表示する。GUI では[組織]タブの[上司]に相当する。

-HmDir

ユーザーのホームフォルダ(ホームディレクトリ)属性を表示する。GUI では[プロファイル]タブの[ローカルパス]に相当する。

-HmDrv

ホームフォルダ(ホームディレクトリ)を接続するドライブ文字を表示する。GUI では[プロファイル]タブの[接続ドライブ]に相当する。

-Profile

ユーザープロファイルのパスを表示する。GUI では[プロファイル]タブの[プロファイルパス]に相当する。

-LoScr

ログオンスクリプトのパスを表示する。GUI では[プロファイル]タブの[ログオンスクリプト]に相当する。

-MustChPwd

[ユーザーは次回ログオン時にパスワード変更が必要]オプションの状態について、オン(Yes)またはオフ(No)を表示する。

-CanChPwd

[ユーザーはパスワードを変更できない]オプションの状態について、オン(No)またはオフ(Yes)を表示する。

-ReversiblePwd

[暗号化を元に戻せる状態でパスワードを保存する]オプションの状態について、オン(Yes)またはオフ(No)を表示する。

-PwdNeverExpires

[パスワードを無期限にする]オプションの状態について、オン(Yes)またはオフ(No)を表示する。

-AcctExpires

アカウントの期限を表示する。無期限の場合は Never と表示する。

-Disabled

[アカウントは無効]オプションの状態について、オン(Yes)またはオフ(No)を表示する。

-Disabled

オブジェクトが有効(No)か無効(Yes)か表示する。

-Part パーティションDN

　　指定したディレクトリパーティションに接続する。

-Qlimit

　　-Partオプションと併用して、オブジェクトに設定されたクォータを表示する。

-Qused

　　-Partオプションと併用して、オブジェクトが使用しているクォータの量を表示する。

-SamId

　　Windows 2000 より前の名前を表示する。

-Sid

　　オブジェクトのセキュリティIDを表示する。

実行例

名前がTestで始まるユーザーの表示名と有効期限を表示する。

```
C:¥Work>Dsquery User -Name Test* | Dsget User -Display -AcctExpires
  display    acctexpires
  テストユーザー    never
dsget 成功
```

■ コマンドの働き

「Dsget User」コマンドは、ユーザーオブジェクトの属性を表示する。オブジェクトDN
以外のスイッチとオプションをすべて省略すると、DNと説明属性、Windows 2000 より
前の名前を表示する。

Dsmod.exe
ディレクトリのオブジェクトを
編集する

2003 　2003R2 　2008 　2008R2 　2012 　2012R2 　2016 　2019 　2022

構文

Dsmod {Computer | Contact | Group | Ou | Partition | Quota | Server
| User } [オプション]

スイッチ

スイッチ	説明
Computer	コンピュータオブジェクトを編集する
Contact	連絡先オブジェクトを編集する
Group	グループオブジェクトを編集する
Ou	組織単位（OU）オブジェクトを編集する
Partition	ディレクトリパーティションの設定を編集する
Quota	クォータを編集する
Server	ディレクトリサーバの設定を編集する
User	ユーザーオブジェクトを編集する

■ 共通オプション

オブジェクト*DN*

操作対象オブジェクトのDNを、スペースで区切って1つ以上指定する。DNにスペースを含む場合はダブルクォートで括る。省略すると標準入力(Stdin)から入力を受け取る。

-Desc *説明*

オブジェクトの説明属性を設定する。スペースを含む場合はダブルクォートで括る。

-c

複数のターゲットオブジェクトを連続で処理し、途中でエラーが発生しても処理を継続する。

その他の共通オプションは、Dsaddコマンドの共通オプションを参照。

■ コマンドの働き

Dsmodコマンドは、AD DSやAD LDSのディレクトリ内のオブジェクトを編集する。

■ Dsmod Computer——コンピュータオブジェクトを編集する

2003 | 2003R2 | 2008 | 2008R2 | 2012 | 2012R2 | 2016 | 2019 | 2022

構文

Dsmod Computer [*オブジェクトDN*] [-Disabled {Yes | No}] [-Loc *場所*]
[-Reset] [*共通オプション*]

■ スイッチとオプション

-Disabled {Yes | No}

[アカウントは無効]オプションをオン(Yes)またはオフ(No)に設定する。既定値はオン(Yes)。

-Loc *場所*

オブジェクトの場所属性を設定する。スペースを含む場合はダブルクォートで括る。

-Reset

コンピュータアカウントをリセットする。

実行例

TestServer1の説明を「テストサーバ零号機」に変更する。

```
C:¥Work>Dsmod Computer "CN=TestServer1,OU=OU1,DC=ad,DC=example,DC=jp" -Desc テストサーバ零号機
dsmod 成功:CN=TestServer1,OU=OU1,DC=ad,DC=example,DC=jp
```

■ コマンドの働き

「Dsmod Computer」コマンドは、コンピュータオブジェクトの属性を編集する。名前やDNを編集するにはDsmoveコマンドを使用する。

◼️ Dsmod Contact──連絡先オブジェクトを編集する

[2003][2003R2][2008][2008R2][2012][2012R2][2016][2019][2022]

構文

Dsmod Contact [*オブジェクトDN*] [-Fn *名*] [-Mi *イニシャル*] [-Ln *姓*]
[-Display *表示名*] [-Office *事業所*] [-Tel *電話番号*] [-Email *電子メール*]
[-HomeTel *電話番号（自宅）*] [-Pager *電話番号（ポケットベル）*] [-Mobile *電話番号（携帯電話）*] [-Fax *電話番号（FAX）*] [-IpTel *電話番号（IP電話）*]
[-Title *役職*] [-Dept *部署*] [-Company *会社名*] [*共通オプション*]

■ スイッチとオプション

-Fn *名*
　　連絡先の名属性を指定する。GUIでは[全般]タブの[名]に相当する。

-Mi *イニシャル*
　　連絡先のイニシャルまたはミドルネームを指定する。GUIでは[全般]タブの[イニシャル]に相当する。

-Ln *姓*
　　連絡先の姓属性を指定する。GUIでは[全般]タブの[姓]に相当する。

-Display *表示名*
　　連絡先の表示名属性を指定する。GUIでは[全般]タブの[表示名]に相当する。

-Office *事業所*
　　連絡先の事業所属性を指定する。GUIでは[全般]タブの[事業所]に相当する。

-Tel *電話番号*
　　連絡先の電話番号属性を指定する。GUIでは[全般]タブの[電話番号]に相当する。

-Email *電子メール*
　　連絡先の電子メール属性を指定する。GUIでは[全般]タブの[電子メール]に相当する。

-HomeTel *電話番号（自宅）*
　　連絡先の自宅電話番号属性を指定する。GUIでは[電話]タブの[自宅]に相当する。

-Pager *電話番号（ポケットベル）*
　　連絡先のポケットベル番号属性を指定する。GUIでは[電話]タブの[ポケットベル]に相当する。

-Mobile *電話番号（携帯電話番号）*
　　連絡先の携帯電話番号属性を指定する。GUIでは[電話]タブの[携帯電話]に相当する。

-Fax *電話番号（Fax）*
　　連絡先のFAX番号属性を指定する。GUIでは[電話]タブの[FAX]に相当する。

-IpTel *電話番号（IP電話番号）*
　　連絡先のIP電話番号属性を指定する。GUIでは[電話]タブの[IP電話]に相当する。

-Title *役職*
　　連絡先の役職属性を指定する。GUIでは[組織]タブの[役職]に相当する。

-Dept *部署*
　　連絡先の部署属性を指定する。GUIでは[組織]タブの[部署]に相当する。

2

ドメインと
グループポリシー編

-Company 会社名

連絡先の会社名属性を指定する。GUIでは[組織]タブの[会社名]に相当する。

実行例

連絡先Presidentを編集する。

```
C:\Work>Dsmod Contact "CN=President,OU=OU1,DC=ad,DC=example,DC=jp" -Email top@
example.jp
dsmod 成功:CN=President,OU=OU1,DC=ad,DC=example,DC=jp
```

■ コマンドの説明

「Dsmod Contact」コマンドは、連絡先オブジェクトの属性を編集する。名前やDNを編集するにはDsmoveコマンドを使用する。

Dsmod Group——グループオブジェクトを編集する

2003 2003R2 2008 2008R2 2012 2012R2 2016 2019 2022

構文

Dsmod Group [*オブジェクトDN*] [-SamId *グループ名*] [-SecGrp {Yes | No}] [-Scope {l | g | u}] [{-AddMbr | -RmMbr | -ChMbr} *メンバーDN*] [*共通オプション*]

■ スイッチとオプション

-SamId *名前*

Windows 2000より前の名前を指定する。

-SecGrp {Yes | No}

グループの種類がセキュリティグループの場合はYesを、配布グループの場合はNoを指定する。

-Scope {l | g | u}

グループのスコープを指定する。ユニバーサルグループは、ドメインの機能レベルが「Windows 2000ネイティブ」以上の場合に利用できる。

スコープの種類	説明
l	ローカルグループ
g	グローバルグループ
u	ユニバーサルグループ

{-AddMbr | -RmMbr | -ChMbr} *メンバーDN*

グループへのメンバー追加(-AddMbr)、グループからのメンバー削除(-RmMbr)、現在のメンバーを丸ごと置換する(-ChMbr)操作と、対象オブジェクトを1つ以上指定する。オブジェクトDNかメンバーDNのどちらか1つだけを、標準入力(Stdin)から受け取ることができる。

実行例

TestUserをTestTeamグループのメンバーから削除する。

-Uci

　　パイプからの入力をUnicode形式に指定する。

▌▐ コマンドの働き

　Dsqueryコマンドは、AD DSやAD LDSのディレクトリ内のオブジェクトを検索する。
オプションを省略すると、スイッチで指定した検索対象オブジェクトをすべて抽出して、
DN形式で表示する。

▌▐ Dsquery Computer——コンピュータオブジェクトを検索する

2003 | 2003R2 | 2008 | 2008R2 | 2012 | 2012R2 | 2016 | 2019 | 2022

構文

Dsquery Computer [*開始位置*] [-o *出力形式*] [-Scope *検索範囲*] [-SamId *名
前*] [-Inactive *週数*] [-StalePwd *日数*] [-Disabled] [*共通オプション*]

■ スイッチとオプション

-SamId *名前*

　　Windows 2000より前の名前を指定する。大文字と小文字を区別しない。ワイルドカー
　　ド「*」を使用できる。

-Inactive *週数*

　　週数で指定した期間以上、ログオンしていないオブジェクトを検索対象とする。

-StalePwd *日数*

　　日数で指定した期間以上、パスワードを変更していないオブジェクトを検索対象とす
　　る。

-Disabled

　　アカウントが無効化されているオブジェクトを検索対象とする。

実行例

　名前がTestで始まるコンピュータオブジェクトを検索する。

```
C:¥Work>Dsquery Computer -Name Test*
"CN=TestServer1,OU=OU1,DC=ad,DC=example,DC=jp"
```

■ コマンドの働き

　「Dsquery Computer」コマンドは、コンピュータオブジェクトを検索する。Active
Directoryでは、コンピュータアカウントもユーザーアカウントと同様にパスワードを持っ
ており、起動時にログオンしているため、アクティブでなかった週数や、パスワードを変
更していない日数で検索できる。

▌▐ Dsquery Contact——連絡先オブジェクトを検索する

2003 | 2003R2 | 2008 | 2008R2 | 2012 | 2012R2 | 2016 | 2019 | 2022

Dsquery Contact [*開始位置*] [-o *出力形式*] [-Scope *検索範囲*] [-r] [*共通オプ ション*]

■ スイッチとオプション

-r
再帰的に検索する。

実行例

名前がPで始まる連絡先オブジェクトを検索する。

```
C:\Work>Dsquery Contact -Name P*
"CN=President,OU=OU1,DC=ad,DC=example,DC=jp"
```

■ コマンドの働き

「Dsquery Contact」コマンドは、連絡先オブジェクトを検索する。

■ Dsquery Group——グループオブジェクトを検索する

2003 | 2003R2 | 2008 | 2008R2 | 2012 | 2012R2 | 2016 | 2019 | 2022

構文

Dsquery Group [*開始位置*] [-o *出力形式*] [-Scope *検索範囲*] [-SamId *名前*] [*共通オプション*]

■ スイッチとオプション

-SamId *名前*
Windows 2000より前の名前を指定する。大文字と小文字を区別しない。ワイルドカード「*」を使用できる。

実行例

名前がAdminsで終わるグループを検索する。

```
C:\Work>Dsquery Group -Name *Admins
"CN=Schema Admins,CN=Users,DC=ad,DC=example,DC=jp"
"CN=Enterprise Admins,CN=Users,DC=ad,DC=example,DC=jp"
"CN=Domain Admins,CN=Users,DC=ad,DC=example,DC=jp"
"CN=Key Admins,CN=Users,DC=ad,DC=example,DC=jp"
"CN=Enterprise Key Admins,CN=Users,DC=ad,DC=example,DC=jp"
"CN=DnsAdmins,CN=Users,DC=ad,DC=example,DC=jp"
```

■ コマンドの働き

「Dsquery Group」コマンドは、グループオブジェクトを検索する。

Dsquery Ou——組織単位(OU)オブジェクトを検索する

2003　2003R2　2008　2008R2　2012　2012R2　2016　2019　2022

構文

Dsquery Ou [*開始位置*] [-o *出力形式*] [-Scope *検索範囲*] [*共通オプション*]

実行例

名前がsで終わるOUを検索する。

```
C:¥Work>Dsquery Ou -Name *s
"OU=Domain Controllers,DC=ad,DC=example,DC=jp"
```

■ コマンドの働き

「Dsquery Ou」コマンドは、組織単位(OU)オブジェクトを検索する。

Dsquery Partition——ディレクトリパーティションを検索する

2003　2003R2　2008　2008R2　2012　2012R2　2016　2019　2022

構文

Dsquery Partition [-o *出力形式*] [-Part *パーティションCN*] [*共通オプション*]

■ スイッチとオプション

-Part *パーティションCN*

指定したCNに一致するディレクトリパーティションを検索する。大文字と小文字を区別しない。ワイルドカード「*」を利用できる。

実行例

ディレクトリパーティションをすべて検索する。

```
C:¥Work>Dsquery Partition
"CN=Configuration,DC=ad,DC=example,DC=jp"
"DC=ad,DC=example,DC=jp"
"CN=Schema,CN=Configuration,DC=ad,DC=example,DC=jp"
"DC=DomainDnsZones,DC=ad,DC=example,DC=jp"
"DC=ForestDnsZones,DC=ad,DC=example,DC=jp"
"DC=TestAppPartition,DC=ad,DC=example,DC=jp"
```

■ コマンドの働き

「Dsquery Partition」コマンドは、ディレクトリパーティションを検索する。

Dsquery Quota——クォータを検索する

2003　2003R2　2008　2008R2　2012　2012R2　2016　2019　2022

Dsquery Quota [*開始位置*] [-o *出力形式*] [-Acct *名前*] [-Qlimit *制限値指定*] [*共通オプション*]

■ スイッチとオプション

-Acct *名前*

DNや「ドメイン名￥名前」の形式で指定したユーザー、コンピュータ、グループ、InetOrgPersonに設定されたクォータを検索する。

-Qlimit *制限値指定*

制限値指定の条件に一致するクォータを検索する。

制限値指定	説明
"= 値 "	等しい
">= 値 "	以上
"<= 値 "	以下
">=-1"	無制限

2
ドメインと
グループポリシー編

実行例

クォータをすべて検索する。

```
C:¥Users¥user1>Dsquery Quota
"CN=TestUser,CN=NTDS Quotas,DC=ad,DC=example,DC=jp"
```

■ コマンドの働き

「Dsquery Quota」コマンドは、クォータを検索する。

■ Dsquery Server──ディレクトリサーバを検索する

`2003` `2003R2` `2008` `2008R2` `2012` `2012R2` `2016` `2019` `2022`

構文

Dsquery Server [-o *出力形式*] [-Forest] [-Domain *ドメイン名*] [-Site *サイト名*] [-HasFsmo { Schema | Name | Infr | Pdc | Rid}] [-IsGc] [-IsReadOnly] [*共通オプション*]

■ スイッチとオプション

-Forest

フォレスト全体からディレクトリサーバを検索する。

-Domain *ドメイン名*

指定したドメインに所属するディレクトリサーバを検索する。

-Site *サイト名*

指定したサイトに所属するディレクトリサーバを検索する。

-HasFsmo {Schema | Name | Infr | Pdc | Rid}

　　指定したFSMO（Flexible Single-master Operation）の役割を持つディレクトリサーバを検索する。

-IsGc

　　グローバルカタログサーバを検索する。

-IsReadOnly

　　読み取り専用ドメインコントローラを検索する。

実行例

　PDCエミュレータの役割を持つドメインコントローラを検索する。

```
C:\Work>Dsquery Server -HasFsmo Pdc
"CN=SV1,CN=Servers,CN=Default-First-Site-Name,CN=Sites,CN=Configuration,DC=ad,DC=exa
mple,DC=jp"
```

■ コマンドの働き

　「Dsquery Server」コマンドは、ディレクトリサーバを検索する。

■ Dsquery Site——サイトオブジェクトを検索する

2003　2003R2　2008　2008R2　2012　2012R2　2016　2019　2022

構文

Dsquery Site [-o *出力形式*] [*共通オプション*]

実行例

　サイトをすべて検索する。

```
C:\Work>Dsquery Site
"CN=Default-First-Site-Name,CN=Sites,CN=Configuration,DC=ad,DC=example,DC=jp"
```

■ コマンドの働き

　「Dsquery Site」コマンドは、サイトオブジェクトを検索する。

■ Dsquery Subnet——サブネットオブジェクトを検索する

2003　2003R2　2008　2008R2　2012　2012R2　2016　2019　2022

構文

Dsquery Subnet [-o *出力形式*] [-Loc *場所*] [-Site *サイト名*] [*共通オプション*]

■ スイッチとオプション

-Loc *場所*

　　サブネットの場所属性を検索する。大文字と小文字は区別しない。ワイルドカード「*」
　　を利用できる。

-Site *サイト名*

　　指定したサイトに所属するサブネットを検索する。大文字と小文字は区別しない。

実行例

サブネットをすべて検索する。

```
C:¥Work>Dsquery Subnet
"CN=192.168.1.0/24,CN=Subnets,CN=Sites,CN=Configuration,DC=ad,DC=example,DC=jp"
```

■ コマンドの働き

「Dsquery Subnet」コマンドは、サブネットオブジェクトを検索する。

■ Dsquery User——ユーザーオブジェクトを検索する

2003 2003R2 2008 2008R2 2012 2012R2 2016 2019 2022

構文

Dsquery User [*開始位置*] [-o *出力形式*] [-Scope *検索範囲*] [-NameP *表示名 フリガナ*] [-SamId *名前*] [-Upn *UPN*] [-Inactive *週数*] [-StalePwd *日数*] [-Disabled] [*共通オプション*]

■ スイッチとオプション

-NameP *表示名フリガナ*

　　表示名のフリガナを指定して検索する。大文字と小文字を区別しない。ワイルドカード「*」を使用できる。 2008 以降

-SamId *名前*

　　Windows 2000 より前の名前を指定する。大文字と小文字を区別しない。ワイルドカード「*」を使用できる。

-Upn *UPN*

　　ユーザープリンシパル名を指定して検索する。大文字と小文字を区別しない。ワイルドカード「*」を使用できる。

-Inactive *週数*

　　週数で指定した期間以上、ログオンしていないオブジェクトを検索対象とする。

-StalePwd *日数*

　　日数で指定した期間以上、パスワードを変更していないオブジェクトを検索対象とする。

-Disabled

　　アカウントが無効化されているオブジェクトを検索対象とする。

実行例

7日以上パスワードを変更していないユーザーを検索する。

```
C:¥Work>Dsquery User -StalePwd 7
"CN=Administrator,CN=Users,DC=ad,DC=example,DC=jp"
```

```
"CN=krbtgt,CN=Users,DC=ad,DC=example,DC=jp"
"CN=User1,OU=OU1,DC=ad,DC=example,DC=jp"
```

■ コマンドの働き

「Dsquery User」コマンドは、ユーザーオブジェクトを検索する。

■ Dsquery *──任意のオブジェクトをLDAPクエリで検索する

2003 2003R2 2008 2008R2 2012 2012R2 2016 2019 2022

構文

Dsquery * [*開始位置*] [-Scope *検索範囲*] [-Filter *LDAPフィルタ*] [-Attr {*属性* | *}] [-AttrsOnly] [-l] [*共通オプション*]

■ スイッチとオプション

-Filter *LDAPフィルタ*
　　LDAPフィルタを使って検索する。既定値は全オブジェクト（フィルタなし）。

-Attr {*属性* | *}
　　表示する属性を、スペースで区切って1つ以上指定する。「*」を指定するとすべての属性の設定値を表示する。既定値は「*」。

-AttrsOnly
　　属性名だけを表示する。既定値は属性名と属性値の両方を表示する。

-l
　　結果を一覧形式で出力する。既定値は表形式。

実行例

組み込みAdministratorsグループに所属するユーザーアカウントを、ネストされたグループを再帰的に検索してすべて表示する。

```
C:¥Work>Dsquery * -Filter "(&(objectClass=user)(memberOf:1.2.840.113556.1.4.1941:=CN
=Administrators,CN=Builtin,DC=ad,DC=example,DC=jp))"
"CN=Administrator,CN=Users,DC=ad,DC=example,DC=jp"
"CN=User1,OU=OU1,DC=ad,DC=example,DC=jp"
```

■ コマンドの働き

「Dsquery *」コマンドは、LDAPフィルタを使用して任意のオブジェクトを検索する、汎用的なオブジェクト検索コマンドである。ヘルプでは-Nameなどのオプションも表示されるが使用できない。

Dsrm.exe
ディレクトリからオブジェクトを削除する

2003 2003R2 2008 2008R2 2012 2012R2 2016 2019 2022

Dsrm [オブジェクト*DN*] [-NoPrompt] [-SubTree [-Exclude]] [{-s コン
ピュータ名 | -d ドメイン名}] [-u ユーザー名] [-p {パスワード | *}] [-c] [-q]
[{-Uc | -Uco | -Uci}]

スイッチとオプション

オブジェクト*DN*

操作対象オブジェクトのDNを、スペースで区切って1つ以上指定する。DNにスペー
スを含む場合はダブルクォートで括る。省略すると標準入力(Stdin)から入力を受け
取る。

-NoPrompt

削除の確認を求めない。

-SubTree [-Exclude]

オブジェクトDNで指定したオブジェクトを含めて、すべてのサブツリーとツリー内
のオブジェクトを削除する。-Excludeオプションを併用すると、オブジェクトDNで
指定したオブジェクトは削除しない。

-s コンピュータ名

操作対象のディレクトリサーバを指定する。

-d ドメイン名

操作対象のドメイン名を指定する。

-u ユーザー名

接続するユーザー名を指定する。

-p {パスワード | *}

接続するユーザーのパスワードを指定する。「*」を指定するとプロンプトを表示する。

-c

複数のターゲットオブジェクトを連続で処理し、途中でエラーが発生しても処理を継
続する。

-q

処理結果を表示しない。

-Uc

パイプからの入力とパイプへの出力をUnicode形式に指定する。

-Uco

パイプへの出力をUnicode形式に指定する。

-Uci

パイプからの入力をUnicode形式に指定する。

実行例

TestOU以下の階層に含まれる全オブジェクトをすべて削除する。

```
C:¥Work>Dsrm "OU=TestOU,OU=OU1,DC=ad,DC=example,DC=jp" -SubTree
OU=TestOU,OU=OU1,DC=ad,DC=example,DC=jp を削除しますか (Y/N)? y
dsrm 成功:OU=TestOU,OU=OU1,DC=ad,DC=example,DC=jp
```

■ コマンドの働き

Dsrm コマンドは、オブジェクトやオブジェクトツリーを削除する。

Dsdbutil.exe

AD DSとAD LDSの ディレクトリデータベースを 管理する

`2008` `2008R2` `2012` `2012R2` `2016` `2019` `2022` `UAC`

構文

Dsdbutil [{/? | Help}]

■ スイッチとオプション

{/? | Help}
　　コンテキストやサブコマンドのヘルプを表示する。

コンテキスト
　　Dsdbutil コマンドは、操作の対象をコンテキストで指定し、サブコマンドで表示や設定を実行する。コンテキストによってはディレクトリサービスを停止しておく必要がある。コンテキストやサブコマンド、オプションは大文字と小文字を区別しない。オプションも含めて、他の名前や設定値と区別できる最短の文字数まで短縮して記述できる。

コンテキスト	短縮形	説明	停止要否
Authoritative Restore	au r	オブジェクトを復元し、原本とする。「権限のある復元」ともいう	必要
Files	f	ディレクトリデータベースファイルを管理する	必要
Ifm	i	「メディアからのインストール」（IFM）オプション用に、インストールメディアを作成する	不要
Semantic Database Analysis	sem d a	ディレクトリデータベースのデータ整合性を検査する	必要
Snapshot	sn	ディレクトリデータベースファイルとログファイルのあるボリュームの、スナップショットを管理する	不要

■ サブコマンド

サブコマンド	短縮形	説明	停止要否
Activate Instance インスタンス名	ac i	操作対象のディレクトリサービスインスタンスを指定する。インスタンス名は次のいずれかを指定する。 ・AD DS——*NTDS* ・AD LDS——インスタンス名	不要
Change Service Account ユーザー名 {パスワード| * | NULL}	ch s a	AD LDS の実行アカウントを設定する。パスワード入力プロンプトを表示する場合は「*」を、空のパスワードを指定する場合は NULL を指定する	必要
Ldap Port ポート番号	ld por	AD LDS の LDAP ポートを設定する	必要
List Instances	li i	ディレクトリサービスのインスタンスを表示する	不要
Popups {On | Off}	po {of | on}	Authoritative Restore 実行時などで、確認や警告などのダイアログを表示する（on）または表示しない（off）。既定値は表示する	不要
Ssl Port ポート番号	ss p	AD LDS の SSL ポートを設定する	必要

■ 共通サブコマンド

サブコマンド	短縮形	説明
{?	Help}	{?	h}	コンテキストやサブコマンドを表示する
Quit	q	コンテキストや Dsdbutil コマンドを終了する

実行例

実行例については、以降で説明するコンテキスト別Dsdbutilコマンドの解説を参照。

■ コマンドの働き

Dsdbutilコマンドは、AD DSと AD LDSのディレクトリデータベースを管理するコマンドである。「Active Directoryドメインサービス」または「Active Directoryライトウェイトディレクトリサービス」の役割をインストールすると、本コマンドを利用できる。フルセットのNtdsutilコマンドよりもコンテキストが少ない分扱いやすい。

Dsdbutilコマンドは対話的に実行することもできるが、コマンドラインにコンテキストやサブコマンド、オプションをすべて記述して、一括実行することもできる。コンテキストやサブコマンドにスペースを含む場合は、それぞれダブルクォートで括る。

Authoritative Restoreコンテキストでの操作やChange Service Accountサブコマンドなど、ディレクトリサービス自体やディレクトリデータベースファイル、オブジェクトを操作する場合は、ディレクトリサーバを「ディレクトリサービスの修復モード」で起動するか、「Net Stop |NTDS | インスタンス名|」コマンドなどでディレクトリサービスを停止した状態で実行する必要がある。再開は「Net Start |NTDS | インスタンス名|」コマンドを実行する。

```
C:¥Work>Net Stop NTDS
次のサービスは Active Directory Domain Services サービスに依存しています。
Active Directory Domain Services サービスを停止すると、これらのサービスも停止されます。

   Kerberos Key Distribution Center
   Intersite Messaging
   DNS Server
   DFS Replication

この操作を続行しますか? (Y/N) [N]: y
Kerberos Key Distribution Center サービスを停止中です.
Kerberos Key Distribution Center サービスは正常に停止されました。

Intersite Messaging サービスを停止中です.
Intersite Messaging サービスは正常に停止されました。

DNS Server サービスを停止中です.
DNS Server サービスは正常に停止されました。


DFS Replication サービスは正常に停止されました。

Active Directory Domain Services サービスを停止中です.
```

Active Directory Domain Services サービスは正常に停止されました。

◼ Dsdbutil Authoritative Restore──ディレクトリデータベースやオブジェクトを復元する

`2008` `2008R2` `2012` `2012R2` `2016` `2019` `2022` `UAC`

◼ サブコマンド

サブコマンド	短縮形	説明
Create Ldif File(s) From ファイル名	c l f f	ファイル名で指定したファイルから、LDIF ファイルを作成する。ドメインをまたぐグループメンバーシップの回復などに利用できる
List Nc Crs	l n c	ディレクトリパーティションとクロス参照を表示する
Restore Object オブジェクトDN	r o	指定したオブジェクトを復元して原本とする。オブジェクトの DN を含むテキストファイルと LDIF ファイルも生成する
Restore Object オブジェクトDN Verinc 1日あたりのバージョン番号増分	r o v	オブジェクトの復元操作は Restore Object と同じだが、オブジェクトのバージョン番号を任意の数だけ増加させる。バージョン番号の増分合計は、「最後にオブジェクトがコミットされた日からの経過日数×1日あたりのバージョン番号増分」で計算できる。既定では1日につき 100,000 増加する
Restore Subtree オブジェクトDN	r s	指定したオブジェクトとサブツリーを復元して原本とする。オブジェクトの DN を含むテキストファイルと LDIF ファイルも生成する
Restore Subtree オブジェクトDN Verinc 1日あたりのバージョン番号増分	r s v	Restore Subtree と同じだが、1日あたりのバージョン番号増分を指定できる
Toggle Recycled Objects Flag	t r o f	Active Directory のごみ箱機能を有効にしている場合、ごみ箱内のオブジェクトも復元できるようにする `2008R2 以降`

2

ドメインと
グループポリシー編

`実行例`

Testers グループを復元する。この操作には管理者権限が必要。

```
C:¥Work>Dsdbutil
アクティブ インスタンスが "NTDS" に設定されました。
Dsdbutil: Popups Off
対話型のポップアップが無効になります
Dsdbutil: Authoritative Restore
authoritative restore: Restore Object "CN=Testers,OU=TestOU,OU=OU1,DC=ad,DC=example,
DC=jp"

DIT データベースを開いています... 完了

現在の時刻は 09-11-22 15:01.47 です。
最新のデータベースの更新は 09-11-22 14:53.27 に実行されました。
属性のバージョン番号を 100000 大きくします。

更新の必要なレコードをカウントしています...
検出されたレコード: 0000000001
完了
```

```
更新するレコードが 1 個検出されました。

レコードを更新しています...
残りのレコード: 0000000000
完了


1 個のレコードを正常に更新しました。

正式に復元されたオブジェクトの一覧を持つ以下のテキスト ファイルが現在の作業ディレク
トリに作成されました:
         ar_20220911-150147_objects.txt
指定されたどのオブジェクトにも、このドメイン内の後方リンクがありません。リンク回復ファ
イルは作成されませんでした。

Authoritative Restore が正常に終了しました。

authoritative restore: Quit
Dsdbutil: Quit
```

■ コマンドの働き

「Dsdbutil Authoritative Restore」コマンドは、ディレクトリデータベース全体、特定
のオブジェクト、またはオブジェクトツリーを復元して、複製の原本とする。

「Restore Object」サブコマンドや「Restore Subtree」サブコマンドを実行すると、既定
ではGUIで「このAuthoritative Restoreを実行しますか?」というメッセージダイアログ
が表示されて停止する。自動化する場合は「Popups Off」サブコマンドでメッセージ表示を
オフにしておくとよい。

Authoritative Restoreで復元したオブジェクトは、他のドメインコントローラが所有
するオブジェクトよりも新しく、他のドメインコントローラに複製されるべきものである
と認識させるために、内部的にはオブジェクトの属性バージョン番号を100,000だけ大き
くする。

■ Dsdbutil Files──ディレクトリデータベースファイルを管理する

`2008` `2008R2` `2012` `2012R2` `2016` `2019` `2022` **UAC**

■ サブコマンド

サブコマンド	短縮形	説明
Checkpoint	checkp	チェックポイントファイル edb.chk を作成する。「Esentutl /Mk」コマンドに相当する
Checksum	checks	データベースファイルの物理的な一貫性を検証する。「Esentutl /k」コマンドに相当する
Compact To フォルダ名	co t	ディレクトリデータベースファイルをデフラグして、指定した空のフォルダに新しいファイルを作成する。「Esentutl /d」コマンドに相当する
Dump Page ページ番号	d p	データベースから指定したページ番号のデータを書き出す。「Esentutl /Ms /p」コマンドに相当する

Header	hea	Ntds.dit ファイルのヘッダ情報を表示する。「Esentutl /Mh」コマンドに相当する
Info	inf	ドライブの空き容量やディレクトリデータベースファイルのサイズなどを表示する
Integrity	int	データベースの論理的な整合性を検証する。「Esentutl /g」コマンドに相当する
Logfile ログファイル名	l	ディレクトリデータベースのログファイルを書き出す。「Esentutl /Ml」コマンドに相当する
Metadata	me	ディレクトリデータベースのメタデータを書き出す。「Esentutl /Mm」コマンドに相当する
Move Db To フォルダ名	m d t	Ntds.dit ファイルを指定したフォルダに移動し、レジストリも新しいパスに更新する
Move Logs To フォルダ名	m l t	ディレクトリデータベースのログファイルを指定したフォルダに移動し、レジストリも新しいパスに更新する
Recover	r	ディレクトリデータベースを回復してクリーンな状態にする。「Esentutl /r」コマンドに相当する
Set Backup Exclusion Key	se b e k	バックアップ除外キーを更新する
Set Default Folder Security	se d f s	NTDS フォルダのセキュリティを既定値にリセットする
Set Path Backup フォルダ名	se p b	ディレクトリデータベースファイルのバックアップ先フォルダを指定する
Set Path Db フォルダ名	se p d	ディレクトリデータベースファイルの新しいパスをレジストリに記入する
Set Path Logs フォルダ名	se p l	ログファイルの新しいパスをレジストリに記入する
Set Path Working Dir フォルダ名	se p w d	ワーキングディレクトリの新しいパスをレジストリに記入する
Space Usage	sp u	データベース使用率を表示する

2
ドメインと
グループポリシー編

実行例

カスタムの接続セキュリティ規則を登録し、設定内容を表示する。この操作には管理者権限が必要。

```
C:¥Work>Dsdbutil
アクティブ インスタンスが "NTDS" に設定されました。
Dsdbutil: Files
file maintenance: Compact To C:¥Work
最適化モードを起動しています...
     ソース データベース: E:¥Windows¥NTDS¥ntds.dit
     ターゲット データベース: C:¥Work¥ntds.dit

              Defragmentation  Status ( omplete)

     0    10   20   30   40   50   60   70   80   90  100
     |----|----|----|----|----|----|----|----|----|----|
     ..................................................

このデータベースの完全なバックアップを今すぐ作成する
ことをお勧めします。最適化の前に作成されたバックアップ
を復元すると、データベースはそのバックアップ時の状態に
ロールバックされます。
```

```
圧縮に成功しました。次のコマンドで、ファイルのコピーと古いログ ファイルの削除を
実行してください:
  copy "C:¥Work¥ntds.*" "E:¥Windows¥NTDS"
  del E:¥Windows¥NTDS¥*.log


file maintenance: Quit
Dsdbutil: Quit

C:¥Work>COPY C:¥Work¥ntds.dit E:¥Windows¥NTDS
E:¥Windows¥NTDS¥ntds.dit を上書きしますか? (Yes/No/All): y
        1 個のファイルをコピーしました。
```

■ コマンドの働き

「Dsdbutil Files」コマンドは、ディレクトリデータベースファイルの問題検証、デフラグ、バックアップなどを実行する。

■ Dsdbutil Ifm——IFM用のインストールメディアを作成する

2008 | 2008R2 | 2012 | 2012R2 | 2016 | 2019 | 2022 | UAC

サブコマンド

サブコマンド	短縮形	説明
Create Full フォルダ名	c f	指定した空のフォルダに、ディレクトリサービスのインストール用ファイル群を作成する。AD DSの場合、「フォルダ名 ¥Active Directory」フォルダに「Ntds.dit」ファイルを、「フォルダ名 ¥registry」フォルダに「SYSTEM」と「SECURITY」2つのファイルを作成する
Create Full NoDefrag フォルダ名	c f n	「Create Full」と同じだが、作成後にディレクトリデータベースの最適化（デフラグ）を行わない。最適化を省略する分、高速に実行できる
Create Rodc フォルダ名	c r	指定した空のフォルダに、読み取り専用DC（RODC）用のインストール用ファイル群を作成する
Create Sysvol Full フォルダ名	c s f	「Create Full」と同じファイル群に加えて、SYSVOL共有の内容も書き出す
Create Sysvol Full NoDefrag フォルダ名	c s f n	「Create Sysvol Full」と同じだが、作成後にディレクトリデータベースの最適化を行わない。最適化を省略する分、高速に実行できる
Create Sysvol Rodc フォルダ名	c s r	「Create Rodc」と同じファイル群に加えて、SYSVOL共有の内容も書き出す

実行例

完全なIFMファイル群を、サーバSV2上のIFM共有フォルダに作成する。この操作には管理者権限が必要。

```
C:¥Work>Dsdbutil
Dsdbutil: Activate Instance NTDS
アクティブ インスタンスが "NTDS" に設定されました。
```

```
Dsdbutil: Ifm
IFM: Create Full ¥¥sv2.ad.example.jp¥IFM
スナップショットを作成しています...
スナップショット セット {f9745d00-a7fc-4ab0-9315-2b789257a4a8} が正常に生成されまし
た。
スナップショット {f90d3b9b-fe91-4584-97d1-1e7374287f16} が C:¥$SNAP_202209111600_
VOLUMEE$¥ としてマウントされました。
スナップショット {a9baff78-a178-4c92-8af0-68e37390e209} が C:¥$SNAP_202209111600_
VOLUMEC$¥ としてマウントされました。
最適化モードを起動しています...
    ソース データベース: C:¥$SNAP_202209111600_VOLUMEE$¥¥Windows¥NTDS¥ntds.dit
    ターゲット データベース: ¥¥sv2.ad.example.jp¥IFM¥Active Directory¥ntds.dit

              Defragmentation  Status ( omplete)

    0    10   20   30   40   50   60   70   80   90  100
    |----|----|----|----|----|----|----|----|----|----|
    ..................................................

レジストリ ファイルをコピーしています...
¥¥sv2.ad.example.jp¥IFM¥registry¥SYSTEM をコピーしています
¥¥sv2.ad.example.jp¥IFM¥registry¥SECURITY をコピーしています
スナップショット {f90d3b9b-fe91-4584-97d1-1e7374287f16} のマウントが解除されました。
スナップショット {a9baff78-a178-4c92-8af0-68e37390e209} のマウントが解除されました。
IFM メディアが ¥¥sv2.ad.example.jp¥IFM に正常に作成されました
IFM: Quit
Dsdbutil: Quit
```

■ コマンドの働き

「Dsdbutil Ifm」コマンドは、ドメインコントローラの昇格時に使用する「メディアから
のインストール（IFM：Install From Media）」用にソースファイルを作成する。

IFMを使ってドメインコントローラを昇格すると、オブジェクト複製などにかかる時
間を短縮できる。

Dsdbutil Semantic Database Analysis
──ディレクトリデータベースのデータ整合性を検査する

2008 2008R2 2012 2012R2 2016 2019 2022 UAC

■ サブコマンド

サブコマンド	短縮形	説明
Check Quota	c q	クォータ追跡テーブルの整合性を検査する
Get レコード番号	g	ディレクトリデータベースから、番号で指定したレコードを取得する
Go	go	ディレクトリデータベースの整合性を検査し、結果を「Dsdit.dmp.連番」ファイルに書き出す
Go Fixup	go f	Go サブコマンドと同じだが、整合性違反を修正する
Rebuild Quota	r q	クォータ追跡テーブルを再作成する
Verbose {On	Off}	v	詳細モードを有効（On）または無効（Off）にする

NTDSのディレクトリデータベースの整合性違反を修正する。この操作には管理者権限が必要。

```
C:¥Work>Dsdbutil
アクティブ インスタンスが "NTDS" に設定されました。
Dsdbutil: Semantic Database Analysis
semantic checker: Go Fixup
修正モードは on です

DIT データベースを開いています... 完了

完了

......完了


ログ ファイル dsdit.dmp.0 に要約を書き込んでいます
スキャンされた SD:            102
スキャンされたレコード:        3711
レコードを処理しています。.完了しました。経過時間は 0 秒です。

semantic checker: Quit
Dsdbutil: Quit
```

■ コマンドの働き

「Dsdbutil Semantic Database Analysis」コマンドは、ディレクトリデータベースの整合性を検査し修復する。

Dsdbutil Snapshot
──ディレクトリデータベースのスナップショットを管理する

`2008` `2008R2` `2012` `2012R2` `2016` `2019` `2022` `UAC`

■ サブコマンド

サブコマンド	短縮形	説明
Create	c	スナップショットを作成する
Delete {*GUID*	*}	d	GUID で指定したスナップショットを削除する。「*」を指定するとすべてのスナップショットを削除する
List All	l a	スナップショットを表示する
List Mounted	l m	マウントしたスナップショットを表示する
Mount *GUID*	m	GUID で指定したスナップショットをマウントする
Unmouont {*GUID*	*}	u	GUID で指定したスナップショットをアンマウントする。「*」を指定するとすべてのスナップショットをアンマウントする

スナップショットを操作する。この操作には管理者権限が必要。

```
C:¥Work>Dsdbutil
Dsdbutil: Activate Instance NTDS
アクティブ インスタンスが "NTDS" に設定されました。
Dsdbutil: Snapshot
snapshot: Create
スナップショットを作成しています...
スナップショット セット {9e46103b-fdba-4ca5-8172-035417c2cf62} が正常に生成されまし
た。
snapshot: List All
 1: 2022/09/11:14:35 {9e46103b-fdba-4ca5-8172-035417c2cf62}
 2:    E: {f263d4c9-6419-452b-bb84-e2a66eb9fdcc}
 3:    C: {f976398c-96fd-4ed6-a7ca-fa73f6c0ebd5}

snapshot: Mount {f263d4c9-6419-452b-bb84-e2a66eb9fdcc}
スナップショット {f263d4c9-6419-452b-bb84-e2a66eb9fdcc} が C:¥$SNAP_202209111435_
VOLUMEE$¥ としてマウントされました。
snapshot: Unmount *
スナップショット {f263d4c9-6419-452b-bb84-e2a66eb9fdcc} のマウントが解除されました。
スナップショット {f976398c-96fd-4ed6-a7ca-fa73f6c0ebd5} はマウントされていません。
snapshot: Delete *
スナップショット {f263d4c9-6419-452b-bb84-e2a66eb9fdcc} が削除されました。
スナップショット {f976398c-96fd-4ed6-a7ca-fa73f6c0ebd5} が削除されました。
snapshot: Quit
Dsdbutil: Quit
```

■ コマンドの働き

「Dsdbutil Snapshot」コマンドは、ディレクトリデータベースファイルとログファイル
のあるボリュームの、スナップショットを管理する。

Dsmgmt.exe
ディレクトリシステムエージェント
(DSA)の構成を管理する

[2008] [2008R2] [2012] [2012R2] [2016] [2019] [2022] [UAC]

構文

Dsmgmt [{/? | Help}]

■ スイッチとオプション

{/? | Help}
    コンテキストやサブコマンドのヘルプを表示する。

コンテキスト
    Dsmgmt コマンドは、操作の対象をコンテキストで指定し、サブコマンドで表示や
    設定を実行する。コンテキストによってはディレクトリサービスを停止しておく必要
    がある。コンテキストやサブコマンド、オプションは大文字と小文字を区別しない。
    オプションも含めて、他の名前や設定値と区別できる最短の文字数まで短縮して記述
    できる。

コンテキスト	短縮形	説明	停止要否
Configurable Settings	co s	動的オブジェクトの設定を操作する	不要
Ds Behavior	d b	パスワードリセットを許可／拒否する	不要
Group Membership Evaluation	g m e	ユーザーやグループのメンバーシップを評価する	不要
Ldap Policies	ld p	LDAP クエリのポリシーを設定する	不要
Local Roles	lo r	RODC の ARS を管理する	不要
Metadata Cleanup	m c	ディレクトリデータベースからオブジェクトを削除する	不要
Partition Management	pa m	ディレクトリパーティションを管理する	不要
Roles	r	AD DS の FSMO を管理する	不要
Security Account Management	sec a m	セキュリティ ID の重複を検査する	不要
Set Dsrm Password	set d p	ディレクトリサービスの修復モード（DSRM）管理者アカウントのパスワードを設定する	不要

■ サブコマンド

サブコマンド	短縮形	説明	停止要否
Popups {On | Off}	po {of | on}	Metadata Cleanup などで、確認や警告などのダイアログを表示する（on）または表示しない（off）。既定値は表示する	不要

■ 共通サブコンテキスト

多くのコンテキストで利用できるサブコンテキストは次のとおり。

Connections

操作対象のディレクトリサービスに接続する。

サブコマンド	短縮形	説明
Clear Creds	cl c	前に指定した接続資格情報を消去する
Connect To Domain ドメイン名	co t d	指定したドメインに接続する
Connect To Server サーバ名[:ポート番号]	co t s	指定したディレクトリサーバに接続する
Info	i	接続情報を表示する
Set Creds ドメイン名 ユーザー名 {パスワード | * | NULL}	s c	接続資格情報を指定する。パスワード入力プロンプトを表示する場合は「*」を、空のパスワードを指定する場合は NULL を指定する

Select Operation Target

操作対象のドメイン、サイト、ディレクトリサーバ、名前付けコンテキストを設定する。

サブコマンド	短縮形	説明
Connections	con	Connections サブコンテキストに移動する
List Current Selections	l c s	現在選択しているサイト、ドメイン、サーバ、名前付けコンテキストを表示する
List Domains	l d	ドメインを表示する
List Domains In Site	l d i s	サイト内のドメインを表示する
List Naming Contexts	l n c	名前付けコンテキストを表示する

List Roles For Connected Server	l r f c s	接続したサーバが所有する役割（FSMO）を表示する
List Servers For Domain In Site	l se f d i s	サイト内のドメインのサーバを表示する
List Servers In Site	l se i s	サイト内のサーバを表示する
List Sites	l si	サイトを表示する
Select Domain 番号	s d	番号で指定したドメインを選択する
Select Naming Context 番号	s n c	番号で指定した名前付けコンテキストを選択する
Select Server 番号	s se	番号で指定したサーバを選択する
Select Site 番号	s si	番号で指定したサイトを選択する

■ 共通サブコマンド

サブコマンド	短縮形	説明
{? | Help}	{? | h}	コンテキストやサブコマンドを表示する
Quit	q	コンテキストや Dsmgmt コマンドを終了する

実行例

実行例については、以降で説明するコンテキスト別 Dsmgmt コマンドの解説を参照。

■ コマンドの働き

Dsmgmt コマンドは、AD DS と AD LDS のディレクトリシステムエージェント（DSA：Directory System Agent）を管理するコマンドである。「Active Directory ドメインサービス」または「Active Directory ライトウェイトディレクトリサービス」の役割をインストールすると、本コマンドを利用できる。フルセットの Ntdsutil コマンドよりもコンテキストが少ない分扱いやすい。

Dsmgmt コマンドは対話的に実行することもできるが、コマンドラインにコンテキストやサブコマンド、オプションをすべて記述して、一括実行することもできる。コンテキストやサブコマンドにスペースを含む場合は、それぞれダブルクォートで括る。

■ Dsmgmt Configurable Settings
── 動的オブジェクトの設定を操作する

`2008` `2008R2` `2012` `2012R2` `2016` `2019` `2022` **UAC**

■ サブコマンド

サブコマンド	短縮形	説明
Cancel Changes	ca c	未確定の変更をキャンセルする
Commit Changes	com c	変更を確定する
Connections	con	Connections サブコンテキストに移動する
List	l	設定名を表示する
Set 設定名 To 設定値	se t	設定名の値を設定値に変更する。確定するまで仮設定になる
Show Values	sh v	設定名と設定値を表示する。確定していない設定値はカッコ内に表示される

DynamicObjectMinTTLの設定値を1,800に変更して確定し、現在の設定値を表示する。この操作には管理者権限が必要。

```
C:¥Work>Dsmgmt
Dsmgmt: Configurable Settings
configurable setting: Connections
server connections: Connect To Server sv1.ad.example.jp
sv1.ad.example.jp に結合しています...
ローカルでログオンしているユーザーの資格情報を使って sv1.ad.example.jp に接続しました。
server connections: Quit
configurable setting: Set DynamicObjectMinTTL To 1800
configurable setting: Commit Changes
configurable setting: Show Values
Setting                                 Current(New) Seconds

DynamicObjectDefaultTTL                 86400
DynamicObjectMinTTL                     1800
DisableVLVSupport                       0
ADAMDisablePasswordPolicies                      0
ADAMDisableLogonAuditing                         0
ADAMLastLogonTimestampWindow                     0
RequireSecureSimpleBind                 0
RequireSecureProxyBind                  0
MaxReferrals            0
ReferralRefreshInterval                 0
SelfReferralsOnly                       0
ADAMAllowADAMSecurityPrincipalsInConfigPartition                 0
ADAMDisableSPNRegistration                       0
ADAMDisableSSI          0
DenyUnauthenticatedBind                 0

configurable setting: Quit
Dsmgmt: Quit
```

■ コマンドの働き

「Dsmgmt Configurable Settings」コマンドは、TTL（Time To Live）値など、DSAで変更可能な値を設定する。

Dsmgmt Ds Behavior——パスワードリセットを許可／拒否する

2008 2008R2 2012 2012R2 2016 2019 2022 UAC

■ サブコマンド

サブコマンド	短縮形	説明
Allow Passwd Op On Unsecured Connection	a p o o u c	セキュリティで保護されていない接続でのパスワード変更を許可する

Connections	con	Connections サブコンテキストに移動する
Deny Passwd Op On Unsecured Connection	d p o o u c	セキュリティで保護されていない接続でのパスワード変更を拒否する（既定値）
List Current Ds-Behavior	l c d	現在の設定を表示する

実行例

現在のパスワードリセットポリシーを表示する。この操作には管理者権限が必要。

```
C:\Work>Dsmgmt
Dsmgmt: Ds Behavior
AD DS/LDS behavior: Connections
server connections: Connect To Server sv1.ad.example.jp
sv1.ad.example.jp に結合しています...
ローカルでログオンしているユーザーの資格情報を使って sv1.ad.example.jp に接続しました。
た。
server connections: Quit
AD DS/LDS behavior: List Current Ds-Behavior
セキュリティで保護されていない接続でのパスワードの操作: 拒否
AD DS/LDS behavior: Quit
Dsmgmt: Quit
```

■ コマンドの働き

「Dsmgmt Ds Behavior」コマンドは、セキュリティで保護されていない接続で、パスワードのリセットを許可または拒否するよう設定する。

■ Dsmgmt Group Membership Evaluation
　　──ユーザーやグループのメンバーシップを評価する

2008 　2008R2 　2012 　2012R2 　2016 　2019 　2022 　UAC

■ サブコマンド

サブコマンド	短縮形	説明
Clear Credentials	c c	前に指定した接続資格情報を消去する
Run ドメイン名 名前	r	指定したユーザーまたはグループのメンバーシップを評価する
Set Account Dc ドメインコントローラ名	se a d	アカウントドメインのドメインコントローラ名を指定する
Set Credentials ドメイン名 ユーザー名 {パスワード	*	NULL}	se c	接続資格情報を指定する。パスワード入力プロンプトを表示する場合は「*」を、空のパスワードを指定する場合は NULL を指定する
Set Global Catalog ドメインコントローラ名	se g c	グローバルカタログサーバを指定する
Set Resource Dc ドメインコントローラ名	se r d	リソースドメインコントローラのドメインコントローラ名を指定する
Verbose {On	Off}	v	詳細モードを有効（On）または無効（Off）にする

実行例

User1のグループメンバーシップを評価し、タブ区切りテキストファイルに結果を保存

する。ファイル名は「ユーザー名-YYYYMMDDhhmmss.tsv」で、日時はUTCになる。この操作には管理者権限が必要。

```
C:¥Work>Dsmgmt
Dsmgmt: Group Membership Evaluation
group membership evaluation: Run ad.example.jp User1

段階 1: アカウント ドメインの Active Directory ドメイン コントローラーを処理していま
す:
----------------------------------------
アカウント ドメイン内の Active Directory ドメイン コントローラー [sv1.ad.example.jp]
に接続しています...
...完了しました。

影響を受けるアカウントを検索しています: User1 ...
...完了しました。

アカウントのグローバル セキュリティ グループ メンバーシップを取得しています...
...完了しました。
 (中略)
段階 5: グループ メンバーシップ情報をファイルに出力しています
----------------------------------------
グループ メンバーシップ情報を含む出力ファイルを作成しています...
出力をファイルに書き込んでいます ---> User1-20220912151455.tsv ...
...完了しました。

正常に完了しました。
group membership evaluation: Quit
Dsmgmt: Quit


----- User1-20220912151455.tsv -----
レポートの生成対象: CN=User1,OU=OU1,DC=ad,DC=example,DC=jp
レポートの生成日時: 2022/09/12 15:14:55UTC
----------------------------------------------------------------------
次のグループの種類が評価されました: アカウント ユニバーサル リソース
照会先のアカウント Active Directory ドメイン コントローラーの名前: sv1.ad.example.jp
照会先のフォレスト GC の名前: sv1.ad.example.jp
照会先のリソース Active Directory ドメイン コントローラーの名前: sv1.ad.example.jp
----------------------------------------------------------------------
トークン内の SID     SID の種類 SID 履歴の数          識別名     SAM アカウント名
照会先の Active Directory ドメイン コントローラー     グループ所有者     グループ
所有者の SID     作成日時 (UTC)          変更日時 (UTC)          メンバーの変更日時
(UTC)     グループの種類の変更日時 (UTC)     直接の所属先グループの数     所属先グ
ループの合計数     グループの種類          ユーザーからの深さ     直近の親 OU
S-1-5-21-1163282951-2659187453-4116571545-1103          プライマリ SID          0
CN=User1,OU=OU1,DC=ad,DC=example,DC=jp     User1     sv1.ad.example.jp     該当なし
該当なし 該当なし     該当なし     該当なし     該当なし     5          6          ユーザー
0     OU=OU1,DC=ad,DC=example,DC=jp
 (以下略)
```

■ コマンドの働き

　「Dsmgmt Group Membership Evaluation」コマンドは、ユーザーやグループのメンバーシップを評価してレポートを作成する。

■ Dsmgmt Ldap Policies——LDAPクエリのポリシーを設定する

`2008` `2008R2` `2012` `2012R2` `2016` `2019` `2022` `UAC`

■ サブコマンド

サブコマンド	短縮形	説明
Cancel Changes	ca c	未確定の変更をキャンセルする
Commit Changes	com c	変更を確定する
Connections	con	Connections サブコンテキストに移動する
List	l	サポートされる LDAP ポリシーを表示する
Set ポリシー名 To 設定値	se t	LDAP ポリシーを指定した値に変更する。確定するまで仮設定になる
Show Values	sh v	LDAP ポリシーの設定値を表示する。確定していない設定値はカッコ内に表示される

実行例

　MaxPageSizeの値を9,999に変更して確定する。この操作には管理者権限が必要。

```
C:¥Work>Dsmgmt
Dsmgmt: Ldap Policies
ldap policy: Connections
server connections: Connect To Server sv1.ad.example.jp
sv1.ad.example.jp に結合しています...
ローカルでログオンしているユーザーの資格情報を使って sv1.ad.example.jp に接続しました。
server connections: Quit
ldap policy: Set MaxPageSize To 9999
ldap policy: Commit Changes
ldap policy: Quit
Dsmgmt: Quit
```

■ コマンドの働き

　「Dsmgmt Ldap Policies」コマンドは、LDAP クエリのポリシーを設定する。MaxPageSizeは一度のLDAP検索で返されるオブジェクトの数を制御する。

参考

- View and set LDAP policy in Active Directory by using Ntdsutil.exe
  https://learn.microsoft.com/en-us/troubleshoot/windows-server/identity/view-set-ldap-policy-using-ntdsutil

■ Dsmgmt Local Roles——RODCのARSを管理する

`2008` `2008R2` `2012` `2012R2` `2016` `2019` `2022` `UAC`

■ サブコマンド

サブコマンド	短縮形	説明
Add 名前 ローカルロール名	a	ユーザーまたはグループを、ローカルの役割に追加する
Connections	con	Connections サブコンテキストに移動する
List Roles	l r	利用可能なローカルの役割を表示する
Remove 名前 ローカルロール名	r	ユーザーまたはグループを、ローカルの役割から削除する
Show Role ローカルロール名	s r	ローカルの役割のメンバーを表示する

実行例

User1 を、Server Operators ローカルロールのメンバーに追加する。この操作には管理者権限が必要。

```
C:¥Work>Dsmgmt
Dsmgmt: Local Roles
local roles: Connections
server connections: Connect To Server sv1.ad.example.jp
sv1.ad.example.jp に結合しています...
ローカルでログオンしているユーザーの資格情報を使って sv1.ad.example.jp に接続しました。
server connections: Quit
local roles: Add EXAMPLE¥User1 "Server Operators"
ローカルの役割を正しく更新しました。
local roles: Quit
Dsmgmt: Quit
```

■ コマンドの働き

「Dsmgmt Local Roles」コマンドは、AD DS の読み取り専用ドメインコントローラ (RODC) の、ローカルロール（ビルトイングループ）のメンバーシップを設定する。ARS (Administrator Role Separation) を使うと、任意のユーザーやグループに対して、RODC のインストールやメンテナンスを委任することができる。設定値は次のレジストリに保存される。

- HKEY_LOCAL_MACHINE¥SYSTEM¥CurrentControlSet¥Control¥Lsa¥RODCROLES

◾ Dsmgmt Metadata Cleanup
──ディレクトリデータベースからオブジェクトを削除する

`2008` `2008R2` `2012` `2012R2` `2016` `2019` `2022` `UAC`

■ サブコマンド

サブコマンド	短縮形	説明
Connections	con	Connections サブコンテキストに移動する
Remove Selected Domain	r s d	選択したドメインを削除する

Remove Selected Naming Context	r s n c	選択した名前付けコンテキストを削除する
Remove Selected Server	r s s	選択したドメインコントローラとファイル複製情報を削除し、FSMO を移動する
Remove Selected Server *削除対象サーバ名*	r s s	指定した削除対象サーバとファイル複製情報を、現在のドメインコントローラから削除し、FSMO を現在のドメインコントローラに移動する。削除対象サーバがオフラインで接続できない場合などに使用する
Remove Selected Server *削除対象サーバ名* On *操作対象サーバ名*	r s s	指定した削除対象サーバとファイル複製情報を、操作対象サーバから削除し、FSMO を操作対象サーバに移動する。削除対象サーバがオフラインで接続できない場合などに使用する
Select Operation Target	sel o t	Select Operation Target サブコンテキストに移動する

実行例

ドメインコントローラ sv2 を ad.example.jp ドメインから削除する。この操作には管理者権限が必要。

```
C:¥Work>Dsmgmt
Dsmgmt: Metadata Cleanup
metadata cleanup: Connections
server connections: Connect To Server sv1.ad.example.jp
sv1.ad.example.jp に結合しています...
ローカルでログオンしているユーザーの資格情報を使って sv1.ad.example.jp に接続しました。
server connections: Quit
metadata cleanup: Select Operation Target
select operation target: List Domains
1 個のドメインを検出しました
0 - DC=ad,DC=example,DC=jp
select operation target: Select Domain 0
現在のサイトがありません
ドメイン - DC=ad,DC=example,DC=jp
現在のサーバーがありません
現在の名前付けコンテキストがありません
select operation target: List Sites
1 個のサイトを検出しました
0 - CN=Default-First-Site-Name,CN=Sites,CN=Configuration,DC=ad,DC=example,DC=jp
select operation target: Select Site 0
サイト - CN=Default-First-Site-Name,CN=Sites,CN=Configuration,DC=ad,DC=example,DC=jp
ドメイン - DC=ad,DC=example,DC=jp
現在のサーバーがありません
現在の名前付けコンテキストがありません
select operation target: List Servers In Site
2 個のサーバーを検出しました
0 - CN=SV1,CN=Servers,CN=Default-First-Site-Name,CN=Sites,CN=Configuration,DC=ad,DC=example,DC=jp
1 - CN=SV2,CN=Servers,CN=Default-First-Site-Name,CN=Sites,CN=Configuration,DC=ad,DC=example,DC=jp
select operation target: Select Server 1
サイト - CN=Default-First-Site-Name,CN=Sites,CN=Configuration,DC=ad,DC=example,DC=jp
```

```
            ドメイン - DC=ad,DC=example,DC=jp
            サーバー - CN=SV2,CN=Servers,CN=Default-First-Site-Name,CN=Sites,CN=Configuration,DC
=ad,DC=example,DC=jp
                    DSA オブジェクト - CN=NTDS Settings,CN=SV2,CN=Servers,CN=Default-First-Site-
Name,CN=Sites,CN=Configuration,DC=ad,DC=example,DC=jp
                    DNS ホスト名 - sv2.ad.example.jp
                    コンピューター オブジェクト - CN=SV2,OU=Domain Controllers,DC=ad,DC=example,
DC=jp
            現在の名前付けコンテキストがありません
select operation target: Quit
metadata cleanup: Remove Selected Server
選択されたサーバーから FSMO 役割を転送/強制処理しています。
選択されたサーバーのために FRS メタデータを削除しています。
"CN=SV2,OU=Domain Controllers,DC=ad,DC=example,DC=jp" 下で FRS メンバーを検索してい
ます。
"CN=SV2,OU=Domain Controllers,DC=ad,DC=example,DC=jp" 下のサブツリーを削除しています
。
CN=SV2,CN=Servers,CN=Default-First-Site-Name,CN=Sites,CN=Configuration,DC=ad,DC=exam
ple,DC=jp 上の FRS 設定の削除に失敗 しました。原因は次のとおりです: "要素が見つかり
ません。";
メタデータのクリーンアップは続行されます。
"CN=SV2,CN=Servers,CN=Default-First-Site-Name,CN=Sites,CN=Configuration,DC=ad,DC=exa
mple,DC=jp" をサーバー "sv1.ad.example.jp"から削除しました
metadata cleanup: Quit
Dsmgmt: Quit
```

■ コマンドの働き

「Dsmgmt Metadata Cleanup」コマンドは、ディレクトリサーバ、サイト、ドメイン、名前付けコンテキストをディレクトリデータベースから削除する。

「Remove Selected Server」などの削除系サブコマンドを実行すると、既定ではGUIで削除確認のメッセージダイアログが表示されて停止する。自動化する場合は「Popups Off」サブコマンドでメッセージ表示をオフにしておくとよい。

Dsmgmt Partition Management
──ディレクトリパーティションを管理する

2008 | 2008R2 | 2012 | 2012R2 | 2016 | 2019 | 2022 | UAC

■ サブコマンド

サブコマンド	短縮形	説明
Add Nc Replica パーティション DN {サーバ名 | NULL}	a n r	指定したディレクトリサーバに、指定したディレクトリパーティションの複製を作成する。サーバ名にNULL を指定すると、現在使用しているディレクトリサーバを使用する
Connections	con	Connections サブコンテキストに移動する
Create Nc パーティションDN {サーバ名[:ポート番号] | NULL}	cr n	指定したディレクトリサーバに、指定したディレクトリパーティションを作成する。サーバ名に NULL を指定すると、現在使用しているディレクトリサーバを使用する

Delete Nc パーティション*DN*	d n	指定したディレクトリパーティションを削除する
List	l	ディレクトリパーティションを表示する
List Nc Information パーティションDN	l n i	ディレクトリパーティションの参照ドメインや複製情報を表示する
List Nc Replicas パーティション*DN*	l n r	ディレクトリパーティションの複製情報を表示する
Precreate パーティション*DN* サーバ名	p	指定したディレクトリサーバに、ディレクトリパーティションの相互参照を事前登録する。AD LDS 用に LDAP サーバ名を指定する場合は「*FQDN:LDAP ポート番号:LDAPS ポート番号*」の形式でも指定できる
Remove Nc Replica パーティション*DN* {サーバ名 | NULL}	r n r	指定したディレクトリサーバの複製から、ディレクトリパーティションの複製を削除する。サーバ名に NULL を指定すると、現在使用しているディレクトリサーバを使用する
Select Operation Target	sel o t	Select Operation Target サブコンテキストに移動する
Set Nc Reference Domain パーティション*DN* ドメイン*DN*	set n ref d	DN で指定したドメインが、ディレクトリパーティションを参照するよう設定する
Set Nc Replication Notification Delay パーティション*DN* 待ち時間1 待ち時間2	set n rep d	ディレクトリパーティションに加えた変更を、他のディレクトリサーバに複製する際の待ち時間を秒単位で指定する ・待ち時間 1——変更通知を最初の複製パートナーに送信するまでの待ち時間 ・待ち時間 2——残りの複製パートナーに変更通知を送信するまでの待ち時間

2
ドメインと
グループポリシー編

実行例

名前付けコンテキスト TestAppPartition を作成する。この操作には管理者権限が必要。

```
C:¥Work>Dsmgmt
Dsmgmt: Partition Management
partition management: Connections
server connections: Connect To Server sv1.ad.example.jp
sv1.ad.example.jp に結合しています...
ローカルでログオンしているユーザーの資格情報を使って sv1.ad.example.jp に接続しました。
server connections: Quit
partition management: Create Nc "DC=TestAppPartition,DC=ad,DC=example,DC=jp" NULL
オブジェクト DC=TestAppPartition,DC=ad,DC=example,DC=jp の追加中
partition management: List
注意: 国際的な文字または Unicode 文字を含むディレクトリ パーティション名は、適切なフォントおよび言語サポートが読み込まれている場合にだけ正しく表示されます
6 個の名前付けコンテキストが検出されました
0 - CN=Configuration,DC=ad,DC=example,DC=jp
1 - DC=ad,DC=example,DC=jp
2 - CN=Schema,CN=Configuration,DC=ad,DC=example,DC=jp
3 - DC=DomainDnsZones,DC=ad,DC=example,DC=jp
4 - DC=ForestDnsZones,DC=ad,DC=example,DC=jp
5 - DC=TestAppPartition,DC=ad,DC=example,DC=jp
partition management: Quit
Dsmgmt: Quit
```

「Dsmgmt Partition Management」コマンドは、ディレクトリパーティションを管理する。ディレクトリパーティションは名前付けコンテキスト（NC：Naming Context）ともいい、ディレクトリサーバ間で複製される一連のオブジェクトツリーである。

Dsmgmt Roles——AD DS の FSMO を管理する

`2008` `2008R2` `2012` `2012R2` `2016` `2019` `2022` `UAC`

■ サブコマンド

サブコマンド	短縮形	説明
Connections	con	Connections サブコンテキストに移動する
Seize Naming Master	sei n m	ドメイン名前付けマスタの役割を移動（通常移動が不可の場合は強制移動）する
Seize Infrastructure Master	sei i m	インフラストラクチャマスタの役割を移動（通常移動が不可の場合は強制移動）する
Seize PDC	sei p	PDC エミュレータの役割を移動（通常移動が不可の場合は強制移動）する
Seize RID Master	sei r m	RID マスタの役割を移動（通常移動が不可の場合は強制移動）する
Seize Schema Master	sei s m	スキーママスタの役割を移動（通常移動が不可の場合は強制移動）する
Select Operation Target	sel o t	Select Operation Target サブコンテキストに移動する
Transfer Naming Master	t n m	ドメイン名前付けマスタの役割を転送する
Transfer Infrastructure Master	t i m	インフラストラクチャマスタの役割を転送する
Transfer PDC	t p	PDC エミュレータの役割を転送する
Transfer RID Master	t r m	RID マスタの役割を転送する
Transfer Schema Master	t s m	スキーママスタの役割を転送する

実行例

PDC エミュレータの役割を sv1 から sv2 に転送する。この操作には管理者権限が必要。

```
C:\Work>Dsmgmt
Dsmgmt: Roles
fsmo maintenance: Connections
server connections: Connect To Server sv2.ad.example.jp
sv2.ad.example.jp に結合しています...
ローカルでログオンしているユーザーの資格情報を使って sv2.ad.example.jp に接続しました。
server connections: Quit
fsmo maintenance: Transfer PDC
サーバー "sv2.ad.example.jp" は 5 個の役割を認識しています
スキーマ - CN=NTDS Settings,CN=SV1,CN=Servers,CN=Default-First-Site-Name,CN=Sites,CN
=Configuration,DC=ad,DC=example,DC=jp
名前付けマスター - CN=NTDS Settings,CN=SV1,CN=Servers,CN=Default-First-Site-Name,CN=
Sites,CN=Configuration,DC=ad,DC=example,DC=jp
PDC - CN=NTDS Settings,CN=SV2,CN=Servers,CN=Default-First-Site-Name,CN=Sites,CN=Conf
iguration,DC=ad,DC=example,DC=jp
RID - CN=NTDS Settings,CN=SV1,CN=Servers,CN=Default-First-Site-Name,CN=Sites,CN=Conf
```

```
iguration,DC=ad,DC=example,DC=jp
インフラストラクチャ - CN=NTDS Settings,CN=SV1,CN=Servers,CN=Default-First-Site-Name
,CN=Sites,CN=Configuration,DC=ad,DC=example,DC=jp
fsmo maintenance: Quit
Dsmgmt: Quit
```

■ コマンドの働き

「Dsmgmt Roles」コマンドは、どのドメインコントローラがFSMOを持つか管理する。

TransferやSeizeサブコマンドを実行すると、既定ではGUIで移動確認のメッセージダイアログが表示されて停止する。自動化する場合は「Popups Off」サブコマンドでメッセージ表示をオフにしておくとよい。

■ Dsmgmt Security Account Management
──セキュリティIDの重複を検査する

`2008` `2008R2` `2012` `2012R2` `2016` `2019` `2022` `UAC`

■ サブコマンド

サブコマンド	短縮形	説明
Check Duplicate Sid	ch d s	セキュリティアカウントマネージャ（SAM）から、重複するセキュリティIDを検索する
Cleanup Duplicate Sid	cl d s	セキュリティアカウントマネージャ（SAM）から、重複するセキュリティIDを検索して削除する
Connect To Server サーバ名	co t s	指定したディレクトリサーバに接続する
Log File ログファイル名	l f	既定のログファイル名を、「dupsid.log」から任意の名前に変更する

実行例

重複したSIDを確認する。この操作には管理者権限が必要。

```
C:¥Work>Dsmgmt
Dsmgmt: Security Account Management
Security Account Maintenance: Connect To Server sv1.ad.example.jp
Security Account Maintenance: Check Duplicate Sid

重複した SID の確認は正常に終了しました。dupsid.log を確認してください。
Security Account Maintenance: Quit
Dsmgmt: Quit
```

■ コマンドの働き

「Dsmgmt Security Account Management」コマンドは、セキュリティID（SID）の重複を検出して修正する。検査と修正の結果は「dupsid.log」ファイルに出力する。

◼ Dsmgmt Set Dsrm Password
──ディレクトリサービスの修復モード管理者アカウントのパスワードを設定する

2008 2008R2 2012 2012R2 2016 2019 2022 UAC

■ サブコマンド

サブコマンド	短縮形	説明
Reset Password On Server サーバ名	rpos	指定したディレクトリサーバで、DSRM管理者アカウントのパスワードをリセットする
Sync From Domain Account ユーザー名	sfda	指定したドメインユーザーのパスワードを、DSRM管理者アカウントのパスワードに設定する

実行例

DSRM管理者パスワードを設定する。この操作には管理者権限が必要。

```
C:¥Work>Dsmgmt
Dsmgmt: Set Dsrm Password
Reset DSRM Administrator Password: Reset Password On Server sv1.ad.example.jp
DS 復元モードの管理者アカウントのパスワードを入力してください: ***************
新しいパスワードの確認入力をしてください: ***************
パスワードは正しく設定されました。

Reset DSRM Administrator Password: Quit
Dsmgmt: Quit
```

■ コマンドの働き

「Dsmgmt Set Dsrm Password」コマンドは、ディレクトリサービスの修復モード(DSRM：Directory Services Restore Mode)のAdministratorパスワードを設定する。

Dsregcmd.exe
オンプレミスのADとAzure ADでのデバイスの状態を表示する

10 2019 2022 11

構文

Dsregcmd スイッチ

◼ スイッチ

/Debug
ADへの参加状態についてデバッグ情報を表示する。 10 1809 以降 2019 以降 11

/Join
ハイブリッドAD JoinによるAzure ADへの自動参加をスケジュールする。
10 1809 以降 2019 以降 11

/Leave
Azure ADから離脱する。 10 1809 以降 2019 以降 11

/RefreshPrt

Primary Refresh Token（PRT）を更新する。　**10 2004 以降**　**2019 以降**　**11**

/Status

デバイスのAD参加状態をレポートする。　**10 1809 以降**　**2019 以降**　**11**

/Status_Old

デバイスのAD参加状態を別形式でレポートする。　**10 1809 以降**　**2019 以降**　**11**

実行例

デバイスのAD参加状態をレポートする。

```
C:¥Work>Dsregcmd /Status

+----------------------------------------------------------------------+
| Device State                                                         |
+----------------------------------------------------------------------+

            AzureAdJoined : NO
         EnterpriseJoined : NO
             DomainJoined : YES
               DomainName : EXAMPLE
              Device Name : cl1.ad.example.jp


+----------------------------------------------------------------------+
| User State                                                           |
+----------------------------------------------------------------------+

                  NgcSet : NO
        WorkplaceJoined : NO
        WamDefaultSet : NO
(以下略)
```

2
ドメインと
グループポリシー編

■ コマンドの働き

Dsregcmdコマンドは、オンプレミスのActive DirectoryドメインとAzure ADの両方で、デバイスの参加状態に関する情報を表示する。

Gpfixup.exe

ドメイン名の変更後にグループ
ポリシーオブジェクトを修正する

2008　**2008R2**　**2012**　**2012R2**　**2016**　**2019**　**2022**　**UAC**

構文

Gpfixup [/OldDns:*旧DNS名* [/NewDns:*新DNS名*]] [/OldNb:*旧NetBIOS名*
[/NewNb:*新NetBIOS名*]] [/Dc:*ドメインコントローラ名*] [/SiOnly] [/User:
ユーザー名] [/Pwd:{*パスワード* | *}] [/v]

269

■ スイッチとオプション

/OldDns:*旧DNS名*
　　変更前のDNSドメイン名を指定する。

/NewDns:*新DNS名*
　　変更後のDNSドメイン名を指定する。

/OldNb:*旧NetBIOS名*
　　変更前のNetBIOSドメイン名を指定する。

/NewNb:*新NetBIOS名*
　　変更後のNetBIOSドメイン名を指定する。

/Dc:*ドメインコントローラ名*
　　操作対象のドメインコントローラを指定する。

/SiOnly
　　ソフトウェアインストールに関するGPOだけを修正する。

/User:*ユーザー名*
　　接続するユーザー名を指定する。

/Pwd:{*パスワード* | *}
　　接続するユーザーのパスワードを指定する。「*」を指定するとプロンプトを表示する。

/v
　　詳細情報を表示する。

実行例

　DNSドメイン名を「ad.example.jp」から「testad.example.jp」に、NetBIOSドメイン名を「EXAMPLE」から「TESTAD」に変更したあと、GPOを修正する。この操作にはEnterprise Adminsの権限が必要。

```
C:¥Work>Gpfixup /OldDns:ad.example.jp /NewDns:testad.example.jp /OldNb:EXAMPLE
/NewNb:TESTAD
Group Policy fix up utility Version 1.1 (Microsoft)


Start fixing group policy (GroupPolicyContainer) objects:
........

Start fixing site group policy links:
.

Start fixing non-site group policy links:
......
gpfixup tool executed with success.
```

■ コマンドの働き

　Gpfixupコマンドは、Rendomコマンドでドメイン名を変更したあと、GPOやリンク内のドメイン名に関する情報を更新する。

Gpresult.exe

ポリシーの結果セットを表示する

2000 | XP | 2003 | 2003R2 | Vista | 2008 | 2008R2 | 7 | 2012 | 8 | 2012R2 | 8.1
10 | 2016 | 2019 | 2022 | 11

構文1 Windows XP以降

Gpresult [/s コンピュータ名 [/u ユーザー名 [/p [パスワード]]]] [/Scope {User | Computer}] [/User ターゲットユーザー名] [{/r | /v | /z}] [{/x | /h} ファイル名 [/f]]

構文2 Windows 2000だけ

Gpresult [/v] [/s] [{/c | /u}]

■ スイッチとオプション（Windows XP以降）

/s コンピュータ名
操作対象のコンピュータ名を指定する。省略するとローカルコンピュータでコマンドを実行する。

/u ユーザー名
操作を実行するユーザー名を指定する。/xおよび/hスイッチとは併用できない。

/p [パスワード]
操作を実行するユーザーのパスワードを指定する。省略するとプロンプトを表示する。/xおよび/hスイッチとは併用できない。

/Scope {User | Computer}
ポリシーの結果セットの表示対象として、ユーザー(User)またはコンピュータ(Computer)のいずれかを指定する。Computerを指定した場合は管理者権限が必要。
UAC

/User ターゲットユーザー名
ポリシーの結果セットを表示するユーザー名を指定する。コマンドを実行するユーザー以外を指定した場合は管理者権限が必要。**UAC**

/r
ポリシーの結果セットの概要を表示する。**Vista以降**

/v
ポリシーの結果セットの詳細を表示する。

/z
ポリシーの結果セットの、より詳細な情報を表示する。

{/x | /h} ファイル名
レポートをXMLファイル(/x)またはHTMLファイル(/h)として保存する。
Vista以降

/f
レポートファイルを上書きする。

2

ドメインと
グループ
ポリシー編

■ スイッチとオプション（Windows 2000）

/v

　　ポリシーの結果セットの詳細情報を表示する。

/s

　　ポリシーの結果セットの、より詳細な情報を表示する。

{/c | /u}

　　ポリシーの結果セットの表示対象として、ユーザー（/u）またはコンピュータ（/c）のい
　　ずれかを指定する。

実行例

　EXAMPLE\User1について、ポリシーの結果セットの概要を表示する。この操作には
管理者権限が必要だが、実行者が本人の場合は不要。

```
C:\Work>Gpresult /User EXAMPLE\User1 /r

Microsoft (R) Windows (R) Operating System グループ ポリシーの結果ツール v2.0
(c) Microsoft Corporation. All rights reserved.

作成日  2022/09/09 時刻 0:33:01


RSOP のデータ EXAMPLE\user1 - CL1 : ログ モード
-------------------------------------------------

OS 構成:                    メンバー ワークステーション
OS バージョン:              10.0.22000
サイト名:                   N/A
移動プロファイル:           N/A
ローカル プロファイル       C:\Users\user1
低速リンクで接続: いいえ


ユーザー設定
-------------

    CN=User1,OU=OU1,DC=ad,DC=example,DC=jp
    前回のグループ ポリシーの適用時: 2022/09/08 (23:35:05)
    グループ ポリシーの適用元:      sv1.ad.example.jp
    グループ ポリシーの低速リンクのしきい値:   500 kbps
    ドメイン名:                     EXAMPLE
    ドメインの種類:                 Windows 2008 またはそれ以降

    適用されたグループ ポリシー オブジェクト
    -------------------------------------------
        N/A

    次の GPO はフィルターで除外されたため適用されませんでした。
    -------------------------------------------------------------
        ローカル グループ ポリシー
```

```
        フィルター: 未適用 (空)

   ユーザーは次のセキュリティ グループの一部です
   ------------------------------------------------
       Domain Users
       Everyone
(以下略)
```

コマンドの働き

　Gpresult コマンドは、ターゲットのユーザーまたはコンピュータについて、ポリシーの結果セット（RSoP：Resultant Set of Policy）を表示する。ポリシーの結果セットは対象コンピュータから取得するため、次のケースでは取得できない。

- ● ターゲットが一度もログオンしておらず、グループポリシーが適用されていないユーザーやコンピュータの場合
- ● Gpresult コマンドを実行するコンピュータからターゲットコンピュータに対して、RPCで接続できない場合

Gpupdate.exe

グループポリシーを適用して更新する

| XP | 2003 | 2003R2 | Vista | 2008 | 2008R2 | 7 | 2012 | 8 | 2012R2 | 8.1 | 10 |
| 2016 | 2019 | 2022 | 11 |

構文

Gpupdate [/Target:{Computer | User}] [/Force] [/Wait:*待ち時間*]
[/Logoff] [/Boot] [/Sync]

スイッチとオプション

/Target:{Computer | User}

　コンピュータのポリシー（Computer）またはユーザーのポリシー（User）のいずれかを更新する。省略すると両方のポリシーを更新する。

/Force

　すべてのポリシー設定を再適用する。既定では、設定が変更されたポリシーだけを再適用する。

/Wait:*待ち時間*

　コマンドプロンプトに戻るまでの待ち時間を秒単位で指定する。既定値は600秒。0を指定すると、ポリシー更新をスケジュールしてすぐにプロンプトに戻り、-1を指定すると、更新処理が完了するまで待ってから戻る。指定した待ち時間を経過したあとも、グループポリシーの更新処理はバックグラウンドで継続する。

/Logoff

　グループポリシーを適用し、必要であればログオフする。ユーザーのログオン時に作用するポリシー設定がある場合にだけ有効。

/Boot

グループポリシーを適用し、必要であればコンピュータを再起動する。コンピュータの起動時に作用するポリシー設定がある場合にだけ有効。

/Sync

ユーザーのログオン時やコンピュータの起動時にフォアグラウンドで実行するグループポリシーの適用を、同期的に実行する。システムの再起動またはユーザーのログオフが必要で、/Forceスイッチと/Waitスイッチを併用しても無効になる。 `UAC`

実行例

グループポリシーをすべて再適用して最新化する。

```
C:¥Work>Gpupdate /Force
ポリシーを最新の情報に更新しています...

コンピューター ポリシーの更新が正常に完了しました。
ユーザー ポリシーの更新が正常に完了しました。
```

コマンドの働き

Gpupdateコマンドは、コンピュータやユーザーに最新のグループポリシーを適用する。グループポリシーの既定の適用サイクル(コンピュータの起動時、ユーザーのログオン時、90分間隔など)以外で、手動でグループポリシーを適用することができる。

Windows 2000では「Secedit /RefreshPolicy」コマンドを使用する。

Klist.exe

キャッシュされた
Kerberosチケットを操作する

`2008` `2008R2` `7` `2012` `8` `2012R2` `8.1` `10` `2016` `2019` `2022` `11`

構文

Klist [スイッチ] [オプション]

スイッチとオプション

Add_Bind ドメイン名 ドメインコントローラ名

Kerberos認証に使用するActive Directoryドメイン名とドメインコントローラを指定する。 `UAC`

Cloud_Debug

Azure ADでのKerberos認証情報を表示する。 `10 2004 以降` `2022` `11`

Get SPN [-KdcOptions KDCオプション] [-CacheOptions キャッシュオプション]

サービスプリンシパル名(SPN)で指定したサービスに対するKerberosチケットを取得する。KDCオプションには、RFC4120に定義されているAS-REQまたはTGS-REQ用のKDCOptions(KerberosFlags)の値を指定する。キャッシュオプションには、KERB_RETRIEVE_TKT_REQUESTのCacheOptionsに定義されている値を指定する。-Lhオプションと-Liを併用できる。

Kcd_Cache

　Kerberos制約付き委任のキャッシュ情報を表示する。-Lhオプションと-Liを併用できる。 UAC

Purge

　キャッシュされたKerberosチケットを削除する。-Lhオプションと-Liを併用できる。
　UAC

Purge_Bind

　Kerberos認証に使用するドメインコントローラの情報を削除する。 UAC

Query_Bind

　Kerberos認証に使用したドメインコントローラの情報を表示する。 UAC

Sessions

　すべてのセッションとログオンID(LUID：Locally Unique Identifier)を表示する。
　-Lhオプションと-Liを併用できる。 UAC

Tgt

　チケット保証チケット(TGT)を表示する。-Lhオプションと-Liを併用できる。 UAC

Tickets

　ログオンIDとキャッシュされたチケット数、チケットの詳細を表示する。-Lhオプション
　と-Liを併用できる。 UAC

共通オプション

-Lh ログオンIDの上位パート

　「0:0x3e7」の形式で表されるログオンIDの上位パート(コロンの左側)を16進数で指
　定する。-lhオプションと-liオプションのどちらも指定しない場合は、コマンドを実
　行しているユーザーのLUIDを使用する。

-Li ログオンIDの下位パート

　ログオンIDの下位パート(コロンの右側)を16進数で指定する。よく利用される
　LUIDの下位パートは次のとおり。

LUIDの下位パート	説明
0x3e7	NT AUTHORITY¥SYSTEM(コンピュータアカウント)
0x3e5	NT AUTHORITY¥LOCAL SERVICE
0x3e4	NT AUTHORITY¥NETWORK SERVICE

実行例

　セッションの一覧を表示し、ログオンIDが0:0x6318fのユーザーのKerberosチケット
キャッシュを削除する。この操作には管理者権限が必要。

```
C:¥Work>Klist Sessions

現在のログオン ID: 0:0x63160
[0] セッション 1 0:0x63160 EXAMPLE¥user1 Kerberos:Interactive
[1] セッション 1 0:0x11d61 Window Manager¥DWM-1 Negotiate:Interactive
[2] セッション 1 0:0x11d21 Window Manager¥DWM-1 Negotiate:Interactive
[3] セッション 0 0:0x3e4 EXAMPLE¥SV2$ Negotiate:Service
[4] セッション 1 0:0x6318f EXAMPLE¥user1 Negotiate:Interactive
```

```
[5] セッション 0 0:0x3e5 NT AUTHORITY¥LOCAL SERVICE Negotiate:Service
[6] セッション 0 0:0xc20c Font Driver Host¥UMFD-0 Negotiate:Interactive
[7]セッション 1 0:0xc1ff Font Driver Host¥UMFD-1 Negotiate:Interactive
[8]セッション 0 0:0xbdc1 ¥ NTLM:(0)
[9] セッション 0 0:0x3e7 EXAMPLE¥SV2$ Negotiate:(0)

C:¥Work>Klist Purge -Lh 0 -Li 0x6318f

現在のログオン ID: 0:0x63160
ターゲットのログオン ID: 0:0x6318f
        すべてのチケットを削除しています:
        チケットが削除されました。
```

■ コマンドの働き

Klistコマンドは、キャッシュされたKerberosチケット情報を表示、追加、削除する。自分以外のKerberosチケットを操作する場合は管理者権限が必要。

Ktpass.exe

統合Windows認証用に
.keytabファイルを生成する

2008 | 2008R2 | 2012 | 2012R2 | 2016 | 2019 | 2022

構文

Ktpass [/Out ファイル名] [/Princ SPN] [/MapUser アカウント名] [/MapOp {Add | Set}] [{- | +}DesOnly] [/In ファイル名] [/Pass {パスワード | * | {- | +}RndPass}] [/MinPass] [/MaxPass] [/Crypto キー生成アルゴリズム] [/IterCount 反復回数] [/Ptype プリンシパルの種類] [/KvNo キーバージョン番号] [/Answer {- | +}] [/Target ドメインコントローラ名] [/RawSalt] [{- | +}DumpSalt] [{- | +}SetUpn] [{- | +}SetPass パスワード]

■ スイッチとオプション

/Out ファイル名
    Kerberos V5の.keytabファイル名を指定する。

/Princ SPN
    .keytabファイルの生成対象になるサービスプリンシパル名(SPN)を指定する。

/MapUser アカウント名
    SPNを割り当てるAD上のアカウント名を指定する。

/MapOp {Add | Set}
    値を追加する(Add)か、値を設定する(Set)。既定値はAdd。

{- | +}DesOnly
    暗号化をDESだけにする(+)か、解除する(-)。既定値は解除する。

/In ファイル名
    作成済みの.keytabファイルを読み取る。

/Pass {パスワード | * | {- | +}RndPass}

パスワードを指定する。*を指定するとプロンプトを表示する。+RndPassオプションを指定するとランダムなパスワードを生成する。

/MinPass

ランダム生成のパスワードを15文字にする。

/MaxPass

ランダム生成のパスワードを256文字にする。

/Crypto キー生成アルゴリズム

キー生成アルゴリズムとして次のいずれかを指定する。Allを指定するとサポートされている使用可能なすべてのアルゴリズムを使用する。
- DES-CBC-CRC
- DES-CBC-MD5
- RC4-HMAC-NT
- AES256-SHA1
- AES128-SHA1
- All

/IterCount 反復回数

AES暗号化に使う反復回数を指定する。AES使用時の既定値は4,096。

/Ptype プリンシパルの種類

プリンシパルの種類として次のいずれかを指定する。
- KRB5_NT_PRINCIPAL
- KRB5_NT_SRV_INST
- KRB5_NT_SRV_HST
- KRB5_NT_SRV_XHST

/KvNo キーバージョン番号

キーバージョン番号を指定の値で上書きする。既定値はドメインコントローラに問い合わせる。Windows 2000互換の場合は1を指定する。

/Answer {- | +}

パスワード再設定プロンプトへの自動応答をNoにする(-)か、Yesにする(+)。

/Target ドメインコントローラ名

使用するドメインコントローラ名を指定する。

/RawSalt

キーの生成時にRawSaltアルゴリズムを使用する。

{- | +}DumpSalt

キーの生成時に使用するMIT Saltアルゴリズムを表示する(+)か否か(-)指定する。

{- | +}SetUpn

SPNに加えてユーザープリンシパル名(UPN)を使用する(+)か否か(-)指定する。既定値は使用する。

{- | +}SetPass パスワード

ユーザーのパスワードを指定する。

実行例

TestUserにマップしたSPNに対応する.keytabファイルを生成する。この操作には管理者権限が必要。

```
C:¥Work>Ktpass /Princ HOST/TestUser.ad.example.jp@AD.EXAMPLE.JP /MapUser TestUser
/Pass P@ssw0rd /Out TestServer.keytab /Crypto All /Ptype KRB5_NT_PRINCIPAL /MapOp
Set
Targeting domain controller: sv1.ad.example.jp
Using legacy password setting method
Successfully mapped HOST/TestUser.ad.example.jp to TestUser.
Key created.
Key created.
Key created.
Key created.
Key created.
Output keytab to TestServer.keytab:
Keytab version: 0x502
keysize 68 HOST/TestUser.ad.example.jp@AD.EXAMPLE.JP ptype 1 (KRB5_NT_PRINCIPAL) vno
4 etype 0x1 (DES-CBC-CRC) keylength 8 (0xec8a769138256743)
keysize 68 HOST/TestUser.ad.example.jp@AD.EXAMPLE.JP ptype 1 (KRB5_NT_PRINCIPAL) vno
4 etype 0x3 (DES-CBC-MD5) keylength 8 (0xec8a769138256743)
keysize 76 HOST/TestUser.ad.example.jp@AD.EXAMPLE.JP ptype 1 (KRB5_NT_PRINCIPAL) vno
4 etype 0x17 (RC4-HMAC) keylength 16 (0xe19ccf75ee54e06b06a5907af13cef42)
keysize 92 HOST/TestUser.ad.example.jp@AD.EXAMPLE.JP ptype 1 (KRB5_NT_PRINCIPAL) vno
4 etype 0x12 (AES256-SHA1) keylength 32 (0x5e6756aa6edcbd1a62c6a05a0b565f2794eac1f2a
a5729cdb1ce028b03e227b5)
keysize 76 HOST/TestUser.ad.example.jp@AD.EXAMPLE.JP ptype 1 (KRB5_NT_PRINCIPAL) vno
4 etype 0x11 (AES128-SHA1) keylength 16 (0x9d7809ef045ab4e23c5a8bc4804b6e94)
```

■ コマンドの働き

Ktpass コマンドは、非 Windows 機器に対しても Kerberos 認証を使用する際に、SPN に対応する暗号鍵を生成して.ktpass ファイルに保存する。非 Windows 機器側では.ktpass ファイルを読み込んで Kerberos 認証を使用する。

Ldifde.exe
LDIFファイルを使って ディレクトリオブジェクトを 編集する

| 2000 | 2003 | 2003R2 | 2008 | 2008R2 | 2012 | 2012R2 | 2016 | 2019 | 2022 |

構文

Ldifde.exe [-i] -f *ファイル名* [-s *サーバ名*] [-c *置換前文字列 置換後文字*] [-v]
[-j *ログ保存先*] [-t *ポート番号*] [-w*タイムアウト秒数*] [-d *ベースDN*] [-r *LDAP フィルタ*] [-p {Base | OneLevel | SubTree}] [-l *出力属性*] [-o *無視属性*] [-g]
[-m] [-n] [-k] [-u] [-h] [-x] [-1] [{-y | -e}] [-q *スレッド数*] [-z] [-a *ユーザー DN {パスワード | *}*] [-b *ユーザー名 ドメイン名 {パスワード | *}*]

■ スイッチとオプション

-w *タイムアウト秒数*
    セッションの接続タイムアウト秒数を指定する。

-k

次のエラーを無視して処理を継続する。

・The object is already a member of the group

・The operation has an object class violation

・The object already exists

・The operation has a constraint violation

・The attribute or value already exists

・The operation found no such object

-h

SASL（Simple Authentication Security Layer）暗号化を有効にして、パスワードのインポートを許可する。

-x

廃棄済みのオブジェクトも処理対象に含める。

-1

replPropertyMetadata属性値だけ保持する。

{-y | -e}

インポート時に低速コミット（Lazy commit）を使用する（-y）か、使用しない（-e）か指定する。既定値は使用する（-y）。

-q スレッド数

インポート操作時のスレッド数を指定する。既定値は1。

-z

エラーを無視してインポート操作を続行する。

他のスイッチとオプションはCsvdeコマンドを参照。

■ LDIFファイル形式

LDIF（LDAP Data Interchange Format）ファイル形式は、データ内容や操作を定義する「ディレクティブ」を列挙したテキストファイルである。Unicode（UTF-8などではない）で保存すれば、日本語を含めることができる。有効なディレクティブには次の4つがある。

ディレクティブ	説明
dn	オブジェクトの DN を指定する
changetype	オブジェクトの操作方法として、次のいずれかを指定する。 ・add ＝追加 ・modify ＝変更 ・delete ＝削除 ・modrdn ＝相対識別名（RDN）または識別名（DN）の変更
属性	対応する属性値を定義する
objectClass	オブジェクトクラス

既存オブジェクトを変更するために、changetypeにmodifyを指定する場合は、さらに次のディレクティブを指定して、どの属性を変更するか明示する必要がある。

ディレクティブ	説明
add: *属性名*	属性値を新規に設定する

delete: *属性名*	属性値を削除する
replace: *属性名*	属性値を変更する

このほか、次のような特殊な行を記述することもできる。

行の種類	説明
継続行	行頭がスペースで始まる行は、前の行の続きとみなす
空白行	1つのファイルに複数のエントリを記述する際の区切り行
コメント行	シャープ（#）で始まる行は、すべてコメントとみなす
セパレータ行	ハイフン（-）で始まる行は、前行までの操作の終了を表す

実行例1

OU1¥TestOUにユーザーGihyoを作成する。パスワードには「Passw0rd」を設定し、アカウントを有効にする。unicodePwd属性に設定する値は、パスワードをUTF16に変換してBASE64エンコードした文字列である。この操作には管理者権限が必要。

▼ ldif-add.txt

```
# オブジェクトの追加
dn: CN=Gihyo,OU=TestOU,OU=OU1,DC=ad,DC=example,DC=jp
changetype: add
cn: Gihyo
sn: 技術
givenName: 評論社
displayName: 技術評論社
userPrincipalName: gihyo
sAMAccountName: gihyo
description: ユーザーのサンプルです。
unicodePwd:: IgBQQAEAcwBzAHcAMAByAGQAIgA=
userAccountControl: 512
objectClass: organizationalPerson
objectClass: person
objectClass: top
objectClass: user
```

```
C:¥Work>Ldifde -i -f ldif-add.txt -u -h
"sv1.ad.example.jp" に接続しています
SSPI を使って現在のユーザーとしてログインしています
ファイル "ldif-add.txt" からディレクトリをインポートしています
エントリを読み込んでいます..
1 個のエントリを正しく修正しました。

コマンドが正しく完了しました
```

実行例2

ユーザーGihyoの説明を変更する。この操作には管理者権限が必要。

▼ ldif-modify.txt

```
# オブジェクトの変更
dn: CN=Gihyo,OU=TestOU,OU=OU1,DC=ad,DC=example,DC=jp
changetype: modify
replace: description
description: 既存オブジェクトの属性値を変更します。
-
```

```
C:¥Work>Ldifde -i -f ldif-modify.txt -u
"sv1.ad.example.jp" に接続しています
SSPI を使って現在のユーザーとしてログインしています
ファイル "ldif-modify.txt" からディレクトリをインポートしています
エントリを読み込んでいます..
1 個のエントリを正しく修正しました。

コマンドが正しく完了しました
```

実行例3

　ユーザーGihyoの名前をGijutsu Hyoron-Shaに変更する。この操作には管理者権限が必要。

▼ ldif-modrdn.txt

```
# RDNの変更
dn: CN=Gihyo,OU=TestOU,OU=OU1,DC=ad,DC=example,DC=jp
changetype: modrdn
newrdn: Gijutsu Hyoron-Sha
deleteoldrdn: 1
```

```
C:¥Work>Ldifde -i -f ldif-modrdn.txt -u
"sv1.ad.example.jp" に接続しています
SSPI を使って現在のユーザーとしてログインしています
ファイル "ldif-modrdn.txt" からディレクトリをインポートしています
エントリを読み込んでいます..
1 個のエントリを正しく修正しました。

コマンドが正しく完了しました
```

実行例4

　ユーザーGihyoの登録先を、OU1¥TestOUからOU1直下に移動する。changetypeは
「moddn」ではなく「modrdn」を使用する。この操作には管理者権限が必要。

▼ lldif-moddn.txt

```
# DNの変更
dn: CN=Gijutsu Hyoron-Sha,OU=TestOU,OU=OU1,DC=ad,DC=example,DC=jp
changetype: modrdn
newrdn: Gijutsu Hyoron-Sha
deleteoldrdn: 1
```

```
newsuperior: OU=OU1,DC=ad,DC=example,DC=jp
```

```
C:¥Work>Ldifde -i -f ldif-moddn.txt -u
"sv1.ad.example.jp" に接続しています
SSPI を使って現在のユーザーとしてログインしています
ファイル "ldif-moddn.txt" からディレクトリをインポートしています
エントリを読み込んでいます..
1 個のエントリを正しく修正しました。

コマンドが正しく完了しました
```

■ オブジェクトの削除

OU1直下のユーザーGihyoを削除する。この操作には管理者権限が必要。

▼ lldif-delete.txt
```
# オブジェクトの削除
dn: CN=Gijutsu Hyoron-Sha,OU=OU1,DC=ad,DC=example,DC=jp
changetype: delete
```

```
C:¥Work>Ldifde -i -f ldif-delete.txt -u -h
"sv1.ad.example.jp" に接続しています
SSPI を使って現在のユーザーとしてログインしています
ファイル "ldif-delete.txt" からディレクトリをインポートしています
エントリを読み込んでいます..
1 個のエントリを正しく修正しました。

コマンドが正しく完了しました
```

コマンドの働き

Ldifde コマンドは、ディレクトリ内の任意のオブジェクトを追加、変更、削除する。Csvde コマンドと異なり、ユーザーのパスワードを保存したunicodePwd属性や、アカウントの状態を表すuserAccountControl属性なども編集できるほか、登録直後からアカウントを有効にすることもできる。

Netdom.exe　　　ドメインと信頼関係を管理する

2008 | 2008R2 | 2012 | 2012R2 | 2016 | 2019 | 2022

構文
Netdom [スイッチ] [オプション]

スイッチ

スイッチ	オプション
Add	ドメインにコンピュータアカウントを登録する

282

ComputerName	プライマリ/代替コンピュータ名を編集する **UAC**
Help	ヘルプを表示する
Join	コンピュータをドメインに参加させる **UAC**
Move	コンピュータを別のドメインに移動する **UAC**
MoveNt4Bdc	バックアップドメインコントローラの参加ドメイン名を変更する **UAC**
Query	ドメインの情報を照会する
Remove	ドメインからコンピュータを削除する **UAC**
RenameComputer	コンピュータ名を変更する **UAC**
Reset	セキュアチャネルをリセットする **UAC**
ResetPwd	コンピュータアカウントパスワードをリセットする **UAC**
Trust	フォレスト/ドメインの信頼関係を検証する **UAC**
Verify	セキュアチャネルの状態を検証する

■ 共通のスイッチとオプション

コンピュータ名
    操作対象のコンピュータ名を指定する。

{/Domain: | /d:} ドメイン名
    操作対象のドメイン名をNetBIOS ドメイン名またはDNS ドメイン名で指定する。

{/UserD: | /Ud:} ユーザー名
    操作を実行するドメインのユーザー名を指定する。

{/PasswordD: | /Pd:}{パスワード | *}
    /UserD スイッチで指定したユーザーのパスワードを指定する。「*」を指定するとプロンプトを表示する。

{/Server: | /s:} ドメインコントローラ名
    操作を実行するドメインコントローラを指定する。

/SecurePasswordPrompt
    /PasswordD スイッチで「*」を指定した場合に、スマートカードを使って認証する。

/Reboot[:待ち時間]
    再起動までの待ち時間を秒単位で指定する。既定値は20秒。

■ コマンドの働き

　Netdom コマンドは、メンバーコンピュータの管理と、ドメイン間の信頼関係の管理を実行する。クライアント系のWindowsにはNetdom コマンドがないため、実質的にドメインメンバーのWindows Server での操作に限られる。

　非ドメインメンバーに対してNetdom コマンドをリモートで実行すると、次の理由で失敗することが多い。

- 相互に名前解決ができない
- Windows ファイアウォールなどがリモート操作を遮断している
- リモート管理を許可していない
- 設定変更に必要な特権がない

☑ Netdom Add——ドメインにコンピュータアカウントを登録する

2008 | 2008R2 | 2012 | 2012R2 | 2016 | 2019 | 2022

構文

```
Netdom Add コンピュータ名 [/Domain:ドメイン名] [/Ou:OUのパス]
[/UserD:ユーザー名 /PasswordD:{パスワード | *}] [/Server:ドメインコント
ローラ名] [/Dc] [/SecurePasswordPrompt]
```

■ スイッチとオプション

/Ou:OUのパス

コンピュータアカウントを登録するOUのDNを指定する。省略すると既定のコンピュータオブジェクト作成先にコンピュータアカウントを登録する。

/Dc

ドメインコントローラのコンピュータアカウントを作成する。/Ouスイッチと併用できない。

実行例

ワークグループのsv2上で、ドメインad.example.jpのTestOUに、sv2のコンピュータアカウントを登録する。

```
C:\Work>Netdom Add sv2 /Domain:ad.example.jp /Ou:OU=TestOU,OU=OU1,DC=ad,DC=example,D
C=jp /UserD:User1 /PasswordD:*
ドメイン ユーザーに関連付けられているパスワードを入力してください:

コマンドは正しく完了しました。
```

■ コマンドの働き

「Netdom Add」コマンドは、ドメインにコンピュータアカウントを登録する。資格情報を省略すると現在のユーザーの資格で処理を実行する。

☑ Netdom ComputerName
——プライマリ／代替コンピュータ名を編集する

2008 | 2008R2 | 2012 | 2012R2 | 2016 | 2019 | 2022 | UAC

構文

```
Netdom ComputerName コンピュータ名 [/UserD:ユーザー名]
[/PasswordD:{パスワード | *}] [/UserO:ローカルユーザー名]
[/PasswordO:{パスワード | *}] [/SecurePasswordPrompt] {/Add:新代替
FQDN | /Remove:代替FQDN | /MakePrimary:プライマリFQDN |
/Enumerate[:{AlternateNames | PrimaryName | AllNames}] |
/Verify}
```

■ スイッチとオプション

{/UserO: | /Uo:}ローカルユーザー名
操作対象コンピュータ上の有効なユーザー名を指定する。

{/PasswordO: | /Po:}{パスワード | *}
/UserOスイッチで指定したユーザーのパスワードを指定する。「*」を指定するとプロンプトを表示する。

/Add:新代替FQDN
追加する代替FQDNを指定する。

/Remove:代替FQDN
代替FQDNを削除する。

/MakePrimary:プライマリFQDN
代替FQDNをプライマリ名にする。

/Enumerate[:{AlternateNames | PrimaryName | AllNames}]
指定した種類の名前を表示する。

表示対象	意味
AlternateNames	代替名
PrimaryName	プライマリ名
AllNames	すべて（既定値）

/Verify
コンピュータ名に対応するDNSのホスト（A）レコードとサービスプリンシパル名（SPN）があるか、確認する。ローカルまたはドメインの資格情報を省略すると、現在のユーザーの資格で編集対象コンピュータとドメインに接続して処理を実行する。

実行例

sv2に代替名sv-78.example.jpを追加して、名前を表示する。この操作には管理者権限が必要。

```
C:¥Work>Netdom ComputerName sv2 /Add:sv-78.example.jp
sv-78.example.jp をコンピューターの代替名として
正常に追加しました。

コマンドは正しく完了しました。

C:¥Work>Netdom ComputerName sv2 /Enumerate
コンピューターのすべての名前:

sv2.ad.example.jp
sv-78.example.jp
コマンドは正しく完了しました。
```

■ コマンドの働き

「Netdom ComputerName」コマンドは、コンピュータのプライマリFQDNと代替FQDNを登録、変更、削除する。リモートコンピュータを操作するには、名前解決ができることと、リモートコンピュータ側でリモート管理の受信許可が必要になる。

◾ Netdom Join──コンピュータをドメインに参加させる

2008 2008R2 2012 2012R2 2016 2019 2022 UAC

構文

Netdom Join *コンピュータ名* /Domain:*ドメイン名* [/Ou:*OUのパス*] [/UserD:*ユーザー名* /PasswordD:{*パスワード* | *}] [/UserO:*ローカルユーザー名*] [/PasswordO:{*パスワード* | *}] [/SecurePasswordPrompt] [/Reboot[:*待ち時間*]]

■ スイッチとオプション

/Ou:*OUのパス*
　　コンピュータアカウントを登録するOUのDNを指定する。省略すると既定のコンピュータオブジェクト作成先にコンピュータアカウントを登録する。

{/UserO: | /Uo:}*ローカルユーザー名*
　　操作対象コンピュータ上の有効なユーザー名を指定する。

{/PasswordO: | /Po:}{*パスワード* | *}
　　/UserOスイッチで指定したユーザーのパスワードを指定する。「*」を指定するとプロンプトを表示する。

実行例

ワークグループのコンピュータ ws12r2std1 を、Active Directory ドメイン ad2012r2.localに参加させる。このコマンドはコンピュータ ws12r2std1 上で実行している。この操作には管理者権限が必要。

```
C:¥Work>Netdom Join sv2 /Domain:ad.example.jp /Ou:OU=TestOU,OU=OU1,DC=ad,DC=example,
DC=jp /UserD:User1 /PasswordD:*
ドメイン ユーザーに関連付けられているパスワードを入力してください:

操作を完了するには、コンピューターを再起動する必要があります。

コマンドは正しく完了しました。
```

■ コマンドの働き

「Netdom Join」コマンドは、リモートコンピュータをドメインに参加させる。ドメインにコンピュータアカウントがなければ、自動的に作成して登録する。

◾ Netdom Move──コンピュータを別のドメインに移動する

2008 2008R2 2012 2012R2 2016 2019 2022 UAC

構文

Netdom Move *コンピュータ名* /Domain:*移動先ドメイン名* [/Ou:*OUのパス*] [/UserD:*移動元ドメインのユーザー名*] [/PasswordD:{*パスワード* | *}] [/UserO:*ローカルユーザー名*] [/PasswordO:{*パスワード* | *}] [/UserF:*移動先ドメインのユーザー名*] [/PasswordF:{*パスワード* | *}] [/SecurePasswordPrompt] [/Reboot[:*待ち時間*]]

/Ou:*OUのパス*

コンピュータアカウントを登録するOUのDNを指定する。省略すると既定のコンピュータオブジェクト作成先にコンピュータアカウントを登録する。

{/UserO: | /Uo:}*ローカルユーザー名*

操作対象コンピュータ上の有効なユーザー名を指定する。

{/PasswordO: | /Po:}{*パスワード* | *}

/UserOスイッチで指定したユーザーのパスワードを指定する。「*」を指定するとプロンプトを表示する。

{/UserF: | /Uf:}*移動先ドメインのユーザー名*

移動先ドメイン上の有効なユーザー名を指定する。

{/PassworF: | /Pf:}{*パスワード* | *}

/UserFスイッチで指定したユーザーのパスワードを指定する。「*」を指定するとプロンプトを表示する。

■ コマンドの働き

「Netdom Move」コマンドは、コンピュータを別のドメインに移動する。移動先ドメインにコンピュータアカウントがなければ作成する。SIDHistory属性に移動元ドメインのSIDを書き込むので、移動元ドメインのアクセス権設定などを引き継ぐことができる。

Netdom MoveNt4Bdc
──バックアップドメインコントローラの参加ドメイン名を変更する

[2008] [2008R2] [2012] [2012R2] [2016] [2019] [2022]

構文

Netdom MoveNt4Bdc *コンピュータ名* {/Domain: | /d:}*新ドメイン名*
[/Reboot[:*待ち時間*]]

■ コマンドの働き

「Netdom MoveNt4Bdc」コマンドは、Windows NT 4.0バックアップドメインコントローラ(BDC)が存在するドメインにおいて、ドメイン名の変更をBDCにも反映させる。

Netdom Query──ドメインの情報を照会する

[2008] [2008R2] [2012] [2012R2] [2016] [2019] [2022]

構文

Netdom Query [/Domain:*ドメイン名*] [/UserD:*ユーザー名*]
[/PasswordD:{*パスワード* | *}] [/Server:*ドメインコントローラ名*]
[/SecurePasswordPrompt] [/Verify] [/Reset] [/Direct] *照会内容*

■ スイッチとオプション

/Verify

照会内容にWorkstation、Server、Dc、Trustを指定したとき、コンピュータとドメ

インコントローラ間、またはドメイン間の出力方向の信頼関係について、セキュアチャネルの状態を検証する。

/Reset

照会内容にWorkstation、Server、Dcを指定したとき、セキュアチャネルをリセットする。 **UAC**

/Direct

照会内容にTrustを指定したとき、/Domainスイッチで指定したドメインと、明示的な信頼関係のあるドメインを表示する。

照会内容

次のいずれかを指定する。

照会内容	説明
Workstation	ドメインメンバーのワークステーションの一覧を表示する
Server	ドメインメンバーのサーバの一覧を表示する
Dc	ドメインコントローラの一覧を表示する
Ou	ユーザーがコンピュータオブジェクトを登録可能なOUの一覧を表示する
Pdc	PDCエミュレータの役割を実行するドメインコントローラを表示する
Fsmo	FSMOを持つドメインコントローラを表示する
Trust	ドメイン間の信頼関係を表示する

実行例

FSMOを持つドメインコントローラを表示する。

```
C:¥Work>Netdom Query Fsmo
スキーマ マスター              sv1.ad.example.jp
ドメイン名前付けマスター        sv1.ad.example.jp
PDC                      sv1.ad.example.jp
RID プール マネージャー         sv1.ad.example.jp
インフラストラクチャ マスター    sv1.ad.example.jp
コマンドは正しく完了しました。
```

■ **コマンドの働き**

「Netdom Query」コマンドは、ドメインのメンバーシップ、ドメイン間の信頼関係、FSMOを持つドメインコントローラなどを照会する。

Netdom Remove――ドメインからコンピュータを削除する

2008 | 2008R2 | 2012 | 2012R2 | 2016 | 2019 | 2022 | **UAC**

構文

Netdom Remove *コンピュータ名* [/Domain:*ドメイン名*] [/UserD:*ユーザー名*]
[/PasswordD:{*パスワード* | *}] [/UserO:*ローカルユーザー名*]
[/PasswordO:{*ローカルパスワード* | *}] [/SecurePasswordPrompt]
[/Reboot[:*待ち時間*]] [/Force]

■ スイッチとオプション

{/UserO: | /Uo:}ローカルユーザー名
　　操作対象コンピュータ上の有効なユーザー名を指定する。

{/PasswordO: | /Po:}{ローカルパスワード | *}
　　/UserOスイッチで指定したユーザーのパスワードを指定する。「*」を指定するとプロンプトを表示する。

/Force
　　ドメインが見つからない場合でも強制的にドメインから削除する。

実行例

sv999上で、sv999をドメインから削除する。この操作には管理者権限が必要。

```
C:¥Work>Netdom Remove sv999.ad.example.jp
操作を完了するには、コンピューターを再起動する必要があります。

コマンドは正しく完了しました。
```

■ コマンドの働き

「Netdom Remove」コマンドは、メンバーコンピュータをドメインから削除する。

Netdom RenameComputer——コンピュータ名を変更する

2008 | 2008R2 | 2012 | 2012R2 | 2016 | 2019 | 2022 | UAC

構文

Netdom RenameComputer コンピュータ名 /NewName:新コンピュータ名
[/UserD:ユーザー名] [/PasswordD:{パスワード | *}] [/UserO:ローカルユー
ザー名] [/PasswordO:{パスワード | *}] [/SecurePasswordPrompt]
[/Reboot[:待ち時間]] [/Force]

■ スイッチとオプション

/NewName:新コンピュータ名
　　変更後の新しいコンピュータ名を指定する。DNSドメイン名は含めない。

{/UserO: | /Uo:}ローカルユーザー名
　　操作対象コンピュータ上の有効なユーザー名を指定する。

{/PasswordO: | /Po:}{パスワード | *}
　　/UserOスイッチで指定したユーザーのパスワードを指定する。「*」を指定するとプロンプトを表示する。

/Force
　　確認メッセージを表示しない。

実行例

sv2上でコンピュータ名sv999に変更する。この操作には管理者権限が必要。

```
C:¥Work>Netdom RenameComputer sv2.ad.example.jp /NewName:sv999
この操作では、コンピューター sv2.ad.example.jp の名前が
sv999 に変更されます。

証明機関などの特定のサービスは、固定コンピューター名に依存しています。この種類の
サービスが sv2.ad.example.jp で実行されている場合、コンピューター名の変更が
悪影響を及ぼす可能性があります。

続行しますか (Y/N)?
y
操作を完了するには、コンピューターを再起動する必要があります。

コマンドは正しく完了しました。
```

■ コマンドの働き

「Netdom RenameComputer」コマンドは、コンピュータ名を機械的に変更する。変更は文字列の単純置換のようなもので、アプリケーションや証明書への影響を考慮していないため、慎重に実行する必要がある。

■ Netdom Reset──セキュアチャネルをリセットする

2008 | 2008R2 | 2012 | 2012R2 | 2016 | 2019 | 2022 | UAC

構文

Netdom Reset コンピュータ名 [/Domain:ドメイン名] [/Server:ドメインコントローラ名] [/UserO:ローカルユーザー名] [/PasswordO:{ローカルパスワード | *}] [/SecurePasswordPrompt]

■ スイッチとオプション

{/UserO: | /Uo:}ローカルユーザー名
　　操作対象コンピュータ上の有効なユーザー名を指定する。

{/PasswordO: | /Po:}{ローカルパスワード | *}
　　/UserOスイッチで指定したユーザーのパスワードを指定する。「*」を指定するとプロンプトを表示する。

実行例

sv2上でセキュアチャネルをリセットする。この操作には管理者権限が必要。

```
C:¥Work>Netdom Reset sv2.ad.example.jp
SV2.AD.EXAMPLE.JP からドメイン EXAMPLE へのセキュリティで保護されたチャネルがリセットされました。
コンピューター ¥¥SV1.AD.EXAMPLE.JP との接続が確立されています。

コマンドは正しく完了しました。
```

■ コマンドの働き

「Netdom Reset」コマンドは、メンバーコンピュータのセキュアチャネルをリセットする。

■ Netdom ResetPwd
── コンピュータアカウントパスワードをリセットする

`2008` `2008R2` `2012` `2012R2` `2016` `2019` `2022` `UAC`

構文

Netdom ResetPwd /Server:*ドメインコントローラ名* /UserD:*ユーザー名*
/PasswordD:{*パスワード* | *} [/SecurePasswordPrompt]

実行例

sv2上で、sv1を指定してコンピュータアカウントパスワードをリセットする。この操作には管理者権限が必要。

```
C:¥Work>Netdom ResetPwd /Server:sv1.ad.example.jp /UserD:User1 /PasswordD:*
ドメイン ユーザーに関連付けられているパスワードを入力してください:

ローカル コンピューターのコンピューター アカウント パスワードは正常にリセットされま
した。

コマンドは正しく完了しました。
```

■ コマンドの働き

「Netdom ResetPwd」コマンドは、コンピュータアカウントパスワードをリセットする。

■ Netdom Trust ── フォレスト／ドメインの信頼関係を検証する

`2008` `2008R2` `2012` `2012R2` `2016` `2019` `2022` `UAC`

構文

Netdom Trust *信頼するドメイン名* /Domain:*信頼されるドメイン名* [/UserO:
信頼するドメインのユーザー名] [/PasswordO:{*パスワード* | *}] [/UserD:*信頼さ
れるドメインのユーザー名*] [/PasswordD:{*パスワード* | *}] [/Verify
[/Kerberos]] [/Reset] [/PasswordT:*信頼パスワード*] [/Add [/Realm]]
[/Remove [/Force]] [/TwoWay] [/Transitive[:{Yes | No}]]
[/Oneside:{Trusted | Trusting}] [/Quarantine[:{Yes | No}]]
[/NameSuffixes:*ドメイン名* [/ToggleSuffix:*番号*]]
[/EnableSidHistory[:{Yes | No}]] [/ForestTransitive[:{Yes | No}]]
[/CrossOrganization[:{Yes | No}]] [/SelectiveAuth[:{Yes | No}]]
[/EnableTgtDelegation[:{Yes | No}]] [/AddTln:*名前*] [/AddTlnEx:*名前*]
[/RemoveTln:*名前*] [/RemoveTlnEx:*名前*] [/SecurePasswordPrompt]

■ スイッチとオプション

信頼するドメイン名
　　自ドメインから見て、信頼する側のドメイン名を指定する。

{/Domain: | /d}信頼されるドメイン名
　　自ドメインから見て、信頼される側のドメイン名を指定する。

{/UserO: | /Uo:}信頼するドメインのユーザー名
　　信頼するドメイン上の、有効なユーザー名を指定する。

{/PasswordO: | /Po:}{パスワード | *}
　　/UserOスイッチで指定したユーザーのパスワードを指定する。「*」を指定するとプロンプトを表示する。

{/UserD: | /Ud:}信頼されるドメインのユーザー名
　　信頼するドメイン上の、有効なユーザー名を指定する。

{/PasswordD: | /Pd:}{パスワード | *}
　　/UserDスイッチで指定したユーザーのパスワードを指定する。「*」を指定するとプロンプトを表示する。

/Verify
　　信頼関係を検証する。

/Kerberos
　　/Verifyスイッチと併用して、検証時にKerberosプロトコルを明示的に使用する。

/Reset
　　信頼パスワードをリセットする。

/PasswordT:*信頼パスワード*
　　信頼パスワードを明示的に指定する。

/Add
　　信頼関係を新規作成する。

/Realm
　　/Addスイッチと/PasswordTと併用して、Kerberos領域であることを指定する。

/Remove
　　信頼関係を削除する。

/Force
　　/Removeスイッチと併用して、信頼関係を強制的に削除する。

/TwoWay
　　信頼関係を双方向にする。既定では一方向の信頼関係になる。

/Transitive[:{Yes | No}]
　　推移的な信頼関係を有効(Yes)または無効(No)にする。スイッチだけを指定すると現在の設定を表示する。

/Oneside:{Trusted | Trusting}
　　一方向の信頼関係を構成する。Trustedを指定すると、/Domainスイッチで指定した信頼される側のドメインが、このドメインを信頼する入力方向の信頼を作成または削除する。Trustingを指定すると、信頼する側のドメインが、このドメインに信頼される出力方向の信頼を作成または削除する。

/Quarantine[:{Yes | No}]
　　ドメイン検疫属性を有効(Yes)または無効(No)にする。Yesを指定すると、直接信頼

関係のあるドメインからのSIDだけを受け付ける。スイッチだけを指定すると現在の
設定を表示する。

/NameSuffixes:ドメイン名

フォレスト間信頼において、指定したドメイン名に付加されるDNSサフィックスを
表示する。

/ToggleSuffix:番号

/NameSuffixesスイッチと併用して、有効または無効にするDNSサフィックスを番
号で指定する。このスイッチを実行するごとに有効と無効が切り替わる。

/EnableSidHistory[:{Yes | No}]

SIDHistoryを有効(Yes)または無効(No)にする。スイッチだけを指定すると現在の
設定を表示する。

/ForestTransitive[:{Yes | No}]

フォレスト間の推移的な信頼を有効(Yes)または無効(No)にする。スイッチだけを指
定すると現在の設定を表示する。

/CrossOrganization[:{Yes | No}]

組織間信頼を有効(Yes)または無効(No)にする。スイッチだけを指定すると現在の設
定を表示する。

/SelectiveAuth[:{Yes | No}]

選択的な認証を有効(Yes)または無効(No)にする。スイッチだけを指定すると現在の
設定を表示する。

/EnableTgtDelegation[:{Yes | No}]

他のフォレストに入るためのチケット保証チケット(TGT)の転送を有効(Yes)または
無効(No)にする。スイッチだけを指定すると現在の設定を表示する。 **2012 以降**

/AddTln:DNS ドメイン名

追加するDNSドメイン名を指定する。

/AddTlnEx:DNS ドメイン名

追加から除外するDNSドメイン名を指定する。

/RemoveTln:DNS ドメイン名

削除するDNSドメイン名を指定する。

/RemoveTlnEx:DNS ドメイン名

削除から除外するDNSドメイン名を指定する。

実行例

ad.example.jp ドメインが ad2012r2.local ドメインから信頼される、一方向の信頼関係を
構築する。指定した信頼関係パスワードは、ad2012r2.local ドメイン側での操作に使用する。
この操作には管理者権限が必要。

▼ ad.example.jp ドメイン側

```
C:¥Work>Netdom Trust ad2012r2.local /Domain:ad.example.jp /Add /Oneside:Trusted
/PasswordT:P@ssw0rd
コマンドは正しく完了しました。
```

▼ ad2012r2.local ドメイン側

```
C:¥Work>Netdom Trust ad2012r2.local /Domain:ad.example.jp /Add /Oneside:Trusting
```

```
/PasswordT:P@ssw0rd
To improve the security of this external trust, security identifier (SID)
filtering is enabled. However, if users have been migrated to the trusted
domain and their SID histories have been preserved, you may choose to turn
off this feature.

For more information about SID filtering and how to turn it off, see the help
for netdom trust /Quarantine or see Help and Support.

コマンドは正しく完了しました。
```

■ コマンドの働き

　「Netdom Trust」コマンドは、フォレストやドメインの信頼関係を構築、検証、削除する。

▐ Netdom Verify──セキュアチャネルの状態を検証する

2008 | 2008R2 | 2012 | 2012R2 | 2016 | 2019 | 2022

構文

Netdom Verify コンピュータ名 [/Domain:ドメイン名] [/UserO:ローカルユー
ザー名] [/PasswordO:{パスワード | *}] [/SecurePasswordPrompt]

■ スイッチとオプション

{/UserO: | /Uo:}ローカルユーザー名
　　操作対象コンピュータ上の有効なユーザー名を指定する。

{/PasswordO: | /Po:}{パスワード | *}
　　/UserOスイッチで指定したユーザーのパスワードを指定する。「*」を指定するとプロ
　　ンプトを表示する。

実行例

　sv2上でセキュアチャネルの状態を検証する。

```
C:¥Work>Netdom Verify sv2.ad.example.jp
SV2.AD.EXAMPLE.JP からドメイン EXAMPLE へのセキュリティで保護されたチャネルが確認さ
れました。
コンピューター ¥¥SV1.AD.EXAMPLE.JP との接続が確立されています。

コマンドは正しく完了しました。
```

■ コマンドの働き

　「Netdom Verify」コマンドは、メンバーコンピュータのセキュアチャネルの状態を検証
する。

Nltest.exe   ドメインと信頼関係を診断する

[2008] [2008R2] [7] [2012] [8] [2012R2] [8.1] [10] [2016] [2019] [2022] [11]

構文

Nltest [/Server:*コンピュータ名*] [*スイッチ*] [*オプション*]

■ スイッチとオプション

/Server:*コンピュータ名*

診断を実行するコンピュータ名を指定する。省略するとローカルコンピュータを診断する。

/Bdc_Query:[*ドメイン名*]

ドメイン内のWindows NT 4.0 BDCの複製状態を表示する。

/Cdigest:[*メッセージ*] /Domain: *ドメイン名*

セキュアチャネルで使用するクライアントパスワード(メッセージ)のハッシュ値(ダイジェスト)を表示する。クライアントは常に新旧2つのパスワードを保持している。
UAC

/DbFlag:*デバッグフラグ*

NETLOGONサービスのデバッグを有効(0x2080FFFFまたは0x2000FFFF)または無効(0x0)に設定する。デバッグフラグの値は次のレジストリ値に書き込まれる。
UAC

・キーのパス──HKEY_LOCAL_MACHINE¥SYSTEM¥CurrentControlSet¥Services¥Netlogon¥Parameters
・値の名前──DBFlag
・データ型──REG_DWORD

/DcList:[*ドメイン名*]

指定したドメインのドメインコントローラを表示する。

/DcName:[*ドメイン名*]

指定したドメインのPDC(エミュレータ)を表示する。

/DnsGetDc:*DNSドメイン名* [*フィルタ*]

DNSでSRVリソースレコードを検索して、指定したDNSドメインのドメインコントローラを検索表示する。フィルタを指定すると、ドメインコントローラを絞り込むことができる。有効なフィルタは次のとおり。フィルタの既定値はすべて。

フィルタ	説明
/Pdc	PDC（エミュレータ）を選択する
/Gc	グローバルカタログサーバを選択する
/Kdc	キー配布センターのドメインコントローラを選択する
/Force	DNS参照を強制する
/Writable	書き込み可能なディレクトリパーティションを持つドメインコントローラを選択する。Windows NT PDCも含まれる
/LdapOnly	LDAPサーバを選択する
/Site:サイト名 [/SiteSpec]	指定したサイト内のドメインコントローラを優先的に選択する。/SiteSpecオプションを指定すると、指定サイト内のドメインコントローラだけを選択する

/Domain_Trusts [フィルタ]

信頼関係を照会する。有効なフィルタは次のとおり。

フィルタ	説明
/Primary	自ドメインとの信頼関係を選択する
/Forest	フォレスト内の信頼関係を選択する
/Direct_Out	出力方向の明示的な信頼関係（自ドメインが信頼するドメイン）を選択する
/Direct_In	入力方向の明示的な信頼関係（自ドメインが信頼されるドメイン）を選択する
/All_Trusts	すべての信頼関係を選択する
/v	詳細モードで表示する

/DsAddressToSite:[コンピュータ名] [/Addresses:アドレス]

指定したコンピュータが所属するサイトとサブネットの情報を表示する。/Addresses
オプションで1つ以上のIPアドレスまたはサブネットをカンマで区切って指定すると、
そのIPアドレスまたはサブネットに対応するサイトの情報を表示する。/Address オ
プションの指定時は、コンピュータ名の指定は無視される。

/DsDeregDns:*FQDN* [/Dom:*DNS ドメイン名*] [/DomGuid: *ドメイン GUID*] [/DsaGuid: *ドメインコントローラ GUID*]

FQDNで指定したドメインコントローラについて、SRVリソースレコードなどドメ
インコントローラ固有のDNSレコードを削除する。 **UAC**

/DsGetDc:[*ドメイン名*] [*フィルタ*]

指定したドメインのドメインコントローラを検索表示する。フィルタを指定すると、
ドメインコントローラを絞り込むことができる。有効なフィルタは次のとおり。フィ
ルタの既定値はすべて。

フィルタ	説明
/Pdc	PDC（エミュレータ）のドメインコントローラを選択する
/Ds	ディレクトリサーバ（Windows 2000以降のドメインコントローラ）を選択する
/Dsp	ディレクトリサーバを選択するが、なければ Windows NT 4.0 ドメインコントローラも含める
/Gc	グローバルカタログサーバを選択する
/Kdc	キー配布センターのドメインコントローラを選択する
/TimeServ	タイムサーバのドメインコントローラを選択する
/GtimeServ	マスタータイムサーバのドメインコントローラを選択する
/Ws	Web サービスを実行するドメインコントローラを選択する **2008R2 以降**
/NetBios	指定したドメイン名が NetBIOS 名であることを指示する
/Dns	指定したドメイン名が FQDN であることを指示する
/Ip	TCP/IP を使用しているドメインコントローラを選択する。TCP/IP が非標準だったころの名残である
/Force	DNS キャッシュを使用せず、DNS サーバに問い合わせる
/Writable	書き込み可能なドメインコントローラを選択する
/AvoidSelf	検索結果に自ドメインコントローラを含めない
/LdapOnly	LDAP サーバを選択する
/BackG	キャッシュされたドメインコントローラ情報を使用する
/Ds_6	Windows Server 2008 以降のドメインコントローラを選択する
/Ds_8	Windows Server 2012 以降のドメインコントローラを選択する **2012 以降**
/Ds_9	Windows Server 2012 R2 以降のドメインコントローラを選択する **2012R2 以降**

/Ds_10	Windows Server 2016 以降のドメインコントローラを選択する **10 以降**
/Try_Next_ Closest_Site	所属するサイトまたは最も近いサイトのドメインコントローラを選択する
/Site:サイト名	指定したサイト内のドメインコントローラを優先的に選択する
/Account:コン ピュータアカウ ント名	指定したコンピュータアカウント名(コンピュータ名+ "$")のドメインコントロー ラを選択する
/Ret_Dns	得られた名前を DNS 名で表示する
/Ret_NetBios	得られた名前を NetBIOS 名で表示する

/DsGetFti:[ドメイン名] [/Update_Tdo]

フォレスト間信頼の情報を表示する。/Update_Tdo オプションを指定すると、ロー
カルに保持するフォレスト間信頼の情報を更新する。

/DsGetSite

指定したコンピュータが所属するサイト名を表示する。

/DsGetSiteCov

指定したコンピュータがサービスを提供しているサイト名を表示する。

/DsQueryDns

ドメインコントローラ固有の DNS レコードの登録状態と更新状態を照会する。

/DsRegDns

ドメインコントローラ固有の DNS レコードを登録する。 **UAC**

/FindUser:ユーザー名

指定したユーザーが所属するドメインを検索する。 **UAC**

/List_Deltas:変更ログファイル名

Windows NT 4.0 ドメインコントローラで、変更ログファイルの変更内容を表示する。
ファイル名の既定値は Netlogon.chg。

/Logon_Query

NTLM 認証によるログオン試行回数を表示する。

/LsaQueryFti: フォレスト名

指定したフォレストの信頼情報を検索表示する。 **2012 以降**

/ParentDomain

親ドメイン名を表示する。 **UAC**

/Pdc_Repl

PDC(エミュレータ)から全 BDC に対して複製の開始を要求する。

/Query

指定したコンピュータのセキュアチャネルの状態を照会する。

/Repl

Windows NT 4.0 BDC に、まだ複製されていない変更を複製する。 **UAC**

/Sc_Change_Pwd: ドメイン名

指定したドメインとのセキュアチャネルのパスワードを変更する。 **UAC**

/Sc_Query: ドメイン名

指定したドメインとのセキュアチャネルの状態を照会する。

/Sc_Reset: ドメイン名 [¥ ドメインコントローラ名]

指定したドメインまたはドメインコントローラとのセキュアチャネルをリセットする。

UAC

/Sc_Verify: ドメイン名

指定したドメインとのセキュアチャネルを検証する。 UAC

/Sdigest:[メッセージ] /Rid:*RID*

RIDで指定したコンピュータについて、パスワード(メッセージ)から生成されるサーバダイジェスト(ハッシュ値)を表示する。/Cdigestの結果と比較することで、ドメインコントローラとクライアントでコンピュータアカウントパスワードが一致しているか診断できる。 UAC

/Shutdown:[メッセージ] [タイムアウト]

/Serverスイッチと併用して、デスクトップにメッセージを表示して、タイムアウト秒数経過後に指定したコンピュータを再起動する(シャットダウンではない)。システムイベントログにもソースUser32、イベントID 1074で記録される。

/Shutdown_Abort

/Serverスイッチと併用して、/Shutdownスイッチで開始したコンピュータの再起動を中止する。システムイベントログにもソースUser32、イベントID 1075で記録される。

/Sync

Windows NT 4.0 BDCに完全な複製を実行する。 UAC

/Transport_Notify

Windows NT 4.0ドメインで、ネームキャッシュからネガティブキャッシュをクリアしてドメインコントローラを検索する。

/Time:LSL MSL

16進数のNT GMT(Windows NT Greenwich Mean Time)を日付時刻に変換する。

/User:ユーザー名

SAMに登録されたユーザーの情報を照会する。ディレクトリデータベースに登録されたユーザーは対象外。 UAC

/WhoWill:{ ドメイン名 | * } ユーザー名 [反復回数]

サイト内で、ユーザーアカウントが登録されている(認証可能な)ドメインコントローラを検索する。

実行例

クライアントとドメインコントローラで、コンピュータアカウントパスワードを確認する。この操作には管理者権限が必要。

クライアントは新旧2つのパスワードを保持しているが、ドメインコントローラは最新のパスワードだけを保持している。不一致の場合、まだパスワードが複製されていない可能性がある。

▼ クライアント側

```
C:¥Work>Nltest /Cdigest: /Domain:example
アカウント RID: 0x83d
新しい概要: bb 5c 0f e0 9f 71 9e 8e aa a7 8e ce e8 8b 96 e0    岻熟????

古い概要: de f2 5d 59 5e a5 96 b5 48 15 5d bc 01 df 27 a1    ?裔??????
```

```
C:¥Work>Nltest /Sdigest: /Rid:0x83d
アカウント RID: 0x83d
新しい概要: bb 5c 0f e0 9f 71 9e 8e aa a7 8e ce e8 8b 96 e0      Ⅷ熟?????

古い概要: bb 5c 0f e0 9f 71 9e 8e aa a7 8e ce e8 8b 96 e0      Ⅷ熟?????

コマンドは正常に完了しました
```

コマンドの働き

Nltestコマンドは、ドメインコントローラ、サイト、サブネット、メンバーコンピュータとドメインコントローラ間のセキュアチャネル、ドメイン間（フォレスト間）の信頼関係などを幅広く操作するコマンドである。互換性維持のためにWindows NTドメイン用の機能が多数含まれている。

Ntdsutil.exe

ドメインコントローラとディレクトリサーバを対話的に操作する

| 2000 | 2003 | 2003R2 | 2008 | 2008R2 | 2012 | 2012R2 | 2016 | 2019 | 2022 | UAC |

構文

Ntdsutil [{/? | Help}]

スイッチとオプション

{/? | Help}
コンテキストやサブコマンドのヘルプを表示する。他のスイッチとオプションは、DsdbutilコマンドとDsmgmtコマンドを参照。

コンテキスト

Ntdsutilコマンドは、DsdbutilコマンドおよびDsmgmtコマンドと同様に、操作の対象をコンテキストで指定してサブコマンドで表示や設定を実行する。使用できるコンテキストとサブコマンドは、DsdbutilコマンドとDsmgmtコマンドを合わせたものだが、後述する「IpDeny List」コンテキストはNtdsutilコマンドにだけ存在する。

コマンドの働き

Ntdsutilコマンドは、Active Directoryのディレクトリサービスを管理する総合コマンドで、「Active Directoryドメインサービス」の役割をインストールしたときにだけ本コマンドを利用できる。

Ntdsutilコマンドは、DsdbutilコマンドとDsmgmtコマンドのすべてのコンテキストとサブコマンドを含んでおり、AD LDSも操作できる。使用方法や注意点もDsdbutilコマンドおよびDsmgmtコマンドと同じである。

■ Ntdsutil IpDeny List(短縮形:i l)
——LDAP接続を拒否するIPアドレスを管理する

2000

■ サブコマンド

サブコマンド	短縮形	説明
Add *IPアドレス* {サブネットマスク | Node}	a	IPアドレスまたはサブネットと、サブネットマスクの組を仮登録する。ホスト(単一ノード)を登録する場合は、サブネットマスクに Node を指定する
Cancel	ca	未確定の変更をキャンセルする
Commit	com	変更を確定する
Connections	con	Connections サブコンテキストに移動する
Delete *インデックス番号*	d	設定名を表示する
Show	s	インデックス番号と設定値を表示する。確定していない設定値は行頭に「*」が表示される
Test *IPアドレス*	t	指定した IP アドレスまたはサブネットが、許可または拒否されるか確認する

■ コマンドの働き

「Ntdsutil IpDeny List」コマンドは、LDAP接続を拒否するIPアドレスまたはIPアドレス帯を登録または削除する。

Redircmp.exe
コンピュータオブジェクトの既定の登録先を変更する

2003 | 2003R2 | 2008 | 2008R2 | 2012 | 2012R2 | 2016 | 2019 | 2022 | UAC

構文
Redircmp *コンテナDN*

■ スイッチとオプション

コンテナDN
　　コンピュータオブジェクトの既定の登録先コンテナまたはOUを、DNで指定する。

実行例

コンピュータオブジェクトの既定の登録先をOU1に設定する。この操作には管理者権限が必要。

```
C:\Work>Redircmp OU=OU1,DC=ad,DC=example,DC=jp
リダイレクトは成功しました。
```

■ コマンドの働き

Redircmpコマンドは、コンピュータオブジェクトの既定の登録先(ドメイン直下の

Computersコンテナ)を、指定のコンテナまたはOUに変更する。ドメインの機能レベル
が「Windows Server 2003」以上である必要がある。「Net Computer /Add」コマンドなど、
コンピュータオブジェクトの登録先コンテナを指定できないコマンドと組み合わせて利用
するとよい。

Redirusr.exe
ユーザーオブジェクトの既定の
登録先コンテナを変更する

2003 | 2003R2 | 2008 | 2008R2 | 2012 | 2012R2 | 2016 | 2019 | 2022 | UAC

構文
Redirusr コンテナDN

スイッチとオプション

コンテナDN
    ユーザーオブジェクトを既定で登録するコンテナまたはOUを、DNで指定する。

実行例

ユーザーオブジェクトの既定の登録先をOU1に設定する。この操作には管理者権限が
必要。

```
C:¥Work>Redirusr OU=OU1,DC=ad,DC=example,DC=jp
リダイレクトは成功しました。
```

コマンドの働き

Redirusrコマンドは、ユーザーオブジェクトの既定の登録先(ドメイン直下のUsersコ
ンテナ)を、指定のコンテナまたはOUに変更する。ドメインの機能レベルが「Windows
Server 2003」以上である必要がある。「Net User /Add」コマンドなど、ユーザーオブジェ
クトの登録先コンテナを指定できないコマンドと組み合わせて利用するとよい。

Rendom.exe
ドメイン名を変更する

2008 | 2008R2 | 2012 | 2012R2 | 2016 | 2019 | 2022

構文
Rendom スイッチ [/User:ユーザー名] [/Pwd:{パスワード | *}] [/Dc:{ドメイン
コントローラ名 | ドメイン名}] [/ListFile:リストファイル名] [/StateFile:状態ファ
イル名] [/DnsZoneFile:DNSゾーンファイル名] [/DisableFaz]

■ スイッチとオプション

/List

フォレスト内のディレクトリパーティション（名前付けコンテキスト）一覧を、XML
形式のリストファイルに出力する。リストファイル中のActive Directoryドメイン名
とNetBIOSドメイン名をテキストエディタで書き換えることでドメイン名を変更する。

/ShowForest

リストファイルをチェックして、Active Directoryドメイン名、NetBIOSドメイン名、
フォレストDNSゾーン名、ドメインDNSゾーン名を表示する。

/Upload

編集したリストファイルからドメイン名変更スクリプトを生成し、「CN=Partitions,
CN=Configuration,DC= ドメイン名」オブジェクトの「msDS-UpdateScript」属性に
書き込む。また、状態ファイルとDNSゾーンファイルも生成する。「Rendom /Upload」
コマンドを実行すると、「Rendom /End」コマンドまたは「Rendom /Clean」コマンド
を実行するまで、フォレストへのドメインの追加と削除、ドメイン内のドメインコン
トローラの追加と削除などはできなくなる。 `UAC`

/Prepare

各ドメインコントローラにドメイン名変更スクリプトが複製されており、ドメイン名
変更操作を実行可能か確認する。スクリプトの複製は通常のディレクトリ複製で行わ
れるため、全ドメインコントローラに複製されるまで時間がかかることがある。
`UAC`

/Execute

各ドメインコントローラでドメイン名の変更操作を開始する。 `UAC`

/End

ドメイン名の変更操作を終了する。 `UAC`

/Clean

変更操作でドメインに残った状態情報を削除する。 `UAC`

/User:ユーザー名

操作を実行するドメインユーザー名を指定する。

/Pwd:{パスワード | *}

/Userスイッチで指定したユーザーのパスワードを指定する。「*」を指定するとプロ
ンプトを表示する。

/Dc:{ドメインコントローラ名 | ドメイン名}

操作対象のドメインコントローラを指定する。ドメイン名を指定するか/Dcオプショ
ンを省略すると、ドメイン内の任意のドメインコントローラに接続する。

/ListFile:リストファイル名

/Listスイッチ、/ShowForestスイッチ、/Uploadスイッチと併用して、フォレスト
内の名前付けコンテキストの一覧をXML形式で出力する。省略するとカレントフォ
ルダに「Domainlist.xml」ファイルを作成する。

/StateFile:状態ファイル名

ドメイン名変更操作の状態をXML形式で出力する。省略するとカレントフォルダに
「Dclist.xml」ファイルを作成する。

/DnsZoneFile:DNSゾーンファイル名

/Prepareスイッチと併用して、DNSレコードを記載したテキストファイルを出力する。
省略するとカレントフォルダに「DNSRecords.txt」ファイルを作成する。

/DisableFaz

  /Prepareスイッチと併用して、DNSレコードの確認にFAZを使用しない(詳細不明)。

実行例

  DNSドメイン名を「ad.example.jp」から「testad.example.jp」に、NetBIOSドメイン名を「EXAMPLE」から「TESTAD」に変更する。この操作にはEnterprise Adminsの権限が必要。

▼ リストファイルを作成する

```
C:\Work>Rendom /List

操作は正常に終了しました。
```

▼ リストファイルを編集する(色文字部分が編集後)

```xml
<?xml version ="1.0"?>
<Forest>
    <Domain>
        <!-- PartitionType:Application -->
        <Guid>6521f6bf-0738-46e4-8ea6-06bd42eeea49</Guid>
        <DNSname>DomainDnsZones.testad.example.jp</DNSname>
        <NetBiosName></NetBiosName>
        <DcName></DcName>
    </Domain>
    <Domain>
        <!-- PartitionType:Application -->
        <Guid>239adb94-6fd0-446b-9855-695a05fdf0a0</Guid>
        <DNSname>ForestDnsZones.testad.example.jp</DNSname>
        <NetBiosName></NetBiosName>
        <DcName></DcName>
    </Domain>
    <Domain>
        <!-- ForestRoot -->
        <Guid>5973a55e-1ef6-4463-8fb0-8a8f59cba90f</Guid>
        <DNSname>testad.example.jp</DNSname>
        <NetBiosName>TESTAD</NetBiosName>
        <DcName></DcName>
    </Domain>
</Forest>
```

▼ リストファイルを検証する

```
C:\Work>Rendom /ShowForest
testad.example.jp [ForestRoot Domain, FlatName:TESTAD]
        DomainDnsZones.testad.example.jp [PartitionType: アプリケーション]
        ForestDnsZones.testad.example.jp [PartitionType: アプリケーション]

操作は正常に終了しました。
```

▼ ドメイン名を変更する(以降の操作にはEnterprise Adminsの管理者権限が必要)

```
C:\Work>Rendom /Upload
```

操作は正常に終了しました。

```
C:¥Work>Rendom /Prepare
DC からの応答を待っています。
DC からの応答を待っています。
sv1.ad.example.jp の準備が完了しました
1 サーバーにアクセスしました。0 サーバーからエラーが返されました
```

操作は正常に終了しました。

```
C:¥Work>Rendom /Execute
DC からの応答を待っています。
DC からの応答を待っています。
スクリプトが sv1.ad.example.jp 上で正常に実行されました
1 サーバーにアクセスしました。0 サーバーからエラーが返されました
```

操作は正常に終了しました。

▼ 再起動後、ドメイン名変更操作を完了する（この操作には Enterprise Admins の権限が必要）

```
C:¥Work>Rendom /End
```

操作は正常に終了しました。

■ コマンドの働き

Rendomコマンドを使用すると、Active Directoryドメイン（フォレスト）を再構築することなく、Active Directoryドメイン名とNetBIOSドメイン名を変更できる。メンバーコンピュータはドメインのメンバーであり続けるが、再起動後に新しいドメイン名を認識する。

ドメイン名変更に付随する作業として、少なくとも次の作業が必要になる。

- Administratorアカウントでのログオン
- 新しいドメイン名に対応するDNSゾーンの作成
- プライマリDNSサフィックスの修正
- Gpfixupコマンドによるグループポリシーオブジェクトの修正

Repadmin.exe

ディレクトリサーバ間の
オブジェクト複製を診断する

2008 | 2008R2 | 2012 | 2012R2 | 2016 | 2019 | 2022

構文

Repadmin スイッチ [コマンド] [オプション] [/u:ユーザー名] [/Pw:{パスワード | *}] [/Retry[:再試行回数][:遅延]]

■ スイッチ

スイッチ	説明
/Add	一時的な複製リンク（入力側）を作成する **UAC**
/AddRepsTo	一時的な複製リンク（出力側）を作成する **UAC**
/Bind	複製設定を表示する
/Bridgeheads	サイトのブリッジヘッドサーバを表示する **UAC**
/CheckProp	ディレクトリサーバが最新の状態か確認する
/Delete	一時的な複製リンク（入力側）を削除する **UAC**
/DelRepsTo	一時的な複製リンク（出力側）を削除する **UAC**
/DnsLookup	IP アドレスを照会する
/DsaGuid	ディレクトリサーバのフレンドリ名を照会する
/FailCache	KCC が検出した複製の問題を表示する
/Istg	サイト間トポロジジェネレータのサーバ名を表示する
/Kcc	KCC を実行して入力方向の複製トポロジを再計算する **UAC**
/Latency	複製待機時間を表示する
/Mod	一時的な複製リンク（入力側）を変更する **UAC**
/NotifyOpt	複製の通知待機時間を表示／設定する
/Options	グローバルカタログと複製オプションを設定する
/Prp	RODC のパスワード複製ポリシーを設定する
/QuerySites	サイト間の複製コストを表示する
/Queue	入力方向の複製待ち要求を表示する **UAC**
/RebuildGc	グローバルカタログ（GC）を再構築する **UAC**
/RegKey	NTDS サービス用のレジストリ値を設定する **UAC**
/Rehost	読み取り専用の名前付けコンテキストを削除して再同期する **UAC**
/RemoveLingeringObjects	残留オブジェクトを確認し削除する **UAC**
/RemoveSources	複製リンクを削除する **UAC**
/ReplAuthMode	AD LDS の複製認証モードを設定する
/Replicate	名前付けコンテキストを複製する
/ReplSingleObj	特定のオブジェクトを複製する
/ReplSummary	複製状態の要約を表示する
/RodcPwdRepl	RODC にパスワードを複製する
/SetAttr	オブジェクトの属性の設定値を操作する **UAC**
/ShowAttr	オブジェクトの属性の設定値を表示する
/ShowBackup	名前付けコンテキストのバックアップ状況を表示する
/ShowChanges	未複製の変更または統計情報を表示する **UAC**
/ShowConn	接続オブジェクトを表示する **UAC**
/ShowCert	SMTP ベースの複製に使用する証明書を表示する **UAC**
/ShowCtx	セッションを開いたディレクトリサーバを表示する **UAC**
/ShowIsm	サイト間メッセージングルート情報を表示する **UAC**
/ShowNcSig	削除された名前付けコンテキストの GUID を表示する
/ShowMsg	エラー番号／イベント ID に対応するメッセージを表示する
/ShowObjMeta	オブジェクトのメタデータを表示する **UAC**

/ShowOutCalls	出力方向の呼び出しの一覧を表示する **UAC**
/ShowProxy	ドメイン間で移動したオブジェクトのマーカー情報を表示する
/ShowRepl	入力方向の複製の状態を表示する **UAC**
/ShowScp	サービス接続ポイントを表示する
/ShowSig	使用を中止した起動 ID を表示する
/ShowTime	ディレクトリサービスの時間値を変換する
/ShowTrust	フォレスト内の信頼するドメイン名を表示する
/ShowUtdVec	更新シーケンス番号の最大値を表示する
/ShowValue	オブジェクトの種類／属性／最終更新日時などを表示する
/SiteOptions	サイトの複製属性を設定する
/SyncAll	すべての複製パートナーと複製を実行する **UAC**
/Unhost	読み取り専用の名前付けコンテキストをグローバルカタログから削除する **UAC**
/UpdRepsTo	一時的な複製リンク（出力側）を更新する **UAC**
/ViewList	ディレクトリサーバを表示する
/WriteSpn	サービスプリンシパル名を設定する **UAC**

■ 共通オプション

{/Help | /?}[:*スイッチ*]

ヘルプを表示する。スイッチを指定すると、そのスイッチの詳細なヘルプを表示する。スイッチにスラッシュ「/」は付けない。

/ExpertHelp

エキスパートコマンドのヘルプを表示する。

/ListHelp

パラメータ DSA_LIST、DSA_NAME、OBJ_LIST、NCNAME に使用できる値や構文を表示する。

/OldHelp

Windows 2000 と Windows Server 2003 用の古いスイッチと、現在のスイッチの対応を表示する。本書では現在のスイッチだけを解説する。

古いスイッチ	現在のスイッチ
/Sync	/Repl または /Replicate
/PropCheck	/CheckProp
/GetChanges	/ShowChanges
/ShowReps	/ShowRepl
/ShowVector	/ShowUtdVec
/ShowMeta	/ShowObjMeta

/u:*ユーザー名*

操作を実行するユーザー名を「*ドメイン名￥ユーザー名*」の形式で指定する。

/Pw:{*パスワード* | *}

/u スイッチで指定したユーザーのパスワードを指定する。「*」を指定するとプロンプトを表示する。

/Retry[:*再試行回数*][:*遅延*]

ターゲットディレクトリサーバへの初回接続が RPC エラーで失敗した場合、指定し

た回数分リトライする。

■ 操作対象の指定

Repadmin コマンドでは、DSA_LIST、DSA_NAME、OBJ_LIST、NCNAME を使用して操作対象のディレクトリサーバやディレクトリパーティションなどを指定する。

DSA_LIST

ディレクトリシステムエージェント(ディレクトリサーバ)を、以下の値を使ってスペースで区切って1つ以上指定する。ディレクトリサーバ指定以外でも、「Nc:*」のように名前の全部または一部に「*」を指定できるオプションもある。

DSA_LIST	説明
DSA_NAME	ディレクトリサーバ名
*	すべてのディレクトリサーバ
サーバ名*	サーバ名で始まるディレクトリサーバ
Site:[サイト名]	指定したサイト内のディレクトリサーバ（省略時は自サイト）
Gc:[DN]	DN で指定したドメインの、グローバルカタログサーバ。省略時はフォレスト内の全 GC
Nc:DN	DN で指定した名前付けコンテキスト（ディレクトリパーティション）をホストしているディレクトリサーバ
Mnc:DN	DN で指定した名前付けコンテキストのマスターコピーをホストしているディレクトリサーバ
Pnc:DN	DN で指定した名前付けコンテキストの部分コピーをホストしているディレクトリサーバ
Fsmo_Dmn:	フォレスト内のドメイン名前付けマスタを実行するドメインコントローラ
Fsmo_Schema:	フォレスト内のスキーママスタを実行するドメインコントローラ
Fsmo_Pdc:[DN]	DN で指定したドメインの、PDC エミュレータを実行するドメインコントローラ
Fsmo_Rid:[DN]	DN で指定したドメインの、RID マスタを実行するドメインコントローラ
Fsmo_Im:[DN]	DN で指定したドメインの、インフラストラクチャマスタを実行するドメインコントローラ
Fsmo_Istg:[サイト名]	指定したサイトの、サイト間トポロジジェネレータ（ISTG：Intersite Topology Generator）を実行するドメインコントローラ

■ オプション

/HomeServer:ホスト名[:ポート番号]

解釈の基準となるディレクトリサーバ(ホームサーバ)を指定する。

DSA_NAME

ディレクトリシステムエージェント(ディレクトリサーバ)名に使用できる値は次のとおり。

DSA_NAME	説明
.	自コンピュータ
DN	ディレクトリサーバの DN
GUID	ディレクトリサーバの GUID。「Repadmin /ShowRepl ホスト名」コマンドの出力で確認可能
ホスト名[:ポート番号]	ホスト名または FQDN
サーバRDN[$サービス名]	ホスト名（ドメイン名を含まない）または NetBIOS 名

OBJ_LIST

以下の値を使って、オブジェクトをスペースで区切って1つ以上指定する。

OBJ_LIST	説明
NcObj:{Config: | Schema: | Domain:}	指定した名前付けコンテキストの DN
DsaObj:	接続しているディレクトリサーバの DN

■ オプション

{/OneLevel | /SubTree}

指定したDN階層だけ(/OneLevel)か、下位の階層まで含める(/SubTree)か指定する。

/Filter:*LDAPフィルタ*

LDAPフィルタに適合するオブジェクトを選択する。

NCNAME

名前付けコンテキスト(ディレクトリパーティション)に使用できる値は次のとおり。

NCNAME	説明
Config:	構成(Configuration)ディレクトリパーティション
Schema:	スキーマディレクトリパーティション
Domain:	ドメインディレクトリパーティション

▟ コマンドの働き

Repadminコマンドは、AD DSやAD LDSでオブジェクト複製の診断や操作を実行する。送信元や宛先など、診断対象のディレクトリサーバには、コマンドを実行するコンピュータからRPCで接続できる必要がある。

Repadminコマンドには高度な操作を行うスイッチ(エキスパートコマンド)があり、次のような特殊な操作を実行できる。

- 残留オブジェクト(Lingering Object)の存在によってドメインコントローラ間の複製が停止したシステムで、残留オブジェクトを削除して複製を再開させる
- 残留オブジェクトなどのために読み取り専用となったディレクトリパーティションを、他の正常なドメインコントローラから再ホストすることで書き込み可能に復旧する
- 入力方向や出力方向の複製を停止する

なお、「Repadmin /TestHook」コマンドは動作しない。

▟ Repadmin /Add──一時的な複製リンク(入力側)を作成する

2008　2008R2　2012　2012R2　2016　2019　2022　UAC

構文

Repadmin /Add *名前付けコンテキスト DSA_NAME ソースDSA* [/Async]
[/AsyncRep] [/DsaDn:*ソースDSAのDN*] [/Mail] [/ReadOnly]
[/SelSecrets] [/SyncDisable] [/TransportDn:*トランスポートDN*]

■ スイッチとオプション

ソース DSA

　　複製元のディレクトリサーバを FQDN で指定する。

/Async

　　複製の完了を待たない。既定では複製の完了を待つ。

/AsyncRep

　　複製イベントをキューに登録し、複製完了を待たずに制御を戻す。

/DsaDn: ソース DSA の DN

　　複製元ディレクトリサーバの識別名を指定する。

/Mail

　　複製経路が SMTP ベースの場合に、/TransportDn スイッチとあわせて指定する。

/ReadOnly

　　名前付けコンテキストが読み取り専用の場合に指定する。

/SelSecrets

　　ディレクトリサーバが読み取り専用ドメインコントローラの場合に指定する。

/SyncDisable

　　RepsFrom 属性の登録だけを行い複製を開始しない。複製を開始するには「Repadmin /Sync /Force」コマンドを実行する。

/TransportDn: トランスポート DN

　　SMTP ベースのサイト間メッセージトランスポート使用時に、識別名を指定する。

実行例

　　複製経路は sv1 (Site1) ⇔ sv2 (Site2) ⇔ sv3 (Site3) の構成で、ドメインディレクトリパーティションを sv1 から sv3 に直接複製するための複製リンクを一時的に作成する。この操作には管理者権限が必要。

```
C:\Work>Repadmin /Options sv3 +DISABLE_NTDSCONN_XLATE
現在 DSA オプション: IS_GC
新規 DSA オプション: IS_GC DISABLE_NTDSCONN_XLATE

C:\Work>Repadmin /Add DC=ad,DC=example,DC=jp sv3 sv1.ad.example.jp
ソース:sv1.ad.example.jp から宛先:sv3 への一方向レプリケーションを確立しました。
```

■ コマンドの働き

　　「Repadmin /Add」コマンドは、名前付けコンテキスト(ディレクトリパーティション)において RepsFrom 属性を登録することで、ソースディレクトリサーバからの一時的な複製リンクを作成する。

　　複製経路の設計は、表面的にはサイトリンクと接続オブジェクト(Connection Object)で行う。接続オブジェクトは、[Active Directory サイトとサービス]でディレクトリサーバの NTDS Settings の下に表示される、複製元や複製スケジュールなどを規定するオブジェクトで、知識整合性チェッカー(KCC)が自動生成したものと、管理者が手動で作成したものがある。

　　経路設計に応じて任意の接続オブジェクトを作成できるが、その中から KCC が選んで

組み立てた、最終的な複製経路や複製設定が複製リンク（Replication Link）で、管理ツールには表示されない。

「Repadmin /Add」コマンドは、接続オブジェクトによらない複製リンクを直接作成できるが、対応する接続オブジェクトがない複製リンクはKCCの複製トポロジ再計算によって自動的に削除されてしまうため、「Repadmin /Options」コマンドで +DISABLE_NTDSCONN_XLATE属性を追加して変換を止めておく。

■ Repadmin /AddRepsTo——一時的な複製リンク（出力側）を作成する

`2008` `2008R2` `2012` `2012R2` `2016` `2019` `2022` `UAC`

構文

Repadmin /AddRepsTo *名前付けコンテキスト DSA_NAME 宛先DSA GUID*
[/SelSecrets]

■ スイッチとオプション

GUID
複製先のディレクトリサーバのオブジェクトGUIDを指定する。GUIDは「Repadmin /ShowRepl サーバ名」コマンドや、DNSの「_msdcs」ゾーンの下で確認できる。

/SelSecrets
ディレクトリサーバが読み取り専用ドメインコントローラの場合に指定する。

実行例

複製経路は sv1（Site1）⇔ sv2（Site2）⇔ sv3（Site3）の構成で、ドメインディレクトリパーティションを sv1 から sv3 に直接複製するための複製リンク（出力側）を一時的に作成する。この操作には管理者権限が必要。

```
C:\Work>Repadmin /AddRepsTo DC=ad,DC=example,DC=jp sv1 sv3 70aca013-f570-4caa-9f1d-
3e3e573535cc
sv3 から sv1 への変更通知を更新しました。
```

■ コマンドの働き

「Repadmin /AddRepsTo」コマンドは、名前付けコンテキストにおいてRepsTo属性を登録することで、宛先ディレクトリサーバへの一時的な複製リンクを作成する。

通常は「Repadmin /Add」コマンドで入力側の複製リンクを登録することで、自動的にソースディレクトリサーバにも出力側の複製リンクが登録されるので、あらためて「Repadmin /AddRepsTo」コマンドを使用する必要はない。「Repadmin /AddRepsTo」コマンドで重複して複製リンクを登録しようとすると、「対象サーバーのレプリケーションの参照情報は既にあります。」というエラーが発生する。

■ Repadmin /Bind——複製設定を表示する

`2008` `2008R2` `2012` `2012R2` `2016` `2019` `2022`

■ スイッチとオプション

SPN

　接続先ディレクトリサービスのプリンシパル名を指定する。

実行例

　自コンピュータの複製設定を表示する。

```
C:¥Work>Repadmin /Bind

Repadmin: フル DC localhost に対してコマンド /Bind を実行しています
localhost への結合に成功しました。
NTDSAPI V1 BindState，拡張メンバーを印刷しています。
     bindAddr: localhost
サポートされている拡張 (cb=52):
     BASE                                  : はい
     ASYNCREPL                             : はい
     REMOVEAPI                             : はい
     MOVEREQ_V2                            : はい
     GETCHG_COMPRESS                       : はい
     DCINFO_V1                             : はい
     RESTORE_USN_OPTIMIZATION              : はい
     KCC_EXECUTE                           : はい
     ADDENTRY_V2                           : はい
     LINKED_VALUE_REPLICATION              : はい
     DCINFO_V2                             : はい
     INSTANCE_TYPE_NOT_REQ_ON_MOD          : はい
     CRYPTO_BIND                           : はい
     GET_REPL_INFO                         : はい
     STRONG_ENCRYPTION                     : はい
     DCINFO_VFFFFFFFF                      : はい
     TRANSITIVE_MEMBERSHIP                 : はい
     ADD_SID_HISTORY                       : はい
     POST_BETA3                            : はい
     GET_MEMBERSHIPS2                      : はい
     GETCHGREQ_V6 (WINDOWS XP PREVIEW): はい
     NONDOMAIN_NCS                         : はい
     GETCHGREQ_V8 (WINDOWS XP BETA 1) : はい
     GETCHGREPLY_V5 (WINDOWS XP BETA 2): はい
     GETCHGREPLY_V6 (WINDOWS XP BETA 2): はい
     ADDENTRYREPLY_V3 (WINDOWS XP BETA 3): はい
     GETCHGREPLY_V7 (WINDOWS XP BETA 3) : はい
     VERIFY_OBJECT (WINDOWS XP BETA 3): はい
     XPRESS_COMPRESSION                    : はい
     DRS_EXT_ADAM                          : いいえ
     GETCHGREQ_V10                         : はい
```

2

ドメインと
グループポリシー編

```
    RECYCLE BIN FEATURE              : いいえ
サイト GUID: eb512709-9314-4e20-b08c-02a51c015488
レプリケーション エポック: 0
フォレスト GUID: 29eb50c1-35a5-4fae-90d0-a6bbd06fdc29
結合のセキュリティ情報は次のとおりです:
    要求された SPN: LDAP/localhost
    Authn サービス: 9
    Authn レベル: 6
    Authz サービス: 0
```

■ コマンドの働き

「Repadmin /Bind」コマンドは、ディレクトリサーバの複製設定を表示する。

■ Repadmin /Bridgeheads——サイトのブリッジヘッドサーバを表示する

`2008` `2008R2` `2012` `2012R2` `2016` `2019` `2022` `UAC`

構文

Repadmin /Bridgeheads [*DSA_LIST*] [/Verbose]

■ スイッチとオプション

/Verbose
    詳細情報を表示する。

実行例

複製経路は sv1(Site1)⇔sv2(Site2)⇔sv3(Site3) の構成で、ブリッジヘッドサーバを表示する。この操作には管理者権限が必要。

```
C:¥Work>Repadmin /Bridgeheads

Repadmin: フル DC localhost に対してコマンド /Bridgeheads を実行しています
サイト Site1 (sv1.ad.example.jp) からトポロジを収集しています:

サイト Site1 (sv1.ad.example.jp) のブリッジヘッド:
        ソース サイト ローカル ブリッジ Trns   失敗した時刻   #     状態
        ============== ============= ==== =============== === ========
        Site2                   SV1   IP          (never)  0    この操
作を正しく終了しました。
                DomainDnsZones ForestDnsZones Configuration ad

サイト Site1 (sv1.ad.example.jp) のブリッジヘッド:
        ソース サイト ローカル ブリッジ Trns   失敗した時刻   #     状態
        ============== ============= ==== =============== === ========
        Site2                   SV1   IP          (never)  0    この操
作を正しく終了しました。
                DomainDnsZones ForestDnsZones Configuration ad

サイト Site2 (sv2.ad.example.jp) のブリッジヘッド:
```

```
         ソース サイト   ローカル ブリッジ  Trns       失敗した時刻     #      状態
         =============  =============  ====  ================  ===  ========
              Site3        SV2    IP            (never)   0     この操
作を正しく終了しました。
              Configuration DomainDnsZones ForestDnsZones ad
              Site1        SV2    IP            (never)   0     この操
作を正しく終了しました。
              Configuration DomainDnsZones ForestDnsZones ad

サイト Site3 (sv3.ad.example.jp) のブリッジヘッド:
         ソース サイト   ローカル ブリッジ  Trns       失敗した時刻     #      状態
         =============  =============  ====  ================  ===  ========
              Site2        SV3    IP            (never)   0     この操
作を正しく終了しました。
              Configuration DomainDnsZones ForestDnsZones ad
```

■ コマンドの働き

「Repadmin /Bridgeheads」コマンドは、指定したディレクトリサーバが認識している、各サイトのブリッジヘッドサーバ(サイト間複製を担当するサーバ)を表示する。

■ Repadmin /CheckProp
──ディレクトリサーバが最新の状態か確認する

2008 2008R2 2012 2012R2 2016 2019 2022

構文

Repadmin /CheckProp *DSA_LIST 名前付けコンテキスト DSA起動ID USN*

■ スイッチとオプション

DSA起動ID

「Repadmin /ShowRepl」コマンドで表示されるDSA起動IDを指定する。

USN

「Repadmin /ShowUtdVec」コマンドで表示される更新シーケンス番号(USN)を指定する。

実行例

ドメインディレクトリパーティションについて、sv3とsv1を比較する。

```
C:¥Work>Repadmin /CheckProp sv3 DC=ad,DC=example,DC=jp 6d2ba194-414c-41f8-91b1-
333e61f7fd81 32774
Site1¥SV1: はい (USN 57708)
Site2¥SV2: はい (USN 57681)
Site3¥SV3: はい (USN 57652)
```

■ コマンドの働き

「Repadmin /CheckProp」コマンドは、名前付けコンテキストとDSA起動IDで指定し

たデータが、複数のディレクトリサーバ間で同一か確認する。異なっている場合は「** いいえ **」と表示される。

Repadmin /Delete──一時的な複製リンク（入力側）を削除する

2008 | 2008R2 | 2012 | 2012R2 | 2016 | 2019 | 2022 | UAC

構文

Repadmin /Delete *名前付けコンテキスト DSA_NAME* [*ソースDSA*]
[/LocalOnly] [/NoSource] [/Async]

■ スイッチとオプション

ソースDSA
> 複製元のディレクトリサーバをFQDNで指定する。

/LocalOnly
> 操作対象のディレクトリサーバ側だけ複製リンクを削除し、対になるソースディレクトリサーバ側のRepsTo属性は削除しない。

/NoSource
> 読み取り専用の名前付けコンテキストを削除する際に、ソースDSAの指定を省略して削除を実行可能にする。

/Async
> 処理の完了を待たない。既定では処理の完了を待つ。

実行例

複製経路はsv1(Site1)⇔sv2(Site2)⇔sv3(Site3)の構成で、ドメインディレクトリパーティションをsv1からsv3に直接複製するために作成した複製リンクを削除する。この操作には管理者権限が必要。

```
C:\Work>Repadmin /Delete DC=ad,DC=example,DC=jp sv3 sv1.ad.example.jp
ソース:sv1.ad.example.jp から宛先:sv3 のレプリケーション リンクを削除しました。
```

■ コマンドの働き

「Repadmin /Delete」コマンドは、名前付けコンテキストにおいてRepsFrom属性を削除することで、ソースディレクトリサーバからの一時的な複製リンクを削除する。

Repadmin /DelRepsTo──一時的な複製リンク（出力側）を削除する

2008 | 2008R2 | 2012 | 2012R2 | 2016 | 2019 | 2022 | UAC

構文

Repadmin /DelRepsTo *名前付けコンテキスト DSA_NAME 宛先DSA GUID*

■ スイッチとオプション

GUID
> 複製先のディレクトリサーバのオブジェクトGUIDを指定する。GUIDは「Repadmin

「/ShowRepl サーバ名」コマンドや、DNSの「_msdcs」ゾーンの下で確認できる。

　複製経路はsv1(Site1)⇔sv2(Site2)⇔sv3(Site3)の構成で、ドメインディレクトリパーティションをsv1からsv3に直接複製するために作成した複製リンク(出力側)を削除する。この操作には管理者権限が必要。

```
C:¥Work>Repadmin /DelRepsTo DC=ad,DC=example,DC=jp sv1 sv3 70aca013-f570-4caa-9f1d-
3e3e573535cc
sv3 から sv1 への変更通知を更新しました。
```

■ コマンドの働き

　「Repadmin /DelRepsTo」コマンドは、名前付けコンテキストにおいてRepsTo属性を削除し、出力方向の複製を停止する。

　通常は「Repadmin /Delete」コマンドの実行時に、宛先ディレクトリサーバからも出力側の複製リンクが削除されるので、あらためて「Repadmin /DelRepsTo」コマンドを使用する必要はない。既にRepsTo属性が削除されている場合、「Repadmin /DelRepsTo」コマンドを実行すると、「対象サーバーのレプリケーションの参照情報は既にありません。」というエラーが発生する。

■ Repadmin /DnsLookup——IPアドレスを照会する

[2008] [2008R2] [2012] [2012R2] [2016] [2019] [2022]

構文

Repadmin /DnsLookup ホスト名 [フラグ]

■ スイッチとオプション

フラグ

　DNS参照時の動作を指定する。複数のフラグを指定する場合は値を加算する。

フラグ	説明
0x1	参照の前にキャッシュを削除する
0x2	参照エラー発生時にキャッシュを削除して再実行する(既定値)
0x4	IPv4アドレスだけを表示する
0x8	IPv6アドレスだけを表示する
0x10	IPv4アドレスを優先的に表示する

　sv1のIPアドレスを照会する。

```
C:¥Work>Repadmin /DnsLookup sv1

Lookup of sv1 with flags 0x2 returned:
        fe80::1cfc:eac7:98e7:1db3%4
```

2

ドメインと
グループポリシー編

```
        192.168.1.231
```

■ コマンドの働き

「Repadmin /DnsLookup」コマンドは、DNSでホスト名に対するIPアドレスを照会する。

Repadmin /DsaGuid——ディレクトリサーバのフレンドリ名を照会する

2008 | 2008R2 | 2012 | 2012R2 | 2016 | 2019 | 2022

構文

Repadmin /DsaGuid *DSA_LIST GUID*

■ スイッチとオプション

GUID

ディレクトリサーバのオブジェクトGUIDを指定する。GUIDは「Repadmin /ShowRepl サーバ名」コマンドや、DNSの「_msdcs」ゾーンの下で確認できる。

実行例

GUIDからディレクトリサーバのフレンドリ名を照会する。

```
C:¥Work>Repadmin /DsaGuid sv1 02263e86-9a75-4229-8cf7-6e5b76df7e6a
GUID をキャッシュしています。
..
"02263e86-9a75-4229-8cf7-6e5b76df7e6a" = Site1¥SV1
```

■ コマンドの働き

「Repadmin /DsaGuid」コマンドは、GUIDで指定したディレクトリサーバのフレンドリ 名を照会する。

Repadmin /FailCache——KCCが検出した複製の問題を表示する

2008 | 2008R2 | 2012 | 2012R2 | 2016 | 2019 | 2022

構文

Repadmin /FailCache *DSA_LIST*

実行例

sv3の複製の問題を表示する。

```
C:¥Work>Repadmin /FailCache sv3
==== KCC 接続エラー ============================
(なし)

==== KCC リンク エラー ================================
    Site2¥SV2
        DSA オブジェクト GUID: 1d841115-06f2-4462-83d2-050489175280
```

■ コマンドの働き

「Repadmin /FailCache」コマンドは、KCCが検出した複製の問題を表示する。

Repadmin /Istg──サイト間トポロジジェネレータのサーバ名を表示する

2008 | 2008R2 | 2012 | 2012R2 | 2016 | 2019 | 2022

構文

Repadmin /Istg [*DSA_LIST*] [/Verbose]

■ スイッチとオプション

/Verbose
詳細情報を表示する。

実行例

サイト間トポロジジェネレータのサーバ名を表示する。

```
C:\Work>Repadmin /Istg

Repadmin: フル DC localhost に対してコマンド /Istg を実行しています
サイト Site1 (sv1.ad.example.jp) からトポロジを収集しています:
                    サイト                ISTG
==================                 ==================
Default-First-Site-Name                   SV1
             Site1                        SV1
             Site2                        SV2
             Site3                        SV3
```

■ コマンドの働き

「Repadmin /Istg」コマンドは、サイト間の複製トポロジを生成するディレクトリサーバ名を表示する。

Repadmin /Kcc
──KCCを実行して入力方向の複製トポロジを再計算する

2008 | 2008R2 | 2012 | 2012R2 | 2016 | 2019 | 2022 | UAC

構文

Repadmin /Kcc [*DSA_LIST*] [/Async]

■ スイッチとオプション

/Async
KCCの完了を待たない。既定ではKCCの完了を待つ。

実行例

Site1内のドメインコントローラで複製トポロジを再計算する。この操作には管理者権限が必要。

```
C:¥Work>Repadmin /Kcc Site:Site1

Repadmin: フル DC sv1.ad.example.jp に対してコマンド /Kcc を実行しています
Site1
現在 サイト オプション: (none)
sv1.ad.example.jp の整合性チェックが成功しました。
```

■ コマンドの働き

「Repadmin /Kcc」コマンドは、指定したディレクトリサーバでKCCを実行して、入力方向の複製トポロジを再計算する。複製トポロジの既定の再計算間隔は15分。

Repadmin /Latency——複製待機時間を表示する

2008 | 2008R2 | 2012 | 2012R2 | 2016 | 2019 | 2022

構文

Repadmin /Latency [*DSA_LIST*] [/Verbose]

■ スイッチとオプション

/Verbose
　詳細情報を表示する。

実行例

複製待機時間を表示する。

```
C:¥Work>Repadmin /Latency

Repadmin: フル DC localhost に対してコマンド /Latency を実行しています
免責:
1. 待機時間は、構成 NC についてのみ表示されます。
2. プローブは、30 分に 1 回送信されますが、実際のレプリケーションはより頻繁に発生する可能性があります。
3. 通常のサイト間レプリケーション頻度がどの程度かは、サイト リンク スケジュール、間隔、およびブリッジヘッドの利用可能性 など、多くの要因に応じて異なります。
サイト Site1 (sv1.ad.example.jp) からトポロジを収集しています:

サイト Site1 (sv1.ad.example.jp) のレプリケーション待機時間 :
                          元のサイト   Ver    ローカル更新時刻         元の更新時刻         待機時間   最終から
                ==================== ===== =================== =================== ======== ==========
Default-First-Site-Name     1 2022-09-10 13:17:24 2022-09-10 13:17:24 00:00:00 300:53:50
                   Site1    1 2022-09-20 17:35:10 2022-09-20 17:35:10 00:00:00  56:36:04
                   Site2    1 2022-09-20 17:46:18 2022-09-20 17:44:12 00:02:06  56:24:56
                   Site3    1 2022-09-22 13:45:00 2022-09-22 13:36:13 00:08:47  12:26:14
```

```
サイト Site1 (sv1.ad.example.jp) のレプリケーション待機時間 :
       元のサイト    Ver    ローカル更新時刻        元の更新時刻        待機時間    最終から
================== ===== =================== =================== ======== ==========
Default-First-Site-Name  1  2022-09-10 13:17:24  2022-09-10 13:17:24  00:00:00  300:53:50
            Site1  1  2022-09-20 17:35:10  2022-09-20 17:35:10  00:00:00  56:36:04
            Site2  1  2022-09-20 17:46:18  2022-09-20 17:44:12  00:02:06  56:24:56
            Site3  1  2022-09-22 13:45:00  2022-09-22 13:36:13  00:08:47  12:26:14

サイト Site2 (sv2.ad.example.jp) のレプリケーション待機時間 :
       元のサイト    Ver    ローカル更新時刻        元の更新時刻        待機時間    最終から
================== ===== =================== =================== ======== ==========
Default-First-Site-Name  1  2022-09-20 17:39:04  2022-09-10 13:17:24  244:21:40  56:32:10
            Site2  1  2022-09-20 17:44:12  2022-09-20 17:44:12  00:00:00  56:27:02
            Site1  1  2022-09-20 17:39:05  2022-09-20 17:35:10  00:03:55  56:32:09
            Site3  1  2022-09-22 13:44:33  2022-09-22 13:36:13  00:08:20  12:26:41

サイト Site3 (sv3.ad.example.jp) のレプリケーション待機時間 :
       元のサイト    Ver    ローカル更新時刻        元の更新時刻        待機時間    最終から
================== ===== =================== =================== ======== ==========
Default-First-Site-Name  1  2022-09-22 09:31:09  2022-09-10 13:17:24  284:13:45  16:40:05
            Site1  1  2022-09-22 09:31:09  2022-09-20 17:35:10  39:55:59  16:40:05
            Site2  1  2022-09-22 09:31:09  2022-09-20 17:44:12  39:46:57  16:40:05
            Site3  1  2022-09-22 13:36:13  2022-09-22 13:36:13  00:00:00  12:35:01
```

■ コマンドの働き

「Repadmin /Latency」コマンドは、ディレクトリサーバの複製待機時間を表示する。

■ Repadmin /Mod──一時的な複製リンク（入力側）を変更する

[2008] [2008R2] [2012] [2012R2] [2016] [2019] [2022] [UAC]

構文

Repadmin /Mod *名前付けコンテキスト DSA_NAME GUID* [{+ | -}*オプション*] [/ReadOnly] [/SrcDsaAddr:FQDN] [/TransportDn:*トランスポートDN*]

■ スイッチとオプション

GUID

複製元のディレクトリサーバのオブジェクト GUID を指定する。GUID は「Repadmin /ShowRepl サーバ名」コマンドや、DNS の「_msdcs」ゾーンの下で確認できる。

{+ | -}*オプション*

次のオプションを、スペースで区切って1つ以上指定する。[UAC]

オプション	説明
COMPRESS_CHANGES	複製元から受け取った変更の圧縮を有効（+）または無効（-）に設定する
DISABLE_SCHEDULED_SYNC	スケジュールに基づいて同期を実行しない(+)か否か(-)
DO_SCHEDULED_SYNCS	スケジュールに従って複製を実行する（+）または実行しない（-）

前ページよりの続き

IGNORE_CHANGE_NOTIFICATIONS	通知ベースの同期を無効にする（+）か否か（-）
NEVER_SYNCED	複製元からの複製処理が正常に完了したことはなかったとマークする（+）か否か（-）
NO_CHANGE_NOTIFICATIONS	複製元から変更通知を受け取らない（+）か否か（-）
SYNC_ON_STARTUP	宛先サーバの起動時に、指定した名前付けコンテキストと複製元からの複製を試行する(+)または試行しない(-)
TWO_WAY_SYNC	入力方向の複製後、複製元に入力方向（複製先から見て出力方向）の複製を実行する（+）か否か（-）
WRITEABLE	名前付けコンテキストが書き込み可能か否か（表示だけで変更不可）

/ReadOnly
名前付けコンテキストが読み取り専用の場合に指定する。

/SrcDsaAddr:*FQDN*
複製元のディレクトリサーバをFQDNで指定する。

/TransportDn: *トランスポートDN*
SMTPベースのサイト間メッセージトランスポート使用時に、識別名を指定する。

実行例

TestAppPartitionのSYNC_ON_STARTUPを不可にする。この操作には管理者権限が必要。

```
C:\Work>Repadmin /Mod DC=TestAppPartition,DC=ad,DC=example,DC=jp sv3 1d841115-06f2-
4462-83d2-050489175280 -SYNC_ON_STARTUP
現在のレプリカ フラグ: SYNC_ON_STARTUP DO_SCHEDULED_SYNCS WRITEABLE COMPRESS_CHANGES
現在のソース アドレス: sv2
ソース:1d841115-06f2-4462-83d2-050489175280 から宛先:sv3 へのレプリケーション リンク
が修正されました。
レプリカ フラグを DO_SCHEDULED_SYNCS WRITEABLE COMPRESS_CHANGES に設定しました
```

■ コマンドの働き
「Repadmin /Mod」コマンドは、複製リンク（入力側）の設定を変更する。

Repadmin /NotifyOpt——複製の通知待機時間を表示／設定する
2008 2008R2 2012 2012R2 2016 2019 2022

構文

Repadmin /NotifyOpt *DSA_LIST 名前付けコンテキスト* [/First:*待ち時間*]
[/Subs:*待ち時間*]

■ スイッチとオプション

DSA_LIST
設定を表示する場合は任意のディレクトリサーバを指定する。変更する場合はドメイン名前付けマスタの役割を実行するディレクトリサーバを指定する。

/First:*待ち時間*
変更があってから、ディレクトリサーバが最初の複製パートナーに変更を通知するま

での時間（秒）を指定する。設定を削除する場合は0を指定する。

/Subs:*待ち時間*

最初の複製パートナーに変更を通知してから、次の複製パートナーに変更を通知するまでの時間（秒）を指定する。設定を削除する場合は0を指定する。

実行例

TestAppPartitionの通知待機時間を設定する。

```
C:¥Work>Repadmin /NotifyOpt sv1 DC=TestAppPartition,DC=ad,DC=example,DC=jp /First:3
/Subs:2
現在の通知オプション:
Replication-Notify-First-DSA-Delay が設定されていません。
Replication-Notify-Subsequent-DSA-Delay が設定されていません
新しい通知オプション:
Replication-Notify-First-DSA-Delay: 3
Replication-Notify-Subsequent-DSA-Delay: 2
```

■ コマンドの働き

「Repadmin /NotifyOpt」コマンドは、名前付けコンテキストの複製の通知待機時間を表示または設定する。

▓ Repadmin /Options
──グローバルカタログと複製オプションを設定する

[2008][2008R2][2012][2012R2][2016][2019][2022]

構文

Repadmin /Options *DSA_LIST* [{+ | -}オプション]

■ スイッチとオプション

{+ | -}オプション

次のオプションを、スペースで区切って1つ以上指定する。 **UAC**

オプション	説明
IS_GC	グローバルカタログサーバに昇格（+）または降格（-）する
DISABLE_INBOUND_REPL	入力方向の複製を有効（-）または無効（+）にする
DISABLE_OUTBOUND_REPL	出力方向の複製を有効（-）または無効（+）にする
DISABLE_NTDSCONN_XLATE	KCC が接続オブジェクトを複製リンクに変換する機能を有効（-）または無効（+）にする

実行例

sv3で入力方向の複製を停止する。この操作には管理者権限が必要。

```
C:¥Work>Repadmin /Options sv3 +DISABLE_INBOUND_REPL
現在 DSA オプション: IS_GC
新規 DSA オプション: IS_GC DISABLE_INBOUND_REPL
```

```
C:¥Work>Repadmin /Options

Repadmin: フル DC localhost に対してコマンド /Options を実行しています
現在 DSA オプション: IS_GC DISABLE_INBOUND_REPL
```

■ コマンドの働き

「Repadmin /Options」コマンドは、グローバルカタログ、複製、接続オブジェクトから複製リンクへの変換機能を有効またはは無効に設定する。有効化や無効化の情報はDirectory Serviceログにも記録される。

▄ Repadmin /Prp──RODCのパスワード複製ポリシーを設定する

2008 | 2008R2 | 2012 | 2012R2 | 2016 | 2019 | 2022

構文

Repadmin /Prp [*追加オプション*]

■ スイッチとオプション

View {*RODC名* | *} {*LIST_NAME* | *ユーザー名*}
　指定したユーザーまたはグループの情報（該当数が多い場合は情報の一部）を表示する。*LIST_NAME*には次のいずれかを指定する。

LIST_NAME	説明
Auth2	RODC で認証されたユーザー名またはグループ名
Reveal	パスワードがキャッシュされているユーザー名またはグループ名
Allow	パスワードのキャッシュを許可するユーザー名またはグループ名（msDS-RevealOnDemandGroup）
Deny	パスワードのキャッシュを拒否するユーザー名またはグループ名（msDS-NeverRevealGgroup）

Add {*RODC名* | *} Allow *ユーザー名*
　指定したユーザーまたはグループを、パスワードのキャッシュを許可するグループのメンバーに追加する。 **UAC**

Delete {*RODC名* | *} {Allow | Auth2} {*ユーザー名* | /All}
　指定したユーザーまたはグループを、パスワードのキャッシュを許可するグループのメンバーから削除する。 **UAC**

Move *RODC名 グループ名* [/NoAuth2Cleanup] [/Users_Only | /Comps_Only]
　Auth2リストの全メンバーを、指定したグループに移動する。グループがない場合は作成する。/NoAuth2Cleanupオプションを指定すると、移動後もAuth2リストにメンバーが残る。既定値は残らない。/Users_Onlyオプションを指定すると、ユーザーだけを指定したグループに移動する。/Comps_Onlyオプションを指定すると、コンピュータだけを指定したグループに移動する。 **UAC**

実行例

　TestUser3を、パスワードキャッシュを許可するグループのメンバーに追加／削除する。この操作には管理者権限が必要。

```
C:¥Work>Repadmin /Prp Add sv3 Allow TestUser
RODC "CN=SV3,OU=Domain Controllers,DC=ad,DC=example,DC=jp" で、許可リストに "CN=Tes
tUser,OU=TestOU,OU=OU1,DC=ad,DC=example,DC=jp" が追加されました。

C:¥Work>Repadmin /Prp View sv3 Allow
許可リスト (msDS-RevealOnDemandGroup):
RODC "CN=SV3,OU=Domain Controllers,DC=ad,DC=example,DC=jp":
CN=TestUser,OU=TestOU,OU=OU1,DC=ad,DC=example,DC=jp
CN=Allowed RODC Password Replication Group,CN=Users,DC=ad,DC=example,DC=jp

C:¥Work>Repadmin /Prp Delete sv3 Allow TestUser
RODC "CN=SV3,OU=Domain Controllers,DC=ad,DC=example,DC=jp" で、許可リストから "CN=T
estUser,OU=TestOU,OU=OU1,DC=ad,DC=example,DC=jp" が削除されました。
```

■ コマンドの働き

「Repadmin /Prp」コマンドは、読み取り専用ドメインコントローラ(RODC)のパスワード複製ポリシーを確認または変更する。

■ Repadmin /QuerySites──サイト間の複製コストを表示する

2008 2008R2 2012 2012R2 2016 2019 2022

構文

Repadmin /QuerySites *複製元サイト 複製先サイト*

■ スイッチとオプション

複製先サイト
　　複製先のサイト名を、スペースで区切って1つ以上指定する。

実行例

Site1からSite2およびSite3への複製コストを表示する。

```
C:¥Work>Repadmin /QuerySites Site1 Site2 Site3
サイト Site1 から
次のサイトへ                                                  コスト
------------                                                  ----
Site2                                                         10
Site3                                                         110
```

■ コマンドの働き

「Repadmin /QuerySites」コマンドは、サイト間の複製コストを表示する。

■ Repadmin /Queue──入力方向の複製待ち要求を表示する

2008 2008R2 2012 2012R2 2016 2019 2022 UAC

Repadmin /Queue [*DSA_LIST*]

実行例

全ドメインコントローラの複製待ち要求を表示する。この操作には管理者権限が必要。

```
C:\Work>Repadmin /Queue *
Repadmin: フル DC sv1.ad.example.jp に対してコマンド /Queue を実行しています
キューには 0 個の項目があります。

Repadmin: フル DC sv2.ad.example.jp に対してコマンド /Queue を実行しています
キューには 0 個の項目があります。

Repadmin: 読み取り専用 DC SV3.ad.example.jp に対してコマンド /Queue を実行しています
キューには 0 個の項目があります。
```

■ コマンドの働き

「Repadmin /Queue」コマンドは、ディレクトリサーバの入力方向の複製待ち要求を表示する。

■ Repadmin /RebuildGc ——グローバルカタログ（GC）を再構築する

2008 ┃ 2008R2 ┃ 2012 ┃ 2012R2 ┃ 2016 ┃ 2019 ┃ 2022 ┃ UAC

構文

Repadmin /RrebuildGc *DSA_NAME*

実行例

sv3のグローバルカタログを再構築する。この操作には管理者権限が必要。

```
C:\Work>Repadmin /RebuildGc sv3
HKLM\System\CurrentControlSet\Services\NTDS\Parameters: "Strict Replication
Consistency" REG_DWORD 0x00000001 (1)
新規 HKLM\System\CurrentControlSet\Services\NTDS\Parameters: "Strict Replication
Consistency" REG_DWORD 0x00000001 (1)
GC CN=NTDS Settings,CN=SV3,CN=Servers,CN=Site3,CN=Sites,CN=Configuration,DC=ad,DC=ex
ample,DC=jp は再構築されています。読み取り専用の各パーティションは再ホストされます。
新規 DSA オプション: IS_GC DISABLE_NTDSCONN_XLATE
新規 DSA オプション: DISABLE_NTDSCONN_XLATE
GetNcLists() に失敗しました。状態: 0 (0x0):
    この操作を正しく終了しました。

C:\Work>Repadmin /Options sv3 -DISABLE_NTDSCONN_XLATE +IS_GC
現在 DSA オプション: DISABLE_NTDSCONN_XLATE
新規 DSA オプション: IS_GC
```

■ コマンドの働き

　「Repadmin /RrebuildGc」コマンドは、接続オブジェクトの複製リンク変換を一時的に停止し、グローバルカタログを再構築する。再構築中はグローバルカタログサーバとして動作せず、DNSからグローバルカタログに関するSRVリソースレコードも削除される。
注：ヘルプには、再構築完了後に自動的にグローバルカタログが有効化され、DISABLE_
　　NTDSCONN_XLATEオプションも外れるような記述があるが、確認できなかった。

■ Repadmin /RegKey——NTDSサービス用のレジストリ値を設定する

`2008` `2008R2` `2012` `2012R2` `2016` `2019` `2022` `UAC`

構文

Repadmin /RegKey *DSA_LIST* {+ | -}{AllowDivergent | Strict | *任意の
レジストリ値*} [*設定値* [/Reg_Sz]]

■ スイッチとオプション

{+ | -}{AllowDivergent | Strict | *任意のレジストリ値*}

　　AllowDivergentは、残留オブジェクトなどで、分岐または破損した複製パートナーからの複製を許可(+)または拒否(-)する。Strictは、厳密な複製整合性モデルにする(+)か、緩やかな複製整合性モデルにする(-)。任意のレジストリ値を指定して、値を設定することもできる。本コマンドの操作対象のレジストリキーは次のとおり。

　　・キーのパス——HKEY_LOCAL_MACHINE¥SYSTEM¥CurrentControlSet¥Service
　　s¥NTDS¥Parameters

　　AllowDivergentに対応するレジストリ値は次のとおり。

　　・値の名前——Allow Replication With Divergent and Corrupt Partner
　　・データ型——REG_DWORD
　　・設定値——0＝拒否、1＝許可(既定値は値なし)

　　Strictに対応するレジストリ値は次のとおり。

　　・値の名前——Strict Replication Consistency
　　・データ型——REG_DWORD
　　・設定値——0＝通常、1＝厳密(既定値は値なし)

***設定値* [/Reg_Sz]**

　　任意のレジストリ値を指定した場合、設定値とデータ型(REG_SZの場合)を指定する。

実行例

　停止している複製を許可する。この操作には管理者権限が必要。

```
C:¥Work>Repadmin /RegKey sv3 +AllowDivergent
HKLM¥System¥CurrentControlSet¥Services¥NTDS¥Parameters: "Allow Replication With
Divergent and Corrupt Partner" の値は存 在しません
新規 HKLM¥System¥CurrentControlSet¥Services¥NTDS¥Parameters: "Allow Replication With
Divergent and Corrupt Partner" REG_DWORD 0x00000001 (1)
```

■ コマンドの働き

　「Repadmin /RegKey」コマンドは、NTDSサービスにおいて複製にかかわるレジストリ値を設定する。たとえば、残留オブジェクト(Lingering Object)によって複製が停止した

名前付けコンテキストがある場合、残留オブジェクトを削除したあとで、複製を再開させる場合に使用する。

■ Repadmin /Rehost
——読み取り専用の名前付けコンテキストを削除して再同期する

2008 2008R2 2012 2012R2 2016 2019 2022 UAC

構文

Repadmin /Rehost *宛先DSA_NAME 名前付けコンテキスト ソースDSA_NAME* [/Application]

■ スイッチとオプション

/Application
名前付けコンテキストがアプリケーションディレクトリパーティションの場合に指定する。

実行例

sv2のグローバルカタログから、ディレクトリパーティション TestAppPartition のコピーを削除して再構築する。この操作には管理者権限が必要。

```
C:¥Work>Repadmin /Rehost sv2 DC=TestAppPartition,DC=ad,DC=example,DC=jp sv1
/Application
==== 入力方向の近隣サーバー====================================

DC=TestAppPartition,DC=ad,DC=example,DC=jp
    Site1¥SV1 (RPC 経由)
        DSA オブジェクト GUID: 02263e86-9a75-4229-8cf7-6e5b76df7e6a
        アドレス: 02263e86-9a75-4229-8cf7-6e5b76df7e6a._msdcs.ad.example.jp
        DSA 起動 ID: 6d2ba194-414c-41f8-91b1-333e61f7fd81
        DO_SCHEDULED_SYNCS WRITEABLE COMPRESS_CHANGES NO_CHANGE_NOTIFICATIONS
        USN: 51323/OU, 51323/PU
        2022-09-23 10:17:54 の最後の試行は成功しました。
新規 DSA オプション: IS_GC DISABLE_NTDSCONN_XLATE
ソース:02263e86-9a75-4229-8cf7-6e5b76df7e6a._msdcs.ad.example.jp から宛先:sv2 のレプ
リケーション リンクを削除しました。
パーティション DC=TestAppPartition,DC=ad,DC=example,DC=jp の削除を実行中です...
ソース:(null) から宛先:sv2 のレプリケーション リンクを削除しました。
パーティション DC=TestAppPartition,DC=ad,DC=example,DC=jp の完全同期を実行中です。お
待ちください。この処理は、サイズの大きなパーティションの場合は数時間かかることがあり
ます。別のウィンドウで repadmin /showreps /v を実行して、完全同期の進行 状況を監視す
ることができます。
ソース:02263e86-9a75-4229-8cf7-6e5b76df7e6a._msdcs. から宛先:sv2 への一方向レプリケ
ーションを確立しました。
新規 DSA オプション: IS_GC

DC=TestAppPartition,DC=ad,DC=example,DC=jp
    Site1¥SV1 (RPC 経由)
```

```
DSA オブジェクト GUID: 02263e86-9a75-4229-8cf7-6e5b76df7e6a
アドレス: 02263e86-9a75-4229-8cf7-6e5b76df7e6a._msdcs.
DSA 起動 ID: 6d2ba194-414c-41f8-91b1-333e61f7fd81
SYNC_ON_STARTUP DO_SCHEDULED_SYNCS WRITEABLE
USN: 51019/OU, 51019/PU
2022-09-23 10:19:44 の最後の試行は成功しました。
```

■ コマンドの働き

「Repadmin /Rehost」コマンドは、グローバルカタログから読み取り専用の名前付けコンテキストを削除し、読み書き可能な名前付けコンテキストを別のディレクトリサーバから同期して再構築する。

書き込み可能な名前付けコンテキストには実行できない。たとえば、残留オブジェクト(Lingering Object)によって複製が停止した名前付けコンテキストがある場合、残留オブジェクトの削除とグローバルカタログの再同期で復旧することができる。

■ Repadmin /RemoveLingeringObjects ——残留オブジェクトを確認し削除する

2008 | 2008R2 | 2012 | 2012R2 | 2016 | 2019 | 2022 | UAC

構文

Repadmin /RemoveLingeringObjects *DSA_LIST GUID* 名前付けコンテキスト [/Advisory_Mode]

■ スイッチとオプション

GUID

複製元のディレクトリサーバのオブジェクト GUID を指定する。GUID は「Repadmin /ShowRepl サーバ名」コマンドや、DNS の「_msdcs」ゾーンの下で確認できる。

/Advisory_Mode

残留オブジェクトの確認だけを行い削除しない。結果は Directory Service ログに記録する。

実行例

sv3 でディレクトリパーティション TestAppPartition の複製リンクを削除する。この操作には管理者権限が必要。

```
C:¥Work>Repadmin /RemoveLingeringObjects sv3 1d841115-06f2-4462-83d2-050489175280
DC=ad,DC=example,DC=jp /Advisory_Mode
sv3 上で RemoveLingeringObjects に成功しました。
```

▼ Directory Service ログ1(抜粋)

```
ログの名前:        Directory Service
ソース:          Microsoft-Windows-ActiveDirectory_DomainService
イベント ID:       1938
レベル:           情報
説明:
```

Active Directory ドメイン サービスにより、ローカル ドメイン コントローラーの残留オブジェクトの確認が勧告モードで始まりました。このドメイン コントローラーのオブジェクトの存在はすべて次のソース ドメイン コントローラーで確認されます。

ソース ドメイン コントローラー:
1d841115-06f2-4462-83d2-050489175280._msdcs.ad.example.jp

ソース ドメイン コントローラーで削除されてガベージ コレクトされてもこのドメイン コントローラーにまだ存在するオブジェクトは次のイベント ログ エントリに一覧されます。残留オブジェクトを永久に削除するには、勧告モード オプション使用しないでこの処理を再開してください。

▼ Directory Service ログ 2（抜粋）

ログの名前:	Directory Service
ソース:	Microsoft-Windows-ActiveDirectory_DomainService
イベント ID:	1942
レベル:	情報

説明:
Active Directory ドメイン サービスはローカル ドメイン コントローラーの残留オブジェクトの確認を勧告モードで完了しました。このドメイン コントローラーのオブジェクトはすべて次のソース ドメイン コントローラーで存在が確認されています。

ソース ドメイン コントローラー:
1d841115-06f2-4462-83d2-050489175280._msdcs.ad.example.jp
検査されて確認された残留オブジェクトの数:
0

ソース ドメイン コントローラーで削除されてガベージ コレクトされてもこのドメイン コントローラーに存在するオブジェクトは、過去のイベント ログ エントリに一覧されています。残留オブジェクトを恒久的に削除するには、この手順を勧告モード オプションを使用しないで再開してください。

■ コマンドの働き

「Repadmin /RemoveLingeringObjects」コマンドは、ディレクトリデータベースやグローバルカタログに残留する、本来は削除されていなければならないオブジェクトを検出して削除する。

オブジェクトは通常、削除後も Tombstone Lifetime を経過するまでディレクトリデータベースに保持され、Tombstone Lifetime 経過後にすべてのディレクトリサーバで完全消去される。しかし、長期間オフライン状態にあったドメインコントローラを復帰させたり、バックアップから非 Authoritative Restore で復元したりすると完全消去されたオブジェクトが復活してしまい、残留オブジェクトとなる。

残留オブジェクトがあると複製が自動的に停止するため、対象オブジェクトを削除して複製を再開する必要がある。

Repadmin /RemoveSources──複製リンクを削除する

2008 | 2008R2 | 2012 | 2012R2 | 2016 | 2019 | 2022 | UAC

Repadmin /RemoveSources *DSA_LIST 名前付けコンテキスト*

sv3でディレクトリパーティション TestAppPartition の複製リンクを削除する。この操作には管理者権限が必要。

```
C:¥Work>Repadmin /RemoveSources sv3 DC=TestAppPartition,DC=ad,DC=example,DC=jp
==== 入力方向の近隣サーバー======================================

DC=TestAppPartition,DC=ad,DC=example,DC=jp
    Site2¥SV2 (RPC 経由)
        DSA オブジェクト GUID: 1d841115-06f2-4462-83d2-050489175280
        アドレス: 1d841115-06f2-4462-83d2-050489175280._msdcs.
        DSA 起動 ID: 82a7dda3-e003-466c-b3d8-fd1eb8b88152
        SYNC_ON_STARTUP DO_SCHEDULED_SYNCS WRITEABLE
        USN: 34020/OU, 34020/PU
        2022-09-26 18:08:17 の最後の試行は成功しました。
ソース:1d841115-06f2-4462-83d2-050489175280._msdcs. から宛先:sv3 のレプリケーション
リンクを削除しました。
```

■ コマンドの働き

「Repadmin /RemoveSources」コマンドは、名前付けコンテキストの複製リンクを削除する。接続オブジェクトは削除されないので、知識整合性チェッカー(KCC)の複製トポロジ再計算サイクルの際に複製リンクが再作成される。

▚ Repadmin /ReplAuthMode
──AD LDS の複製認証モードを設定する

[2008] [2008R2] [2012] [2012R2] [2016] [2019] [2022]

Repadmin /ReplAuthMode *DSA_LIST [認証モード]*

■ スイッチとオプション

認証モード

次のいずれかを整数で指定する。定数は使用できない。省略すると現在の認証モードを表示する。 **UAC**

認証モード	整数	定数	説明
ネゴシエートされた パススルー	0	ADAM_REPL_ AUTHENTICATION_MODE_ NEGOTIATE_PASS_THROUGH	構成セット内の全 AD LDS サーバは、サービスアカウントと同じ認証情報を使用する
ネゴシエート	1	ADAM_REPL_ AUTHENTICATION_MODE_ NEGOTIATE	SPN を参照した Kerberos 認証を試行し、次に NTLM 認証を試行する（既定値）。すべての認証が失敗した場合は複製を行わない

Kerberosを使用した 相互認証	2	ADAM_REPL_ AUTHENTICATION_MODE_ MUTUAL_AUTH_REQUIRED	PN を参照した Kerberos 認証を 試行する。認証が失敗した場合 は複製を行わない

実行例

認証モードをネゴシエートからKerberosを使用した相互認証に変更する。この操作には管理者権限が必要。

```
C:¥Work>Repadmin /ReplAuthMode sv2 2

現在
DN: CN=Configuration,CN={5061A765-9EE6-4BE0-8317-5F787DAE19A4}
    1> msDS-ReplAuthenticationMode: 1 = ( NEGOTIATE )

新規
DN: CN=Configuration,CN={5061A765-9EE6-4BE0-8317-5F787DAE19A4}
    1> msDS-ReplAuthenticationMode: 2 = ( MUTUAL_AUTH_REQUIRED )
```

■ コマンドの働き

「Repadmin /ReplAuthMode」コマンドは、AD LDSの複製認証モードを表示または変更する。

Repadmin /Replicate——名前付けコンテキストを複製する

2008 | 2008R2 | 2012 | 2012R2 | 2016 | 2019 | 2022

構文

Repadmin /Replicate 宛先DSA_LIST [ソースDSA_NAME] 名前付けコンテキスト [/AddRef] [/AllSources] [/Async] [/Force] [/Full] [/ReadOnly]

■ スイッチとオプション

/AddRef
  ソースと宛先の間の変更通知を有効にする。

/AllSources
  複数の複製ソースがある場合、すべてのソースと複製する。 2008

/Async
  複製の完了を待たない。既定では複製の完了を待つ。

/Force
  「Repadmin /Options」コマンドで設定した複製オプションを無視して複製する。

/Full
  指定した名前付けコンテキスト（ディレクトリパーティション）に対する、すべての変更をあらためて複製する。UTD（Up-to-Dateness）ベクタとHWM（High Watermark）ベクタがリセットされるが、宛先ディレクトリサーバに残留オブジェクトがある場合はそのまま残る。

/ReadOnly

　　　指定した名前付けコンテキストが読み取り専用となるように複製する。

実行例

　　名前付けコンテキスト DomainDnsZones を sv1 から sv2 に複製する。この操作には管理者権限が必要。

```
C:¥Work>Repadmin /Replicate sv2 sv1 DC=DomainDnsZones,DC=ad,DC=example,DC=jp
sv1 から sv2 への同期を完了しました。
```

■ コマンドの働き

　　「Repadmin /Replicate」コマンドは、特定のソースディレクトリサーバから、1つ以上の宛先ディレクトリサーバへ、指定した名前付けコンテキスト（ディレクトリパーティション）を複製する。

■ Repadmin /ReplSingleObj──特定のオブジェクトを複製する

2008 2008R2 2012 2012R2 2016 2019 2022

構文

Repadmin /ReplSingleObj 宛先DSA_LIST ソースDSA_NAME オブジェクトDN

実行例

　　TestUser を sv1 から sv2 に複製する。

```
C:¥Work>Repadmin /ReplSingleObj sv2 sv1 CN=TestUser,OU=TestOU,OU=OU1,DC=ad,DC=example,DC=jp
オブジェクト CN=TestUser,OU=TestOU,OU=OU1,DC=ad,DC=example,DC=jp を sv2 に
<GUID=02263e86-9a75-4229-8cf7-6e5b76df7e6a> からレプリケートしました。
```

■ コマンドの働き

　　「Repadmin /ReplSingleObj」コマンドは、名前付けコンテキスト単位ではなくオブジェクト単位で複製する。

■ Repadmin /ReplSummary──複製状態の要約を表示する

2008 2008R2 2012 2012R2 2016 2019 2022

構文

Repadmin /ReplSummary [DSA_LIST] [/ByDest] [/BySrc]
[/ErrorsOnly] [/Sort:整列条件]

331

/ByDest

宛先ディレクトリサーバ情報だけを表示する。

/BySrc

ソースディレクトリサーバ情報だけを表示する。

/ErrorsOnly

複製エラーのあるディレクトリサーバを表示する。

/Sort:*整列条件*

次の整列条件で整列する。

整列条件	説明
Delta	前回成功した複製以降の時間順
Error	前回の複製結果（エラーコード）順
Failures	複製パートナーの失敗数順
Partners	複製パートナーの数順
Percent	複製失敗の割合（失敗数÷合計×100）順
Unresponsive	応答の有無でグループ化

2

ドメインと
グループポリシー編

実行例

全ドメインコントローラの複製状況を表示する。

```
C:\Work>Repadmin /ReplSummary /Sort:Delta
レプリケーションの要約開始時刻: 2022-09-21 14:23:08

レプリケーションの要約のためのデータ収集を開始します。
これにはしばらく時間がかかる場合があります:
  ......


ソース DSA          最大デルタ      失敗/合計 %%    エラー
SV2                 02h:22m:57s      0 /  10     0
SV1                 02h:13m:01s      0 /  10     0


宛先 DSA      最大デルタ      失敗/合計 %%    エラー
SV1                 02h:22m:57s      0 /   5     0
SV3                 02h:18m:34s      0 /  10     0
SV2                 02h:13m:01s      0 /   5     0
```

■ コマンドの働き

「Repadmin /ReplSummary」コマンドは、ディレクトリサーバの複製状態の要約を表示する。

Repadmin /RodcPwdRepl——RODCにパスワードを複製する

2008 | 2008R2 | 2012 | 2012R2 | 2016 | 2019 | 2022

Repadmin /RodcPwdRepl *DSA_LIST ソースDSA_NAME ユーザーDN*

■ スイッチとオプション

ユーザーDN

　　パスワード複製対象のユーザーのDNを、スペースで区切って1つ以上指定する。

実行例

　TestUserのパスワードを、sv1からsv3に複製する。

```
C:¥Work>Repadmin /RodcPwdRepl sv3 sv1 CN=TestUser,OU=TestOU,OU=OU1,DC=ad,DC=example,
DC=jp

フル DC sv1 から読み取り専用 DC sv3 上のユーザー CN=TestUser,OU=TestOU,OU=OU1,DC=ad,
DC=example,DC=jp のシークレットをレプリケートしました。
```

■ コマンドの働き

　「Repadmin /RodcPwdRepl」コマンドは、ソース(ハブ)ドメインコントローラから、1台以上の読み取り専用ドメインコントローラに対して、1つ以上のユーザーのパスワードを複製する。

Repadmin /SetAttr ── オブジェクトの属性の設定値を操作する

2008 | **2008R2** | **2012** | **2012R2** | **2016** | **2019** | **2022** | **UAC**

構文

Repadmin /SetAttr *DSA_LIST OBJ_LIST 属性ブロック*

■ スイッチとオプション

属性ブロック

　　「*属性名* {Add | Replace | Delete} *設定値*」の組で、属性値を追加、変更、削除する。また、「*属性名* DeleteAll」で属性自体を削除する。属性名は「Repadmin /RodcPwdRepl」コマンドで確認できる。スペースで区切って複数の組を指定できる。

実行例

　TestUserの表示名属性を TestUser9999 に変更する。「Repadmin /SetAttr」コマンドだけ管理者権限が必要。

```
C:¥Work>Repadmin /ShowAttr sv1 CN=TestUser,OU=TestOU,OU=OU1,DC=ad,DC=example,DC=jp
/Atts:displayName
DN: CN=TestUser,OU=TestOU,OU=OU1,DC=ad,DC=example,DC=jp
    1> displayName: TestUser

C:¥Work>Repadmin /SetAttr sv1 CN=TestUser,OU=TestOU,OU=OU1,DC=ad,DC=example,DC=jp
displayName Replace TestUser9999
```

```
C:\Work>Repadmin /ShowAttr sv1 CN=TestUser,OU=TestOU,OU=OU1,DC=ad,DC=example,DC=jp
/Atts:displayName
DN: CN=TestUser,OU=TestOU,OU=OU1,DC=ad,DC=example,DC=jp
    1> displayName: TestUser9999
```

■ コマンドの働き

「Repadmin /SetAttr」コマンドは、オブジェクトの属性の設定値を追加、変更、削除する。

Repadmin /ShowAttr——オブジェクトの属性の設定値を表示する

2008 | 2008R2 | 2012 | 2012R2 | 2016 | 2019 | 2022

構文

Repadmin /ShowAttr *DSA_LIST OBJ_LIST* [/Atts:*属性名*] [/AllValues]
[/DumpAllBlob] [/Long]

■ スイッチとオプション

/Atts:*属性名*
　　属性名を1つ以上カンマで区切って指定して、その属性の設定値を表示する。指定できる属性名は/AllValuesスイッチで確認できる。

/AllValues
　　すべての属性と設定値(1属性あたり20件まで)を表示する。

/DumpAllBlob
　　バイナリ属性値を表示する。

/Long
　　属性値ごとに1行で表示する。

実行例

TestUserの属性値をすべて表示する。

```
C:\Work>Repadmin /ShowAttr sv1 CN=TestUser,OU=TestOU,OU=OU1,DC=ad,DC=example,DC=jp
/AllValues
DN: CN=TestUser,OU=TestOU,OU=OU1,DC=ad,DC=example,DC=jp
    4> objectClass: top; person; organizationalPerson; user
    1> cn: TestUser
    1> givenName: TestUser
    1> distinguishedName: CN=TestUser,OU=TestOU,OU=OU1,DC=ad,DC=example,DC=jp
    1> displayName: TestUser
    1> name: TestUser
    1> objectGUID: 29ad6817-5ba8-4064-b18a-0fbd21e7fcbf
    1> codePage: 0
    1> countryCode: 0
    1> primaryGroupID: 513 = ( GROUP_RID_USERS )
    1> objectSid: S-1-5-21-1163282951-2659187453-4116571545-2603
```

```
1> sAMAccountName: testuser
1> sAMAccountType: 805306368 = ( NORMAL_USER_ACCOUNT )
1> userPrincipalName: testuser@ad.example.jp
1> objectCategory: CN=Person,CN=Schema,CN=Configuration,DC=ad,DC=example,DC=jp
```

■ コマンドの働き

「Repadmin /ShowAttr」コマンドは、オブジェクトの属性と設定値を表示する。類似コマンドに「Repadmin /ShowObjMeta」コマンドがあるが、こちらは属性の変更回数と変更を実施したディレクトリサーバを表示する。

▐ Repadmin /ShowBackup
──名前付けコンテキストのバックアップ状況を表示する

2008 | 2008R2 | 2012 | 2012R2 | 2016 | 2019 | 2022

構文

Repadmin /ShowBackup [*DSA_LIST*]

実行例

名前付けコンテキストのバックアップ状況を表示する。

```
C:\Work>Repadmin /ShowBackup

Repadmin: フル DC localhost に対してコマンド /ShowBackup を実行しています

ローカル USN                        元の DSA        元の USN  元の日時        Ver
属性
==============                      ==============  ========= =============   ===
=========
DC=TestAppPartition,DC=ad,DC=example,DC=jp
DC=ForestDnsZones,DC=ad,DC=example,DC=jp
 24600        02263e86-9a75-4229-8cf7-6e5b76df7e6a    24600 2022-09-10 17:34:43   2
dSASignature
DC=DomainDnsZones,DC=ad,DC=example,DC=jp
 24599        02263e86-9a75-4229-8cf7-6e5b76df7e6a    24599 2022-09-10 17:34:43   2
dSASignature
CN=Schema,CN=Configuration,DC=ad,DC=example,DC=jp
 24598        02263e86-9a75-4229-8cf7-6e5b76df7e6a    24598 2022-09-10 17:34:43   2
dSASignature
CN=Configuration,DC=ad,DC=example,DC=jp
 24597        02263e86-9a75-4229-8cf7-6e5b76df7e6a    24597 2022-09-10 17:34:43   2
dSASignature
DC=ad,DC=example,DC=jp
 24596        02263e86-9a75-4229-8cf7-6e5b76df7e6a    24596 2022-09-10 17:34:43   2
dSASignature
```

■ コマンドの働き

「Repadmin /ShowBackup」コマンドは、名前付けコンテキストのバックアップ状況を

表示する。

■ Repadmin /ShowChanges
──未複製の変更または統計情報を表示する

`2008` `2008R2` `2012` `2012R2` `2016` `2019` `2022` **UAC**

構文1 Cookieを使用して属性の変更を追跡する

Repadmin /ShowChanges *DSA_LIST 名前付けコンテキスト* [/Cookie:*ファイル名*] [/Atts:*属性名*]

構文2 未変更の属性を表示する

Repadmin /ShowChanges *DSA_LIST GUID 名前付けコンテキスト*
[/Ancestors] [/Atts:*属性*] [/Filter:*LDAPフィルタ*] [/NoIncremental]
[/ObjectSecurity] [/Statistics] [/Verbose]

■ スイッチとオプション

GUID
> 複製元のディレクトリサーバのオブジェクトGUIDを指定する。GUIDは「Repadmin /ShowRepl サーバ名」コマンドや、DNSの「_msdcs」ゾーンの下で確認できる。

/Cookie: *ファイル名*
> 変更履歴を保存するためのバイナリファイル名を指定する。

/Ancestors
> 変更をUSN順に表示する。

/Atts:*属性*
> 確認対象の属性名を、カンマで区切って1つ以上指定する。属性名は「Repadmin /RodcPwdRepl」コマンドで確認できる。

/Filter:*LDAP フィルタ*
> "(name=Test*)"のようなLDAPフィルタを指定する。

/NoIncremental
> 現在の設定値に加えて、追加または削除された設定値を表示する。

/ObjectSecurity
> 名前付けコンテキストに対してGetChanges権限が必要であることを確認する。

/Statistics
> 変更の概要(統計)情報を表示する。

/Verbose
> 詳細情報を表示する。

実行例1

　事前に同じコマンドを実行して作成したクッキーを利用して、オブジェクトの変更履歴を表示する。この操作には管理者権限が必要。

```
C:¥Work>Repadmin /ShowChanges sv3 DC=ad,DC=example,DC=jp /Cookie:ChgCookieFile
ファイル ChgCookieFile からの Cookie を使用しています (516 バイト)
```

```
==== ソース DSA: sv3 ====
返されたオブジェクト: 1
(0) modify CN=TestUser,OU=TestOU,OU=OU1,DC=ad,DC=example,DC=jp
    1> objectGUID: 29ad6817-5ba8-4064-b18a-0fbd21e7fcbf
    1> physicalDeliveryOfficeName: 本社
    1> instanceType: 0x4 = ( WRITE )
新しい Cookie がファイル ChgCookieFile に書き込まれました (516 バイト)
```

実行例 2

sv2からsv3への複製が終わっていないオブジェクト(OU2の新規作成)の情報を表示する。
この操作には管理者権限が必要。

```
C:\Work>Repadmin /ShowChanges sv3 1d841115-06f2-4462-83d2-050489175280
DC=ad,DC=example,DC=jp
宛先サーバー sv3 から開始位置をビルドしています
近隣ソース:
DC=ad,DC=example,DC=jp
pszDsa = 1d841115-06f2-4462-83d2-050489175280._msdcs.ad.example.jp
==== 入力方向の近隣サーバー=======================================

DC=ad,DC=example,DC=jp
    Site2\SV2 (RPC 経由)
        DSA オブジェクト GUID: 1d841115-06f2-4462-83d2-050489175280
        アドレス: 1d841115-06f2-4462-83d2-050489175280._msdcs.ad.example.jp
        DSA 起動 ID: 82a7dda3-e003-466c-b3d8-fd1eb8b88152
        DO_SCHEDULED_SYNCS WRITEABLE COMPRESS_CHANGES NO_CHANGE_NOTIFICATIONS
        USN: 38936/OU, 38936/PU
        2022-09-27 15:38:48 の最後の試行は成功しました。
宛先の最新のベクトル:
02263e86-9a75-4229-8cf7-6e5b76df7e6a (USN 32774 )
0919c621-1cc4-413a-aaee-6701a7552c4b (USN 34002 )
0debc4f5-599a-4917-a960-35d9d4300ea5 (USN 19786 )
25fb7566-1e9f-4742-8358-4c0589fe5a8d (USN 20379 )
326e42cd-524d-46dc-9ed5-17473192171a (USN 20081 )
389d0f7b-ea3b-494d-a4f9-e4fa41053755 (USN 19189 )
5c0547a3-88aa-4522-9832-732081fe0e39 (USN 20161 )
5e8fc805-49bf-41e2-8674-ddfdf75ddfc4 (USN 20529 )
5ea2cf1f-3cb7-4940-9d08-2184869bbace (USN 20236 )
6d2ba194-414c-41f8-91b1-333e61f7fd81 (USN 63311 )
6d8b9bdc-513f-4ac6-84ec-70dac7b4dc74 (USN 19047 )
82a7dda3-e003-466c-b3d8-fd1eb8b88152 (USN 38936 )
98bbea21-558b-4cdc-a4f5-a3b88ef173c8 (USN 17713 )
9f8ff585-8d22-4d21-ab3c-8f8dd46794ef (USN 22608 )
a015a9cb-364f-4a09-82c5-9167143bcde7 (USN 19718 )
afee5dda-d6bd-4c2b-8a7a-ad20ef18f8b5 (USN 20445 )
c797a98b-3455-4862-9663-6a49ac92c8e0 (USN 36871 )
cbffcd67-3945-4f64-8636-c081d6b33bb0 (USN 45065 )
==== ソース DSA: (null) ====
返されたオブジェクト: 1
(0) add OU=OU2,OU=OU1,DC=ad,DC=example,DC=jp
```

```
    1> parentGUID: 66b792ad-5ded-495e-99d6-a37ca6683023
    1> objectGUID: e98cc6ad-f9f8-4b54-9ef5-2fbf1a09f128
    2> objectClass: top; organizationalUnit
    1> instanceType: 0x4 = ( WRITE )
    1> whenCreated: 2022/09/27 15:44:17 東京 (標準時)
    1> nTSecurityDescriptor:
 (中略)
    1> name: OU2
    1> objectCategory: <GUID=ac14347b0a80154b8d5b92869825934e>;CN=Organizational-Uni
t,CN=Schema,CN=Configuration,DC=ad,DC=example,DC=jp
```

■ コマンドの働き

「Repadmin /ShowChanges」コマンドは、オブジェクトの個々の変更情報を追跡して表示したり、複製元からまだ複製されていないオブジェクトを表示したりする。

■ Repadmin /ShowConn——接続オブジェクトを表示する

2008R2 2012 2012R2 2016 2019 2022 UAC

構文

Repadmin /ShowConn [*DSA_LIST*] [{サーバ名 | コンテナDN | *GUID*}]
[/From:サーバ名] [/InterSite]

■ スイッチとオプション

サーバ名

複製元ディレクトリサーバの相対識別名を指定する。

コンテナDN

コンテナ(NTDS Settings)のDNを指定する。

GUID

複製元のディレクトリサーバのオブジェクト GUID を指定する。GUID は「Repadmin /ShowRepl サーバ名」コマンドや、DNSの「_msdcs」ゾーンの下で確認できる。

/From: サーバ名

複製元ディレクトリサーバの相対識別名を指定する。

/InterSite

サイトをまたぐ接続オブジェクトだけを表示する。

実行例

sv2においてsv1から複製する接続オブジェクトを表示する。この操作には管理者権限が必要。

```
C:¥Work>Repadmin /ShowConn sv2 sv1
ベース DN: CN=SV1,CN=Servers,CN=Site1,CN=Sites,CN=Configuration,DC=ad,DC=example,DC=
jp
==== KCC 接続オブジェクト =========================================
接続 --
    接続名 : c2f78f62-200a-4c20-8b5d-0b275ea7921c
```

```
      サーバー DNS 名 : sv1.ad.example.jp
      サーバー DN 名 : CN=NTDS Settings,CN=SV1,CN=Servers,CN=Site1,CN=Sites,CN=Config
uration,DC=ad,DC=example,DC=jp
        ソース: Site2¥SV2
                エラーなし。
        トランスポートの種類: IP
        オプション: isGenerated overrideNotifyDefault
        レプリケート NC: DC=TestAppPartition,DC=ad,DC=example,DC=jp
        理由: IntersiteTopology
                レプリカ リンクが追加されました。
        レプリケート NC: DC=DomainDnsZones,DC=ad,DC=example,DC=jp
        理由: IntersiteTopology
                レプリカ リンクが追加されました。
        レプリケート NC: DC=ForestDnsZones,DC=ad,DC=example,DC=jp
        理由: IntersiteTopology
                レプリカ リンクが追加されました。
        レプリケート NC: CN=Configuration,DC=ad,DC=example,DC=jp
        理由: IntersiteTopology
                レプリカ リンクが追加されました。
        レプリケート NC: DC=ad,DC=example,DC=jp
        理由: IntersiteTopology
                レプリカ リンクが追加されました。
1 個の接続が見つかりました。
```

■ コマンドの働き

「Repadmin /ShowConn」コマンドは、指定した複製元から複製するための接続オブジェクトを表示する。

■ Repadmin /ShowCert
──SMTPベースの複製に使用する証明書を表示する

[2008] [2008R2] [2012] [2012R2] [2016] [2019] [2022] [UAC]

構文

Repadmin /ShowCert [*DSA_LIST*]

実行例

証明書を表示する。この操作には管理者権限が必要。

```
C:¥Work>Repadmin /ShowCert

Repadmin: フル DC localhost に対してコマンド /ShowCert を実行しています
ストア '¥¥localhost¥MY' で 'ドメイン コントローラー' 証明書を確認しています ...
ドメイン コントローラーの証明書が見つかりませんでした。
```

■ コマンドの働き

「Repadmin /ShowCert」コマンドは、トランスポートがSMTPの複製に使用する証明書

を表示する。

■ Repadmin /ShowCtx
——セッションを開いたディレクトリサーバを表示する

2008 2008R2 2012 2012R2 2016 2019 2022 UAC

構文

```
Repadmin /ShowCtx [DSA_LIST] [/NoCache]
```

■ スイッチとオプション

/NoCache
    ディレクトリサーバ名をフレンドリ名（サイト名￥サーバ名）に変換せず、GUIDで表示する。

実行例

sv2とセッションを開いたディレクトリサーバを表示する。この操作には管理者権限が必要。

```
C:¥Work>Repadmin /ShowCtx sv2
GUID をキャッシュしています。
..
4 個のコンテキスト ハンドルが開いています。

NTDSAPI client 0.0.0.0 (PID 2692) (ハンドル 0x2973ef1cb28)
    バインド済み、参照=1、最終使用 2022-09-20 17:40:12

Site1¥SV1  (PID 692) (ハンドル 0x297491f39a8)
    バインド済み、参照=1、最終使用 2022-09-24 01:45:13

NTDSAPI client 0.0.0.0 (PID 2692) (ハンドル 0x2973ef1ced8)
    バインド済み、参照=1、最終使用 2022-09-24 01:46:45

NTDSAPI client  (PID 4328) (ハンドル 0x297491f2788)
    バインド済み、参照=2、最終使用 2022-09-24 01:47:54
```

■ コマンドの働き

「Repadmin /ShowCtx」コマンドは、指定したディレクトリサーバとセッションを開いたディレクトリサーバを表示する。

■ Repadmin /ShowIsm
——サイト間メッセージングルート情報を表示する

2008 2008R2 2012 2012R2 2016 2019 2022 UAC

Repadmin /ShowIsm [*トランスポートDN*] [/Verbose]

■ スイッチとオプション

トランスポートDN
サイト間トランスポート（IPまたはSMTP）のDNを指定する。

/Verbose
詳細情報を表示する。

実行例

ローカルコンピュータのIPトランスポートについて、サイト間メッセージングルート情報を表示する。この操作には管理者権限が必要。

```
C:\Work>Repadmin /ShowIsm "CN=IP,CN=Inter-Site Transports,CN=Sites,CN=Configuration,
DC=ad,DC=example,DC=jp"
==== 4 サイトのトランスポート CN=IP,CN=Inter-Site Transports,CN=Sites,CN=Configurati
on,DC=ad,DC=example,DC=jp 接続性情報: ====
     0,   1,   2,   3
サイト (0) CN=Default-First-Site-Name,CN=Sites,CN=Configuration,DC=ad,DC=example,DC=
jp
   0:0:0, 100:180:0, 110:180:0, 210:180:0
   サイト CN=Default-First-Site-Name,CN=Sites,CN=Configuration,DC=ad,DC=example,DC=
jp (トランスポート NC およびホスト NC) の DSA はすべて
ブリッジヘッド サーバーにすることができます。

サイト (1) CN=Site1,CN=Sites,CN=Configuration,DC=ad,DC=example,DC=jp
   100:180:0, 0:0:0, 10:15:0, 110:15:0
   サイト CN=Site1,CN=Sites,CN=Configuration,DC=ad,DC=example,DC=jp (トランスポート
NC およびホスト NC) の DSA はすべて
ブリッジヘッド サーバーにすることができます。

サイト (2) CN=Site2,CN=Sites,CN=Configuration,DC=ad,DC=example,DC=jp
   110:180:0, 10:15:0, 0:0:0, 100:15:0
   サイト CN=Site2,CN=Sites,CN=Configuration,DC=ad,DC=example,DC=jp (トランスポート
NC およびホスト NC) の DSA はすべて
ブリッジヘッド サーバーにすることができます。

サイト (3) CN=Site3,CN=Sites,CN=Configuration,DC=ad,DC=example,DC=jp
   210:180:0, 110:15:0, 100:15:0, 0:0:0
   サイト CN=Site3,CN=Sites,CN=Configuration,DC=ad,DC=example,DC=jp (トランスポート
NC およびホスト NC) の DSA はすべて
ブリッジヘッド サーバーにすることができます。
```

2

ドメインと
グループポリシー編

■ コマンドの働き

「Repadmin /ShowIsm」コマンドは、サイト間メッセージングサービス（ISM：InterSite Messaging Service）が算出したサイト間メッセージングルート情報を表示する。

Repadmin /ShowNcSig
—— 削除された名前付けコンテキストのGUIDを表示する

2008 2008R2 2012 2012R2 2016 2019 2022

構文

Repadmin /ShowNcSig [*DSA_LIST*]

実行例

削除された名前付けコンテキストのGUIDを表示する。

```
C:\Work>Repadmin /ShowNcSig

Repadmin: フル DC localhost に対してコマンド /ShowNcSig を実行しています
Site3\SV3

現在 DSA 起動 ID: a015a9cb-364f-4a09-82c5-9167143bcde7
中止した NC の起動 ID: a015a9cb-364f-4a09-82c5-9167143bcde7
NC 91789368-f9cf-4571-a265-602db4ed7661 は 2022-09-23 10:40:34 の USN 12591 で中止し
ました
```

■ コマンドの働き

「Repadmin /ShowNcSig」コマンドは、保存されている名前付けコンテキストの署名を
たどって、削除された名前付けコンテキストのGUIDを表示する。

Repadmin /ShowMsg
—— エラー番号／イベントIDに対応するメッセージを表示する

2008 2008R2 2012 2012R2 2016 2019 2022

構文

Repadmin /ShowMsg {*エラー番号* | *イベントID* /NtdsMsg}

■ スイッチとオプション

エラー番号
　　Win32エラー番号を指定する。

イベントID /NtdsMsg
　　Directory ServiceログのイベントIDを指定する。

実行例

Directory ServiceログのイベントID 1664のメッセージを表示する。

```
C:\Work>Repadmin /ShowMsg 1664 /NtdsMsg
1664 = 0x680 = "知識整合性チェッカー (KCC) の接続オブジェクト変換タスクが無効になっ
ています。この構成は、内部テストの目 的にのみ使用されます。
```

変換タスクを有効にするには、Repadmin コマンドライン ツールを使って次のコマン ドライン タスクを実行してください。

```
repadmin /options <サーバー> -disable_ntdsconn_xlate"
```

■ コマンドの働き

「Repadmin /ShowMsg」コマンドは、Win32 エラー番号または Directory Service ログのイベント ID を指定して、対応するメッセージを表示する。

📑 Repadmin /ShowObjMeta──オブジェクトのメタデータを表示する

2008 2008R2 2012 2012R2 2016 2019 2022 UAC

構文

Repadmin /ShowObjMeta *DSA_LIST オブジェクトDN* [/Linked] [/NoCache]

/Linked
member属性など、リンクされた属性のメタデータも表示する。

/NoCache
ディレクトリサーバ名をフレンドリ名(サイト名¥サーバ名)に変換せず、GUIDで表示する。

実行例

Domain Users グループのメタデータを表示する。この操作には管理者権限が必要。

```
C:¥Work>Repadmin /ShowObjMeta sv1 "CN=Domain Admins,CN=Users,DC=ad,DC=example,DC=jp"

14 個のエントリがあります。
ローカル USN                      元の DSA               元の USN  元の日時            Ver 属性
============                      ============           ========  ============      === ========
   12345   02263e86-9a75-4229-8cf7-6e5b76df7e6a      12345 2022-09-10 13:16:14    1 objectClass
   12345   02263e86-9a75-4229-8cf7-6e5b76df7e6a      12345 2022-09-10 13:16:14    1 cn
   12347   02263e86-9a75-4229-8cf7-6e5b76df7e6a      12347 2022-09-10 13:16:14    2 description
   12345   02263e86-9a75-4229-8cf7-6e5b76df7e6a      12345 2022-09-10 13:16:14    1 instanceType
   12345   02263e86-9a75-4229-8cf7-6e5b76df7e6a      12345 2022-09-10 13:16:14    1 whenCreated
   12871   02263e86-9a75-4229-8cf7-6e5b76df7e6a      12871 2022-09-10 13:31:24    2 nTSecurityDescriptor
   12345   02263e86-9a75-4229-8cf7-6e5b76df7e6a      12345 2022-09-10 13:16:14    1 name
   12345   02263e86-9a75-4229-8cf7-6e5b76df7e6a      12345 2022-09-10 13:16:14    1 objectSid
   12871   02263e86-9a75-4229-8cf7-6e5b76df7e6a      12871 2022-09-10 13:31:24    1 adminCount
   12345   02263e86-9a75-4229-8cf7-6e5b76df7e6a      12345 2022-09-10 13:16:14    1 sAMAccountName
   12345   02263e86-9a75-4229-8cf7-6e5b76df7e6a      12345 2022-09-10 13:16:14    1 sAMAccountType
   12345   02263e86-9a75-4229-8cf7-6e5b76df7e6a      12345 2022-09-10 13:16:14    1 groupType
   12345   02263e86-9a75-4229-8cf7-6e5b76df7e6a      12345 2022-09-10 13:16:14    1 objectCategory
   12345   02263e86-9a75-4229-8cf7-6e5b76df7e6a      12345 2022-09-10 13:16:14    1
isCriticalSystemObject
```

2
ドメインと
グループポリシー編

```
2 個のエントリがあります。
種類   属性        最終更新時刻                      元の DSA      ローカル USN 元の USN Ver
======= ========== ============                    =============== ======= ======= ===
       識別名
       ==============================
存在する     member 2022-09-10 13:16:14  02263e86-9a75-4229-8cf7-6e5b76df7e6a  12384  12384  1
       CN=Administrator,CN=Users,DC=ad,DC=example,DC=jp
存在する     member 2022-09-10 13:24:31  02263e86-9a75-4229-8cf7-6e5b76df7e6a  12616  12616  1
       CN=User1,OU=OU1,DC=ad,DC=example,DC=jp
```

■ コマンドの働き

「Repadmin /ShowObjMeta」コマンドは、ディレクトリサーバ上での特定オブジェクトの、ローカルと複製元の更新シーケンス番号（USN：Update Sequence Number）、複製元サーバの GUID、タイムスタンプ、バージョン番号、属性名などを表示する。

ディレクトリサーバ間で同じオブジェクトのメタデータを比較することで、複製実行の有無や属性値の更新の有無などを確認できる。

Repadmin /ShowOutCalls——出力方向の呼び出しの一覧を表示する
2008 2008R2 2012 2012R2 2016 2019 2022 UAC

構文
Repadmin /ShowOutCalls [*DSA_LIST*]

実行例
出力方向の呼び出しの有無を表示する。この操作には管理者権限が必要。

```
C:\Work>Repadmin /ShowOutCalls

Repadmin: フル DC localhost に対してコマンド /ShowOutCalls を実行しています
localhost では、出力方向の DRS RPC 呼び出しは現在行われていません。
```

■ コマンドの働き

「Repadmin /ShowOutCalls」コマンドは、バインドキャッシュを参照して、まだ応答が届いていない出力方向の呼び出しの有無を表示する。

Repadmin /ShowProxy
——ドメイン間で移動したオブジェクトのマーカー情報を表示する
2008 2008R2 2012 2012R2 2016 2019 2022

構文
Repadmin /ShowProxy [*DSA_LIST*] {[*名前付けコンテキスト*] [*照合文字列*] |
[*オブジェクトDN*] [*照合文字列*] /MovedObject}

■ スイッチとオプション

照合文字列

検索対象オブジェクトの名前を指定する。

/MovedObject

移動されたオブジェクトについて、移動元ドメインの履歴情報を表示する。

実行例

移動したオブジェクトの有無とプロキシ情報を表示する。

```
C:¥Work>Repadmin /ShowProxy

Repadmin: フル DC localhost に対してコマンド /ShowProxy を実行しています
名前付けコンテキストを検索しています: DC=ad,DC=example,DC=jp
```

■ コマンドの働き

「Repadmin /ShowProxy」コマンドは、ドメインをまたいで移動したオブジェクトのマーカー(プロキシ)情報を表示する。

■ Repadmin /ShowRepl──入力方向の複製の状態を表示する

2008 2008R2 2012 2012R2 2016 2019 2022 UAC

構文

Repadmin /ShowRepl [*DSA_LIST* [*GUID*]] [*名前付けコンテキスト*] [/All]
[/Conn] [/Csv] [/ErrorsOnly] [/InterSite] [/NoCache] [/RepsTo]
[/Verbose]

■ スイッチとオプション

GUID

複製元のディレクトリサーバのオブジェクトGUIDを指定する。GUIDは「Repadmin
/ShowRepl サーバ名」コマンドや、DNSの「_msdcs」ゾーンの下で確認できる。

/All

/ConnオプションとRepsToオプションを合わせたもの。

/Conn

結果表示に「KCC接続オブジェクト」セクションを追加し、サイト間接続に関する情
報を表示する。

/Csv

複製状態をカンマ区切りテキスト形式で表示する。

/ErrorsOnly

複製エラーが発生しているディレクトリサーバの状態を表示する。

/InterSite

サイト外のディレクトリサーバからの接続の複製状態を表示する。

/NoCache

ディレクトリサーバ名をフレンドリ名(サイト名¥サーバ名)に変換せず、GUIDで表

示する。

/RepsTo

結果表示に「KCC 接続オブジェクト」セクションを追加し、出力方向の複製パートナー
情報を表示する。

/Verbose

詳細情報を表示する。

ローカルコンピュータの複製状態を表示する。この操作には管理者権限が必要。

```
C:¥Work>Repadmin /ShowRepl

Repadmin: フル DC localhost に対してコマンド /ShowRepl を実行しています
Site1¥SV1
DSA オプション: IS_GC
サイト オプション: (none)
DSA オブジェクト GUID: 02263e86-9a75-4229-8cf7-6e5b76df7e6a
DSA 起動 ID: 6d2ba194-414c-41f8-91b1-333e61f7fd81

==== 入力方向の近隣サーバー==================================

DC=ad,DC=example,DC=jp
    Site2¥SV2 (RPC 経由)
        DSA オブジェクト GUID: 1d841115-06f2-4462-83d2-050489175280
        2022-09-21 15:00:11 の最後の試行は成功しました。

CN=Configuration,DC=ad,DC=example,DC=jp
    Site2¥SV2 (RPC 経由)
        DSA オブジェクト GUID: 1d841115-06f2-4462-83d2-050489175280
        2022-09-21 15:00:11 の最後の試行は成功しました。

CN=Schema,CN=Configuration,DC=ad,DC=example,DC=jp
    Site2¥SV2 (RPC 経由)
        DSA オブジェクト GUID: 1d841115-06f2-4462-83d2-050489175280
        2022-09-21 15:00:11 の最後の試行は成功しました。

DC=DomainDnsZones,DC=ad,DC=example,DC=jp
    Site2¥SV2 (RPC 経由)
        DSA オブジェクト GUID: 1d841115-06f2-4462-83d2-050489175280
        2022-09-21 15:00:11 の最後の試行は成功しました。

DC=ForestDnsZones,DC=ad,DC=example,DC=jp
    Site2¥SV2 (RPC 経由)
        DSA オブジェクト GUID: 1d841115-06f2-4462-83d2-050489175280
        2022-09-21 15:00:11 の最後の試行は成功しました。
```

■ コマンドの働き

「Repadmin /ShowRepl」コマンドは、ディレクトリサーバが最後に実行した入力方向の

複製の状態を表示する。

■ Repadmin /ShowScp──サービス接続ポイントを表示する

2008 | 2008R2 | 2012 | 2012R2 | 2016 | 2019 | 2022

構文

Repadmin /ShowScp [*DSA_LIST*]

実行例

サービス接続ポイントを表示する。

```
C:¥Work>Repadmin /ShowScp

Repadmin: フル DC localhost に対してコマンド /ShowScp を実行しています
この DN のオブジェクトが見つかりません:
エラー: エラーが発生しました:
    Win32 エラー 8240(0x2030): サーバーにそのようなオブジェクトはありません。
```

■ コマンドの働き

「Repadmin /ShowScp」コマンドは、グローバルカタログからサービス接続ポイント
(SCP：Service Connection Point)を検索して表示する。

■ Repadmin /ShowSig──使用を中止した起動IDを表示する

2008 | 2008R2 | 2012 | 2012R2 | 2016 | 2019 | 2022

構文

Repadmin /ShowSig [*DSA_LIST*]

実行例

使用を中止した起動IDを表示する。

```
C:¥Work>Repadmin /ShowSig

Repadmin: フル DC localhost に対してコマンド /ShowSig を実行しています
Site1¥SV1

現在 DSA 起動 ID: 6d2ba194-414c-41f8-91b1-333e61f7fd81
cbffcd67-3945-4f64-8636-c081d6b33bb0 は 2022-09-20 01:14:59 の USN 45065 で中止しました
c797a98b-3455-4862-9663-6a49ac92c8e0 は 2022-09-15 16:47:00 の USN 36871 で中止しました
02263e86-9a75-4229-8cf7-6e5b76df7e6a は 2022-09-11 13:49:28 の USN 32774 で中止しました
```

■ コマンドの働き

「Repadmin /ShowSig」コマンドは、使用を中止した起動IDを表示する。起動IDは、ディ
レクトリサーバの復元や名前付けコンテキストの再ホストなどで変更される。

■ Repadmin /ShowTime──ディレクトリサービスの時間値を変換する

`2008` `2008R2` `2012` `2012R2` `2016` `2019` `2022`

構文

```
Repadmin /ShowTime [時間値]
```

■ スイッチとオプション

時間値
ディレクトリサービスの内部時間値を指定する。

実行例

現在のシステム時刻を現地時間とUTCで表示する。

```
C:¥Work>Repadmin /ShowTime
13308642966 = 0x31941c696 = 22-09-26 05:16.06 UTC = 2022-09-26 14:16:06 ローカル
```

■ コマンドの働き

「Repadmin /ShowTime」コマンドは、ディレクトリサービス内部の時間値を、現地時間と協定世界時(UTC：Coordinated Universal Time)に変換して表示する。ディレクトリサービスの内部時間値は、NTタイムエポックともNTPタイムエポックとも異なる。

■ Repadmin /ShowTrust ──フォレスト内の信頼するドメイン名を表示する

`2008` `2008R2` `2012` `2012R2` `2016` `2019` `2022`

構文

```
Repadmin /ShowTrust [DSA_LIST]
```

実行例

信頼しているドメイン名を表示する。

```
C:¥Work>Repadmin /ShowTrust

Repadmin: フル DC localhost に対してコマンド /ShowTrust を実行しています
ドメイン信頼の情報:
    信頼されている    : DC=ad,DC=example,DC=jp
```

■ コマンドの働き

「Repadmin /ShowTrust」コマンドは、コマンドを実行したディレクトリサーバが所属するドメインが、信頼しているフォレスト内のドメイン名を表示する。

■ Repadmin /ShowUtdVec──更新シーケンス番号の最大値を表示する

`2008` `2008R2` `2012` `2012R2` `2016` `2019` `2022`

構文

Repadmin /ShowUtdVec *DSA_LIST 名前付けコンテキスト* [/Latency]
[/NoCache]

■ スイッチとオプション

/Latency

UTDベクタ(時刻)を古い順に整列する。

/NoCache

ディレクトリサーバ名をフレンドリ名(サイト名¥サーバ名)に変換せず、GUIDで表
示する。

実行例

sv1上の更新シーケンス番号を表示する。

```
C:¥Work>Repadmin /ShowUtdVec sv1 DC=ad,DC=example,DC=jp /Latency
GUID をキャッシュしています。
..
Site1¥SV1                    (USN      32774、時刻 2022-09-11 13:49:26
Site1¥SV1 (retired)          (USN      36871、時刻 2022-09-15 16:46:59
Site1¥SV1 (retired)          (USN      45065、時刻 2022-09-20 01:14:58
Site2¥SV2                    (USN      12928、時刻 2022-09-21 15:00:11
Site1¥SV1                    (USN      46423、時刻 2022-09-21 17:46:53
```

■ コマンドの働き

「Repadmin /ShowUtdVec」コマンドは、名前付けコンテキストの確定済みUSNの最大
値を表示する。ディレクトリサーバ間でUSNを比較することで、オブジェクトの更新やロー
ルバックを検出できる。

▐▌ Repadmin /ShowValue
──オブジェクトの種類／属性／最終更新日時などを表示する

2008 2008R2 2012 2012R2 2016 2019 2022

構文

Repadmin /ShowValue *DSA_LIST オブジェクトDN* [*属性名*] [*値DN*]
[/NoCache]

■ スイッチとオプション

属性名

値を表示したい属性の名前を1つ指定する。

値DN

表示される属性のDNを指定する。

/NoCache

ディレクトリサーバ名をフレンドリ名(サイト名¥サーバ名)に変換せず、GUIDで表

示する。

Domain Admins グループの情報を表示する。

```
C:¥Work>Repadmin /ShowValue . "CN=Domain Admins,CN=Users,DC=ad,DC=example,DC=jp"

Repadmin: フル DC localhost に対してコマンド /ShowValue を実行しています
2 個のエントリがあります。
種類    属性         最終更新時刻                           元の DSA        ローカル USN 元の USN Ver
======= =========== ============                          ================ ======= ======= ===
        識別名
        ========================
存在する     member 2022-09-10 13:16:14    02263e86-9a75-4229-8cf7-6e5b76df7e6a  12384    12384   1
        CN=Administrator,CN=Users,DC=ad,DC=example,DC=jp
存在する     member 2022-09-10 13:24:31    02263e86-9a75-4229-8cf7-6e5b76df7e6a  12616    12616   1
        CN=User1,OU=OU1,DC=ad,DC=example,DC=jp
```

■ コマンドの働き

「Repadmin /ShowValue」コマンドは、オブジェクトの種類、属性、最終更新日時、元のディレクトリサーバ、USN などを表示する。

◤ Repadmin /SiteOptions——サイトの複製属性を設定する

2008 2008R2 2012 2012R2 2016 2019 2022

構文

Repadmin /SiteOptions [*DSA_NAME*] [/Site:**サイト名**] [{+ | -}**オプション**]

■ スイッチとオプション

/Site: **サイト名**

操作対象のサイトを指定する。

{+ | -}**オプション**

次のオプションを、スペースで区切って1つ以上指定する。 UAC

オプション	説明
IS_AUTO_TOPOLOGY_DISABLED	サイト内トポロジの自動生成を有効 (-) または無効 (+) にする
IS_TOPL_CLEANUP_DISABLED	不要な接続オブジェクトと複製リンクの掃除を有効 (-) または無効 (+) にする
IS_TOPL_MIN_HOPS_DISABLED	サイト内のすべての複製パートナーが、他のパートナーから3ホップ以内になる KCC の規則を有効 (-) または無効 (+) にする
IS_TOPL_DETECT_STALE_DISABLED	KCC による失敗した複製リンクの検出と回避の動作を有効 (-) または無効 (+) にする
IS_INTER_SITE_AUTO_TOPOLOGY_ DISABLED	サイト間トポロジの自動生成を有効 (-) または無効 (+) にする

IS_GROUP_CACHING_ENABLED	グローバルカタログを使用しないログオンで使用する、グループキャッシュを有効（+）または無効（-）にする
FORCE_KCC_WHISTLER_BEHAVIOR	KCC が（開発コードネーム Whistler で採用した）新しいスパニングツリーアルゴリズムを使用する機能を有効（+）または無効（-）にする
FORCE_KCC_W2K_ELECTION	Windows 2000 ドメインコントローラの ISTG 選択ロジックを使用する機能を有効（+）または無効（-）にする
IS_RAND_BH_SELECTION_DISABLED	ランダムなブリッジヘッド選択動作を有効（-）または無効（+）にする
IS_SCHEDULE_HASHING_ENABLED	新しい接続オブジェクトごとに、ハッシュ値に基づいてランダムな複製スケジュールを作成する機能を有効（+）または無効（-）にする
IS_REDUNDANT_SERVER_TOPOLOGY_ENABLED	ハブサイト内の異なるディレクトリサーバから、複数の入力方向の接続オブジェクトを作成する機能を有効（+）または無効（-）にする
W2K3_IGNORE_SCHEDULES	フォレスト機能レベルが Windows Server 2003 中間以上の場合、KCC がスケジュールを無視する機能を有効（+）または無効（-）にする **2008R2 以降**
W2K3_BRIDGES_REQUIRED	フォレスト機能レベルが Windows Server 2003 以上の場合、KCC がサイトリンクブリッジを構成する機能を有効（+）または無効（-）にする **2008R2 以降**

実行例

Site3 で IS_GROUP_CACHING_ENABLED 属性を有効にする。この操作には管理者権限が必要。

```
C:¥Work>Repadmin /SiteOptions sv3 /Site:Site3 +IS_GROUP_CACHING_ENABLED
Site3
現在 サイト オプション: (none)
新規 サイト オプション: IS_GROUP_CACHING_ENABLED
```

■ コマンドの働き

「Repadmin /SiteOptions」コマンドは、サイトの複製に関する属性を表示または設定する。

■ Repadmin /SyncAll──すべての複製パートナーと複製を実行する

2008 **2008R2** **2012** **2012R2** **2016** **2019** **2022** **UAC**

構文

Repadmin /SyncAll [*DSA_NAME*] [*名前付けコンテキスト*] [*フラグ*]

■ スイッチとオプション

名前付けコンテキスト

複製対象の名前付けコンテキスト（ディレクトリパーティション）を指定する。省略すると構成（Configuration）ディレクトリパーティションだけを複製するが、/A フラグの動作を優先する。

複製の動作を次のフラグ(大文字と小文字を区別する)で指定する。複数のフラグを「/Ade」のようにまとめて記述できる。/e フラグを指定すると、指定したディレクトリサーバに至る有効な入力方向の複製経路を逆にたどり、最も遠いディレクトリサーバから順に複製を実行する。

フラグ	説明
/a	使用できないディレクトリサーバがある場合は処理を中止する
/A	ホストしているすべての名前付きコンテキストを複製する
/d	ディレクトリサーバ名を GUID ではなく DN で表示する
/e	サイトを越えて複製する。既定ではサイト内でだけ複製する
/h	ヘルプを表示する
/i	Ctrl + C キーでコマンドを停止するまで処理を繰り返す
/l	複製せず「Repadmin /Showrepl」コマンドの動作を実行する
/j	隣接したディレクトリサーバ間でだけ複製する
/p	メッセージ表示のタイミングごとに一時停止する
/P	変更を出力方向にプッシュする
/q	すべてのメッセージを表示しない
/Q	致命的なエラーだけを表示する
/s	複製完了を待たずに処理を進める
/S	ディレクトリサーバの初回応答確認をスキップする

実行例

sv3にサイトを越えた複製実行を指示する。この操作には管理者権限が必要。複製経路はsv1(Site1)⇔sv2(Site2)⇔sv3(Site3)で、sv3から最も遠いsv1から順に複製している。

```
C:¥Work>Repadmin /SyncAll sv3 /de
コールバック メッセージ: 次のレプリケーションが進行中です:
    レプリケーション元: CN=NTDS Settings,CN=SV1,CN=Servers,CN=Site1,CN=Sites,CN=Conf
iguration,DC=ad,DC=example,DC=jp
    レプリケーション先: CN=NTDS Settings,CN=SV2,CN=Servers,CN=Site2,CN=Sites,CN=Conf
iguration,DC=ad,DC=example,DC=jp
コールバック メッセージ: 次のレプリケーションが完了しました:
    レプリケーション元: CN=NTDS Settings,CN=SV1,CN=Servers,CN=Site1,CN=Sites,CN=Conf
iguration,DC=ad,DC=example,DC=jp
    レプリケーション先: CN=NTDS Settings,CN=SV2,CN=Servers,CN=Site2,CN=Sites,CN=Conf
iguration,DC=ad,DC=example,DC=jp
コールバック メッセージ: 次のレプリケーションが進行中です:
    レプリケーション元: CN=NTDS Settings,CN=SV2,CN=Servers,CN=Site2,CN=Sites,CN=Conf
iguration,DC=ad,DC=example,DC=jp
    レプリケーション先: CN=NTDS Settings,CN=SV3,CN=Servers,CN=Site3,CN=Sites,CN=Conf
iguration,DC=ad,DC=example,DC=jp
コールバック メッセージ: 次のレプリケーションが完了しました:
    レプリケーション元: CN=NTDS Settings,CN=SV2,CN=Servers,CN=Site2,CN=Sites,CN=Conf
iguration,DC=ad,DC=example,DC=jp
    レプリケーション先: CN=NTDS Settings,CN=SV3,CN=Servers,CN=Site3,CN=Sites,CN=Conf
iguration,DC=ad,DC=example,DC=jp
コールバック メッセージ: SyncAll が完了しました。
```

2

ドメインと
グループポリシー
編

```
SyncAll はエラーなしで終了しました。
```

■ コマンドの働き

「Repadmin /SyncAll」コマンドは、指定したディレクトリサーバが、すべての複製パートナーと複製を実行するよう指示する。

本コマンドを実行すると、「Repadmin /Options」コマンドで設定した複製オプションは無視される。

■ Repadmin /Unhost
──読み取り専用の名前付けコンテキストをグローバルカタログから削除する

[2008] [2008R2] [2012] [2012R2] [2016] [2019] [2022] [UAC]

構文

Repadmin /Unhost *DSA_NAME 名前付けコンテキスト*

実行例

sv3のグローバルカタログから、ディレクトリパーティション TestAppPartition を削除する。この操作には管理者権限が必要。

```
C:¥Work>Repadmin /Unhost sv3 DC=TestAppPartition,DC=ad,DC=example,DC=jp
==== 入力方向の近隣サーバー=======================================

DC=TestAppPartition,DC=ad,DC=example,DC=jp
    Site2¥SV2 (RPC 経由)
        DSA オブジェクト GUID: 1d841115-06f2-4462-83d2-050489175280
        アドレス: 1d841115-06f2-4462-83d2-050489175280._msdcs.
        DSA 起動 ID: 82a7dda3-e003-466c-b3d8-fd1eb8b88152
        SYNC_ON_STARTUP DO_SCHEDULED_SYNCS WRITEABLE
        USN: 34040/OU, 34040/PU
        2022-09-26 14:54:11 の最後の試行は成功しました。
ソース:1d841115-06f2-4462-83d2-050489175280._msdcs. から宛先:sv3 のレプリケーション
リンクを削除しました。
パーティション DC=TestAppPartition,DC=ad,DC=example,DC=jp の削除を実行中です...
ソース:(null) から宛先:sv3 のレプリケーション リンクを削除しました。
```

■ コマンドの働き

「Repadmin /Unhost」コマンドは、グローバルカタログから読み取り専用の名前付けコンテキストを削除する。

■ Repadmin /UpdRepsTo──一時的な複製リンク(出力側)を更新する

[2008] [2008R2] [2012] [2012R2] [2016] [2019] [2022] [UAC]

Repadmin /*UpdRepsTo名前付けコンテキスト DSA_NAME 宛先DSA GUID*
[/SelSecrets]

■ スイッチとオプション

GUID

　　複製先のディレクトリサーバのオブジェクト GUID を指定する。GUID は「Repadmin
　　/ShowRepl サーバ名」コマンドや、DNSの「_msdcs」ゾーンの下で確認できる。

/SelSecrets

　　ディレクトリサーバが読み取り専用ドメインコントローラの場合に指定する。

実行例

　複製経路は sv1(Site1)⇔sv2(Site2)⇔sv3(Site3)の構成で、ドメインディレクトリパー
ティションを sv1 から sv3 に直接複製するための複製リンク(出力側)を更新する。この操
作には管理者権限が必要。

```
C:¥Work>Repadmin /UpdRepsTo DC=ad,DC=example,DC=jp sv1 sv3 70aca013-f570-4caa-9f1d-
3e3e573535cc
sv3 から sv1 への変更通知を更新しました。
```

■ コマンドの働き

　「Repadmin /UpdRepsTo」コマンドは、登録した RepsTo 属性による宛先ディレクトリ
サーバへの一時的な複製リンクを更新する。

◢ Repadmin /ViewList──ディレクトリサーバを表示する

2008 　2008R2 　2012 　2012R2 　2016 　2019 　2022

構文

Repadmin /ViewList [*DSA_LIST*] [*OBJ_LIST*]

実行例

　ドメイン NC をホストするディレクトリサーバを表示する。

```
C:¥Work>Repadmin /ViewList * NcObj:Domain:
DSA_LIST[1] = sv1.ad.example.jp
    OBJ_LIST[1] = DC=ad,DC=example,DC=jp
DSA_LIST[2] = sv2.ad.example.jp
    OBJ_LIST[1] = DC=ad,DC=example,DC=jp
DSA_LIST[3] = sv3.ad.example.jp
    OBJ_LIST[1] = DC=ad,DC=example,DC=jp
```

■ コマンドの働き

　「Repadmin /ViewList」コマンドは、ディレクトリサーバを表示する。

▟ Repadmin /WriteSpn ── サービスプリンシパル名を設定する

2008　2008R2　2012　2012R2　2016　2019　2022　UAC

構文

Repadmin /WriteSpn [*DSA_LIST*] {Add | Replace | Delete} *アカウント DN SPN* [*OBJ_LIST*]

■ スイッチとオプション

{Add | Replace | Delete}
　SPNの追加(Add)、変更(Replace)、削除(Delete)を実行する。

アカウント DN
　SPNに関連付けるアカウントのDNを指定する。

SPN
　サービスプリンシパル名を指定する。

実行例

　TestServer に SPN「LDAP/ad.example.jp」を設定し、「LDAP/EXAMPLE」に変更後に削除する。この操作には管理者権限が必要。

```
C:¥Work>Repadmin /WriteSpn sv3 Add CN=TestServer,OU=TestOU,OU=OU1,DC=ad,DC=example,D
C=jp LDAP/ad.example.jp
要求された SPN を正しく書き込みました。

C:¥Work>Repadmin /WriteSpn sv3 Replace CN=TestServer,OU=TestOU,OU=OU1,DC=ad,DC=examp
le,DC=jp LDAP/EXAMPLE
要求された SPN を正しく書き込みました。

C:¥Work>Setspn -L TestServer
次の項目に登録されている CN=TestServer,OU=TestOU,OU=OU1,DC=ad,DC=example,DC=jp:
        LDAP/EXAMPLE

C:¥Work>Repadmin /WriteSpn sv3 Delete CN=TestServer,OU=TestOU,OU=OU1,DC=ad,DC=exampl
e,DC=jp LDAP/EXAMPLE
要求された SPN を正しく書き込みました。
```

■ コマンドの働き

　「Repadmin /WriteSpn」コマンドは、サービスプリンシパル名(SPN)を登録、変更、削除する。Setspn コマンドのようなSPNの表示や登録時の重複チェック機能はない。

Secedit.exe

システムのアクセス権とセキュリティ設定を構成する

2000　XP　2003　2003R2　Vista　2008　2008R2　7　2012　8　2012R2　8.1
10　2016　2019　2022　11　UAC

Secedit スイッチ [オプション]

■ スイッチ

スイッチ	説明
/Analyze	システム設定とセキュリティデータベース内の設定を照合する
/Configure	セキュリティデータベース内の設定でシステムを構成する
/Export	セキュリティデータベース内の設定をファイルに出力する
/GenerateRollback	ロールバックテンプレートファイルを作成する 2003 以降
/Import	セキュリティテンプレートの設定をセキュリティデータベースに書き込む 2003 以降
/Validate	セキュリティテンプレートファイルの構文を検証する
/RefreshPolicy	グループポリシーを再適用する 2000

■ 共通オプション

テンプレートファイル名

操作対象のセキュリティテンプレートファイル名を指定する。既定のテンプレートファイルは次のとおり。エクスポートして編集したテンプレートファイルや、MMCの「セキュリティテンプレート」スナップインで作成した、オリジナルのセキュリティテンプレートファイルを使用することもできる。

・保存先フォルダ──%Windir%¥security¥templates[Windows Server 2003R2以前]

テンプレートファイル名	説明
Compatws.inf	互換テンプレート設定
Dc Security.inf	ドメインコントローラの既定のセキュリティ設定
Hisec*.inf	高度なセキュリティによる保護設定
Secure*.inf	セキュリティによる保護設定
Setup Security.inf	既定のセキュリティ設定

・保存先フォルダ──%Windir%¥inf[Windows Vista以降]

テンプレートファイル名	説明
Defltbase.inf	既定のセキュリティ設定
Defltdc.inf	ドメインコントローラの既定のセキュリティ設定
Defltsv.inf	サーバの既定のセキュリティ設定
Defltwk.inf	ワークステーションの既定のセキュリティ設定

/Db DB ファイル名

セキュリティの構成や分析で設定を保存するための、データベースファイル名(拡張子 .sdb)を指定する。既定の保存先はカレントフォルダで、データベースファイルがなければ新規に作成される。

/Cfg テンプレートファイル名

処理の前にデータベースにインポートするセキュリティテンプレートファイル名を指定する。

/Log ログファイル名

処理内容を出力するログファイル名を指定する。省略すると %Windir%¥security

¥logs¥scesrv.logファイルを使用する。

/Overwrite

新しいセキュリティテンプレートをデータベースにインポートする前に、データベースを空にする。既定ではセキュリティ設定を累積的にインポートする。

/Areas セキュリティ領域

システムに適用するセキュリティの領域として、以下の領域名をスペースで区切って1つ以上指定する。省略するとデータベースに定義されたセキュリティの設定をすべてシステムに適用する。

セキュリティ領域	説明
FILESTORE	ファイルシステムのアクセス許可
GROUP_MGMT	制限されたグループの設定
REGKEYS	レジストリのアクセス許可
SECURITYPOLICY	アカウントポリシー、監査ポリシー、イベントログの設定、セキュリティオプション
SERVICES	システムサービスの設定
USER_RIGHTS	ユーザー権利の割り当て

/Quiet

実行時にプロンプトを表示しない。

/Verbose

詳細情報を表示する。 2000

■ コマンドの働き

Seceditコマンドは、セキュリティテンプレートファイルの設定に従ってローカルセキュリティポリシーの設定を変更し、ファイルシステム、レジストリ、サービスなどのアクセス権を設定する。アクセス権の編集は元に戻すことが難しいので、あらかじめバックアップを作成しておくとよい。

基本的な操作の流れは次のとおり。

1. 「Secedit /Validate」コマンドでテンプレートファイルを検証する
2. 「Secedit /Import」コマンドでセキュリティデータベースファイルを作成する
3. 「Secedit /Analyze」コマンドで現在の設定とセキュリティデータベースの設定差異を分析する
4. 問題なければ「Secedit /Configure」コマンドで適用する

■ Secedit /Analyze——システム設定とセキュリティデータベース内の設定を照合する

2000 | XP | 2003 | 2003R2 | Vista | 2008 | 2008R2 | 7 | 2012 | 8 | 2012R2 | 8.1 | 10 | 2016 | 2019 | 2022 | 11 | UAC

構文

Secedit /Analyze /Db DBファイル名 [/Cfg テンプレートファイル名]
[/Overwrite] [/Log ログファイル名] [/Quiet] [/Verbose]

357

「Secedit /Import」コマンドで作成したセキュリティデータベースファイル Security.sdb を使用して、現在のセキュリティ設定を分析する。この操作には管理者権限が必要。

```
C:\Work>Secedit /Analyze /Db Security.sdb

タスクは正常に完了しました。
詳細についてはログ %windir%\security\logs\scesrv.log を参照してください。
```

■ コマンドの働き

「Secedit /Analyze」コマンドは、セキュリティデータベース内のセキュリティ設定と現在のシステムのセキュリティ設定を照合して、結果をログファイルに出力する。セキュリティテンプレートファイルを指定して、その場でセキュリティデータベースを作成することもできる。

Secedit /Configure
──セキュリティデータベース内の設定でシステムを構成する

| 2000 | XP | 2003 | 2003R2 | Vista | 2008 | 2008R2 | 7 | 2012 | 8 | 2012R2 | 8.1 |
| 10 | 2016 | 2019 | 2022 | 11 | UAC |

構文

Secedit /Configure /Db *DBファイル名* [/Cfg *テンプレートファイル名*]
[/Overwrite] [/Areas *セキュリティ領域*] [/Log *ログファイル名*] [/Quiet]
[/Verbose]

実行例

Security.sdbを使ってセキュリティを設定する。この操作には管理者権限が必要。

```
C:\Work>Secedit /Configure /Db Security.sdb

タスクは完了しました。この操作中にいくつかの属性に警告が発生しました。 警告は無視で
きます。
詳細についてはログ %windir%\security\logs\scesrv.log を参照してください。
```

■ コマンドの働き

「Secedit /Configure」コマンドは、データベース内の設定に従って、ファイルシステムやレジストリ、サービスなどのセキュリティ設定をシステムに書き込む。セキュリティテンプレートファイルを指定して、その場でセキュリティデータベースを作成することもできる。

Secedit /Export
──セキュリティデータベース内の設定をファイルに出力する

| 2000 | XP | 2003 | 2003R2 | Vista | 2008 | 2008R2 | 7 | 2012 | 8 | 2012R2 | 8.1 |
| 10 | 2016 | 2019 | 2022 | 11 | UAC |

Secedit /Export [/Db *DBファイル名*] /Cfg *ファイル名* [/Areas *セキュリティ領域*] [/Log *ログファイル名*] [/MergedPolicy] [/Verbose] [/Quiet]

■ スイッチとオプション

/Cfg *ファイル名*
    エクスポートするファイル名を指定する。

/MergedPolicy
    ドメインポリシーとローカルポリシーのセキュリティ設定を結合する。

実行例

　Security.sdbを使って、テンプレートファイルNewsec.infを作成する。この操作には管理者権限が必要。

```
C:¥Work>Secedit /Export /Db Security.sdb /Cfg Newsec.inf
タスクは正常に完了しました。
詳細についてはログ %windir%¥security¥logs¥scesrv.log を参照してください。
```

■ コマンドの働き

　「Secedit /Export」コマンドは、セキュリティデータベース内のセキュリティ設定を、セキュリティテンプレートファイルに出力する。

▚ Secedit /GenerateRollback
──ロールバックテンプレートファイルを作成する

| 2003 | 2003R2 | Vista | 2008 | 2008R2 | 7 | 2012 | 8 | 2012R2 | 8.1 | 10 | 2016 |
| 2019 | 2022 | 11 | UAC |

構文

Secedit /GenerateRollback /Db *DBファイル名* /Cfg *テンプレートファイル名* /Rbk *ロールバックファイル名* [/Log *ログファイル名*] [/Quiet]

■ スイッチとオプション

/Cfg *テンプレートファイル名*
    ロールバックテンプレートの元になるセキュリティテンプレートファイル名を指定する。

/Rbk *ロールバックファイル名*
    ロールバック情報を保存するセキュリティテンプレートファイル名を指定する。

実行例

　Security.sdbとセキュリティテンプレートファイルDefltwk.infを使って、ロールバックテンプレートファイルRollback.infを作成する。この操作には管理者権限が必要。

```
C:\Work>Secedit /GenerateRollback /Db Security.sdb /Cfg %Windir%\inf\Defltwk.inf
/Rbk Rollback.inf
ロールバックはファイル セキュリティおよびレジストリ セキュリティではサポートされてい
ません。
この操作を続行しますか? [y/n] y
ロールバックのテンプレートを生成しています...

タスクは正常に完了しました。
詳細についてはログ %windir%\security\logs\scesrv.log を参照してください。
```

■ コマンドの働き

「Secedit /GenerateRollback」コマンドは、部分的ではあるがセキュリティ設定の変更を戻せるように、ロールバック用のセキュリティテンプレートファイルを作成する。

Secedit /Import
——セキュリティテンプレートの設定をセキュリティデータベースに書き込む

| 2003 | 2003R2 | Vista | 2008 | 2008R2 | 7 | 2012 | 8 | 2012R2 | 8.1 | 10 | 2016 |
| 2019 | 2022 | 11 | UAC |

構文

Secedit /Import /Db *DBファイル名* /Cfg *テンプレートファイル名*
[/Overwrite] [/Areas *セキュリティ領域*] [/Log *ログファイル名*] [/Quiet]

実行例

セキュリティデータベースファイル Security.sdb に、セキュリティテンプレートファイル Defltwk.inf の設定をインポートする。この操作には管理者権限が必要。

```
C:\Work>Secedit /Import /Db Security.sdb /Cfg %Windir%\inf\Defltwk.inf
```

■ コマンドの働き

「Secedit /Import」コマンドは、セキュリティデータベースにセキュリティテンプレートファイルの設定をインポートする。作成したセキュリティデータベースを元に、「Secedit /Analyze」コマンドや「Secedit /Configure」コマンドなどを実行する。

Secedit /Validate
——セキュリティテンプレートファイルの構文を検証する

| 2000 | XP | 2003 | 2003R2 | Vista | 2008 | 2008R2 | 7 | 2012 | 8 | 2012R2 | 8.1 |
| 10 | 2016 | 2019 | 2022 | 11 | UAC |

構文

Secedit /Validate *テンプレートファイル名*

実行例

セキュリティテンプレートファイル Defltwk.inf の構文を検証する。この操作には管理

者権限が必要。

```
C:¥Work>Secedit /Validate %Windir%¥inf¥Defltwk.inf
テンプレート C:¥Windows¥inf¥Defltwk.inf を検証しました
```

■ コマンドの働き

「Secedit /Validate」コマンドは、セキュリティテンプレートファイルの構文を検証して、テンプレートファイルとしての有効性を確認する。

＊ Secedit /RefreshPolicy──グループポリシーを再適用する

2000

構文

Secedit /RefreshPolicy {Machine_Policy | User_Policy} [/Enforce]

■ スイッチとオプション

{Machine_Policy | User_Policy}

グループポリシーのうち、コンピュータの設定(Machine_Policy)またはユーザーの設定(User_Policy)を更新する。

/Enforce

すべてのポリシー設定を再適用する。既定では、設定が変更されたポリシーだけを再適用する。

実行例

Windows 2000コンピュータで、コンピュータのポリシーを強制的に再適用する。

```
C:¥Work>Secedit /RefreshPolicy Machine_Policy /Enforce
このコンピュータのために、ドメインからのグループ ポリシーの伝達が開始されました。伝
達が完了して新しいポリシーが有効になるまで、数分かかります。エラーが発生した場合、ア
プリケーション ログで確認してください。
```

■ コマンドの働き

「Secedit /RefreshPolicy」コマンドは、Windows 2000においてグループポリシーを再適用する。XP以降ではGpupdateコマンドを使用する。

Setspn.exe　　サービスプリンシパル名(SPN)を操作する

2008 | 2008R2 | 2012 | 2012R2 | 2016 | 2019 | 2022 | UAC

構文

Setspn [スイッチ] [SPN] [アカウント名]

■ スイッチとオプション

-a

任意の SPN を追加する。Windows Server 2012 以降ではヘルプに -a スイッチが表示されないが、利用はできる。 `UAC`

-c

-s、-d、-l のいずれかのスイッチと併用して、アカウント名がコンピュータであることを明示する。 `2008R2 以降`

-d

SPN とアカウント名の組を削除する。 `UAC`

-f

-q または -x スイッチと併用して、フォレスト全体を検索対象にする。

-l

アカウント名で登録されている SPN を表示する。すべてのスイッチを省略して、アカウント名だけを指定したときの既定の動作である。

-p

-q または -x スイッチと併用して、コマンドの経過表示を省略して結果だけを出力する。

-q

指定した SPN が登録されているか確認する。確認範囲は -f または -t で指定する。既定の確認範囲は自ドメイン内。

-r

指定したコンピュータアカウントに、次の種類の SPN がなければ再登録する。
`UAC`
・*HOST* / アカウント名
・*HOST* / アカウント名の *FQDN*

-s

SPN が重複していなければ登録する。確認範囲は -f または -t スイッチで指定する。既定の確認範囲は自ドメイン内。 `UAC`

-t { ドメイン名 | * }

-q または -x スイッチと併用して、指定したドメインを検索対象にする。「*」を指定すると、現在のドメインを検索対象にする。検索したいドメインの数だけ -t スイッチを繰り返し指定できる。 `2008R2 以降`

-u

-s、-d、-l のいずれかのスイッチと併用して、アカウント名がユーザーであることを明示する。 `2008R2 以降`

-x

重複した SPN が登録されていないか確認する。確認範囲は -f または -t スイッチで指定する。既定の確認範囲は自ドメイン内。

SPN

操作対象のサービスプリンシパル名を指定する。

アカウント名

操作対象のコンピュータ名またはユーザー名を指定する。

　コンピュータsv1に、「CIFS/sv1.ad.example.jp」というSPNを登録する。この操作には
管理者権限が必要。

```
C:¥Work>Setspn -s CIFS/sv1.ad.example.jp sv1
ドメイン DC=ad,DC=example,DC=jp を確認しています

CN=SV1,OU=Domain Controllers,DC=ad,DC=example,DC=jp の ServicePrincipalNames を登録
しています
        CIFS/sv1.ad.example.jp
更新されたオブジェクト
```

■ コマンドの働き

　サービスプリンシパル名(SPN：Service Principal Name)は、Kerberos認証でクライア
ントがサービスを識別するための登録名である。
　Setspnコマンドは、コンピュータやユーザーに対応するSPNを編集する。

リモートデスクトップ 編

3

Change.exe

リモートデスクトップセッション
ホストの設定を操作する

2000 | XP | 2003 | 2003R2 | Vista | 2008 | 2008R2 | 7 | 2012 | 8 | 2012R2 | 8.1
10 | 2016 | 2019 | 2022 | 11 | UAC

構文

Change {Logon | Port | User} [オプション]

スイッチ

スイッチ	説明
Logon	セッションログオンの設定とログオンモードを表示する UAC
Port	シリアルポートの割り当てを設定する
User	アプリケーションのインストールモードを設定する UAC

実行例

実行例については、以降で説明するスイッチ別Changeコマンドの解説を参照。

コマンドの働き

Changeコマンドは、リモートデスクトップセッションホスト(ターミナルサーバ)のセッションや、アプリケーションのインストールモードなどを操作する。

Change Logon (Chglogon.exe)
── セッションログオンの設定とログオンモードを表示する

2000 | XP | 2003 | 2003R2 | Vista | 2008 | 2008R2 | 7 | 2012 | 8 | 2012R2 | 8.1
10 | 2016 | 2019 | 2022 | 11 | UAC

構文

Change Logon {/Query | /Enable | /Disable | /Drain |
/DrainUntilRestart}

スイッチとオプション

/Query

現在のセッションログオンモードを表示する。

/Enable

リモートログオンセッションを有効にする。 UAC

/Disable

リモートログオンセッションを無効にする。既存セッションには影響しない。 UAC

/Drain

リモートログオンセッションのうち、新規ユーザーのログオンだけを無効にして、既存セッションへの再接続は許可する(ドレインモード)。 UAC Vista 以降

/DrainUntilRestart

ドレインモードに設定し、リモートデスクトップセッションホストを再起動するまで
ドレインモードを継続する。 `UAC` `Vista 以降`

実行例

再起動するまで新規ログオンセッションを許可しない。この操作には管理者権限が必要。

```
C:\Work>Change Logon /DrainUntilRestart
新規ユーザーのログオンはサーバーが再起動されるまで無効です。ただし、既存セッションへ
の再接続は有効です。
```

■ コマンドの働き

「Change Logon」コマンドは、リモートデスクトップセッションホストへのログオンセッ
ションを管理する。同じ動作をするコマンドとしてChglogonコマンドがある。

/Drainスイッチと/DrainUntilRestartスイッチは、ターミナルサーバまたはリモート
デスクトップセッションホストを実行中のWindows Server上でだけ使用できる。

ログオンセッションを不許可にした管理者本人がログオンできなくなった場合は、リモー
トデスクトップセッションでコンソールに接続するとよい。

■ Change Port (Chgport.exe)
──シリアルポートなどの割り当てを設定する

`2000` `XP` `2003` `2003R2` `Vista` `2008` `2008R2` `7` `2012` `8` `2012R2` `8.1`
`10` `2016` `2019` `2022` `11`

構文

Change Port [{ポートX=ポートY | /d ポートX | /Query}]

■ スイッチとオプション

ポートX=ポートY

ポートXをポートYに割り当てる。使用可能なポートはAUX、COM1、LPT1などと、
作成した任意のポート名。

/d ポートX

ポートXの割り当てを解除する。

/Query

現在のポート割り当て状況を表示する。

実行例

シリアルポートCOM9にAUXを割り当てて、割り当て状況を確認する。

```
C:\Work>Change Port COM9=AUX

C:\Work>Change Port /Query
AUX = \DosDevices\COM1
COM1 = \Device\Serial0
COM9 = \DosDevices\COM1
```

■ コマンドの働き

「Change Port」コマンドは、リモートデスクトップセッションでMS-DOSアプリケーションを利用する際に、互換性を保つためにシリアルポートなどの割り当てを変更する。COM1からCOM4までしか利用できないMS-DOSアプリケーションのために、COM5以上のポートを一時的に割り当てるといった目的で使用する。同じ動作をするコマンドとしてChgportコマンドがある。

ポートの割り当ては、「Change Port」コマンドを実行したセッションだけで通用する。スイッチとオプションを省略すると、現在のポート割り当て状況を表示する。

■ Change User (Chgusr.exe)
──アプリケーションのインストールモードを設定する

| 2000 | XP | 2003 | 2003R2 | Vista | 2008 | 2008R2 | 7 | 2012 | 8 | 2012R2 | 8.1 |
| 10 | 2016 | 2019 | 2022 | 11 | UAC |

構文

```
Change User {/Execute | /Install | /Query}
```

■ スイッチとオプション

/Execute
　　アプリケーションインストールモードを終了し、アプリケーション実行モードに設定する（既定値）。 UAC

/Install
　　アプリケーションインストールモードに設定する。 UAC

/Query
　　現在のインストールモードを表示する。

実行例

システムをアプリケーションインストールモードにしたあと、アプリケーション実行モードに切り替える。この操作には管理者権限が必要。

```
C:\Work>Change User /Install
ユーザー セッションでアプリケーションをインストールする準備が整いました。

C:\Work>Change User /Execute
ユーザー セッションでアプリケーションを実行する準備が整いました。
```

■ コマンドの働き

「Change User」コマンドは、リモートデスクトップセッションホストにアプリケーションをインストールする際に、ユーザー別に設定ファイル（拡張子.ini）とレジストリを構成して保護するように、システムに指示する。

具体的には、アプリケーションのインストール前に「Change User /Install」コマンドを実行し、インストール後に「Change User /Execute」コマンドを実行することで、アプリケーションの設定をユーザー別に構成する。

同じ動作をするコマンドとしてChgusrコマンドがある。

Msg.exe

2000 | XP | 2003 | 2003R2 | Vista | 2008 | 2008R2 | 7 | 2012 | 8 | 2012R2 | 8.1 |
10 | 2016 | 2019 | 2022 | 11 |

構文

Msg {ユーザー名 | セッション名 | セッションID | @ファイル名 | *} [/Server:
コンピュータ名] [/Time:待ち時間] [/v] [/w] [メッセージ]

スイッチとオプション

ユーザー名

送信先のユーザー名を指定する。

セッション名

送信先のセッション名を指定する。

セッションID

送信先のセッションIDを指定する。

@ファイル名

送信先のユーザー名、セッション名、セッションIDを1つ以上記述したファイルを
指定する。

*

すべてのセッションを指定する。

/Server:コンピュータ名

送信先のリモートデスクトップセッションホストのコンピュータ名を指定する。省略
するとローカルコンピュータでコマンドを実行する。

/Time:待ち時間

メッセージの表示時間(受信者が確認するまでの待ち時間)を秒単位で指定する。既定
値は無期限。

/v

警告やメッセージ、状態をすべて表示する(詳細モード)。

/w

ユーザーからの応答を待つ。

メッセージ

任意のメッセージを指定する。省略するとプロンプトを表示する。プロンプトでは複
数行にわたるメッセージを入力できる。パイプやリダイレクトを使ってメッセージを
指定することもできる。

実行例

すべてのセッションに向けてメッセージを送信する。メッセージの受信側では、画面
にメッセージと[OK]ボタンのあるダイアログが表示される。

```
C:¥Work>Msg * もうすぐメンテナンスを開始します。
```

■ コマンドの働き

Msgコマンドは、ユーザーやログオンセッションに対して、任意のメッセージを送信する。宛先のユーザーがメッセージを読んだことを確認するために、宛先からの応答を待つこともできる。

ユーザー名、セッション名、セッションIDは、「Query Session」コマンドまたはQinstaコマンドで確認できる。任意のメッセージを入力する代わりに、テキストファイルの内容をリダイレクトして送信することもできる。

Mstsc.exe
リモートデスクトップに接続する

XP | 2003 | 2003R2 | Vista | 2008 | 2008R2 | 7 | 2012 | 8 | 2012R2 | 8.1 | 10
2016 | 2019 | 2022 | 11

構文

Mstsc [*接続ファイル名*] [/v:*コンピュータ名*[:*ポート番号*]] [/g:*ゲートウェイ*]
[{/F[ullScreen] | /w:*幅* /h:*高さ* | /Span | MultiMon}] [/Public] [/Edit *接続
ファイル名*] [/Admin] [/RestrictedAdmin] [/Prompt] [/Shadow:*セッション
ID* [/Control] [/NoConsentPrompt]] [/Migrate] [/RemoteGuard] [/l]

■ スイッチとオプション

接続ファイル名
あらかじめ作成しておいた、リモートデスクトップ接続(.rdp)ファイルを指定する。

/v:*コンピュータ名*[:*ポート番号*]
接続先のコンピュータ名とポート番号を指定する。ポート番号の既定値は3389。

/F[ullScreen]
リモートデスクトップを全画面モードで開始する。

/w:*幅* /h:*高さ*
リモートデスクトップを指定した画面サイズで開始する。

/Span
リモートデスクトップをローカルのデスクトップと同じ画面サイズ(マルチモニタを含む)で開始する。

/MultiMon
ローカルのモニタ構成がマルチモニタの場合、リモートデスクトップをローカルのモニタ構成と同じ構成で開始する。 **2008R2 以降**

/Public
リモートデスクトップをパブリックモードで開始する。パブリックモードでは、データをローカルにキャッシュしない。

/Edit *接続ファイル名*
リモートデスクトップ接続ファイルを編集する。

/Admin
リモート管理用のセッションに接続する。

/RestrictedAdmin

資格情報を送信しない制限付き管理モードで接続する。 2008R2 以降

/Prompt

接続時に資格情報入力ダイアログを表示する。 2008R2 以降

/Shadow:*セッションID*

指定したセッションIDでシャドウセッション(画面共有)を開始する。 2008R2 以降

/Control

/Shadowスイッチと併用して、シャドウセッションでセッションの制御を可能にする。
省略するとセッションは参照だけ可能な状態で開始する。 2008R2 以降

/NoConsentPrompt

/Shadowスイッチと併用して、シャドウセッションをユーザーの同意なしで開始する。
2008R2 以降

/Migrate

Windows 2000のクライアント接続マネージャで作成した接続ファイルを、リモー
トデスクトップ接続ファイルに変換する。 2008 以前

/RemoteGuard

Windows Defender Remote Credential Guard(リモート資格情報ガード)を有効に
する。 10 1607 以降 2016 以降 11

/l

ローカルコンピュータに接続されているモニタとそのIDを表示する。 10 1809 以降
2019 以降 11

実行例

リモートコンピュータws2022sv1のセッションID 3(user2のセッション)に対してシャ
ドウセッションを開始し、制御を要求する。

制御を要求された側では、画面に「AD2022¥user1がセッションのリモート制御を要求
しています。この要求を受け入れますか?」というメッセージと[はい][いいえ]のボタン
が表示される。

シャドウセッションを終了するにはウィンドウを閉じる。

```
C:¥Work>Query Session /Server:ws2022sv1
 セッション名      ユーザー名              ID 状態     種類      デバイス
 services                                0 Disc
 console         user1                   2 Active
 rdp-tcp#0       user2                   3 Active
 rdp-tcp                             65536 Listen

C:¥Work>Mstsc /v:ws2022sv1 /Shadow:3 /Control
```

■ コマンドの働き

Mstscコマンドは、条件を指定してリモートデスクトップセッションを開始する。

制限付き管理モードとリモート資格情報ガードでは、ローカルコンピュータからリモー
トコンピュータに再利用可能な資格情報を送信しないため、セキュリティを高めることが
できるが、既定では無効化されている。有効にするにはDisableRestrcitedAdminレジス

トリ値を作成して「0」に設定する必要がある。

- キーのパス —— HKEY_LOCAL_MACHINE¥SYSTEM¥CurrentControlSet¥Control¥Lsa
- 値の名前 —— DisableRestrcitedAdmin
- データ型 —— REG_DWORD
- 設定値 —— 0＝有効、1または値なし＝無効

Query.exe | リモートデスクトップセッションの状態を表示する

| 2000 | XP | 2003 | 2003R2 | Vista | 2008 | 2008R2 | 7 | 2012 | 8 | 2012R2 | 8.1 |
| 10 | 2016 | 2019 | 2022 | 11 |

構文

Query {Process | Session | TermServer | User} [*オプション*]

スイッチ

Process
　　プロセス情報を表示する。

Session
　　セッション情報を表示する。

TermServer
　　リモートデスクトップセッションホストを検索する。

User
　　ユーザー情報を表示する。

実行例

　実行例については、以降で説明するスイッチ別Queryコマンドの解説を参照。

コマンドの働き

　Queryコマンドは、リモートデスクトップセッションにおけるプロセス、セッション、ホスト、ユーザーの各情報を表示する。「Query スイッチ」形式に代わって一発で実行できるQprocess、Qwinsta、Qappsrv、Quserコマンドもある。

　Windows 2000ではターミナルサーバ上で使用するが、Windows XP以降でリモートデスクトップを有効にしていれば、ローカルコンピュータでも実行できる。

Query Process(Qprocess.exe)——プロセス情報を表示する

| 2000 | XP | 2003 | 2003R2 | Vista | 2008 | 2008R2 | 7 | 2012 | 8 | 2012R2 | 8.1 |
| 10 | 2016 | 2019 | 2022 | 11 |

構文

Query Process [{* | *プロセスID* | *ユーザー名* | *セッション名* | /Id:*セッション番号* | *プログラムファイル名*}] [/Server:*コンピュータ名*]

■ スイッチとオプション

*

すべてのプロセス情報を表示する。

プロセスID

指定したプロセスIDを持つプロセスの情報を表示する。

ユーザー名

指定したユーザーが実行中のプロセス情報を表示する。

セッション名

セッション名で指定したセッションで実行中のプロセス情報を表示する。

/Id: セッション番号

セッション番号で指定したセッションで実行中のプロセス情報を表示する。

プログラムファイル名

指定したプログラムファイル名(イメージ名)を持つプロセス情報を表示する。

/Server: コンピュータ名

照会するリモートデスクトップセッションホストのコンピュータ名を指定する。省略するとローカルコンピュータでコマンドを実行する。

実行例

リモートデスクトップセッションホスト ws2022sv1 上のユーザーuser2のプロセスを表示する。

```
C:\Work>Query Process user2 /Server:ws2022sv1
 ユーザー名              セッション名       ID    PID  イメージ
 user2                  rdp-tcp#0          3    4728  rdpclip.exe
 user2                  rdp-tcp#0          3    8080  sihost.exe
 user2                  rdp-tcp#0          3    6304  svchost.exe
 user2                  rdp-tcp#0          3    8508  svchost.exe
 user2                  rdp-tcp#0          3    1164  taskhostw.exe
 user2                  rdp-tcp#0          3    8440  rdpinput.exe
 (以下略)
```

■ コマンドの働き

「Query Process」コマンドおよびQprocessコマンドは、リモートデスクトップのセッションやユーザー、プロセスIDなどを指定して、プロセス情報を表示する。

スイッチとオプションを省略すると、現在のデスクトップセッションにおいて、自分自身が開始したプロセス情報を表示する。複数のリモートデスクトップセッションにまたがってプロセス情報を表示する際には、現在のリモートデスクトップセッションのプロセスを区別するために、行頭に不等号「>」を付加して表示する。

■ Query Session(Qwinsta.exe) ──セッション情報を表示する

2000 XP 2003 2003R2 Vista 2008 2008R2 7 2012 8 2012R2 8.1 10 2016 2019 2022 11

Query Session [{*セッション名* | *ユーザー名* | *セッションID*}] [/Server:*コン ピュータ名*] [/Mode] [/Flow] [/Connect] [/Counter] [/Vm]

■ スイッチとオプション

セッション名
　　セッション名を指定する。

ユーザー名
　　セッションを利用中のユーザー名を指定する。

セッションID
　　セッションIDを指定する。

/Server:*コンピュータ名*
　　照会するリモートデスクトップセッションホストのコンピュータ名を指定する。省略 するとローカルコンピュータでコマンドを実行する。

/Mode
　　モデムなどを利用している場合に、通信速度やパリティビット数などの設定を表示す る。

/Flow
　　モデムなどを利用している場合に、フロー制御の設定を表示する。

/Connect
　　セッションの接続状態を表示する。

/Counter
　　セッション情報に加えて、セッションの統計情報（作成セッション数、切断セッショ ン数、再接続セッション数）を表示する。

/Vm
　　仮想マシン内のセッション情報を表示する。 2008R2 以降

実行例

　リモートデスクトップセッションホストws2022sv1上のセッションとカウンタ情報を 表示する。

```
C:¥Work>Query Session /Server:ws2022sv1 /Counter
セッション名       ユーザー名           ID  状態      種類      デバイス
 services                              0  Disc
 console         user1                 2  Active
 rdp-tcp#0       user2                 3  Active
 rdp-tcp                           65536  Listen
作成したセッションの合計: 10
切断したセッションの合計: 7
再接続したセッションの合計: 0
```

■ コマンドの働き

　「Query Session」コマンドおよびQwinstaコマンドは、リモートデスクトップセッショ

ン情報や統計情報を表示する。スイッチとオプションを省略すると、現在のデスクトップ
セッションのセッション情報を表示する。

■ Query TermServer（Qappsrv.exe）
──リモートデスクトップセッションホストを検索する

| 2000 | XP | 2003 | 2003R2 | Vista | 2008 | 2008R2 | 7 | 2012 | 8 | 2012R2 | 8.1 |
| 10 | 2016 | 2019 | 2022 | 11 |

構文

```
Query TermServer [コンピュータ名] [/Domain:ドメイン名] [/Address]
[/Continue]
```

■ スイッチとオプション

コンピュータ名
    照会するリモートデスクトップセッションホストのコンピュータ名を指定する。

/Domain: ドメイン名
    検索する NetBIOS ドメイン名または Active Directory ドメイン名を指定する。

/Address
    ネットワークアドレスとノードアドレスを表示する。

/Continue
    1画面ごとに表示を停止しない。

実行例

リモートデスクトップセッションホスト ws2022sv1 のネットワークアドレスとノード
アドレスを表示する。

```
C:\Work>Query TermServer ws2022sv1 /Address
既知の RD サーバー                    ネットワーク ノード アドレス
----------------                    -------  ------------
WS2022SV1                                    [WS2022SV1]
```

■ コマンドの働き

「Query TermServer」および Qappsrv コマンドは、ネットワーク上のリモートデスクトッ
プセッションホストを検索したり、特定のリモートデスクトップセッションホストの情報
を表示したりする。スイッチとオプションを省略すると、コマンドを実行したコンピュー
タが所属するドメインまたはワークグループ内で、リモートデスクトップセッションホス
トを検索する。

■ Query User（Quser.exe）──ユーザー情報を表示する

| 2000 | XP | 2003 | 2003R2 | Vista | 2008 | 2008R2 | 7 | 2012 | 8 | 2012R2 | 8.1 |
| 10 | 2016 | 2019 | 2022 | 11 |

構文

Query User [{*ユーザー名* | *セッション名* | *セッションID*}] [/Server:*コンピュー
タ名*]

■ スイッチとオプション

ユーザー名
　　セッションを利用中のユーザー名を指定する。

セッション名
　　セッション名を指定する。

セッションID
　　セッションIDを指定する。

/Server:*コンピュータ名*
　　照会するリモートデスクトップセッションホストのコンピュータ名を指定する。省略
　　するとローカルコンピュータでコマンドを実行する。

実行例

リモートデスクトップセッションホスト ws2022sv1 上のユーザー情報を表示する。

```
C:\Work>Query User /Server:ws2022sv1
                                              アイドル
 ユーザー名            セッション名       ID  状態    時間    ログオン時刻
 user1               console          2  Active  none  2021/11/07 10:16
 user2               rdp-tcp#0        3  Active    .   2021/11/07 16:59
```

■ コマンドの働き

　「Query User」コマンドおよびQuserコマンドは、リモートデスクトップセッションのユー
ザー情報を表示する。スイッチとオプションを省略すると、すべてのユーザーセッション
情報を表示する。

Rdpsign.exe
RDPファイルにデジタル署名を
付加する

2008 | 2008R2 | 7 | 2012 | 2012R2 | 10 | 2016 | 2019 | 2022 | 11

構文

Rdpsign {/Sha1 | Sha256} *拇印* [{/q | /v}] [/l] *RDPファイル名*

▟ オプション

{/Sha1 | Sha256} *拇印*
　　デジタル証明書の拇印を、スペースを削除して指定する。Windows Server 2012
　　R2 までは SHA1 を、Windows 10 以降および Windows Server 2016 以降は
　　SHA256を使用する。

/q

最小限のエラーメッセージだけ表示する(Quietモード)。

/v

警告やメッセージ、状態をすべて表示する(詳細モード)。

/l

デジタル署名をテストする(実際に署名を付加しない)。

RDPファイル名

デジタル署名を付加して上書き保存するRDPファイル(拡張子.rdp)を1つ以上指定する。ワイルドカードは使用できない。

実行例

CAで作成したサーバ証明書を使用して、RDPファイルに署名を付加する。

```
C:¥Work>Rdpsign /Sha256 92d7da<略> Sample.rdp
すべての rdp ファイルが正常に署名されました。
```

■ コマンドの働き

Rdpsignコマンドは、リモートデスクトップ接続ファイル(拡張子.rdp)にデジタル署名を付加することで、リモートデスクトップ接続設定の改ざんを防止する。署名には、SSL証明書、コード証明書、特別定義のRDP署名証明を利用できる。証明書の拇印は、証明書の管理コンソール(Certmgr.msc)を開いて任意のデジタル証明書をダブルクリックし、[詳細]タブで確認できる。

Reset.exe (Rwinsta.exe)

リモートデスクトップセッションをリセットする

| 2000 | XP | 2003 | 2003R2 | Vista | 2008 | 2008R2 | 7 | 2012 | 8 | 2012R2 | 8.1 |
| 10 | 2016 | 2019 | 2022 | 11 |

構文

Reset Session {*セッション名* | *セッションID*} [/Server:*コンピュータ名*] [/v]

■ スイッチとオプション

セッション名

セッション名を指定する。

セッションID

セッションIDを指定する。

/Server:*コンピュータ名*

操作するリモートデスクトップセッションホストのコンピュータ名を指定する。省略するとローカルコンピュータでコマンドを実行する。

/v

警告やメッセージ、状態をすべて表示する(詳細モード)。

リモートデスクトップセッションホスト ws2022sv1 上のセッション ID：3をリセットする。

```
C:\Work>Query Session /Server:ws2022sv1
 セッション名        ユーザー名              ID 状態     種類      デバイス
 services                                  0 Disc
 console            user1                  2 Active
 rdp-tcp#0          user2                  3 Active
 rdp-tcp                                65536 Listen

C:\Work>Reset Session 3 /Server:ws2022sv1
```

コマンドの働き

「Reset Session」コマンドおよびRwinstaコマンドは、リモートデスクトップセッションをリセットして切断する。セッション名とセッションIDは、「Query Session」コマンドまたはQwinstaコマンドで確認できる。

コンソールセッション（セッション名Console）をリセットすると、コンピュータからログオフする。他のユーザーのセッションを警告なしでリセットすると、未保存のユーザーデータが失われる危険性があるので注意が必要である。

Shadow.exe
リモートデスクトップセッションで画面共有と操作を実行する

2000 | XP | 2003 | 2003R2 | Vista | 2008 | 2008R2 | 7 | UAC

構文

Shadow {セッション名 | セッションID} [/Server:コンピュータ名] [/v]

スイッチとオプション

セッション名
　　セッション名を指定する。

セッションID
　　セッションIDを指定する。

/Server:コンピュータ名
　　操作するリモートデスクトップセッションホストのコンピュータ名を指定する。省略するとローカルコンピュータでコマンドを実行する。

/v
　　警告やメッセージ、状態をすべて表示する（詳細モード）。

実行例

現在有効なリモートデスクトップセッションを確認して、ドメインユーザーEXAMPLE\mrxのリモートデスクトップセッションを操作する。この操作には管理者権限が必要。

3
リモートデスクトップ編

```
C:\Work>Query Session
 セッション名          ユーザー名              ID  状態     種類      デバイス
 services                                    0  Disc
>rdp-tcp#0           test                    1  Active   rdpwd
 rdp-tcp#1           mrx                      2  Active   rdpwd
 console             administrator           4  Active
 rdp-tcp                                 65536  Listen

C:\Work>Shadow rdp-tcp#1
リモート制御の承認をネゴシエートしている最中、セッションが停止しているかのように
見えることがあります。
しばらくお待ちください...
```

■ コマンドの働き

Shadowコマンドを実行すると、他のユーザーのデスクトップを表示したり、マウスや
キーボードで操作したりするシャドウセッション機能を利用できる。シャドウセッション
を実行する場合は、Shadowコマンドを実行するコンピュータがリモートセッション以上
の解像度と色数である必要がある。コンソールセッションはShadowコマンドでは操作で
きない。

他のユーザーのリモートデスクトップセッション操作を終了するには Ctrl + ✳ キーを
押す。✳ キーはテンキーを使用する。セッション名とセッションIDは、「Query Session」
コマンドまたはQwinstaコマンドで確認できる。

Shadowコマンドは Windows 7で終了したが、「Mstsc /Shadow」コマンドで代用できる。

Tscon.exe

既存のリモートデスクトップ
セッションに接続する

2000 | XP | 2003 | 2003R2 | Vista | 2008 | 2008R2 | 7 | 2012 | 8 | 2012R2 | 8.1 |
10 | 2016 | 2019 | 2022 | 11

構文

Tscon {セッション名 | セッションID} [/Dest:セッション名] [/Password:{パス
ワード | *}] [/v]

■ スイッチとオプション

セッション名
　　接続するセッション名を指定する。

セッションID
　　接続するセッションIDを指定する。

/Dest:セッション名
　　現在のセッションの名前を指定する。新しいセッションに接続すると現在のセッショ
　　ンは切断される。

/Password:{パスワード | *}
　　接続するセッションの所有者のパスワードを指定する。「*」を指定するとプロンプト
　　を表示する。

/v

警告やメッセージ、状態をすべて表示する（詳細モード）。

実行例

リモートデスクトップセッションホスト上で、リモートデスクトップセッションID：8に
接続する。user2のパスワードを入力する必要がある。

```
C:\Work>Query Session
 セッション名        ユーザー名              ID  状態     種類      デバイス
 services                                    0  Disc
>console            user1                    4  Active
 rdp-tcp#0          user2                    8  Active
 rdp-tcp                                 65536  Listen

C:\Work>Tscon 8 /Password:<password>
```

■ コマンドの働き

Tsconコマンドは、現在のリモートデスクトップセッションの接続先を、別の既存リモー
トデスクトップセッションに切り替える。新しいリモートデスクトップセッションを開始
したり、切断したリモートデスクトップセッションに再接続したりすることはできない。セッ
ション名とセッションIDは、「Query Session」コマンドまたはQwinstaコマンドで確認で
きる。

Tsdiscon.exe

接続中のリモートデスクトップ
セッションを切断する

| 2000 | XP | 2003 | 2003R2 | Vista | 2008 | 2008R2 | 7 | 2012 | 8 | 2012R2 | 8.1 |
| 10 | 2016 | 2019 | 2022 | 11 |

構文

Tsdiscon [{*セッション名* | *セッションID*}] [/Server:コンピュータ名] [/v] [/Vm]

■ スイッチとオプション

セッション名

切断するセッション名を指定する。

セッションID

切断するセッションIDを指定する。

/Server:コンピュータ名

操作するリモートデスクトップセッションホストのコンピュータ名を指定する。省略
するとローカルコンピュータでコマンドを実行する。

/v

警告やメッセージ、状態をすべて表示する（詳細モード）。

/Vm

仮想マシン内のセッションを切断する。 **2008R2 以降**

リモートデスクトップセッションホストws2022sv1上のリモートデスクトップセッション ID：8を切断する。切断されたユーザーのデスクトップには、「リモートデスクトップセッションが終了しました」という警告メッセージが表示される。

```
C:\Work>Query Session /Server:ws2022sv1
 セッション名      ユーザー名           ID  状態    種類      デバイス
 services                              0  Disc
 console        user1                 4  Active
 rdp-tcp#0      user2                 8  Active
 rdp-tcp                          65536  Listen

C:\Work>Tsdiscon 8 /Server:ws2022sv1
```

コマンドの働き

Tsdiscon コマンドは、リモートデスクトップセッションを切断する。スイッチとオプションを省略すると、自分自身の現在のリモートデスクトップセッションを切断する。セッション切断後もプロセスは継続して動作している点が、ログオフと異なる。

Windows 2000ではターミナルサーバ上で使用するが、Windows XP以降でリモートデスクトップを有効にしていれば、ローカルコンピュータでも実行できる。セッション名とセッションIDは、「Query Session」コマンドまたはQwinstaコマンドで確認できる。

Tskill.exe リモートデスクトップセッション 中のプロセスを終了する

3

| 2000 | XP | 2003 | 2003R2 | Vista | 2008 | 2008R2 | 7 | 2012 | 8 | 2012R2 | 8.1 |
| 10 | 2016 | 2019 | 2022 | 11 | UAC |

構文

Tskill {*プロセス名* | *プロセスID*} [/Server:*コンピュータ名*] [{/Id:*セッションID* | /a}] [/v]

スイッチとオプション

プロセス名
　　終了するプロセス名を指定する。プロセス名はイメージ名から拡張子を除外したもので、ワイルドカード「*」を使用できる。

プロセスID
　　終了するプロセスIDを指定する。

/Server:*コンピュータ名*
　　操作するリモートデスクトップセッションホストのコンピュータ名を指定する。省略するとローカルコンピュータでコマンドを実行する。

/Id:*セッションID*
　　/Serverスイッチと併用して、終了するプロセスを含むセッションIDを指定する。

/a

　　/Serverスイッチと併用して、すべてのセッションのプロセスを終了する。

/v

　　警告やメッセージ、状態をすべて表示する（詳細モード）。

実行例

　リモートデスクトップセッションホスト ws2022sv1 上の user2 のセッションで、msedge.exe を終了する。

```
C:\Work>Query Process user2 /Server:ws2022sv1
 ユーザー名                セッション名           ID    PID  イメージ
 user2                    rdp-tcp#0              8   8508  rdpclip.exe
 user2                    rdp-tcp#0              8   8016  sihost.exe
 user2                    rdp-tcp#0              8   9388  svchost.exe
 （中略）
 user2                    rdp-tcp#0              8   1208  msedge.exe
 user2                    rdp-tcp#0              8    368  msedge.exe
 user2                    rdp-tcp#0              8   3632  msedge.exe
 user2                    rdp-tcp#0              8   4648  msedge.exe
 user2                    rdp-tcp#0              8   2412  msedge.exe
 user2                    rdp-tcp#0              8   8960  msedge.exe
 user2                    rdp-tcp#0              8   6584  msedge.exe
 user2                    rdp-tcp#0              8   6168  msedge.exe

C:\Work>Tskill msedge /Server:ws2022sv1 /a
```

■ コマンドの働き

　Tskill コマンドは、リモートデスクトップセッションで実行中のプロセスを強制的に終了する。プロセス名（イメージ名）とプロセス ID は、「Query Process」コマンドまたは Qprocess コマンドで確認できる。プロセス名と /Server スイッチを併用する場合は、/Id スイッチまたは /a スイッチを併用する必要がある。

Tsprof.exe
リモートデスクトップサービス用のユーザープロファイルを操作する

| 2000 | 2003 | 2003R2 | 2008 | 2008R2 | 2012 | 2012R2 | 2016 | 2019 | 2022 |

構文1 リモートデスクトップサービスのユーザープロファイルのパスを設定または変更する

Tsprof /Update {/Domain:**ドメイン名** | /Local} /Profile:**フォルダ名 ユーザー名**

構文2 リモートデスクトップサービスのユーザープロファイルをコピーする

Tsprof /Copy {/Domain:**ドメイン名** | /Local} [/Profile:**フォルダ名**] **コピー元ユーザー名 コピー先ユーザー名**

Tsprof /q {/Domain:ドメイン名 | /Local} ユーザー名

■ スイッチとオプション

/Domain:ドメイン名
Active Directoryドメインのユーザーを操作する場合に、NetBIOSドメイン名を指定
する。

/Local
ローカルアカウントを操作する。

/Profile:フォルダ名
リモートデスクトップサービスのユーザープロファイルパスを指定する。

ユーザー名
操作対象のユーザー名を指定する。

コピー元ユーザー名 コピー先ユーザー名
プロファイル設定のコピー元とコピー先のユーザー名を指定する。

実行例

EXAMPLEドメインのUser2とUser3に、リモートデスクトップサービスのユーザー
プロファイルのパスを設定する。プロファイルパスに環境変数を使用すると自動的に展開
されてしまうので、展開を抑制するには「%^UserName%」のようにキャレット(^)を追加
する。

```
C:¥Work>Tsprof /q /Domain:EXAMPLE User2
EXAMPLE¥User2 のリモート デスクトップ サービス プロファイルのパスは { } です
C:¥Work>Tsprof /Update /Domain:EXAMPLE /Profile:¥¥sv2.ad.example.jp¥Users¥%^UserName
% User2
EXAMPLE¥User2 のリモート デスクトップ サービス プロファイルのパスは { ¥sv2.ad.
example.jp¥Users¥%UserName% } です
C:¥Work>Tsprof /Copy /Domain:EXAMPLE User2 User3
```

■ コマンドの働き

Tsprofコマンドは、リモートデスクトップサービス(ターミナルサービス)をインストー
ルしたWindows Serverで使用できるコマンドで、ローカルまたはAD上のユーザーの、
リモートデスクトップサービスのユーザープロファイルのパスを設定する。

Windows Server 2016以降では、既定でリモートデスクトップサービスのユーザープ
ロファイルを参照しないように動作が変更されているため、Windows Server 2012 R2以
前と同じ動作に変更するにはレジストリ編集が必要である。

参考

● Windows Server 2016のリモート 接続マネージャーに対する変更
  https://learn.microsoft.com/ja-jp/troubleshoot/windows-server/remote/remote-
  connection-manager-changes

3

リモートデスクトップ編

起動と回復 編

Bcdedit.exe

Vista | 2008 | 2008R2 | 7 | 2012 | 8 | 2012R2 | 8.1 | 10 | 2016 | 2019 | 2022 | 11
UAC

構文

Bcdedit [/Store ストア] [/v] スイッチ [オプション]

スイッチ

スイッチにはストア操作、エントリ操作、エントリオプション操作、ブートマネージャ操作、緊急管理サービス操作、デバッグ操作、リモートイベントログ操作の7種類がある。

■ ストア操作

スイッチ	説明
/CreateStore	BCD ストアを新規作成する
/Export	BCD をファイルに保存する
/Import	BCD をファイルから復元する
/Store	任意の BCD ストアを選択する。このスイッチは、他のスイッチのオプションとして使用する
/SysStore	システムストアデバイスを設定する

■ エントリ操作

スイッチ	説明
/Copy	エントリをコピーする
/Create	新しいエントリを作成する
/Delete	エントリを削除する
/Enum	エントリを表示する。スイッチとオプションをすべて省略して Bcdedit コマンドを実行したときの、既定のスイッチである
/Mirror	エントリのミラーを作成する 2008R2 以降

■ エントリオプション操作

スイッチ	説明
/DeleteValue	エントリのオプションを削除する
/Set	エントリのオプションを設定する

■ ブートマネージャ操作

スイッチ	説明
/BootSequence	次回起動時1回限りのブートシーケンスを設定する
/Default	ブートメニュー選択の既定のエントリを設定する
/DisplayOrder	ブートメニューのエントリ表示順を設定する
/Timeout	ブートメニューの選択タイムアウト時間を設定する
/ToolsDisplayOrder	ツールメニューの表示順を設定する

■ 緊急管理サービス操作

スイッチ	説明
/BootEms	エントリの緊急管理サービスを設定する
/Ems	OS エントリの緊急管理サービスを設定する
/EmsSettings	システム共通の緊急管理サービスを設定する

■ デバッグ操作

スイッチ	説明
/BootDebug	ブートデバッガを設定する
/DbgSettings	カーネルデバッガパラメータを設定する
/Debug	ブートエントリのデバッガを設定する
/HypervisorSettings	ハイパーバイザデバッガ用に通信ポートを設定する

■ リモートイベントログ操作

スイッチ	説明
/Event	リモートイベントログを設定する **10 以降**
/EventSettings	リモートイベントログパラメータを設定する。/DbgSettings スイッチの別名なので、詳細は /DbgSettings スイッチの説明を参照 **10 以降**

▌ 共通オプション

/Store ストア

> 他のスイッチと組み合わせて、システムストア以外の任意のストアを操作する場合に、ストアのパスを指定する。省略するとシステムストアを使用する。Bcdedit コマンドのほとんどのスイッチと併用できる。

/v

> 定義済みの識別子名ではなく、エントリの識別子を GUID で表示する。

エントリID

> 操作対象のエントリを指定する。省略すると {current} を使用する。

▌ コマンドの働き

Bcdedit コマンドは、Windows の起動を制御するブート構成データ（BCD：Boot Configuration Data）を操作する。

スイッチとオプションを省略して Bcdedit コマンドを実行すると、既定の BCD ストアについてブートエントリを表示する。これは「Bcdedit /Enum ACTIVE」コマンドと同じ動作である。

▌ BCD のパス

BCD は Windows Vista 以降で採用された新しい起動方式で、従来の NTLDR と Boot.ini を置き換える。

BCD と関連するファイル群は、通常非表示のシステムパーティションに保存されている。

- BIOSシステム――Boot¥Bcd
- UEFIシステム――EFI¥Microsoft¥Boot

　システムパーティションを操作するには、Diskpartコマンドでディスク選択(List Disk、Select Disk)、パーティション選択(List Partition、Select Partition)を実行して、ドライブ文字を割り当てる(Assign Letter)とよい。

Windowsの起動

コンピュータは次の流れでBCDを利用してOSを起動する。

1. コンピュータはBIOSまたはUEFIの設定に従って、起動デバイスのブート領域からWindowsブートマネージャを起動する
2. Windowsブートマネージャは、起動デバイスのアクティブパーティションを探してBCDのシステムストアを読み出す
3. Windowsの起動や回復などのブートアプリケーションを実行する

定義済みID

　Bcdeditコマンドの多くの操作では、エントリIDを使って操作対象のエントリを指定する。エントリIDには、ユーザーが指定する任意のIDの他に、以下の定義済みIDを利用できる。エントリIDはグローバル一意識別子(GUID：Globally Unique Identifier)形式で指定するため、全体を||で括る。定義済みのエントリIDは、「Bcdedit /? ID」コマンドでも確認できる。

定義済み ID	説明
{badmemory}	グローバルなメモリ不良のエントリ
{bootloadersettings}	グローバルな Windows ブートローダ設定のエントリ
{bootmgr}	Windows ブートマネージャのエントリ
{current}	現在実行中の OS のブートエントリ
{DbgSettings}	グローバルなデバッガ設定エントリ
{default}	ブートマネージャの既定のアプリケーションのエントリ
{EmsSettings}	グローバルな緊急管理サービス(EMS：Emergency Management Services)設定エントリ
{fwbootmgr}	EFI システムにおいて、ファームウェアブートマネージャのエントリ
{globalsettings}	グローバルな継承設定のエントリ
{memdiag}	メモリ診断アプリケーション(既定では Windows メモリ診断ツール)のエントリ
{HypervisorSettings}	ハイパーバイザ設定のエントリ
{ntldr}	Windows XP や Windows Server 2003 など、NTLDR 形式の Windows のブートエントリ
{ramdiskoptions}	RAM ディスクデバイス用のブートマネージャのエントリ
{resumeloadersettings}	グローバルな休止状態からの再開設定のエントリ

参考

　Bcdeditコマンド以外でWindowsの起動環境を編集できるツールとしては、次のものがある。

- [システムのプロパティ]－[詳細設定]タブ－[起動と回復]－[設定]で表示できる、[起動と回復]ダイアログ
- システム構成ユーティリティ（Msconfig.exe）
- WMI（Windows Management Instrumentation）のBCDプロバイダ

■ Bcdedit /BootEms──エントリの緊急管理サービスを設定する

| Vista | 2008 | 2008R2 | 7 | 2012 | 8 | 2012R2 | 8.1 | 10 | 2016 | 2019 | 2022 | 11 |
| UAC |

構文

Bcdedit /BootEms [エントリID] {On | Off}

■ スイッチとオプション

{On | Off}
　　緊急管理サービスを有効（On）または無効（Off）にする。

実行例

ブートマネージャの緊急管理サービスを有効にする。この操作には管理者権限が必要。

```
C:¥Work>Bcdedit /BootEms {bootmgr} On
この操作を正しく終了しました。
```

■ コマンドの働き

「Bcdedit /BootEms」コマンドは、エントリの緊急管理サービス（EMS：Emergency Management Services）を有効または無効にする。任意のエントリを指定できるが、ブートアプリケーションに対してだけ効果がある。

■ Bcdedit /BootDebug──ブートデバッガを設定する

| Vista | 2008 | 2008R2 | 7 | 2012 | 8 | 2012R2 | 8.1 | 10 | 2016 | 2019 | 2022 | 11 |
| UAC |

構文

Bcdedit /BootDebug [エントリID] {On | Off}

■ スイッチとオプション

{On | Off}
　　ブートデバッガを有効（On）または無効（Off）にする。

実行例

Windowsブートマネージャのブートデバッガを無効にする。この操作には管理者権限が必要。

```
C:¥Work>Bcdedit /BootDebug {bootmgr} Off
この操作を正しく終了しました。
```

4

起動と回復編

389

■ コマンドの働き

「Bcdedit /BootDebug」コマンドは、エントリのデバッガ設定を有効または無効にする。任意のエントリを指定できるが、ブートアプリケーションに対してだけ効果がある。セキュアブートが有効なシステムでは変更できない。

■ Bcdedit /BootSequence
──次回起動時1回限りのブートシーケンスを設定する

Vista | 2008 | 2008R2 | 7 | 2012 | 8 | 2012R2 | 8.1 | 10 | 2016 | 2019 | 2022 | 11
UAC

構文

Bcdedit /BootSequence エントリID [{/AddFirst | /AddLast | /Remove}]

■ スイッチとオプション

エントリID
    操作対象のエントリを、スペースで区切って1つ以上指定する。

/AddFirst
    1つだけエントリを指定した場合、そのエントリをブートシーケンスの先頭に追加または移動する。

/AddLast
    1つだけエントリを指定した場合、そのエントリをブートシーケンスの末尾に追加または移動する。

/Remove
    1つだけエントリを指定した場合、そのエントリをブートシーケンスから削除する。すべてのエントリを削除すると、ブートシーケンスも削除される。

実行例

OSLOADERエントリを作成し、1回限りのブートシーケンスとして2つのOSエントリとNTLDRベースのOSローダーを設定する。この操作には管理者権限が必要。

```
C:\Work>Bcdedit /Create /d "Windows 11 New" /Application OSLOADER
エントリ {68e699ce-3940-11ed-a187-a98c57c4db4b} は正常に作成されました。

C:\Work>Bcdedit /BootSequence {current} {68e699ce-3940-11ed-a187-a98c57c4db4b}
{ntldr}
この操作を正しく終了しました。
```

■ コマンドの働き

「Bcdedit /BootSequence」コマンドは、システムストアで次回起動時の1回だけ、起動時のOS選択メニューを指定の順序に並べ替える。OS選択メニューを表示するには、Windowsの起動時に F5 キーを押す。

4

起動と回復編

390

🔲 Bcdedit /Copy──エントリをコピーする

Vista | 2008 | 2008R2 | 7 | 2012 | 8 | 2012R2 | 8.1 | 10 | 2016 | 2019 | 2022 | 11 | UAC

構文

Bcdedit [/Store ストア] /Copy エントリID /d 説明文

■ スイッチとオプション

/d 説明文

コピーして作成するエントリの説明文を指定する。

実行例

システムストアにおいて、カレントのOSローダーのエントリをコピーする。この操作には管理者権限が必要。

```
C:¥Work>Bcdedit /Copy {current} /d エントリのコピー
エントリは {68e699cf-3940-11ed-a187-a98c57c4db4b} に正常にコピーされました。
```

■ コマンドの働き

「Bcdedit /Copy」コマンドは、既存のエントリをコピーして新しいエントリを作成し、新しいGUIDを割り当てる。コピー元のエントリをテンプレートとして、複数の派生エントリを簡単に作成できる。

🔲 Bcdedit /Create──新しいエントリを作成する

Vista | 2008 | 2008R2 | 7 | 2012 | 8 | 2012R2 | 8.1 | 10 | UAC

構文

Bcdedit [/Store ストア] /Create [エントリID] [/d 説明文] [{/Application アプリケーションの種類 | /Inherit [アプリケーションの種類] | /Inherit DEVICE | /Device}]

■ スイッチとオプション

エントリID

操作対象のエントリを指定する。定義済みのエントリIDを指定する場合は、/Application、/Inherit、/Deviceスイッチは指定できない。

/d 説明文

新しいエントリの説明文を指定する。

/Application アプリケーションの種類

アプリケーションのエントリを作成する。アプリケーションの種類には次のいずれかを指定する。

種類	説明
BOOTAPP	ブート環境アプリケーション **10 1607 以降**
BOOTSECTOR	ブートセクタアプリケーション
OSLOADER	OS ローダー
RESUME	再開アプリケーション
STARTUP	スタートアップアプリケーション

/Inherit [アプリケーションの種類]

アプリケーションの継承エントリを作成する。アプリケーションの種類には次のいずれかを指定する。アプリケーションの種類を指定しない場合は、任意のエントリから継承できる。

種類	説明
BOOTMGR	ブートマネージャ
BOOTSECTOR	ブートセクタアプリケーション
FWBOOTMGR	ファームウェアブートマネージャ
MEMDIAG	メモリ診断アプリケーション
NTLDR	NT ローダー
OSLOADER	OS ローダー
RESUME	再開アプリケーション

/Inherit DEVICE

デバイスオプションの継承エントリを作成する。

/Device

デバイスオプションのエントリを作成する。

実行例

ユーザーストアにNTLDRベースのOSローダーエントリを作成する。この操作には管理者権限が必要。

```
C:¥Work>Bcdedit /Store S:¥ORG¥BCD /Create {ntldr} /d Ntldr形式のエントリ
エントリ {ntldr} は正常に作成されました。
```

■ コマンドの働き

「Bcdedit /Create」コマンドは、エントリを新規作成する。アプリケーションの種類と使い分けについては、「Bcdedit /Enum ALL」コマンドで表示できる、システムストア内のエントリを参考にするとよい。

Bcdedit /CreateStore——BCDストアを新規作成する

Vista | **2008** | **2008R2** | **7** | **2012** | **8** | **2012R2** | **8.1** | **10** | **2016** | **2019** | **2022** | **11**
UAC

構文

Bcdedit /CreateStore ファイル名

■ スイッチとオプション

ファイル名

指定したファイル名で新しいBCDストアファイルを作成する。ファイル名にパスを含める場合、フォルダは既存でなければならない。

実行例

システムパーティションのS:¥ORGフォルダに新しいBCDストアを作成する。この操作には管理者権限が必要。

```
C:¥Work>MD S:¥ORG

C:¥Work>Bcdedit /CreateStore S:¥ORG¥BCD
この操作を正しく終了しました。
```

■ コマンドの働き

「Bcdedit /CreateStore」コマンドは、BCDストアを新規作成する。作成したストアはシステムストアではない。

Bcdedit /DbgSettings——カーネルデバッガパラメータを設定する

Vista 2008 2008R2 7 2012 8 2012R2 8.1 10 2016 2019 2022 11
UAC

構文

Bcdedit /DbgSettings *デバッグの種類* [DebugPort:*COMポート番号*
[BaudRate:*ボーレート*]] [Channel:*チャネル*] [TargetName:*ターゲット名*]
[HostIp:*IPアドレス*] [Port:*ポート番号*] [Key:*暗号鍵*] [NoDhcp] [NewKey]
/Start *起動ポリシー* [/NoUmEx]

■ スイッチとオプション

デバッグの種類

デバッグの種類として次のいずれかを指定する。

デバッグの種類	説明
SERIAL	シリアルポート
1394	IEEE1394
USB	USB
NET	ネットワーク **2012 以降**
LOCAL	ローカルコンピュータ **2012 以降**

DebugPort:*COMポート番号*

デバッグの種類にSERIALを指定した場合、デバッガと通信するシリアルポートの番号を指定する。

BaudRate:*ボーレート*

デバッグの種類にSERIALを指定した場合、デバッガと通信するシリアルポートの通信速度を指定する。

Channel: *チャネル*

デバッグの種類に1394を指定した場合、デバッガと通信するIEEE1394チャネルを指定する。

TargetName: *ターゲット名*

デバッグの種類にUSBを指定した場合、デバッガと通信するUSBターゲット名を指定する。

HostIp: *IPアドレス*

デバッグの種類にNETを指定した場合、デバッガと通信するIPv4アドレスを指定する。 2012 以降

Port: *ポート番号*

デバッグの種類にNETを指定した場合、デバッガと通信するポート番号を指定する。 2012 以降

Key: *暗号鍵*

デバッグの種類にNETを指定した場合、デバッガとの通信を暗号化するための暗号鍵を指定する。暗号鍵は数字の0から9と英小文字のaからzの組み合わせで指定する。NewKeyオプションとは併用できない。 2012 以降

NoDhcp

デバッグの種類にNETを指定した場合、ターゲットIPアドレスの取得にDHCPを使用しない。 2012 以降

NewKey

デバッグの種類にNETを指定した場合、デバッガとの通信を暗号化するための暗号鍵を自動生成する。Keyオプションとは併用できない。 2012 以降

/Start *起動ポリシー*

デバッガの起動ポリシーとして次のいずれかを指定する。

起動ポリシー	説明
ACTIVE	常時アクティブ（既定値）
AUTOENABLE	例外または重大なイベント発生時に有効にする
DISABLE	kdbgctrl と入力するまで無効状態で待機する

/NoUmEx

カーネルデバッガでユーザーモード例外を無視する。

実行例

デバッガがUSBを使ってターゲット名DEBUGGINGで動作するように設定する。この操作には管理者権限が必要。

```
C:¥Work>Bcdedit /DbgSettings USB TargetName:DEBUGGING
この操作を正しく終了しました。
```

■ コマンドの働き

「Bcdedit /DbgSettings」コマンドは、全エントリ共通のデバッガ設定を編集する。実際にデバッガを使用するには、「Bcdedit /Debug」コマンドを実行して、ブートエントリのデバッガ設定を有効にする必要がある。また、個別のデバッガの詳細設定を編集するには、「Bcdedit /Set {DbgSettings}」コマンドを実行する。

⬛ Bcdedit /Debug──ブートエントリのデバッガを設定する

Vista | 2008 | 2008R2 | 7 | 2012 | 8 | 2012R2 | 8.1 | 10 | 2016 | 2019 | 2022 | 11 | UAC

構文

Bcdedit /Debug [エントリID] {On | Off}

■ スイッチとオプション

{On | Off}
　　デバッガを有効(On)または無効(Off)にする。

実行例

デバッガを有効にする。この操作には管理者権限が必要。

```
C:¥Work>Bcdedit /Debug On
この操作を正しく終了しました。
```

■ コマンドの働き

「Bcdedit /Debug」コマンドは、ブートエントリでデバッガを有効または無効にする。システム全体でのデバッガ設定は「Bcdedit /DbgSettings」コマンドを使用する。セキュアブートが有効なシステムでは変更できない。

⬛ Bcdedit /Default──ブートメニュー選択の既定のエントリを設定する

Vista | 2008 | 2008R2 | 7 | 2012 | 8 | 2012R2 | 8.1 | 10 | 2016 | 2019 | 2022 | 11 | UAC

構文

Bcdedit /Default エントリID

実行例

指定したエントリをブートメニューの既定値に設定する。この操作には管理者権限が必要。

```
C:¥Work>Bcdedit /Default {68e699cf-3940-11ed-a187-a98c57c4db4b}
この操作を正しく終了しました。
```

■ コマンドの働き

「Bcdedit /Default」コマンドは、システムストアでブートメニューの表示中にタイムアウトした場合に、自動的に実行するエントリを設定する。選択タイムアウトまでの時間は「Bcdedit /Timeout」コマンドで設定できる。

4

起動と回復編

Bcdedit /Delete——エントリを削除する

Vista | 2008 | 2008R2 | 7 | 2012 | 8 | 2012R2 | 8.1 | 10 | 2016 | 2019 | 2022 | 11
UAC

構文

Bcdedit [/Store ストア] /Delete エントリID [/f] [{/Cleanup |
/NoCleanup}]

■ スイッチとオプション

/f

定義済みのエントリを削除する。

/Cleanup

指定したエントリと関連するエントリを削除して、表示順序からエントリを除外する
（既定値）。

/NoCleanup

指定したエントリを削除するが、表示順序からエントリを除外しない。

実行例

指定したエントリを削除する。この操作には管理者権限が必要。

```
C:\Work>Bcdedit /Delete {68e699cf-3940-11ed-a187-a98c57c4db4b}
この操作を正しく終了しました。
```

■ コマンドの働き

「Bcdedit /Delete」コマンドは、ストアからエントリを削除する。既定では、関連のある
エントリも自動的に削除される。たとえば、システムストアでOSローダーエントリを
削除すると、関連する休止状態からの再開エントリも削除される。

Bcdedit /DeleteValue——エントリのオプションを削除する

Vista | 2008 | 2008R2 | 7 | 2012 | 8 | 2012R2 | 8.1 | 10 | 2016 | 2019 | 2022 | 11
UAC

構文

Bcdedit [/Store ストア] /DeleteValue [エントリID] 値の名前

■ スイッチとオプション

値の名前

指定したエントリから除外する値の名前を指定する。

実行例

エントリから値localeを削除する。この操作には管理者権限が必要。

```
C:\Work>Bcdedit /DeleteValue {2cb5a32d-014c-11ec-ad68-9a3c79c8f3d7} locale
```

4

起動と回復編

```
この操作を正しく終了しました。
```

■ コマンドの働き

「Bcdedit /DeleteValue」コマンドは、エントリから値を削除する。

■ Bcdedit /DisplayOrder──ブートメニューのエントリ表示順を設定する

Vista　2008　2008R2　7　2012　8　2012R2　8.1　10　2016　2019　2022　11　UAC

構文

```
Bcdedit /DisplayOrder エントリID [{/AddFirst | /AddLast | /Remove}]
```

■ スイッチとオプション

エントリID
　　操作対象のエントリを、スペースで区切って1つ以上指定する。

/AddFirst
　　1つだけエントリを指定した場合、そのエントリを表示順序の先頭に追加または移動する。

/AddLast
　　1つだけエントリを指定した場合、そのエントリを表示順序の末尾に追加または移動する。

/Remove
　　1つだけエントリを指定した場合、そのエントリを表示順序から削除する。すべてのエントリを削除すると、表示順序の値も削除される。

実行例

エントリをブートマネージャの表示順序の最上部に設定する。この操作には管理者権限が必要。

```
C:\Work>Bcdedit /DisplayOrder {2cb5a32d-014c-11ec-ad68-9a3c79c8f3d7} /AddFirst
この操作を正しく終了しました。
```

■ コマンドの働き

「Bcdedit /DisplayOrder」コマンドは、システムストアでブートメニューに表示されるOSやツールの表示順序を設定する。

■ Bcdedit /Ems──OSエントリの緊急管理サービスを設定する

Vista　2008　2008R2　7　2012　8　2012R2　8.1　10　2016　2019　2022　11　UAC

構文

```
Bcdedit /Ems [エントリID] {On | Off}
```

4

起動と回復編

■ スイッチとオプション

{On | Off}
　緊急管理サービスを有効(On)または無効(Off)にする。

(実行例)

　現在のOSのブートエントリに対して、緊急管理サービスを有効にする。この操作には
管理者権限が必要。

```
C:¥Work>Bcdedit /Ems On
この操作を正しく終了しました。
```

■ コマンドの働き

　「Bcdedit /Ems」コマンドは、OSのブートエントリに対して、緊急管理サービスを有効
または無効にする。

Bcdedit /EmsSettings
——システム共通の緊急管理サービスを設定する

Vista 2008 2008R2 7 2012 8 2012R2 8.1 10 2016 2019 2022 11
UAC

(構文)

Bcdedit /EmsSettings {BIOS | EmsPort:*COMポート番号*
[EmsBaudRate:*ボーレート*]}

BIOS
　BIOSが緊急管理サービスをサポートしている場合、BIOSの設定を使用して緊急管
理サービスを構成する。

EmsPort:*COMポート番号*
　緊急管理サービスで使用するシリアルポートの番号を指定する。

EmsBaudRate:*ボーレート*
　緊急管理サービスで使用するシリアルポートの通信速度を指定する。既定値は
9,600ボー。

(実行例)

　緊急管理サービス用に、シリアルポートCOM2を115,200ボーで使用するよう構成して
EMS設定を確認する。この操作には管理者権限が必要。

```
C:¥Work>Bcdedit /EmsSettings EmsPort:2 EmsBaudRate:115200
この操作を正しく終了しました。

C:¥Work>Bcdedit /Enum {EmsSettings}

EMS 設定
---------------------------------
```

4
起動と回復編

```
identifier          {emssettings}
emsport             2
emsbaudrate         115200
bootems             No
```

■ コマンドの働き

「Bcdedit /EmsSettings」コマンドは、複数のエントリに共通で適用される、システム共通のEMS機能を設定する。

■ Bcdedit /Enum——エントリを表示する

Vista 2008 2008R2 7 2012 8 2012R2 8.1 10 2016 2019 2022 11 UAC

構文

Bcdedit [/Store *ストア*] /Enum [{*エントリの種類* | *エントリID*}] [/v]

■ スイッチとオプション

エントリの種類
　　表示するエントリの種類として、次のいずれかを指定する。

エントリの種類	説明
ACTIVE	ブートマネージャに表示される全エントリ（既定値）
BOOTAPP	ブート環境アプリケーション
BOOTMGR	ブートマネージャ
FIRMWARE	ファームウェアアプリケーション
OSLOADER	OS ローダー
RESUME	再開アプリケーション
INHERIT	継承エントリ
ALL	全エントリ

実行例

　システムストアでブートマネージャのエントリを表示する。この操作には管理者権限が必要。

```
C:\Work>Bcdedit /Enum BOOTMGR

Windows ブート マネージャー
--------------------------------
identifier          {bootmgr}
device              partition=\Device\HarddiskVolume1
path                \EFI\Microsoft\Boot\bootmgfw.efi
description         Windows Boot Manager
locale              ja-JP
inherit             {globalsettings}
bootems             No
resumeobject        {68e699ca-3940-11ed-a187-a98c57c4db4b}
```

4

起動と回復編

2

```
displayorder            {current}
bootsequence            {current}
                        {68e699ce-3940-11ed-a187-a98c57c4db4b}
                        {ntldr}
toolsdisplayorder       {memdiag}
timeout                 30
```

■ コマンドの働き

「Bcdedit /Enum」コマンドは、ストア内のエントリを表示する。

Bcdedit /Event——リモートイベントログを設定する

10 | 2016 | 2019 | 2022 | 11 | UAC

構文

Bcdedit /Event [*エントリID*] {On | Off}

■ スイッチとオプション

{On | Off}

リモートイベントログを有効(On)または無効(Off)にする。

実行例

リモートイベントログを有効にする。この操作には管理者権限が必要。

```
C:¥Work>Bcdedit /Event On
この操作を正しく終了しました。
```

■ コマンドの働き

「Bcdedit /Event」コマンドは、リモートイベントログを有効または無効に設定する。デバッガが有効な状態ではリモートイベントログを有効化できない。セキュアブートが有効なシステムでは変更できない。

Bcdedit /Export——BCDをファイルに保存する

Vista | 2008 | 2008R2 | 7 | 2012 | 8 | 2012R2 | 8.1 | 10 | 2016 | 2019 | 2022 | 11 | UAC

構文

Bcdedit /Export *ファイル名*

■ スイッチとオプション

ファイル名
エクスポートするファイル名を指定する。

実行例

　システムストアをBcdBackupファイルにエクスポートする。この操作には管理者権限が必要。

```
C:\Work>Bcdedit /Export BcdBackup
この操作を正しく終了しました。
```

■ コマンドの働き

　「Bcdedit /Export」コマンドは、システムストアのエントリをファイルにエクスポートする。システムストアのバックアップとして使用できる。

◾ Bcdedit /HypervisorSettings
──ハイパーバイザデバッガ用に通信ポートを設定する

| Vista | 2008 | 2008R2 | 7 | 2012 | 8 | 2012R2 | 8.1 | 10 | 2016 | 2019 | 2022 | 11 |
| UAC |

構文

Bcdedit /HypervisorSettings *デバッグの種類* [DebugPort:*COMポート番号* [BaudRate:*ボーレート*]] [Channel:*チャネル*] [HostIp:*IPアドレス*] [Port:*ポート番号*]

■ スイッチとオプション

デバッグの種類
　デバッグの種類として次のいずれかを指定する。

デバッグの種類	説明
SERIAL	シリアルポート
1394	IEEE1394
NET	ネットワーク **2012 以降**

DebugPort:*COMポート番号*
　デバッグの種類にSERIALを指定した場合、デバッガと通信するシリアルポートの番号を指定する。

BaudRate:*ボーレート*
　デバッグの種類にSERIALを指定した場合、デバッガと通信するシリアルポートの通信速度を指定する。

Channel:*チャネル*
　デバッグの種類に1394を指定した場合、デバッガと通信するIEEE1394チャネルを指定する。

HostIp:*IPアドレス*
　デバッグの種類にNETを指定した場合、デバッガと通信するIPv4アドレスを指定する。
2012 以降

Port:*ポート番号*
　デバッグの種類にNETを指定した場合、デバッガと通信するポート番号を指定する。
2012 以降

4 起動と回復編

実行例

ハイパーバイザデバッガがシリアルポートCOM3を使って19,200ボーで動作するよう
設定し、設定内容を確認する。この操作には管理者権限が必要。

```
C:¥Work>Bcdedit /HypervisorSettings SERIAL DebugPort:3 BaudRate:19200
この操作を正しく終了しました。

C:¥Work>Bcdedit /HypervisorSettings
hypervisordebugtype    Serial
hypervisorDebugPort    3
hypervisorbaudrate     19200
この操作を正しく終了しました。
```

■ コマンドの働き

「Bcdedit /HypervisorSettings」コマンドは、ハイパーバイザデバッガ用に通信ポート
を設定する。ハイパーバイザデバッガを使用するには、「Bcdedit /Set HypervisorDebug
On」コマンドを実行する。

▄▟ Bcdedit /Import——BCDをファイルから復元する

Vista | 2008 | 2008R2 | 7 | 2012 | 8 | 2012R2 | 8.1 | 10 | 2016 | 2019 | 2022 | 11
UAC

構文

Bcdedit /Import ファイル名 [/Clean]

■ スイッチとオプション

ファイル名
　　「Bcdedit /Export」コマンドで作成したエクスポートファイルを指定する。

/Clean
　　EFIシステムにおいて、既存のファームウェアブートエントリを削除する。

実行例

エクスポートしたBcdBackupファイルをインポートしてシステムストアを復元する。
この操作には管理者権限が必要。

```
C:¥Work>Bcdedit /Import BcdBackup
この操作を正しく終了しました。
```

■ コマンドの働き

「Bcdedit /Import」コマンドは、「Bcdedit /Export」コマンドで保存したシステムストア
の設定を、現在のシステムストアに上書きして復元する。現在のシステムストアのエント
リは上書き消去される。

4

起動と回復編

■ Bcdedit /Mirror——エントリのミラーを作成する

2008R2 | 7 | 2012 | 8 | 2012R2 | 8.1 | 10 | 2016 | 2019 | 2022 | 11 | UAC

構文

Bcdedit [/Store ストア] /Mirror エントリID

■ コマンドの働き

「Bcdedit /Mirror」コマンドは、指定したエントリのミラーを作成する。
注：「この要求はサポートされていません。」というエラーが発生して動作しない。

■ Bcdedit /Set——エントリのオプションを設定する

Vista | 2008 | 2008R2 | 7 | 2012 | 8 | 2012R2 | 8.1 | 10 | 2016 | 2019 | 2022 | 11 | UAC

構文

Bcdedit [/Store ストア] /Set [エントリID] 値の名前 設定値 [{/AddFirst |
/AddLast | /Remove}]

■ スイッチとオプション

値の名前

操作対象のデータの名前を指定する。定義済みの値の名前は、「Bcdedit /? Types」コマンドや「Bcdedit /? Types DevObject」コマンドで確認できる。

設定値

指定したデータに割り当てる値を指定する。設定値の形式は、「Bcdedit /? Formats」コマンドで確認できる。

/AddFirst

オブジェクト一覧を操作する場合、設定値を一覧の先頭に追加または移動する。

/AddLast

オブジェクト一覧を操作する場合、設定値を一覧の末尾に追加または移動する。

/Remove

オブジェクト一覧を操作する場合、設定値を一覧から削除する。すべての設定値を削除すると、値の名前も削除される。

実行例

S:¥ORG¥BCD ストアの {ntldr} エントリについて、locale を設定する。この操作には管理者権限が必要。

```
C:¥Work>Bcdedit /Store S:¥ORG¥BCD /Set {ntldr} locale ja-JP
この操作を正しく終了しました。
```

■ コマンドの働き

「Bcdedit /Set」コマンドは、エントリのオプションを編集する。

4
起動と回復編

⚡ Bcdedit /SysStore——システムストアデバイスを設定する

| Vista | 2008 | 2008R2 | 7 | 2012 | 8 | 2012R2 | 8.1 | 10 | 2016 | 2019 | 2022 | 11 |
UAC

構文

Bcdedit /SysStore *ドライブ名*

実行例

　S:ドライブを割り当てたシステムパーティションをシステムストアデバイスに設定する。この操作には管理者権限が必要。

```
C:¥Work>Bcdedit /SysStore S:
この操作を正しく終了しました。
```

■ コマンドの働き

　「Bcdedit /SysStore」コマンドは、EFIシステムにおいて、システムストアデバイスに設定するシステムパーティションを指定する。

⚡ Bcdedit /Timeout
——ブートメニューの選択タイムアウト時間を設定する

| Vista | 2008 | 2008R2 | 7 | 2012 | 8 | 2012R2 | 8.1 | 10 | 2016 | 2019 | 2022 | 11 |
UAC

構文

Bcdedit /Timeout *待ち時間*

■ スイッチとオプション

待ち時間
　　ブートマネージャが既定のエントリを選択するまでの待ち時間を、秒単位で指定する。

実行例

　ブートメニューのタイムアウトを15秒に設定する。この操作には管理者権限が必要。

```
C:¥Work>Bcdedit /Timeout 15
この操作を正しく終了しました。
```

■ コマンドの働き

　「Bcdedit /Timeout」コマンドは、システムストアのブートメニューで、既定のOSを起動するまでの選択待ち時間を設定する。

⚡ Bcdedit /ToolsDisplayOrder——ツールメニューの表示順を設定する

| Vista | 2008 | 2008R2 | 7 | 2012 | 8 | 2012R2 | 8.1 | 10 | 2016 | 2019 | 2022 | 11 |
UAC

4

起動と回復編

Bcdedit /ToolsDisplayOrder エントリID [{/AddFirst | /AddLast | /Remove}]

■ スイッチとオプション

エントリID

操作対象のエントリを、スペースで区切って1つ以上指定する。

/AddFirst

1つだけエントリを指定した場合、そのエントリをツール表示順序の先頭に追加または移動する。

/AddLast

1つだけエントリを指定した場合、そのエントリをツール表示順序の末尾に追加または移動する。

/Remove

1つだけエントリを指定した場合、そのエントリをツール表示順序から削除する。すべてのエントリを削除すると、ツール表示順序も削除される。

実行例

Windows メモリ診断ツールをツール表示欄の最下部に表示する。この操作には管理者権限が必要。

```
C:¥Work>Bcdedit /ToolsDisplayOrder {memdiag} /AddLast
この操作を正しく終了しました。
```

■ コマンドの働き

「Bcdedit /ToolsDisplayOrder」コマンドは、システムストアでブートメニューの下部にあるツール表示欄の表示順序を設定する。

Bootcfg.exe

Boot.ini構成ファイルを編集する

XP | 2003 | 2003R2 | Vista | 2008 | 2008R2 | 7 | 2012 | 8 | 2012R2 | 8.1 | 10 | 2016 | 2019 | UAC

構文

Bootcfg *スイッチ* [*オプション*]

■ スイッチ

スイッチ	説明
/AddSw	ブートオプションに既定のオプションを追加する
/Copy	ブートエントリを複製する
/Dbg1394	IEEE1394 を使用したカーネルデバッガの環境を設定する

4

起動と回復編

前ページよりの続き

/Debug	シリアルポートを使用したカーネルデバッガの環境を設定する
/Default	既定のブートエントリを設定する
/Delete	ブートエントリを削除する
/Ems	緊急管理サービスを設定する
/Query	現在のブートエントリと設定を表示する。スイッチとオプションをすべて省略してBootcfgコマンドを実行したときの、既定のスイッチである
/Raw	ブートオプションに任意のオプションを追加する
/RmSw	ブートオプションから既定のオプションを削除する
/Timeout	OS選択のタイムアウト時間を設定する

■ 共通オプション

/s コンピュータ名

操作対象のコンピュータ名を指定する。省略するとローカルコンピュータでコマンドを実行する。

/u ユーザー名

操作を実行するユーザー名を指定する。

/p [パスワード]

操作を実行するユーザーのパスワードを指定する。省略するとプロンプトを表示する。

/Id エントリ行番号

操作するブートエントリの行番号を指定する。Boot.iniファイル中の[operating systems]セクションの次の行が1行目になる。

■ コマンドの働き

Bootcfgコマンドは、Windows Server 2003 R2以前で使用していた起動設定ファイルBoot.iniを編集する。

Windows Vistaからブート方式がBCDに変わり、Bootcfgコマンドは互換性維持のために残されていたが、Windows Server 2022およびWindows 11で廃止された。簡易的に起動メニューの表示順序やブートオプションを編集するには、GUIツールのシステム構成ユーティリティ（Msconfig.exe）があり、Windows Server 2022およびWindows 11でも利用できる。

■ 回復コンソールのBootcfg.exeコマンド

Windows 2000からWindows Server 2003 R2までのWindowsに搭載されている回復コンソールでも、Bootcfgコマンドを実行できる。通常起動時のBootcfgコマンドと異なり、以下のスイッチとオプションだけが利用できる。

/Add

Windowsのインスタンスを探して、起動メニューに追加するインスタンスを1つ選択する。

/Default

既定のブートエントリと起動オプションを設定する。

/DisableRedirect

ブートローダのリダイレクトを無効にする。

4
起動と回復編

406

/List

Boot.ini ファイル内のエントリを表示する。

/Rebuild

Windows のインスタンスを探して、起動メニューに追加するインスタンスを1つ以上選択する。

/Redirect [{シリアルポート ボーレート | UseBiosSettings}]

ブートローダのリダイレクトを有効にする。

/Scan

ハードディスクから Windows のインスタンスを探して、結果を表示する。

■ Bootcfg /AddSw──ブートオプションに既定のオプションを追加する

XP | 2003 | 2003R2 | Vista | 2008 | 2008R2 | 7 | 2012 | 8 | 2012R2 | 8.1 | 10 | 2016 | 2019 | UAC

構文

Bootcfg /AddSw [/s コンピュータ名 [/u ユーザー名 [/p [パスワード]]]] [/Mm 最大メモリ] [/Bv] [/So] [/Ng] /Id エントリ行番号

■ スイッチとオプション

/Mm 最大メモリ

ブートオプションとして /Maxmem スイッチを追加する。最大メモリ使用量は MB 単位で指定する。

/Bv

ブートオプションとして /Basevideo スイッチを追加する。

/So

ブートオプションとして /Sos スイッチを追加する。

/Ng

ブートオプションとして /Noguiboot スイッチを追加する。

実行例

「Windows XP の起動設定2」のブートオプションとして、最大メモリサイズを512MB に制限するオプションを追加して設定を確認する。この操作には管理者権限が必要。

```
C:\Work>Bootcfg /AddSw /Mm 512 /Id 2
成功: BOOT.INI の OS エントリ "2" にスイッチを追加しました。

C:\Work>Bootcfg /Query

ブート ローダー設定
-------------------
timeout: 30
default: multi(0)disk(0)rdisk(0)partition(1)\WINDOWS

ブート エントリ
---------------
```

```
ブート エントリ ID:        1
フレンドリ名:              "Microsoft Windows XP Professional"
パス:                      multi(0)disk(0)rdisk(0)partition(1)¥WINDOWS
OS ロード オプション: /fastdetect /NoExecute=OptIn

ブート エントリ ID:        2
フレンドリ名:              "Windows XPの起動設定2"
パス:                      multi(0)disk(0)rdisk(0)partition(1)¥WINDOWS
OS ロード オプション: /fastdetect /NoExecute=OptIn /maxmem=512
```

■ コマンドの働き

「Bootcfg /AddSw」コマンドは、指定したブートエントリに既定の4種類のブートオプションを付加する。任意のブートオプションを追加することはできない。各ブートオプションの効果は次のとおり。

ブートオプション	説明
/Maxmem	メインメモリの使用量を制限する。RAM の故障などで Windows が正常に実行できない場合や、小容量メモリ環境での動作テストなどに使用する
/Basevideo	ビデオドライバや許容範囲外のリフレッシュレート設定が原因で、Windows を正常に起動できない（表示できない）場合に使用する。Windows は標準の VGA ドライバを使用して起動するので、640 × 480 ドット、16 色の表示になる
/Sos	デバイスドライバファイルの読み込み中に、ファイル名を表示する
/Noguiboot	Windows の起動中に表示される進捗状況バーを表示しない。/Sos スイッチと併用するとデバイスドライバファイルの読み込み状況が表示されるので、問題解決の助けになる

▰ Bootcfg /Copy──ブートエントリを複製する

XP | 2003 | 2003R2 | Vista | 2008 | 2008R2 | 7 | 2012 | 8 | 2012R2 | 8.1 | 10 | 2016 | 2019 | UAC

構文

Bootcfg /Copy [/s コンピュータ名 [/u ユーザー名 [/p [パスワード]]]] [/d 説明文] /Id エントリ行番号

■ スイッチとオプション

/d 説明文
　　ブートエントリの説明文を指定する。

実行例

Windows XPの既定のブートエントリをコピーして、2番目のブートエントリを「Windows XPの起動設定2」として作成し、Boot.iniファイルの内容を確認する。この操作には管理者権限が必要。

```
C:¥Work>Bootcfg /Copy /d "Windows XPの起動設定2" /Id 1
成功: ブート エントリ 1 のコピーを作成しました。
```

```
C:¥Work>Bootcfg /Query

ブート ローダー設定
-------------------
timeout: 30
default: multi(0)disk(0)rdisk(0)partition(1)¥WINDOWS

ブート エントリ
---------------
ブート エントリ ID:    1
フレンドリ名:          "Microsoft Windows XP Professional"
パス:                 multi(0)disk(0)rdisk(0)partition(1)¥WINDOWS
OS ロード オプション: /fastdetect /NoExecute=OptIn

ブート エントリ ID:    2
フレンドリ名:          "Windows XPの起動設定2"
パス:                 multi(0)disk(0)rdisk(0)partition(1)¥WINDOWS
OS ロード オプション: /fastdetect /NoExecute=OptIn
```

■ コマンドの働き

「Bootcfg /Copy」コマンドは、ブートエントリの複製を作成する。既定のブートエント
リを直接編集すると起動不能になることがあるので、複製を作成して複製のブートエント
リを編集するとよい。

■ Bootcfg /Dbg1394
──IEEE1394を使用したカーネルデバッガの環境を設定する

`XP` `2003` `2003R2` `Vista` `2008` `2008R2` `7` `2012` `8` `2012R2` `8.1` `10` `2016` `2019` `UAC`

構文

Bootcfg /Dbg1394 {On | Off} [/s コンピュータ名 [/u ユーザー名 [/p [パスワー
ド]]]] [/Ch チャネル] /Id エントリ行番号

■ スイッチとオプション

{On | Off}

カーネルデバッガによるデバッグ機能を有効(On)または無効(Off)にする。

/Ch チャネル

カーネルデバッガが使用するIEEE1394チャネルを指定する。

実行例

2番目のブートエントリについて、ブートオプションとしてIEEE1394を使用したデバッ
グ設定を追加する。この操作には管理者権限が必要。

```
C:¥Work>Bootcfg /Dbg1394 on /Ch 23 /Id 2
成功: OS ロード オプションは、ブートID: "2" に変更されました。
```

4

起動と回復編

■ コマンドの働き

「Bootcfg /Dbg1394」コマンドは、シリアルポートに代わってIEEE1394を使用したカーネルデバッグを実行できるよう設定する。

■ Bootcfg /Debug
──シリアルポートを使用したカーネルデバッガの環境を設定する

XP | 2003 | 2003R2 | Vista | 2008 | 2008R2 | 7 | 2012 | 8 | 2012R2 | 8.1 | 10
2016 | 2019 | UAC

構文

Bootcfg /Debug {On | Off | Edit} [/s コンピュータ名 [/u ユーザー名 [/p [パスワード]]]] [/Port シリアルポート] [/Baud ボーレート] /Id エントリ行番号

■ スイッチとオプション

{On | Off | Edit}
カーネルデバッガによるデバッグ機能を有効(On)、無効(Off)、編集(Edit)する。

/Port シリアルポート
使用するシリアルポートをCOM1からCOM4の範囲で指定する。

/Baud ボーレート
シリアルポートの通信速度として、次のいずれかを指定する。
- ・9600
- ・19200
- ・38400
- ・57600
- ・115200

実行例

1番目のブートエントリについて、ブートオプションとしてシリアルポートを使用したデバッグ設定/Debug、/DebugPort、/BaudRateを追加する。この操作には管理者権限が必要。

```
C:\Work>Bootcfg /Debug On /Port COM3 /Baud 38400 /Id 1
成功: BOOT.INI 中の OS エントリ "1" のスイッチを変更しました。
```

■ コマンドの働き

「Bootcfg /Debug」コマンドは、ブートエントリごとのシリアルポート経由のデバッグオプションを設定する。デバッグ設定を有効にしたWindowsの起動中の情報は、シリアルケーブルで接続した別のWindowsコンピュータ上のカーネルデバッガに表示される。

■ Bootcfg /Default──既定のブートエントリを設定する

XP | 2003 | 2003R2 | Vista | 2008 | 2008R2 | 7 | 2012 | 8 | 2012R2 | 8.1 | 10
2016 | 2019 | UAC

Bootcfg /Default [/s *コンピュータ名* [/u *ユーザー名* [/p [*パスワード*]]]] /Id *エ
ントリ行番号*

実行例

既定のブートエントリを、2番目のエントリに設定する。この操作には管理者権限が必要。

```
C:¥Work>Bootcfg /Default /Id 2
成功: BOOT.INI の既定の OS を変更しました。
```

■ コマンドの働き

「Bootcfg /Default」コマンドは、起動メニューでユーザーがOSを選択せずタイムアウ
トが発生した場合に、既定で実行するブートエントリを設定する。

Bootcfg /Delete——ブートエントリを削除する

XP | 2003 | 2003R2 | Vista | 2008 | 2008R2 | 7 | 2012 | 8 | 2012R2 | 8.1 | 10
2016 | 2019 | UAC

構文

Bootcfg /Delete [/s *コンピュータ名* [/u *ユーザー名* [/p [*パスワード*]]]] /Id *エン
トリ行番号*

実行例

2番目のブートエントリを削除する。この操作には管理者権限が必要。

```
C:¥Work>Bootcfg /Delete /Id 2
成功: OS エントリ 2 は削除されました。
```

■ コマンドの働き

「Bootcfg /Delete」コマンドは、ブートエントリを削除する。ブートエントリが1つしか
ない場合は削除できない。

Bootcfg /Ems——緊急管理サービスを設定する

XP | 2003 | 2003R2 | Vista | 2008 | 2008R2 | 7 | 2012 | 8 | 2012R2 | 8.1 | 10
2016 | 2019 | UAC

構文

Bootcfg /Ems {On | Off | Edit} [/s *コンピュータ名* [/u *ユーザー名* [/p [*パス
ワード*]]]] [/Port *シリアルポート*] [/Baud *ボーレート*] /Id *エントリ行番号*

4

起動と回復編

411

■ **スイッチとオプション**

EMS設定

　　ヘッドレス管理のための緊急管理サービスを有効（On）、無効（Off）、編集（Edit）する。

/Port シリアルポート

　　使用するシリアルポートとして、次のいずれかを指定する。

値	説明
COM1 から COM4	指定したシリアルポート
BIOSSET	BIOS 設定による

/Baud ボーレート

　　シリアルポートの通信速度として、次のいずれかを指定する。

・9600
・19200
・38400
・57600
・115200

/Id エントリ行番号

　　操作するブートエントリの行番号を指定する。Boot.ini ファイル中の [operating systems] セクションの次の行が1行目になる。EMS設定にEditを指定した場合は/Id スイッチを指定しない。

実行例

　　EMSをオンにして、シリアルポートCOM1を使って通信速度を115,200ボーに設定にする。この操作には管理者権限が必要。

```
C:¥Work>Bootcfg /Ems On /Port COM1 /Baud 115200 /Id 1
成功: ブート ローダー セクションのリダイレクト ポートを変更しました。
成功: ブート ローダー セクションのリダイレクト ボーレートを変更しました。
成功: BOOT.INI 中の OS エントリ "1" のスイッチを変更しました。
```

■ **コマンドの働き**

　　「Bootcfg /Ems」コマンドは、Windowsの起動中の情報をシリアルポートにリダイレクトする。ディスプレイやキーボードなどが接続されていない「ヘッドレスコンピュータ」向けの機能である。

　　EMS設定を有効にすると、指定したブートエントリのOSロードオプションとして /Redirect スイッチを追加するとともに、[boot loader] セクションに「Redirect=COMn（n は1から4までの任意の番号）」オプションも追加する。

🔧 Bootcfg /Query──ブートエントリと設定を表示する

XP | 2003 | 2003R2 | Vista | 2008 | 2008R2 | 7 | 2012 | 8 | 2012R2 | 8.1 | 10
2016 | 2019 | UAC

構文

Bootcfg [/Query] [/s コンピュータ名 [/u ユーザー名 [/p [パスワード]]]]

Windows XPで、現在のBoot.iniの設定を表示する。この操作には管理者権限が必要。

```
C:\Work>Bootcfg

ブート ローダー設定
-------------------
timeout: 30
default: multi(0)disk(0)rdisk(0)partition(1)\WINDOWS

ブート エントリ
---------------
ブート エントリ ID:   1
フレンドリ名:        "Microsoft Windows XP Professional"
パス:               multi(0)disk(0)rdisk(0)partition(1)\WINDOWS
OS ロード オプション: /fastdetect /NoExecute=OptIn
```

■ コマンドの働き

「Bootcfg /Query」コマンドは、Boot.iniファイルに登録されているブートエントリと設定を表示する。

■ Bootcfg /Raw——ブートオプションに任意のオプションを追加する

`XP` `2003` `2003R2` `Vista` `2008` `2008R2` `7` `2012` `8` `2012R2` `8.1` `10` `2016` `2019` `UAC`

構文

Bootcfg /Raw [/s コンピュータ名 [/u ユーザー名 [/p [パスワード]]]] ブートオプ
ション /Id エントリ行番号 [/a]

■ スイッチとオプション

ブートオプション
　　ブートオプションを、スペースで区切って1つ以上指定する。複数のブートオプションを指定する場合は全体をダブルクォートで括る。

/a
　　既存のブートオプションの末尾に、指定したブートオプションを追加する。既定では既存のブートオプション全体を置換する。

2番目のブートエントリに、ブートオプション「/Bootlog /3GB」を追加設定する。この操作には管理者権限が必要。

```
C:\Work>Bootcfg /Raw "/Bootlog /3GB" /Id 2 /a
成功: BOOT.INI の OS エントリ "2" にスイッチを追加しました。
```

4

起動と回復編

■ コマンドの働き

「Bootcfg /Raw」コマンドは、任意のブートオプションを追加する。編集したブートオプションリストをリセットするには、既定のブートオプションである「/Fastdetect /NoExecute=OptIn」を上書き設定するとよい。

■ Bootcfg /RmSw——ブートオプションから既定のオプションを削除する

XP | 2003 | 2003R2 | Vista | 2008 | 2008R2 | 7 | 2012 | 8 | 2012R2 | 8.1 | 10
2016 | 2019 | UAC

構文

```
Bootcfg /RmSw [/s コンピュータ名 [/u ユーザー名 [/p [パスワード]]]] [/Mm]
[/Bv] [/So] [/Ng] /Id エントリ行番号
```

■ スイッチとオプション

/Mm
　　/Maxmemスイッチを削除する。

/Bv
　　/Basevideoスイッチを削除する。

/So
　　/Sosスイッチを削除する。

/Ng
　　/Noguibootスイッチを削除する。

実行例

2番目のブートエントリから、ブートオプション /Maxmem を削除する。この操作には管理者権限が必要。

```
C:¥Work>Bootcfg /RmSw /Mm /Id 2
成功: BOOT.INI の OS エントリ "2" からスイッチを削除しました。
```

■ コマンドの働き

「Bootcfg /RmSw」コマンドは、ブートエントリから既定の4種類のブートオプションを削除する。任意のブートオプションを削除することはできない。

■ Bootcfg /Timeout——OS選択のタイムアウト時間を設定する

XP | 2003 | 2003R2 | Vista | 2008 | 2008R2 | 7 | 2012 | 8 | 2012R2 | 8.1 | 10
2016 | 2019 | UAC

構文

```
Bootcfg /Timeout 待ち時間 [/s コンピュータ名 [/u ユーザー名 [/p [パスワー
ド]]]]
```

■ スイッチとオプション

待ち時間

既定のOSを起動するまでのタイムアウト時間を、0から999まで秒単位で指定する。
既定値は30秒。この値は、Boot.iniファイルの[boot loader]セクションにある
Timeoutに設定される。

実行例

起動メニューのOS選択タイムアウトを60秒に設定する。この操作には管理者権限が必要。

```
C:\Work>Bootcfg /Timeout 60
成功: BOOT.INI のタイムアウト値を変更しました。
```

■ コマンドの働き

「Bootcfg /Timeout」コマンドは、起動メニューでユーザーがOSを選択しなかった場合に、
既定のOSを起動するまでの待ち時間を設定する。

Esentutl.exe

ESEデータベースファイルを操作する

| 2000 | XP | 2003 | 2003R2 | Vista | 2008 | 2008R2 | 7 | 2012 | 8 | 2012R2 | 8.1 |
| 10 | 2016 | 2019 | 2022 | 11 |

構文

Esentutl *スイッチ* [*オプション*]

■ スイッチ

スイッチ	説明
/d	データベースをデフラグする
/g	データベースの論理的な整合性を検査する
/k	データベースの物理的な整合性を検査する **XP以降**
/m	データベースの内容をダンプする
/p	破損したデータベースを修復する
/r	データベースを回復してクリーンな状態にする
/u	データベースをバージョンアップする **10 1507以前**
/y	データベースファイルをコピーする **Vista以降**

■ 共通オプション

DBファイル名

操作対象のデータベースファイル名を指定する。

■■ コマンドの働き

Esentutlコマンドは、Extensible Storage Engine(ESE)形式のデータベースファイル
(EDB)を操作する。EDBは、ドメインコントローラで使用するディレクトリデータベー
ス(Ntds.dit)や、Seceditコマンドで使用するセキュリティデータベースなどで利用されて
いる。Esentutlコマンドのヘルプは、スイッチとオプションを省略して起動し、Ⓓ
(Defragmentation)やⓇ(Recovery)などのキーを押すことで表示できる。

ディレクトリデータベース(Ntds.dit)を操作する場合、Windows Server 2003 R2まで
はWindowsをディレクトリサービスの修復モードで起動しなおす必要があったが、
Windows Server 2008以降では「Active Directory Domain Services」サービス(NTDS)を
停止するだけでよい。

なお、Esentutlコマンドの実行自体に管理者権限は不要だが、操作対象のファイルやフォ
ルダが管理者でしかアクセスできないことが多いため、間接的に管理者権限が必要になる。

■■ Esentutl /d──データベースをデフラグする

| 2000 | XP | 2003 | 2003R2 | Vista | 2008 | 2008R2 | 7 | 2012 | 8 | 2012R2 | 8.1 |
| 10 | 2016 | 2019 | 2022 | 11 |

構文

Esentutl /d *DBファイル名* [/l *ログフォルダ名*] [/s {*チェックポイントフォルダ名*
| *ストリーミングファイル名*}] [/t *一時DBファイル名*] [/f *一時ストリーミングファイ
ル名*] [/i] [/p] [/b *バックアップDBファイル名*] [{/2 | /4 | /8 | /16 | /32}] [/v]
[/o] [/u *バージョン*]

■ スイッチとオプション

/l *ログフォルダ名*
「Edb.log」などのログファイルを保存するフォルダ名を指定する。既定値はカレントフォ
ルダ。 2000だけ

/s *チェックポイントフォルダ名*
「Edb.chk」などのチェックポイントファイルを保存するフォルダ名を指定する。既定
値はカレントフォルダ。 2000だけ

/s *ストリーミングファイル名*
ストリーミングファイル名を指定する。省略するとストリーミングファイルを使用し
ない。 XPから2008

/t *一時DBファイル名*
作業用の一時データベースファイル名を指定する。省略するとTempdfrg*.edb
(Windows 2000はTmpdfrg.edb)を使用する。

/f *一時ストリーミングファイル名*
作業用の一時ストリーミングファイル名を指定する。省略するとTempdfrg*.stmを
使用する。 XPから2008

/i
ストリーミングファイルをデフラグしない。 XPから2008

/p
デフラグ完了後も一時DBファイルを削除しない。

/b バックアップDBファイル名

指定したファイル名でデータベースファイルのバックアップコピーを作成する。

{/2 | /4 | /8 | /16 | /32}

データベースページサイズをKB単位で指定する。既定値は自動調整。/8以外のスイッチはWindows Server 2008 R2以降でだけ使用可能。 **XP以降**

/v

詳細情報を表示する（機能しない）。 **2012以降**

/o

コマンド実行時のタイトル表示を省略する。

/u バージョン

Engine Format Versionを数値で指定する。 **10 1607以降** **2016以降**

実行例

ドメインコントローラでNtds.ditファイルをデフラグする。この操作には管理者権限が必要。

```
C:¥Windows¥NTDS>Esentutl /d ntds.dit

Extensible Storage Engine Utilities for Microsoft(R) Windows(R)
Version 10.0
Copyright (C) Microsoft Corporation. All Rights Reserved.

Initiating DEFRAGMENTATION mode...
            Database: ntds.dit

                Defragmentation Status (% complete)

        0    10   20   30   40   50   60   70   80   90  100
        |----|----|----|----|----|----|----|----|----|----|
        ....................................................

Moving '.¥TEMPDFRG7708.EDB' to 'ntds.dit'... DONE!

Moving '.¥TEMPDFRG7708.jfm' to 'ntds.jfm'... DONE!

Note:
  It is recommended that you immediately perform a full backup
  of this database. If you restore a backup made before the
  defragmentation, the database will be rolled back to the state
  it was in at the time of that backup.

Operation completed successfully in 2.610 seconds.
```

■ コマンドの働き

「Esentutl /d」コマンドは、データベースファイルをオフラインでデフラグして不要なディスク領域を解放し、データベースファイルのサイズを縮小して最適化する。

/pスイッチを使用して一時データベースファイルを保存する場合は、元のデータベースファイルはデフラグしないで、一時データベースファイルの方を最適化する。

■ Esentutl /g——データベースの論理的な整合性を検査する

| 2000 | XP | 2003 | 2003R2 | Vista | 2008 | 2008R2 | 7 | 2012 | 8 | 2012R2 | 8.1 |
| 10 | 2016 | 2019 | 2022 | 11 |

構文

Esentutl /g *DBファイル名* [/s *ストリーミングファイル名*] [/t *一時DBファイル名*] [/VssRec *ベース名 ログのパス*] [/VssSystemPath *システムパス*] [/v] [/x] [/f *レポートファイル名*] [/i] [{/2 | /4 | /8 | /16 | /32}] [/o]

■ スイッチとオプション

/s *ストリーミングファイル名*
　　ストリーミングファイル名を指定する。省略するとストリーミングファイルを使用しない。 **XP から 2008**

/t *一時DBファイル名*
　　作業用の一時データベースファイル名を指定する。省略すると Tempinteg*.edb（Windows 2000 は Integ.edb）を使用する。

/VssRec *ベース名 ログのパス*
　　/tスイッチと併用して、データベースファイルのスナップショットを使用して整合性の確認を実行する。 **10 以降**

/VssSystemPath *システムファイルのパス*
　　チェックポイントファイルなど、システムファイルのパスを指定する。 **10 以降**

/v
　　詳細情報を表示する。 **2000 だけ**

/x
　　詳細エラー情報を表示する。 **2000 だけ**

/f *レポートファイル名*
　　レポートファイル名のプレフィックスを指定する。省略すると「*拡張子を省略した DB ファイル名*.integ.raw」を使用する。 **XP 以降**

/i
　　DB ファイルとストリーミングファイルのミスマッチエラーを無視する。 **Vista から 2008**

{/2 | /4 | /8 | /16 | /32}
　　データベースページサイズをKB単位で指定する。既定値は自動調整。/8以外のスイッチは Windows Server 2008 R2 以降でだけ使用可能。 **XP 以降**

/o
　　コマンド実行時のタイトル表示を省略する。

4

起動と回復編

418

ドメインコントローラでNtds.ditファイルの整合性を検査する。この操作には管理者権限が必要。

```
C:¥Windows¥NTDS>Esentutl /g ntds.dit

Extensible Storage Engine Utilities for Microsoft(R) Windows(R)
Version 10.0
Copyright (C) Microsoft Corporation. All Rights Reserved.

Initiating INTEGRITY mode...
        Database: ntds.dit
  Temp. Database: .¥TEMPINTEG6640.EDB

Checking database integrity.

                Scanning Status (% complete)

    0    10   20   30   40   50   60   70   80   90  100
    |----|----|----|----|----|----|----|----|----|----|
    ..................................................

Integrity check successful.

Operation completed successfully in 4.672 seconds.
```

■ コマンドの働き

「Esentutl /g」コマンドは、データベースファイルとログファイルを突き合わせて、ファイルの論理的な整合性を検査する。データベースの回復や修復は行わない。データベースがダーティな状態では整合性検査が失敗する可能性があるので、「Esentutl /r」コマンドで回復しておくとよい。

■ Esentutl /k──データベースの物理的な整合性を検査する

XP | 2003 | 2003R2 | Vista | 2008 | 2008R2 | 7 | 2012 | 8 | 2012R2 | 8.1 | 10 | 2016 | 2019 | 2022 | 11

4
起動と回復編

構文

Esentutl /k *DBファイル名* [/s *ストリーミングファイル名*] [/t *一時DBファイル名*] [/Vss] [/VssRec *ベース名 ログのパス*] [/VssSystemPath *システムパス*] [/p *操作回数*] [/e] [/i] [/o]

■ スイッチとオプション

/s *ストリーミングファイル名*
    ストリーミングファイル名を指定する。省略するとストリーミングファイルを使用しない。 Vista から 2008

/t 一時DBファイル名

作業用の一時データベースファイル名を指定する。省略するとTempchksum*.edb
を使用する。 **Vista以降**

/Vss

データベースファイルのスナップショットを使用してチェックサムを検査する。ログ
は再実行しない。 **10以降**

/VssRec ベース名 ログのパス

データベースファイルのスナップショットを使用してチェックサムを検索する。ログ
を再実行する。 **10以降**

/VssSystemPath システムファイルのパス

チェックポイントファイルなど、システムファイルのパスを指定する。 **10以降**

/p 操作回数

指定した操作回数の入出力ごとに1秒間の停止を挟む。既定値は停止しない。
Vista以降

/e

データベースファイルのチェックサムを確認しない。 **Vista以降**

/i

ストリーミングファイルのチェックサムを確認しない。 **Vistaから2008**

{/2 | /4 | /8 | /16 | /32}

データベースページサイズをKB単位で指定する。既定値は自動調整。/8以外のスイッ
チはWindows Server 2008 R2以降でだけ使用可能。 **XP以降**

/o

コマンド実行時のタイトル表示を省略する。

実行例

ドメインコントローラでNtds.ditファイルのチェックサムを検査する。この操作には管
理者権限が必要。

```
C:¥Windows¥NTDS>Esentutl /k ntds.dit

Extensible Storage Engine Utilities for Microsoft(R) Windows(R)
Version 10.0
Copyright (C) Microsoft Corporation. All Rights Reserved.

Initiating CHECKSUM mode...
        Database: ntds.dit
  Temp. Database: TEMPCHKSUM1284.EDB

 (中略)

72 reads performed
18 MB read
1 seconds taken
18 MB/second
4 milliseconds used
0 milliseconds per read
```

```
2 milliseconds for the slowest read
0 milliseconds for the fastest read
(以下略)
```

■ コマンドの働き

「Esentutl /k」コマンドは、チェックサムを使用してデータベースファイルの物理的な一貫性を検査する。データベースの回復や修復は行わない。

📊 Esentutl /m──データベースの内容をダンプする

2000 | XP | 2003 | 2003R2 | Vista | 2008 | 2008R2 | 7 | 2012 | 8 | 2012R2 | 8.1 | 10 | 2016 | 2019 | 2022 | 11

構文

Esentutl /mモードスイッチ ファイル名 [/p ページ番号] [/k キー [/d データ]] [/n ノード] [/s ストリーミングファイル名] [/t テーブル名] [/a] [/Vss] [/VssRec ベース名 ログのパス] [/VssSystemPath システムパス] [/VssPause] [/v [レベル]] [{/2 | /4 | /8 | /16 | /32}] [/o] [/c CSVファイル名] [/x] [/r 開始番号[-終了番号]] [/f 列名] [/Csv]

■ スイッチとオプション

/m モードスイッチ

ダンプするファイルの種類として、/mに続いて次のいずれかを指定する。

モードスイッチ	説明
b	ブロックキャッシュファイル 2022 11
c	スペースカテゴリ 10 1903 以降 2022 11
h	データベースヘッダ（既定値）
k	チェックポイントファイル
l	ログファイル
m	メタデータ XP 以降
n	ノード 10 以降
p	フラッシュマップファイル 10 以降
r	ロールバックスナップショット用ページ 2022 11
s	データベース使用率
u	未定義のコードポイント修正テーブル 2003 から7
t	FTL トレースファイル 10 以降
n	ノード 10 以降

ファイル名

モードスイッチに対応するファイル名を指定する。

/p ページ番号

ダンプするデータベース内のページ番号を指定する。 2003 以降

・モードスイッチに /mc を指定した場合は、ページ番号に「開始ページ番号:終了ページ番号」も指定できる。 10 1903 以降 2022 11

4

起動と回復編

/k キー [/d データ]

ブックマーク用のキーとデータを指定する。 `10 以降`

/n ノード

ダンプするノードを指定する。 `10 以降`

/s ストリーミングファイル名

ストリーミングファイル名を指定する。省略するとストリーミングファイルを使用しない。 `XP から 2008`

/t テーブル名

ダンプするデータベース内のテーブル名を指定する。 `XP 以降`

/a

すべてのノードをダンプする。 `10 以降`

/vss

データベースファイルのスナップショットを使用してチェックサムを検査する。ログは再実行しない。 `10 以降`

/vssRec ベース名 ログのパス

データベースファイルのスナップショットを使用してチェックサムを検索する。ログを再実行する。 `10 以降`

/vssSystemPath システムファイルのパス

チェックポイントファイルなど、システムファイルのパスを指定する。 `10 以降`

/vssPause

スナップショットの作成後に一時停止する。 `10 以降`

/v [レベル]

詳細情報を表示する。 `XP 以降`

・詳細レベルを番号で指定できる。 `2022` `11`

{/2 | /4 | /8 | /16 | /32}

データベースページサイズをKB単位で指定する。既定値は自動調整。/8以外のスイッチはWindows Server 2008 R2以降でだけ使用可能。 `XP 以降`

/o

コマンド実行時のタイトル表示を省略する。

/c CSVファイル名

ログファイルをCSV形式でダンプする。 `2008R2 以降`

/x

ログファイル内の「欠落したページ(torn writes)」を復旧する。 `2008R2 以降`

/r 開始番号 [-終了番号]

モードスイッチに/mlを指定した場合、ログの世代の開始番号と終了番号を指定できる。 `10 1803 以降` `2019 以降`

/f 列名

ダンプ対象の任意の列名(フィールド名)を、カンマで区切って1つ以上指定する。モードスイッチに/msを指定した場合は、列名として次のいずれかを指定することもできる。

値	説明
/f#spacehints	オブジェクトのスペースヒント

/f#default	既定の出力
/f#legacy	フィールドのレガシーセット
/f#all	全フィールド

/Csv

列をカンマで区切って表示する。

実行例

ドメインコントローラでNtds.ditファイルのデータベース使用率を表示する。この操作には管理者権限が必要。

```
C:¥Windows¥NTDS>Esentutl /Ms ntds.dit

Extensible Storage Engine Utilities for Microsoft(R) Windows(R)
Version 10.0
Copyright (C) Microsoft Corporation. All Rights Reserved.

(中略)

****************************** SPACE DUMP ******************************************
************
Name                   Type    Owned(MB)  O%OfDb O%OfTable   Avail(MB) Avail%Tbl
AutoInc
================================================================================
============
ntds.dit               Db      15.985     100.00%                      1.665

  datatable            Pri     12.415     77.66%  100.00%     0.110     0.88%
    [Long Values]      LV       1.172      7.33%    9.44%     0.118     0.94%
    Ancestors_index    Idx      0.188      1.17%    1.51%     0.071     0.57%
    DRA_USN_index      Idx      0.188      1.17%    1.51%     0.102     0.82%
    INDEX_00000000     Idx      0.188      1.17%    1.51%     0.055     0.44%
    INDEX_00000003     Idx      0.313      1.96%    2.52%     0.079     0.63%
    INDEX_00020013     Idx      0.180      1.12%    1.45%     0.094     0.76%
    INDEX_00020078     Idx      0.188      1.17%    1.51%     0.102     0.82%
    INDEX_000200A9     Idx      0.188      1.17%    1.51%     0.110     0.88%
    INDEX_000201CC     Idx      0.188      1.17%    1.51%     0.071     0.57%
    INDEX_00090001     Idx      0.313      1.96%    2.52%     0.079     0.63%
    INDEX_00090002     Idx      0.188      1.17%    1.51%     0.040     0.31%
    INDEX_00090094     Idx      0.188      1.17%    1.51%     0.102     0.82%
    INDEX_0009030E     Idx      0.188      1.17%    1.51%     0.110     0.88%
    nc_guid_Index      Idx      0.188      1.17%    1.51%     0.040     0.31%
    PDNT_index         Idx      0.313      1.96%    2.52%     0.055     0.44%
  link_history_table   Pri      0.086      0.54%  100.00%     0.008     9.09%
  link_table           Pri      0.829      5.18%  100.00%     0.696    83.96%
  MSysObjects          Pri      0.469      2.93%  100.00%     0.094    20.00%
    Name               Idx      0.204      1.27%   43.33%     0.102    21.67%
  MSysObjectsShadow    Pri      0.157      0.98%  100.00%     0.008     5.00%
  sd_table             Pri      0.243      1.52%  100.00%     0.000     0.00%
```

4

起動と回復編

```
    [Long Values]       LV       0.188    1.17%   77.42%      0.047   19.35%
Note: Some small tables/indices were not printed (use /v option to see those smaller
than 0.5% of the database).
---------------------------------------------------------------------------------------
-------------
 (以下略)
```

■ コマンドの働き

「Esentutl /m」コマンドは、データベースファイルやログファイルの内容をダンプする。

▐▌ Esentutl /p──破損したデータベースを修復する

2000 | XP | 2003 | 2003R2 | Vista | 2008 | 2008R2 | 7 | 2012 | 8 | 2012R2 | 8.1
10 | 2016 | 2019 | 2022 | 11

構文

Esentutl /p *DBファイル名* [/s *ストリーミングファイル名*] [/t *一時DBファイル名*] [/d] [/v] [/x] [/f *レポートファイル名*] [/g] [{/2 | /4 | /8 | /16 | /32}] [/o] [/u *バージョン*]

■ スイッチとオプション

/s *ストリーミングファイル名*
     ストリーミングファイル名を指定する。省略するとストリーミングファイルを使用しない。 **XPから2008**

/t *一時DBファイル名*
     作業用の一時データベースファイル名を指定する。省略するとTemprepair*.edb（Windows 2000はRepair.edb）を使用する。

/d
     エラーチェックだけ実行して修復しない。

/v
     詳細情報を表示する。 **2000だけ**

/x
     詳細エラー情報を表示する。 **2000だけ**

/f *レポートファイル名*
     レポートファイル名のプレフィックスを指定する。省略すると「*拡張子を省略したDBファイル名*.integ.raw」を使用する。 **XP以降**

/g
     修復の前に整合性チェックを実行する。 **Vista以降**

{/2 | /4 | /8 | /16 | /32}
     データベースページサイズをKB単位で指定する。既定値は自動調整。/8以外のスイッチはWindows Server 2008 R2以降でだけ使用可能。 **XP以降**

/o
     コマンド実行時のタイトル表示を省略する。/gスイッチを指定している場合で、整合性エラーが発生した場合はプロンプトを表示する。

/u バージョン

Engine Format Version を数値で指定する。 `10 1607 以降` `2016 以降`

実行例

ドメインコントローラでNtds.ditファイルの破損を修復する。修復開始前に警告ダイアログを表示する。この操作には管理者権限が必要。

```
C:\Windows\NTDS>Esentutl /p ntds.dit

Extensible Storage Engine Utilities for Microsoft(R) Windows(R)
Version 10.0
Copyright (C) Microsoft Corporation. All Rights Reserved.

Initiating REPAIR mode...
        Database: ntds.dit
  Temp. Database: TEMPREPAIR1292.EDB

Checking database integrity.

                  Scanning Status (% complete)

      0    10   20   30   40   50   60   70   80   90  100
      |----|----|----|----|----|----|----|----|----|----|
      ...................................................

Integrity check successful.

Note:
  It is recommended that you immediately perform a full backup
  of this database. If you restore a backup made before the
  repair, the database will be rolled back to the state
  it was in at the time of that backup.

Operation completed successfully in 13.390 seconds.
```

■ コマンドの働き

「Esentutl /p」コマンドは、破損したデータベースファイルを修復する。データベースの回復とクリーン化は行わない。

📁 Esentutl /r──データベースを回復してクリーンな状態にする

`2000` `XP` `2003` `2003R2` `Vista` `2008` `2008R2` `7` `2012` `8` `2012R2` `8.1`
`10` `2016` `2019` `2022` `11`

Esentutl /r *ログファイルの拡張子* [/l *ログフォルダ名*] [/s *チェックポイントフォル
ダ名*] [/i] [/t] [/k[f] *DBファイル名*] [/p *DBファイル名*] [/u [*ログ番号*]] [/d *DB
フォルダ名*] [/n *新DBファイル名*[:*現在のDBファイル名*]] [/a] [{/2 | /4 | /8 | /16
| /32}] [/o]

■ スイッチとオプション

ログファイルの拡張子

 ログファイルの拡張子(edbなど)を、ピリオドを含めないで指定する。

/l ログフォルダ名

 「Edb.log」などのログファイルを保存するフォルダ名を指定する。既定値はカレントフォ
ルダ。

/s チェックポイントフォルダ名

 「Edb.chk」などのチェックポイントファイルを保存するフォルダ名を指定する。既定
値はカレントフォルダ。

/i

 不一致または失われたデータベースアタッチメントを無視する。 **XP以降**

/t

 正しく回復できた場合、ログファイルを削除する。 **Vista以降**

/k[f] DBファイル名

 回復成功時にデータベースフィルを圧縮する。/kfスイッチを指定すると、ページご
との全スペースカテゴライズを実行する。 **10 1903以降** **2019以降**

/p DBファイル名

 スペースリーク回収を実行する。 **2022** **11**

/u [ログ番号]

 指定した世代までのログを回復したら、回復操作を停止する。 **Vista以降**

/d DBフォルダ名

 「Ntds.dit」などのデータベースファイルを保存するフォルダ名を指定する。既定値は
カレントフォルダ。 **XP以降**

/n 新DBファイル名[:現在のDBファイル名]

 DBファイルの保存先が変更されたとき、新旧のDBファイル名を指定する。
Vista以降

/a

 データベースの整合性が維持できる場合、コミットされたデータが失われることを許
可する。 **2008R2以降**

{/2 | /4 | /8 | /16 | /32}

 データベースページサイズをKB単位で指定する。既定値は自動調整。/8以外のスイッ
チはWindows Server 2008 R2以降でだけ使用可能。 **XP以降**

/o

 コマンド実行時のタイトル表示を省略する。

4

起動と回復編

ドメインコントローラでNtds.ditファイルをクリーンな状態に回復する。この操作には
管理者権限が必要。

```
C:¥Windows¥NTDS>Esentutl /r edb

Extensible Storage Engine Utilities for Microsoft(R) Windows(R)
Version 10.0
Copyright (C) Microsoft Corporation. All Rights Reserved.

Initiating RECOVERY mode...
    Logfile base name: edb
            Log files: <current directory>
         System files: <current directory>

Performing soft recovery...

Operation completed successfully in 0.94 seconds.
```

■ コマンドの働き

「Esentutl /r」コマンドは、トランザクションの中断などでダーティ状態になったデー
タベースを回復し、クリーンな状態にする。

■ Esentutl /u――データベースをバージョンアップする

2000 XP 2003 2003R2 Vista 2008 2008R2 7 2012 8 2012R2 8.1
10

構文

Esentutl /u *DBファイル名* /d *以前のDLLファイル名* [/b *バックアップDBファイ*
ル名] [/t *一時DBファイル名*] [/p] [{/2 | /4 | /8 | /16 | /32}] [/o]

■ スイッチとオプション

/d *以前のDLLファイル名*
 旧バージョンのデータベース用のDLLファイル名を指定する。

/b *バックアップDBファイル名*
 指定したファイル名でデータベースファイルのバックアップコピーを作成する。

/t *一時DBファイル名*
 作業用の一時データベースファイル名を指定する。省略するとTempupg.edbを使用
 する。

/p
 デフラグ完了後も一時DBファイルを削除しない。

{/2 | /4 | /8 | /16 | /32}
 データベースページサイズをKB単位で指定する。既定値は自動調整。/8以外のスイッ
 チはWindows Server 2008 R2以降でだけ使用可能。 **XP以降**

4

起動と回復編

427

/o

コマンド実行時のタイトル表示を省略する。

■ コマンドの働き

「Esentutl /u」コマンドは、旧バージョンのESEデータベースをバージョンアップする。
Windows 10 1507以前のWindowsで利用できるが、ヘルプには表示されない。ESEには
次のバージョンがある。

ESE のバージョン	使用するアプリケーション
ESE97	Exchange Server 5.5
ESE98	Exchange Server 2000/2003
ESENT	Active Directory
その他の ESE	Exchange Server 2007 以降の各バージョンに対応した ESE

■ Esentutl /y──データベースファイルをコピーする

Vista **2008** **2008R2** **7** **2012** **8** **2012R2** **8.1** **10** **2016** **2019** **2022** **11**

構文

Esentutl /y 送り元ファイル名 [/d 宛先ファイル名] [/Vss] [/VssRec ベース名 ロ
グのパス] [/VssSystemPath システムパス] [/i] [/o]

■ スイッチとオプション

送り元ファイル名

コピーするファイル名を指定する。

/d 宛先ファイル名

コピー先のファイル名を指定する。省略すると送り元ファイルをカレントフォルダに
コピーする。

/Vss

データベースファイルのスナップショットを使用してコピーする。ログは再実行しな
い。**10 以降**

/VssRec ベース名 ログのパス

データベースファイルのスナップショットを使用してコピーする。ログを再実行する。
10 以降

/VssSystemPath システムファイルのパス

チェックポイントファイルなど、システムファイルのパスを指定する。**10 以降**

/i

読み取りエラーを無視する **2012 以降**

/o

コマンド実行時のタイトル表示を省略する。

実行例

ドメインコントローラでNtds.ditファイルのコピーを作成する。この操作には管理者権
限が必要。

```
C:\Windows\NTDS>Esentutl /y ntds.dit /d C:\Work\ntds2.dit

Extensible Storage Engine Utilities for Microsoft(R) Windows(R)
Version 10.0
Copyright (C) Microsoft Corporation. All Rights Reserved.

Initiating COPY FILE mode...
    Source File: ntds.dit
Destination File: C:\Work\ntds2.dit

               Copy Progress (% complete)

    0   10   20   30   40   50   60   70   80   90  100
    |----|----|----|----|----|----|----|----|----|----|
    ..................................................

    Total bytes read          = 0x1200000 (18874368) (18 MB)
    Total bytes written        = 0x1200000 (18874368) (18 MB)

Operation completed successfully in 0.78 seconds.
```

■ コマンドの働き

「Esentutl /y」コマンドは、データベースファイルやログファイルをコピーする。

Wbadmin.exe
バックアップコマンドライン ツール

Vista **2008** **2008R2** **7** **2012** **8** **2012R2** **8.1** **10** **2016** **2019** **2022** **11**
UAC

構文

Wbadmin スイッチ [オプション]

スイッチ

スイッチ	操作
Delete Catalog	バックアップカタログを削除する
Delete Backup	バックアップデータを削除する
Delete SystemStateBackup	システム状態のバックアップイメージを削除する
Disable Backup	バックアップスケジュールを停止する
Enable Backup	バックアップスケジュールを作成/編集する
Get Disks	ローカルコンピュータのディスクを表示する
Get Items	バックアップに含まれる項目を表示する
Get Status	現在実行中の操作の状態を表示する
Get Versions	復元可能なバックアップイメージ情報を表示する
Get VirtualMachines	Hyper-V 仮想マシンを表示する

4

起動と回復編

429

前ページよりの続き

Restore Catalog	バックアップカタログを復元する
Start Backup	1回限りのバックアップを実行する
Start Recovery	回復操作を開始する
Start SystemStateBackup	システム状態のバックアップを開始する
Start SystemStateRecovery	システム状態の回復操作を開始する
Stop Job	実行中のバックアップや回復操作を中止する

■ 共通オプション

-BackupTarget:バックアップ先

バックアップイメージの保存先として、E: などのドライブ文字、ボリュームマウントポイント、「¥¥?¥*Volume{GUID}*」形式のボリューム、「¥¥サーバ名¥共有名」形式の共有フォルダ名を指定する。既定の保存先フォルダ名は「¥WindowsImageBackup¥コンピュータ名」。共有フォルダをバックアップ先に指定した場合、次回バックアップ時に前回のバックアップデータを上書きする。

-Machine:イメージのコンピュータ名

-BackupTargetスイッチで指定したバックアップ先ボリュームに、複数のコンピュータのバックアップイメージが保存されている場合、情報を取得したいコンピュータ名を指定する。

-Version:バージョン識別子

操作対象のバックアップイメージを特定するために、バージョン識別子「MM/DD/YYYY-hh:mm」形式で指定する。有効なバージョン識別子は「Wbadmin Get Versions」コマンドで表示できる。

-Quiet

プロンプトを表示しないで操作を実行する。

■ コマンドの働き

Wbadmin コマンドは、バックアップと復元の操作を管理するコマンドである。Windows のバージョンによって利用可能な機能が異なり、全機能を利用できるのは[Windows Server バックアップ]の機能をインストールした Windows Server ファミリだけである。Windows Server 2008 と Windows Server 2008 R2 では、加えて[コマンドラインツール]も必要である。

バックアップ対象のうち、システム状態には次のファイルやデータが含まれる。ユーザーが作成したファイルや、あとからインストールしたアプリケーションなどは含まれていないので、別途バックアップする必要がある。

● 保護されたシステムファイル、ブートファイル、COM+ クラス登録データベース、レジストリ
● Active Directory データベース、システムボリューム（SYSVOL）
● Microsoft インターネットインフォメーションサービス（IIS）メタベース
● クラスタサーバのメタデータ
● 証明書データ

◾ Wbadmin Delete Catalog——バックアップカタログを削除する

Vista | 2008 | 2008R2 | 7 | 2012 | 8 | 2012R2 | 8.1 | 10 | 2016 | 2019 | 2022 | 11 | UAC

構文

Wbadmin Delete Catalog [-Quiet]

実行例

バックアップカタログを削除する。この操作には管理者権限が必要。

```
C:¥Work>Wbadmin Delete Catalog
wbadmin 1.0 - バックアップ コマンドライン ツール
(C) Copyright Microsoft Corporation. All rights reserved.

バックアップ カタログの削除を実行しますか? カタログを削除する場合は、
新しいバックアップ セットを作成する必要があります。
[Y] はい [N] いいえ y

バックアップ カタログは正常に削除されました。
```

■ コマンドの働き

「Wbadmin Delete Catalog」コマンドは、バックアップのカタログ情報が破損していて
復元操作を正しく実行できない場合などにおいて、カタログ情報だけを削除する。

◾ Wbadmin Delete Backup——バックアップデータを削除する

2012 | 2012R2 | 10 | 2016 | 2019 | 2022 | 11 | UAC

構文

Wbadmin Delete Backup {-KeepVersions:*保存履歴数* | -Version:*バー
ジョン識別子* | -DeleteOldest} [-BackupTarget:*バックアップ先*]
[-Machine:*イメージのコンピュータ名*] [-Quiet]

■ スイッチとオプション

-KeepVersions:*保存履歴数*

バックアップデータを何世代まで残すか指定する。0を指定するとすべてのバックアッ
プデータを削除する。

-DeleteOldest

最も古いバックアップデータを削除する。

実行例

最新の2世代を残して古いバックアップを削除する。この操作には管理者権限が必要。

```
C:¥Work>Wbadmin Delete Backup -KeepVersions:2
wbadmin 1.0 - バックアップ コマンドライン ツール
(C) Copyright Microsoft Corporation. All rights reserved.
```

```
バックアップを列挙しています...
3 個のバックアップが見つかりました。
削除操作後は 2 個になります。
バックアップを削除しますか?
[Y] はい [N] いいえ y

バックアップ バージョン 10/08/2022-10:03 を削除しています (1/1)...
バックアップを削除する操作が完了し、
1 個のバックアップが削除されました。
```

■ コマンドの働き

「Wbadmin Delete Backup」コマンドは、バックアップイメージを削除する。

■ Wbadmin Delete SystemStateBackup ——システム状態のバックアップイメージを削除する

2008 | 2008R2 | 2012 | 2012R2 | 2016 | 2019 | 2022 | UAC

構文

Wbadmin Delete SystemStateBackup {-KeepVersions:*保存履歴数* | -Version:*バージョン識別子* | -DeleteOldest} [-BackupTarget:*バックアップ先*] [-Machine:*イメージのコンピュータ名*] [-Quiet]

■ スイッチとオプション

-KeepVersions:*保存履歴数*

バックアップデータを何世代まで残すか指定する。0を指定するとすべてのバックアップデータを削除する。

-DeleteOldest

最も古いバックアップデータを削除する。

実行例

最古のシステム状態のバックアップを削除する。この操作には管理者権限が必要。

```
C:\Work>Wbadmin Delete SystemStateBackup -DeleteOldest
wbadmin 1.0 - バックアップ コマンドライン ツール
(C) Copyright Microsoft Corporation. All rights reserved.

システム状態のバックアップを列挙しています...
1 個のシステム状態のバックアップが見つかりました。
削除操作後は 0 個になります。
これにより、指定された場所のサーバーのすべてのシステム状態のバックアップが
削除されます。指定されたボリュームに、このサーバーのシステム状態のバックアップ
以外のバックアップが含まれている場合、それらのバックアップは削除されません。

システム状態のバックアップを削除しますか?
[Y] はい [N] いいえ y
```

```
システム状態のバックアップ バージョン 10/09/2022-00:59 を削除しています (1/1) ...
システム状態のバックアップを削除する操作が完了しました。
1 個のバックアップが削除されました。
```

■ コマンドの働き

「Wbadmin Delete SystemStateBackup」コマンドは、システム状態のバックアップイメージを削除する。削除対象となるのは、バックアップイメージにシステム状態を含むものではなく、システム状態だけのバックアップイメージである。具体的には、「Wbadmin Start SystemStateBackup」コマンドで作成したバックアップイメージではなく、「Wbadmin Enable Backup」コマンドまたは「Wbadmin Start Backup」コマンドで、-SystemState スイッチを指定してバックアップしたイメージである。

■ Wbadmin Disable Backup──バックアップスケジュールを停止する

[2008] [2008R2] [2012] [2012R2] [10] [2016] [2019] [2022] [11] [UAC]

構文

```
Wbadmin Disable Backup [-Quiet]
```

実行例

スケジュールバックアップを無効にする。この操作には管理者権限が必要。

```
C:\Work>Wbadmin Disable Backup
wbadmin 1.0 - バックアップ コマンドライン ツール
(C) Copyright Microsoft Corporation. All rights reserved.

バックアップ スケジュールを無効にしようとしています。
スケジュールされたバックアップの保存場所にあるすべての既存のバックアップ
は保持されます。

スケジュールされたバックアップの実行を中止しますか?
[Y] はい [N] いいえ y

バックアップ スケジュールが無効になりました。バックアップをもう一度実行する
には、バックアップ スケジュールを再構成する必要があります。
```

■ コマンドの働き

「Wbadmin Disable Backup」コマンドは、スケジュールバックアップ設定を削除する。バックアップデータは削除されない。

■ Wbadmin Enable Backup
──バックアップスケジュールを作成／編集する

[2008] [2008R2] [2012] [2012R2] [10] [2016] [2019] [2022] [11] [UAC]

4

起動と回復編

Wbadmin Enable Backup [-AddTarget:*バックアップ先*]
[-RemoveTarget:*ディスクID*] [-Schedule:*実行時刻*] [-Include:*含める項目*]
[-NonRecurseInclude:*含める項目*] [-Exclude:*除外する項目*]
[-NonRecurseExclude:*除外する項目*] [-HyperV:Hyper-*Vコンポーネント名*]
[-AllCritical] [-SystemState] [{-VssFull | -VssCopy}] [-User:*ユーザー
名*] [-Password:*パスワード*] [-NoInheritAcl] [-Quiet]
[-AllowDeleteOldBackups] [-SubscriptionId:*Azureサブスクリプション
ID*] [-Vault:*Azureコンテナ名*] [-Force] [-StorageRedundancy:*冗長性設定*]
[-Passphrase:*パスフレーズ*] [-PassphraseLoc:*共有パスフレーズファイル*]
[-Region:*Azureリージョン*] [-ResourceGroup:*Azureリソースグループ名*]
[-OnlineRetention:*保持日数*] [-DaysOfWeek:*曜日*]

■ スイッチとオプション

-AddTarget:*バックアップ先*

バックアップイメージの保存先として、ディスクID、E: などのドライブ文字、
「¥¥?¥*Volume{GUID}*」形式のボリューム、「¥¥サーバ名¥共有名」形式の共有フォル
ダ名を指定する。既定の保存先フォルダ名は「¥WindowsImageBackup¥コンピュー
タ名」。ディスクにバックアップする場合、毎回ディスクをフォーマットする。ディ
スクIDは「Wbadmin Get Disks」コマンドで確認できる。共有フォルダにバックアッ
プする場合、既存のバックアップデータを上書きする。

-RemoveTarget:*ディスクID*

バックアップイメージの保存先から削除するディスクIDを指定する。

-Schedule:*実行時刻*

バックアップを実行する時刻をhh:mm形式で指定する。カンマで区切って複数の実
行時刻を指定することもできる。

-Include:*含める項目*

バックアップに含める任意のボリューム(ドライブ文字、ボリュームマウントポイント、
GUID形式のボリューム)を指定する。Windows Server 2008 R2以降のWindows
Serverファミリではファイルやフォルダも指定可能で、ワイルドカード「*」を使用で
きる。GUID形式のボリューム指定では、末尾に「¥」記号を付加する。複数のボリュー
ムやファイルを指定する場合はカンマで区切って列挙する。

-NonRecurseInclude:*含める項目*

-Includeスイッチとほぼ同じだが、サブフォルダを再帰的にバックアップしない。
2008R2 以降

-Exclude:*除外する項目*

-Includeスイッチとは逆に、除外する項目を指定する。 **2008R2 以降**

-NonRecurseExclude:*除外する項目*

-Excludeスイッチとほぼ同じだが、サブフォルダを再帰的に除外しない。
2008R2 以降

-HyperV:Hyper-*Vコンポーネント名*

バックアップ対象のHyper-Vコンポーネント名を、コンポーネント名またはGUIDで
指定する。コンポーネント名にスペースを含む場合はダブルクォートで括る。

-AllCritical

-Include スイッチで指定したバックアップ対象に加えて、Windows のシステムファイルとコンポーネントを含むボリュームを含める。ベアメタル回復やシステム状態の回復に利用できる。

-SystemState

-Include スイッチで指定したボリュームに加えて、システム状態を含める。
`2008R2` `2012` `2012R2` `2016` `2019` `2022`

{-VssFull | -VssCopy}

ボリュームシャドウコピーサービス（VSS）を使用して、完全バックアップ（-VssFull）またはコピーバックアップ（-VssCopy）を実行する。完全バックアップが、バックアップ後にアプリケーションのトランザクションログを切り捨てるのに対して、コピーバックアップではトランザクションログを切り捨てない。 `2008R2 以降`

-User:ユーザー名

バックアップ先が共有フォルダの場合、アクセス可能なユーザー名を指定する。
`Vista` `2008R2 以降`

-Password:パスワード

-User スイッチで指定したユーザーのパスワードを指定する。 `Vista` `2008R2 以降`

-NoInheritAcl

バックアップ先の共有フォルダのアクセス許可設定を引き継がず、-User スイッチで指定したユーザー、Administrators グループおよび Backup Operators グループのメンバーだけがアクセス可能にする。 `Vista`

-AllowDeleteOldBackups

アップグレード前に作成したバックアップデータの上書きを許可する。 `2012 以降`

-SubscriptionId:Azure サブスクリプション ID

Azure Recovery Services コンテナに関連付けられた Azure サブスクリプション ID を指定する。 `2019` `2022`

-Vault:Azure コンテナ名

Azure Recovery Services コンテナ名を指定する。 `2019` `2022`

-Force

コンテナの作成をトリガーする。 `2019` `2022`

-StorageRedundancy:冗長性設定

バックアップの冗長性設定として、次のいずれかを指定する。 `2019` `2022`

冗長性設定	説明
GeoRedundant	・地域で冗長なストレージ ・バックアップデータのコピー数：6 ・ローカルおよび別地域の Azure データセンターに 3 つずつ、バックアップデータのコピーを保存する
LocallyRedundant	・ローカルに冗長なストレージ ・バックアップデータのコピー数：3 ・単一の Azure データセンターにすべてのバックアップデータのコピーを保存する

-Passphrase:パスフレーズ

バックアップデータの暗号化パスフレーズを 22 文字以上で指定する。 `2019` `2022`

4

起動と回復編

-PassphraseLoc:*共有パスフレーズファイル*
　パスフレーズを保存するファイルのパスを指定する。 `2019` `2022`

-Region:*Azure リージョン*
　Azure Recovery Services コンテナが配置されている Azure データセンターリージョンを指定する。 `2019` `2022`

-ResourceGroup:*Azure リソースグループ名*
　Azure Recovery Services コンテナを含む(予定の)Azure リソースグループ名を指定する。 `2019` `2022`

-OnlineRetention:*保持日数*
　Azure Recovery Services コンテナに保存するバックアップの保持日数を指定する。
　`2019` `2022`

-DaysOfWeek:*曜日*
　Azure Recovery Services コンテナにバックアップする曜日を英語(Monday、Tuesday、Wednesday……)で指定する。カンマで区切って複数の曜日を指定できる。
　`2019` `2022`

実行例

　システムの重要なコンポーネントを、VSS フルバックアップを使用して 01:00 にバックアップするようスケジュールする。この操作には管理者権限が必要。

```
C:\Work>Wbadmin Enable Backup -AddTarget:E: -AllCritical -VssFull -Schedule:01:00
wbadmin 1.0 - バックアップ コマンドライン ツール
(C) Copyright Microsoft Corporation. All rights reserved.

ボリュームとコンポーネントの情報を取得しています...
スケジュールされたバックアップの設定:

ベア メタル回復: 含む
システム状態のバックアップ: 含む
バックアップのボリューム: (EFI システム パーティション),(C:),(\\?\Volume{10b2c293-
a5e8-416c-9f8c-cab872a38528}\)
バックアップのコンポーネント: (null)
除外されたファイル: なし
詳細設定: VSS バックアップ オプション (完全)
バックアップを格納する場所: E:
バックアップを実行する時刻: 01:00

これらの設定でスケジュールされたバックアップを有効にしますか?
[Y] はい [N] いいえ y

スケジュールしたバックアップが有効になりました。
```

■ コマンドの働き

　「Wbadmin Enable Backup」コマンドは、タスクスケジューラを利用したスケジュールバックアップを設定する。スイッチとオプションを省略して実行すると、スケジュールバックアップ設定を表示する。

Wbadmin Get Disks──ローカルコンピュータのディスクを表示する

2008 2008R2 2012 2012R2 2016 2019 2022 UAC

構文

Wbadmin Get Disks

実行例

使用可能なハードディスクを表示する。この操作には管理者権限が必要。

```
C:\Work>Wbadmin Get Disks
wbadmin 1.0 - バックアップ コマンドライン ツール
(C) Copyright Microsoft Corporation. All rights reserved.

ディスク名: VMware, VMware Virtual S SCSI Disk Device
ディスク番号: 1
ディスク ID: {1e753939-2f88-4f58-929b-84e52a9447a1}
総領域: 60.00 GB
使用領域: 110.59 MB
ボリューム: E:[Backup]

ディスク名: VMware Virtual NVMe Disk
ディスク番号: 2
ディスク ID: {dfb112b3-346c-4a8c-8fbe-039d25188f69}
総領域: 60.00 GB
使用領域: 15.72 GB
ボリューム: EFI システム パーティション[(ボリューム ラベルなし)],C:[]
```

■ コマンドの働き

「Wbadmin Get Disks」コマンドは、ローカルコンピュータで現在使用可能なハードディスクを、バックアップ先として使用できるかどうかに関係なく表示する。

Wbadmin Get Items──バックアップに含まれる項目を表示する

Vista 2008 2008R2 7 2012 8 2012R2 8.1 10 2016 2019 2022 11
UAC

構文

Wbadmin Get Items -Version:バージョン識別子 [-BackupTarget:
バックアップ先] [-Machine:イメージのコンピュータ名]

実行例

バックアップイメージの内容を表示する。この操作には管理者権限が必要。

```
C:\Work>Wbadmin Get Items -Version:10/08/2022-10:08
wbadmin 1.0 - バックアップ コマンドライン ツール
(C) Copyright Microsoft Corporation. All rights reserved.
```

```
EFI システム パーティション
ボリューム ID = {933ae104-5be8-4617-b249-0bd98dfe2ed5}
ボリューム ''、C: にマウント
ボリューム サイズ = 59.30 GB
回復可能 = 選択されたファイル

アプリケーション = FRS
コンポーネント = 99422091-BCCF-44F9-BA23-56892AED77B8-70489C32-0D3E-4DB1-85FD-
FD78ADE2F041 (SYSVOL¥99422091-BCCF-44F9-BA23-56892AED77B8-70489C32-0D3E-4DB1-85FD-
FD78ADE2F041)

アプリケーション = AD
コンポーネント = ntds (C:_Windows_NTDS¥ntds)

アプリケーション = Registry
コンポーネント = Registry (¥Registry)
```

■ コマンドの働き

「Wbadmin Get Items」コマンドは、バージョン識別子で指定したバックアップイメージに含まれるデータの情報を表示する。

Wbadmin Get Status──現在実行中の操作の状態を表示する

Vista 2008 2008R2 7 2012 8 2012R2 8.1 10 2016 2019 2022 11
UAC

構文

Wbadmin Get Status

実行例

実行中のバックアップの状態を表示する。この操作には管理者権限が必要。

```
C:¥Work>Wbadmin Get Status
wbadmin 1.0 - バックアップ コマンドライン ツール
(C) Copyright Microsoft Corporation. All rights reserved.

バックアップに指定されたボリュームのシャドウ コピーを作成しています...
バックアップに指定されたボリュームのシャドウ コピーを作成しています...
Windows Server バックアップで、前回のバックアップ後にサーバーから削除された
ファイルを削除するように既存のバックアップを更新しています。これには数分間
かかることがあります。
^C (中止)
```

■ コマンドの働き

「Wbadmin Get Status」コマンドを実行すると、現在実行中のバックアップ操作または復元操作の状況を表示する。

4

起動と回復編

438

■ Wbadmin Get Versions
──復元可能なバックアップイメージ情報を表示する

Vista | 2008 | 2008R2 | 7 | 2012 | 8 | 2012R2 | 8.1 | 10 | 2016 | 2019 | 2022 | 11 UAC

構文

Wbadmin Get Versions [-BackupTarget:バックアップ先] [-Machine:
イメージのコンピュータ名]

実行例

復元可能なバックアップイメージの保存先とバックアップ内容、バージョン識別子を
表示する。この操作には管理者権限が必要。

```
C:\Work>Wbadmin Get Versions
wbadmin 1.0 - バックアップ コマンドライン ツール
(C) Copyright Microsoft Corporation. All rights reserved.

バックアップ時間: 2022/10/08 19:03
バックアップ対象: 1394/USB ディスク ラベル付き E:
バージョン識別子: 10/08/2022-10:03
回復可能: ボリューム, ファイル, アプリケーション, ベア メタル回復, システム状態
スナップショット ID: {d64c551e-1e5b-4c18-8a7d-181b3ce328af}

バックアップ時間: 2022/10/08 19:08
バックアップ対象: 1394/USB ディスク ラベル付き E:
バージョン識別子: 10/08/2022-10:08
回復可能: ボリューム, ファイル, アプリケーション, システム状態
スナップショット ID: {d557b8b3-bc28-409e-bdc8-450200689e3c}
```

■ コマンドの働き

「Wbadmin Get Versions」コマンドは、スケジュールバックアップや1回限りのバックアッ
プで作成した、バックアップイメージの保存先とバックアップ内容、バージョン識別子を
表示する。

■ Wbadmin Get VirtualMachines ── Hyper-V仮想マシンを表示する

2012 | 2012R2 | 2016 | 2019 | 2022 | UAC

構文

Wbadmin Get VirtualMachines

実行例

Hyper-V仮想マシンの一覧を表示する。この操作には管理者権限が必要。

```
C:\Work>Wbadmin Get VirtualMachines
wbadmin 1.0 - バックアップ コマンドライン ツール
(C) Copyright Microsoft Corporation. All rights reserved.
```

4

起動と回復編

439

```
VM 名: Windows Test
VM キャプション: Offline¥Windows Test
VM 識別子: 9B19DC73-8BE3-4D07-8983-18F992A7F110

VM 名: Host Component
VM キャプション: Host Component
VM 識別子: Host Component
```

■ コマンドの働き

「Wbadmin Get VirtualMachines」コマンドは、Hyper-V 上に構成されている仮想マシンの情報を、バックアップ対象かどうかに関係なく表示する。

■ Wbadmin Restore Catalog——バックアップカタログを復元する

Vista **2008** **2008R2** **7** **2012** **8** **2012R2** **8.1** **10** **2016** **2019** **2022** **11**
UAC

構文

Wbadmin Restore Catalog -BackupTarget:*バックアップ先* [-Machine:
イメージのコンピュータ名] [-Quiet]

実行例

E: ドライブのバックアップイメージからバックアップカタログ情報を再作成する。この操作には管理者権限が必要。

```
C:¥Work>Wbadmin Restore Catalog -BackupTarget:E:
wbadmin 1.0 - バックアップ コマンドライン ツール
(C) Copyright Microsoft Corporation. All rights reserved.

この場所のバックアップ情報には、2022/10/09 1:23 までに作成されたバックアップの詳細情
報が含まれています。カタログの回復操作が完了すると、この日付より後のバックアップ
にはアクセスできなくなります。

E: からカタログを回復しますか?
[Y] はい [N] いいえ y

カタログは正常に回復されました。
```

■ コマンドの働き

「Wbadmin Restore Catalog」コマンドは、指定したボリューム内のバックアップイメージを検索して、バックアップカタログ情報を再作成する。

■ Wbadmin Start Backup——1 回限りのバックアップを実行する

Vista **2008** **2008R2** **7** **2012** **8** **2012R2** **8.1** **10** **2016** **2019** **2022** **11**
UAC

Wbadmin Start Backup [-BackupTarget:*バックアップ先*] [-Include:*含める項目*] [-NonRecurseInclude:*含める項目*] [-Exclude:*除外する項目*] [-NonRecurseExclude:*除外する項目*] [-HyperV:*Hyper-Vコンポーネント名*] [-AllCritical] [-SystemState] [{-VssFull | -VssCopy}] [-User:*ユーザー名*] [-Password:*パスワード*] [-NoInheritAcl] [-NoVerify] [{-VssFull | -VssCopy}] [-Quiet] [-AllowDeleteOldBackups]

■ スイッチとオプション

-NoInheritAcl

バックアップ先の共有フォルダのアクセス許可設定を引き継がず、-User スイッチで指定したユーザー、Administrators グループおよび Backup Operators グループのメンバーだけがアクセス可能にする。

-NoVerify

バックアップ後に検証しない。既定では検証する。

他のスイッチとオプションは、「Wbadmin Enable Backup」コマンドを参照。

実行例

スケジュールバックアップと同じ設定で、1回限りのバックアップを実行する。この操作には管理者権限が必要。

```
C:¥Work>Wbadmin Start Backup
wbadmin 1.0 - バックアップ コマンドライン ツール
(C) Copyright Microsoft Corporation. All rights reserved.

スケジュールされたバックアップに使用する構成と同じ構成を使用して
バックアップを作成しますか?
[Y] はい [N] いいえ y

スケジュールされたバックアップ対象 へのバックアップ操作を開始しています。
バックアップに指定されたボリュームのシャドウ コピーを作成しています...
Windows Server バックアップで、前回のバックアップ後にサーバーから削除された
ファイルを削除するように既存のバックアップを更新しています。これには数分間
かかることがあります。
ボリューム (EFI システム パーティション) (100.00 MB) のバックアップを作成中に (0%)
をコピーしました。
ボリューム (EFI システム パーティション) (100.00 MB) のバックアップを作成中に (100%)
をコピーしました。
ボリューム (EFI システム パーティション) (100.00 MB) の仮想ハード ディスクを圧縮し、
完了しました (0%)。
ボリューム (EFI システム パーティション) (100.00 MB) のバックアップは正常に完了しま
した。
ボリューム (C:) のバックアップを作成中に (12%) をコピーしました。
ボリューム (C:) のバックアップを作成中に (24%) をコピーしました。
 (中略)
```

4

起動と回復編

```
ボリューム (C:) のバックアップを作成中に (94%) をコピーしました。
ボリューム (C:) のバックアップは正常に完了しました。
ボリューム  (597.00 MB) のバックアップを作成中に (13%) をコピーしました。
ボリューム  (597.00 MB) のバックアップは正常に完了しました。
バックアップ操作の概要:
------------------------

バックアップ操作が正常に完了しました。
ボリューム (EFI システム パーティション) (100.00 MB) のバックアップは正常に完了しま
した。
ボリューム (C:) のバックアップは正常に完了しました。
ボリューム  (597.00 MB) のバックアップは正常に完了しました。
正常にバックアップされたファイルのログ:
C:¥Windows¥Logs¥WindowsServerBackup¥Backup-08-10-2022_10-03-59.log
```

■ コマンドの働き

「Wbadmin Start Backup」コマンドは、1回限りのバックアップを即座に実行する。スイッ
チとオプションを省略すると、既存のスケジュールバックアップの設定を使ってバックアッ
プを実行できる。

1回限りのバックアップの実行中に Ctrl + C キーを押してコマンドを中断しても、バッ
クグラウンドでバックアップ作業を継続する。あとでバックアップの進行状況を確認する
には、「Wbadmin Get Status」コマンドを実行する。

■ Wbadmin Start Recovery──回復操作を開始する

2008 | 2008R2 | 2012 | 2012R2 | 2016 | 2019 | 2022 | UAC

構文

Wbadmin Start Recovery -Version:*バージョン識別子* -Items:*回復する項目*
-ItemType:*項目の種類* [-BackupTarget:*バックアップ先*] [-Machine:*イメージ
のコンピュータ名*] [-RecoveryTarget:*復元先*] [-Recursive] [-Overwrite:*上
書き指定*] [-NotRestoreAcl] [-SkipBadClusterCheck]
[-NoRollForward] [-AlternateLocation] [-RecreatePath] [-Quiet]

■ スイッチとオプション

-Items:*回復する項目*

回復するボリューム(ドライブ文字、ボリュームマウントポイント、GUID形式のボリュー
ム)、アプリケーション、ファイルやフォルダを、カンマで区切って1つ以上指定する。
-ItemTypeスイッチでApp を指定した場合、-Items スイッチの有効なアプリケーショ
ンアイテムとしてADIFMを使用できる。ADIFMには、Active Directory ドメインサー
ビス(AD DS)に必要なコンポーネント、Active Directory データベース、SYSVOL共
有、レジストリ設定が含まれる。

-ItemType:*項目の種類*

-Itemsスイッチで指定した回復する項目の種類として、次のいずれかを指定する。

項目の種類	説明
Volume	ボリューム

App	アプリケーション
File	ファイルとフォルダ
HyperV	Hyper-V 仮想マシン 2012以降

-RecoveryTarget:*復元先*

バックアップイメージを展開するドライブ文字やボリューム、フォルダ名を指定する。省略するとバックアップ時と同じパスにファイルやフォルダを復元する。

-Recursive

-ItemTypeスイッチでFileを指定した場合、すべてのサブフォルダと各サブフォルダ内のファイルも復元する。省略すると指定したファイルまたはフォルダ1階層だけを復元する。

-Overwrite:*上書き指定*

-ItemTypeスイッチでFileを指定した場合、復元先に同じファイルがある場合の処理として、次のいずれかを指定する。省略すると既存ファイルを上書きする。

値	説明
Overwrite	上書き（既定値）
CreateCopy	既存ファイルのコピーを保存
Skip	スキップ

-NotRestoreAcl

-ItemTypeスイッチでFileを指定した場合、ファイルとフォルダのアクセス権を復元しない。

-SkipBadClusterCheck

-ItemTypeスイッチでVolumeを指定した場合、復元した不良クラスタ情報を検証しない。

-NoRollForward

-ItemTypeスイッチでAppを選択した場合、復元したアプリケーションを更新(ロールフォワード)しない。

-AlternateLocation

-ItemTypeスイッチでHyperVを選択した場合、Hyper-V仮想マシンを別の回復先に復元する。 2012以降

-RecreatePath

-ItemTypeスイッチでHyperVを選択した場合、Hyper-V仮想マシンを別の回復先にフォルダのコピーとして復元する。 2012以降

4

起動と回復編

実行例

C:¥Workフォルダを復元する。この操作には管理者権限が必要。

```
C:¥Work>Wbadmin Start Recovery -Version:10/08/2022-16:00 -Items:C:¥Work
-ItemType:File
wbadmin 1.0 - バックアップ コマンドライン ツール
(C) Copyright Microsoft Corporation. All rights reserved.

ボリューム情報を取得しています...
2022/10/09 1:00 に作成されたバックアップから C:¥ にファイル C:¥Work を
回復することを選択しました。
```

```
ファイル回復の準備を行っています...

続行しますか?
[Y] はい [N] いいえ y

C:\Work を C:\ に正常に回復しました。
回復操作が完了しました。
回復操作の概要:
---------------

C:\ への C:\Work の回復が正常に完了しました。
回復された合計バイト数: 18.00 MB
回復されたファイルの総数: 3
失敗したファイルの総数: 0

正常に回復されたファイルのログ:
C:\Windows\Logs\WindowsServerBackup\FileRestore-09-10-2022_08-15-45.log
```

■ コマンドの働き

「Wbadmin Start Recovery」コマンドは、バックアップイメージから任意のボリューム、ファイル、フォルダ、アプリケーション情報、Hyper-V仮想マシンなどを復元する。

Wbadmin Start SystemStateBackup ——システム状態のバックアップを開始する

2008 | 2008R2 | 2012 | 2012R2 | 2016 | 2019 | 2022 | UAC

構文

Wbadmin Start SystemStateBackup -BackupTarget:バックアップ先
[-Quiet]

実行例

E:ドライブにシステム状態のバックアップを作成する。この操作には管理者権限が必要。

```
C:\Work>Wbadmin Start SystemStateBackup -BackupTarget:E:
wbadmin 1.0 - バックアップ コマンドライン ツール
(C) Copyright Microsoft Corporation. All rights reserved.

システム状態のバックアップを開始しています [2022/10/08 19:08]...
ボリューム情報を取得しています...
ボリューム (EFI システム パーティション),(C:),(\\?\Volume{10b2c293-a5e8-416c-9f8c-
cab872a38528}\) から E: にシステム状態をバックアップします。
バックアップ操作を開始しますか?
[Y] はい [N] いいえ y

バックアップに指定されたボリュームのシャドウ コピーを作成しています...
 (中略)
Windows Server バックアップで、前回のバックアップ後にサーバーから削除された
```

ファイルを削除するように既存のバックアップを更新しています。これには数分間
かかることがあります。
バックアップするシステム状態ファイルを識別する間、しばらくお待ちください。
これには数分間かかることがあります...
 (中略)
ボリューム (EFI システム パーティション) (100.00 MB) の仮想ハード ディスクを圧縮し、
完了しました (0%)。
(275) 個のファイルが見つかりました。
 (中略)
(133911) 個のファイルが見つかりました。
システム状態ファイルの検索が完了しました。
ファイルのバックアップを開始します...
'Task Scheduler Writer' によって報告されたファイルのバックアップが完了しました。
'VSS Metadata Store Writer' によって報告されたファイルのバックアップが完了しました。
'Performance Counters Writer' によって報告されたファイルのバックアップが完了しました。
進行状況: 0%
'System Writer' によって報告されたファイルを現在バックアップ中です...
 (中略)
進行状況: 97%
'System Writer' によって報告されたファイルを現在バックアップ中です...
ボリューム (C:) の仮想ハード ディスクを圧縮し、完了しました (78%)。
バックアップ操作の概要:

バックアップ操作が正常に完了しました。
システム状態のバックアップが正常に完了しました [2022/10/08 10:29]。
正常にバックアップされたファイルのログ:
C:¥Windows¥Logs¥WindowsServerBackup¥Backup-08-10-2022_10-08-24.log

■ コマンドの働き

「Wbadmin Start SystemStateBackup」コマンドは、システム状態のバックアップを作
成する。

■ Wbadmin Start SystemStateRecovery
──システム状態の回復操作を開始する

2008 | 2008R2 | 2012 | 2012R2 | 2016 | 2019 | 2022 | UAC

構文

Wbadmin Start SystemStateRecovery -Version:バージョン識別子
[-ShowSummary] [-BackupTarget:バックアップ先] [-Machine:イメージの
コンピュータ名] [-RecoveryTarget:復元先] [-AuthSysvol] [-AutoReboot]
[-Quiet]

■ スイッチとオプション

-ShowSummary
　　最後に実行したシステム状態の回復操作の概要を表示する。他のスイッチと併用でき
　　ない。

-RecoveryTarget: *復元先*

バックアップイメージを展開するドライブ文字やボリューム、フォルダ名を指定する。
省略するとバックアップ時と同じパスにファイルやフォルダを復元する。

-AuthSysvol

ドメインコントローラにおいて、SYSVOL共有のAuthoritative Restoreを実行する。

-AutoReboot

回復操作後にコンピュータを再起動する。60秒間の再起動待ちの間に任意のキーを
押すと、自動再起動を中止できる。 `2008R2 以降`

実行例

ドメインコントローラをディレクトリサービスの修復モードで起動して、システム状
態を復元する。この操作には管理者権限が必要。

```
C:\Users\Administrator.WS22STDC1>Wbadmin Start SystemStateRecovery
-Version:10/08/2022-16:23 -AuthSysvol
wbadmin 1.0 - バックアップ コマンドライン ツール
(C) Copyright Microsoft Corporation. All rights reserved.

システム状態の回復操作を開始しますか?
[Y] はい [N] いいえ y

注意: 回復操作を行うと、ローカル コンピューター上のすべてのレプリケートされた
コンテンツ (DFSR または FRS を使用してレプリケート済み) は、回復後に再同期
されます。再同期によるネットワーク トラフィックの増加により、待ち時間または障害
が発生する可能性があります。
回復操作は、SYSVOL を含む、このドメイン コントローラーのすべてのレプリケート
されたコンテンツ (DFSR または FRS を使用してレプリケート済み) をリセットしま
す。このサーバー上に別のレプリケートされたフォルダーがあり、回復の影響を与
えたくない場合、この操作を今すぐ取り消してください。
続行しますか?
[Y] はい [N] いいえ y

システム状態の回復を開始した後で一時停止したり取り消したりすることはできません。
回復操作を完了するためには、サーバーの再起動が必要です。

続行しますか?
[Y] はい [N] いいえ y

システム状態の回復操作を開始しています [2022/10/09 17:41]。
回復するファイルを処理しています。これには数分かかることがあります...
(345) 個のファイルが処理されました。
  (中略)
(134161) 個のファイルが処理されました。
ファイルの処理が完了しました。
バックアップからのファイルの回復を開始します
'Performance Counters Writer' によって報告されたファイルの回復が完了しました。
'DFS Replication service writer' によって報告されたファイルの回復が完了しました。
'COM+ REGDB Writer' によって報告されたファイルの回復が完了しました。
'VSS Metadata Store Writer' によって報告されたファイルの回復が完了しました。
```

4

起動と回復編

'WMI Writer' によって報告されたファイルの回復が完了しました。
'Registry Writer' によって報告されたファイルの回復が完了しました。
'NTDS' によって報告されたファイルの回復が完了しました。
'Task Scheduler Writer' によって報告されたファイルの回復が完了しました。
進行状況: 11%
'System Writer' によって報告されたファイルを現在回復中です
  (中略)
進行状況: 95%
'System Writer' によって報告されたファイルを現在回復中です
回復操作の概要:

システム状態の回復が正常に完了しました [2022/10/09 17:48]。
正常に回復されたファイルのログ:
C:¥Windows¥Logs¥WindowsServerBackup¥SystemStateRestore-09-10-2022_08-41-31.log

この操作を完了するには、サーバーを再起動してください。
注意: システム状態の回復操作によってシステム ファイルの回復が試みられる間
しばらくお待ちください。置き換えられるファイルの数に応じて、処理が完了するまで
に数分かかる可能性があります。また、処理中にコンピューターの再起動が複数回
必要です。この処理を中断しないでください。

システムの回復操作を完了するには、コンピューターの再起動が必要です。
今すぐコンピューターを再起動するには、[Y] キーを押してください。
[Y] はい

  (再起動後の管理者ログオン時)
wbadmin 1.0 - バックアップ コマンドライン ツール
(C) Copyright Microsoft Corporation. All rights reserved.

2022/10/09 17:41 に開始したシステム状態の回復操作は正常に完了
しました。
続行するには、Enter キーを押してください...

■ コマンドの働き

「Wbadmin Start SystemStateRecovery」コマンドは、バックアップイメージからシステム状態を復元する。

ドメインコントローラでシステム状態を復元する場合は、次の方法でディレクトリサービスの修復モードで起動する必要がある。

バージョン	起動方法
Windows Server 2003 R2 以前	・起動時に F8 キーを押して [ディレクトリサービス復元モード] を選択する
Windows Server 2008 以降	・起動時に F8 キーを押して [ディレクトリサービス復元モード] を選択する ・通常時に「システム構成 (Msconfig.exe)」を起動して、[ブート] タブで [セーフブート] [Active Directory 修復] を選択し、再起動する。復元後は再度「システム構成」を起動して、[セーフブート] をオフにする

■ Wbadmin Stop Job——実行中のバックアップや回復操作を中止する

Vista | 2008 | 2008R2 | 7 | 2012 | 8 | 2012R2 | 8.1 | 10 | 2016 | 2019 | 2022 | 11 | UAC

構文

Wbadmin Stop Job [-Quiet]

実行例

実行中のバックアップを中止する。この操作には管理者権限が必要。

```
C:¥Work>Wbadmin Stop Job
wbadmin 1.0 - バックアップ コマンドライン ツール
(C) Copyright Microsoft Corporation. All rights reserved.

現在の操作を停止しますか?
[Y] はい [N] いいえ y

バックアップ操作が完了する前に終了しました。
```

■ コマンドの働き

「Wbadmin Stop Job」コマンドは、現在実行中のバックアップや復元の操作を中止する。

COLUMN

回復コンソール

Windows Vista以降で搭載されたシステム回復オプションのコマンドプロンプトは、通常のCmd.exeとほぼ同等の機能を利用できる。

メモ帳(Notepad.exe)やレジストリエディタ(Regedit.exe)など一部のGUIアプリケーションも起動できるので、設定ファイルやレジストリの編集も可能だが、日本語などIMEを使用する入力ができないという制限がある。日本語を含むファイルやフォルダを操作する場合は「Cmd.exe /f:on」コマンドを実行して、拡張機能を有効にしたコマンドプロンプトのインスタンスを起動し、Ctrl + D キーや Ctrl + F キーを押して自動補完機能を利用するとよい。

4

起動と回復編

オープンソース 編

5

本章では、Windowsに搭載されているオープンソースソフトウェア由来のコマンドを解説する。

オープンソースソフトウェアは継続的に開発／更新されており、本章の解説と動作やスイッチ、オプションが異なる可能性がある。標準コマンドより更新が早く情報が陳腐化しやすいため、バージョン差異の解説は省略する。

本章のコマンドには次のような特徴があり、コマンドのヘルプは情報が少ないため、詳細はWeb上のマニュアルページを参照してほしい。

- UNIX系OSと互換性のあるコマンドでは、スイッチやオプションの命名規則や使い方がWindowsと異なる
- Windowsに完全に対応していない機能があり、コマンドの全機能を利用できないことがある

curl.exe

マルチプロトコル対応データ
送受信コマンド

`10` `2016` `2019` `2022` `11`

構文

curl [オプション] URL

マニュアル

- curl.1 the man page
  https://curl.se/docs/manpage.html

スイッチとオプション

curlコマンドには多数のスイッチとオプションがあるため、代表的なスイッチとオプションを抜粋して説明する。短縮形のスイッチは大文字と小文字を区別する。

スイッチ (短縮形)	スイッチ	オプション	説明
-#	--progress-bar		詳しい進捗状況を表示する
-0	--http1.0		HTTP 1.0 を使用する
-1	--tlsv1		サーバとネゴシエートして TLSv1.x を使用する
-2	--sslv2		SSLv2 を使用する
-3	--sslv3		SSLv3 を使用する
-4	--ipv4		IPv4 を使用する
-6	--ipv6		IPv6 を使用する
-:	--next		後続の URL には別のオプションを使用する
-A	--user-agent	文字列	User-Agent 情報を指定する
-B	--use-ascii		ASCII/text モードで転送する
-C	--continue-at	オフセット	指定されたオフセット（バイト）で前回のファイル転送を続行または再開する
-D	--dump-header	ファイル名	受信したヘッダ情報をファイルに書き込む

-E	--cert	*証明書ファイル名[:パスワード]*	SSL ベースのプロトコルでクライアント証明書を使用する
-F	--form	*名前=データ*	フォームデータを送信する
-G	--get		POST 要求ではなく GET 要求を使用する
-H	--header	*{ヘッダ	@ファイル名}*	ヘッダを直接またはファイルから読み込んで送信する
-I	--head		ヘッダだけを取得する
-J	--remote-header-name		-O または --remote-name オプションで、URL から抽出したファイル名ではなく、サーバ指定の Content-Disposition のファイル名を使用する
-K	--config	*ファイル名*	設定ファイルを読み込む
-L	--location		ページ移動を追跡する
-M	--manual		完全なマニュアルを表示する
-N	--no-buffer		出力ストリームのバッファリングを無効にする
-O	--remote-name		取得したリモートファイルに近い名前のファイルに出力する
-P	--ftp-port	*アドレス*	FTP 接続でイニシエータとリスナーの役割を逆にする
-Q	--quote	*コマンド*	コマンドを送信する
-R	--remote-time		可能であればリモートファイルのタイムスタンプを使用する
-S	--show-error		-s または --silent 指定時でもエラーメッセージを表示する
-T	--upload-file	*ファイル名*	ローカルファイルを転送する
-U	--proxy-user	*ユーザー名:パスワード*	プロキシを使用する際のユーザー名とパスワードを指定する
-V	--version		バージョン情報を表示する
-X	--request	*メソッド*	カスタムの要求メソッドを使用する
-Y	--speed-limit	*バイト*	転送速度が指定したバイト／秒より遅い場合、転送を中止する
-Z	--parallel		転送を並列で実行する
-a	--append		FTP でアップロードした内容を既存のファイルに追加する
-b	--cookie	*{データ	ファイル名}*	クッキーを直接またはファイルから読み込んで送信する
-c	--cookie-jar	*ファイル名*	操作後にクッキーをファイルに書き出す
-d	--data	*データ*	HTTP POST のデータを指定する
-e	--referer	*URL*	Referrer 情報を送信する
-f	--fail		HTTP エラーを出力せず早期に失敗する
-g	--globoff		URL globbing parser を無効にする
-h	--help	*カテゴリ*	auth や connection などのカテゴリのヘルプを表示する。all も指定できる
-i	--include		出力に HTTP 応答ヘッダを含める
-j	--junk-session-cookies		ファイルからクッキーを読み取ったら、セッションクッキーを破棄する
-k	--insecure		転送前のセキュリティ確認を行わない
-l	--list-only		FTP では名前だけの表示を、POP3 では LIST コマンドを使用する
-m	--max-time	*転送時間*	各転送で許容する転送時間（秒）を指定する

5

オープンソース編

451

前ページよりの続き

-n	--netrc		.netrc（Windowsでは_netrc）ファイルから、ユーザー名とパスワードを読み込む
-o	--output	*ファイル名*	出力を指定したファイルに書き込む
-p	--proxytunnel		HTTPプロキシでトンネルを使用する
-q	--disable		.curlrc設定ファイルを読み込まない
-r	--range	*範囲*	指定した範囲（バイト）のデータだけ取得する
-s	--silent		転送データ以外表示しない
-t	--telnet-option	*オプション=設定値*	Telnetでオプションを送信する
-u	--user	*ユーザー名:パスワード*	認証情報を指定する
-v	--verbose		詳細情報を表示する
-w	--write-out	*書式*	出力情報を書式に従って整形する
-x	--proxy	*[プロトコル://]サーバ名[:ポート番号]*	プロキシを設定する
-y	--speed-time	*時間*	-Yまたは--speed-limitで指定した速度低下が指定時間（秒）継続した場合、転送を中止する
-z	--time-cond	*日時*	指定の日時より前またはあとに変更されたファイルを要求する

実行例

Webサイトからヘッダ情報を取得する。

```
C:¥Work>curl --head https://gihyo.jp/
HTTP/1.1 200 OK
Date: Tue, 25 Oct 2022 16:27:29 GMT
Content-Type: text/html; charset=UTF-8
Connection: keep-alive
vary: Accept-Encoding
set-cookie: SN4dc8937382ea6=HdozBn0ELa0L9GoKnasK7daRL7; expires=Tue, 25-Oct-2022
18:27:29 GMT; Max-Age=7200; path=/; HttpOnly
set-cookie: SN4dc8937382ea6=HdozBn0ELa0L9GoKnasK7daRL7; expires=Tue, 25-Oct-2022
18:27:29 GMT; Max-Age=7200; path=/; HttpOnly
expires: Thu, 19 Nov 1981 08:52:00 GMT
pragma: no-cache
Cache-Control: max-age=120, stale-while-revalidate=120, must-revalidate
x-xss-protection: 1; mode=block
CF-Cache-Status: DYNAMIC
Server: cloudflare
CF-RAY: 75fc51e38a53831a-KIX
alt-svc: h3=":443"; ma=86400, h3-29=":443"; ma=86400
```

コマンドの働き

curlコマンドは、多様なプロトコルでサーバとデータを送受信するクライアントアプリケーションである。対応プロトコルはHTTPやFTP、LDAP、IMAP、POP3、SMTP、TELNET、TFTPなど。Windows 10 1803以降およびWindows Server 2016以降のWindowsに標準搭載されている。cURLは開発プロジェクトの名前であり、Client for URLsやsee URLの意味を持っている。

5
オープンソース編

452

詳しい情報は下記のプロジェクトWebサイトを参照。

● curl for Windows
https://curl.se/windows/

tar.exe

tar形式のアーカイブファイルを
操作する

`10` `2019` `2022` `11`

構文

tar [モードスイッチ] [共通スイッチ] [オプション]

マニュアル

● libarchive
http://libarchive.org/

スイッチ

tarコマンドには非常に多くのスイッチとオプションがあるため、代表的なスイッチとオプションを抜粋して説明する。短縮形のスイッチは大文字と小文字を区別し、複数をまとめて「-cf」ように指定できる。

■ モードスイッチ

スイッチ (短縮形)	スイッチ	オプション	説明
-c	--create	{ファイル名 | フォルダ名 | @アーカイブファイル名 | -C パス}	アーカイブを作成する
-r	--append	{ファイル名 | フォルダ名 | @アーカイブファイル名 | -C パス}	アーカイブにファイルやフォルダを追加する
-t	--list	[パターン]	アーカイブの内容を表示する
-u	--update	ファイル名	新しいファイルをアーカイブ内の同名ファイルを更新する
-x	--extract --get	[パターン]	アーカイブからファイルを抽出する

■ 共通スイッチ

スイッチ (短縮形)	スイッチ	オプション	説明
-b	--block-size	サイズ	ブロックサイズを指定サイズ× 512 バイトにする
-f	--file	ファイル名	使用するファイル（デバイス名）を指定する。既定値は\\.\tape0
-w	--interactive --confirmation		処理ごとに確認する

5

オープンソース編

■ オプション

ファイル名
操作対象のファイル名を指定する。ワイルドカード「*」「?」を使用できる。

フォルダ名
操作対象のフォルダ名を指定する。ワイルドカード「*」「?」を使用できる。

@アーカイブファイル名
別のアーカイブファイルの内容を読み出して操作対象に含める。

{-C | --directory[=]} パス
操作対象のファイルやフォルダの、既定のパスを指定する。アーカイブファイルはカレントフォルダを使用する。

パターン
ワイルドカード「*」「?」や[a-Z][0-9]などの範囲指定を組み合わせて、ファイルやフォルダを指定する。

■ 圧縮オプション

-c、-t、-xスイッチと組み合わせて、アーカイブの圧縮オプションを指定する。ただし、-c、-xスイッチで圧縮されているアーカイブファイルを操作する場合は圧縮方式を自動的に判断して処理するため、圧縮オプションを省略できる。

圧縮オプション (短縮形)	オプション	説明
-z	--gzip --ungzip	gzip 方式で圧縮する
-j	--bzip2 --bunzip2	bzip2 方式で圧縮する
-J	--xz	xz 方式で圧縮する（使用できない）
なし	--lzma	lzma 方式で圧縮する（使用できない）

--format[=] フォーマット
-cスイッチと組み合わせて、アーカイブのフォーマットを指定する。

フォーマット (短縮形)	フォーマット	説明
なし	ustar	ustar 形式でアーカイブする
なし	pax	pax 形式でアーカイブする
なし	cpio	cpio 形式でアーカイブする
なし	shar	shar 形式でアーカイブする
なし	v7	v7 形式でアーカイブする
-a	--auto-compress	アーカイブファイルの拡張子で形式を判断する

--exclude パターン
操作対象から除外するファイルやフォルダをパターンで指定する。

■ 展開オプション

圧縮オプション （短縮形）	オプション	説明
-k	--keep-old-files	既存のファイルを上書きしない
-m	--modification-time	更新日時を抽出しない
-O	-- to-stdout	標準出力に書き出す
-p	--same-permissions --preserve-permissions	アクセス権などを抽出する

実行例

パターン「Sample?.bat」に該当するバッチファイルをまとめて圧縮したアーカイブファイル Sample.tar.gz を作成する。Sample3.bat、Sample4.bat、Sample5.bat はアーカイブ対象から除外する。

```
C:¥Work>tar -a -cf Sample.tar.gz --exclude Sample[3-5].bat Sample?.bat

C:¥Work>tar -tf Sample.tar.gz
Sample1.bat
Sample2.bat
Sample6.bat
Sample7.bat
Sample8.bat
Sample9.bat
```

■ コマンドの働き

tar コマンドはテープメディアを意識したアーカイブと展開を実行する。コマンド名は tape archives に由来する。

複数の圧縮方式に対応しており、ファイルの受け渡しなどに広く利用されている。Windows 10 1803以降および Windows Server 2016以降の Windows に標準搭載されている。

Winget.exe
Windowsパッケージマネージャ

`10` `11`

構文

Winget *スイッチ* [[{-q | --query}] *クエリ*] [*ソース指定*] [*フィルタ指定*] [*オプション*]

■ マニュアル

● help コマンド (winget)
https://aka.ms/winget-command-help

スイッチ

スイッチ	説明
Export	パッケージ情報をファイルに書き出す
Features	試験的な機能の状態を表示する
Hash	ファイルの SHA256 ハッシュ値を計算する
Import	エクスポートしたパッケージをインストールする
Install	パッケージをインストールする
List	インストールされたパッケージを表示する
Search	パッケージを検索する
Settings	Winget コマンドの設定を編集する
Show	パッケージの詳細情報を表示する
Source	パッケージのインストールソースを管理する
Uninstall	パッケージを削除する
Upgrade	パッケージを更新する
Validate	マニフェストを検証する

オプション

[{-q | --query}] クエリ
>   パッケージの名前やIDなどの一部を指定して選択する。

ソース指定
>   パッケージのインストールソースを指定する。文字列にスペースを含む場合はダブルクォートで括る必要がある。

ソース指定	説明
{-s	--source} ソース	インストールソースを指定する。既定では msstore と winget が利用可能
--header 文字列	Windows-Package-Manager REST ソース(非公式ソース)を使用する際に、オプションの HTTP ヘッダを指定する
--accept-source-agreements	ソース契約条件に同意する

フィルタ指定
>   パッケージの選択条件を指定する。フィルタに指定した文字列は部分一致で検索する。文字列にスペースを含む場合はダブルクォートで括る必要がある。

フィルタ指定	説明	Install	List	Search	Show	Uninstall	Upgrade
--id 文字列	ID でフィルタする	○	○	○	○	○	○
--name 文字列	名前でフィルタする	○	○	○	○	○	○
--moniker 文字列	モニカでフィルタする	○	○	○	○	○	○
--product-code	製品コードでフィルタする					○	
{-v	--version} 文字列	バージョンでフィルタする。既定値は最新バージョン	○			○	○	○
--tag 文字列	タグでフィルタする		○	○			
--command 文字列	コマンドでフィルタする		○	○			

{-m | --manifest} マニフェスト	マニフェストでフィルタする	○			○	○	○
{-n | --count} 表示数	1〜1,000 の範囲で、指定した数を超える結果を表示しない		○	○			
{-e | --exact}	完全一致で検索する。既定値は部分一致	○	○	○	○	○	○

実行例

　アプリケーションパッケージの一覧を表示する。初回実行時はソース契約条件に同意する必要がある。

```
C:¥Work>Winget List
'msstore' ソースを使用するには、使用する前に次の契約を表示する必要があります。
Terms of Transaction: https://aka.ms/microsoft-store-terms-of-transaction
ソースが正常に機能するには、現在のマシンの 2 文字の地理的リージョンをバックエンド サ
ービスに送信する必要があります (例: "US")。

すべてのソース契約条件に同意しますか?
[Y] はい  [N] いいえ: Y
名前                                        ID
バージョン         ソース
--------------------------------------------------------------------------------------
---------------------------------
Microsoft Edge Update                       Microsoft Edge Update
1.3.171.37
Microsoft Edge WebView2 Runtime             Microsoft.EdgeWebView2Runtime
107.0.1418.35         winget
 (以下略)
```

■ コマンドの働き

　Winget コマンドは、インターネット上のインストールソースからアプリケーションパッケージをダウンロードしてインストールしたり、削除したりする。Windows 10 2004以降とWindows 11に標準搭載されている。

■ Winget Export──パッケージ情報をファイルに書き出す

10 11

構文

Winget Export [{-o \| --output}] ファイル名 [{-s \| --source} ソース名]
[--include-versions] [--accept-source-agreements]

■ スイッチとオプション

[{-o \| --output}] ファイル名

　エクスポートファイル名を指定する。ファイルは JSON(JavaScript Object Notation)形式なので、拡張子は一般的に .json を指定する。

{-s | --source} ソース名
    指定したインストールソースからエクスポートする。

--include-versions
    エクスポートする内容にバージョン情報を含める。

--accept-source-agreements
    ソース契約条件に同意する。

実行例

インストールされているアプリケーションパッケージを ExportSample.json ファイルに
エクスポートする。

```
C:¥Work>Winget Export -o ExportSample.json
インストールされているパッケージのバージョンは、どのソースからも利用できません:
Clipchamp
インストールされているパッケージのバージョンは、どのソースからも利用できません:
Microsoft Edge Update
　(以下略)
```

■ コマンドの働き

「Winget Export」コマンドは、インストールされているアプリケーションパッケージの
情報をファイルに書き出す。

Winget Features——試験的な機能の状態を表示する
`10` `11`

構文
Winget Features

実行例

試験的な機能の状態を表示する。

```
C:¥Work>Winget Features
これは、Windows パッケージ マネージャーの安定版リリースです。実験的な機能を試したい
場合は、プレリリース ビルドをインストールしてください。手順は、GitHub (https://
github.com/microsoft/winget-cli) で入手できます。
```

■ コマンドの働き

「Winget Features」コマンドは、試験的な機能の状態を表示する。

Winget Hash——ファイルのSHA256 ハッシュ値を計算する
`10` `11`

Winget Hash [-f] *ファイル名* [{-m | --msix}]

■ スイッチとオプション

[-f] *ファイル名*
    指定したファイルのSHA256ハッシュ値を計算して表示する。

{-m | --msix}
    ファイルをMSIXパッケージ形式として扱う。

実行例

    メモ帳のハッシュ値を表示する。

```
C:¥Work>Winget Hash %Windir%¥System32¥Notepad.exe
Sha256:  972efbb0e7990a0b8404bbf9c7a57b047db169628aba7a017fd815ee5202e4d3
```

■ コマンドの働き

　「Winget Hash」コマンドは、ファイルのSHA256ハッシュ値を計算する。計算したハッシュ値はマニフェストに記載できる。

■ Winget Import——エクスポートしたパッケージをインストールする
`10` `11`

構文

Winget Import [{-i | --import-file}] *ファイル名* [--ignore-unavailable]
[--ignore-versions] [--accept-package-agreements] [--accept-
source-agreements]

■ スイッチとオプション

[{-i | --import-file}] *ファイル名*
    エクスポートファイル名を指定する。

--ignore-unavailable
    インポート先コンピュータでは使用できないパッケージを無視する。

--ignore-versions
    パッケージのバージョン情報を無視する。

--accept-package-agreements
    使用許諾契約に同意する。

--accept-source-agreements
    ソース契約条件に同意する。

実行例

　ExportSample.jsonファイルを使用してパッケージをインストールする。

5

オープンソース編

459

```
C:\Work>Winget Import -i ExportSample.json
適用可能な更新は見つかりませんでした。
パッケージは既にインストールされています: Microsoft.Edge
適用可能な更新は見つかりませんでした。
パッケージは既にインストールされています: Microsoft.EdgeWebView2Runtime
適用可能な更新は見つかりませんでした。
パッケージは既にインストールされています: Microsoft.OneDrive
(1/1) 見つかりました Windows Terminal [Microsoft.WindowsTerminal] バージョン
1.15.2874.0
このアプリケーションは所有者からライセンス供与されます。
Microsoft はサードパーティのパッケージに対して責任を負わず、ライセンスも付与しません。
インストーラーハッシュが正常に検証されました
パッケージのインストールを開始しています...
  ████████████████████████████████████████  100%
インストールが完了しました
```

■ コマンドの働き

「Winget Import」コマンドは、エクスポートファイルを読み込んでパッケージをインストールする。

Winget Install──パッケージをインストールする

`10` `11`

構文

Winget Install [[{-q | --query}] *クエリ* [*ソース指定*] [*フィルタ指定*] [*インストール設定*]

■ スイッチとオプション

インストール設定

パッケージのインストール設定を指定する。文字列にスペースを含む場合はダブルクォートで括る必要がある。

インストール設定	説明
{-v | --version} *文字列*	指定したバージョンのパッケージをインストールする
--scope {User | Machine}	インストールのスコープを指定する。既定値は User
{-a | --architecture} *アーキテクチャ*	インストールするアーキテクチャを指定する。x64、x86、arm64 などを使用できる
{-i | --interactive}	対話形式でインストールする
{-h | --silent}	ユーザー操作なしでインストールする
--locale *ロケール*	ロケールを指定する
{-o | --log} *ログファイル名*	ログファイル名を指定する
--force	インストーラのハッシュのチェックを上書きする
--dependency-source	パッケージの依存関係を検索する
--accept-package-agreements	使用許諾契約に同意する
{-r | --rename} *文字列*	実行ファイル名を変更する

実行例

Windows Terminalをインストールする。複数のパッケージがヒットした場合は、条件を追加して特定する必要がある。

```
C:¥Work>Winget Install "Windows Terminal"
複数のパッケージが入力条件に一致しました。入力内容を修正してください。
名前              ID                        ソース
-------------------------------------------------------
Windows Terminal 9N0DX20HK701               msstore
Windows Terminal Microsoft.WindowsTerminal winget

C:¥Work>Winget Install --id Microsoft.WindowsTerminal
見つかりました Windows Terminal [Microsoft.WindowsTerminal] バージョン 1.15.2874.0
このアプリケーションは所有者からライセンス供与されます。
Microsoft はサードパーティのパッケージに対して責任を負わず、ライセンスも付与しません。
インストーラーハッシュが正常に検証されました
パッケージのインストールを開始しています...
                                                      100%
インストールが完了しました
```

■ コマンドの働き

「Winget Install」コマンドは、パッケージをインストールする。

Winget List——インストールされたパッケージを表示する

`10` `11`

構文

Winget List [[{-q | --query}] クエリ] [ソース指定] [フィルタ指定]

実行例

インストールされている PowerShellのパッケージ情報を表示する。

```
C:¥Work>Winget List PowerShell
名前                ID                      バージョン 利用可能 ソース
-------------------------------------------------------------------------
PowerShell 7-x64    Microsoft.PowerShell    7.0.3.0   7.3.0.0 winget
Windows ターミナル Microsoft.WindowsTerminal 1.15.2875.0       winget
```

■ コマンドの働き

「Winget List」コマンドは、システムにインストールされているパッケージの情報を表示する。利用可能な上位バージョン（更新プログラム）がある場合は、そのバージョン情報も表示する。

5

オープンソース編

461

■ Winget Search──パッケージを検索する

`10` `11`

構文
Winget Search [[{-q | --query}] クエリ] [ソース指定] [フィルタ指定]

実行例

Edgeのパッケージ情報を表示する。

```
C:¥Work>Winget Search --id Edge
名前                              ID                              バージョン   ソース
-----------------------------------------------------------------------------------
WasmEdge                         WasmEdge.WasmEdge                0.10.0      winget
Electron Cash SLP                SimpleLedger.ElectronCashSLP     3.6.6       winget
  (以下略)
```

■ コマンドの働き

「Winget Search」コマンドは、インストールソースからパッケージの情報を検索する。

■ Winget Settings──Wingetコマンドの設定を編集する

`10` `11`

構文
Winget Settings [[{-enable | --disable}] LocalManifestFiles]

■ スイッチとオプション

[{-enable | --disable}] LocalManifestFiles
　　管理者設定を有効(--enable)または無効(--disable)に設定する。 `UAC`

実行例

管理者設定を有効にする。この操作には管理者権限が必要。

```
C:¥Work¥>Winget Settings --enable LocalManifestFiles
管理者設定が有効になりました。
```

■ コマンドの働き

「Winget Settings」コマンドは、拡張子.jsonに関連付けられたアプリケーションを開いて、Wingetコマンドの設定ファイルSettings.jsonを編集する。

Settings.jsonファイルは、既定では次のフォルダにある。

● %LocalAppData¥Packages¥Microsoft.DesktopAppInstaller_8wekyb3d8bbwe¥LocalState

Winget Show——パッケージの詳細情報を表示する

`10` `11`

構文

Winget Show [[{-q | --query}] クエリ] [ソース指定] [フィルタ指定]

実行例

Edge のパッケージ情報を表示する。

```
C:¥Work>Winget Show Edge
見つかりました Microsoft Edge Browser [XPFFTQ037JWMHS]
バージョン: 106.0.1370.47
公開元: Microsoft Corporation
発行元 URL: https://www.microsoft.com/edge
発行元のサポート URL: https://support.microsoft.com/microsoft-edge
説明: Microsoft Edge は、Windows 10 で最高のパフォーマンスを発揮するブラウザーです。
Microsoft Edge には、ブラウジング をより快適にするツールが組み込まれています。そのた
め、作業をスムーズに進めたり、お買い物で大きく節約できたり、オンラインでより安全に利
用することができます。
ライセンス: https://www.microsoft.com/edge

プライバシー URL: https://microsoftedgewelcome.microsoft.com/privacy
著作権: ms-windows-store://pdp/?ProductId=XPFFTQ037JWMHS
契約:
Category: Productivity
Pricing: Free
Free Trial: No
Terms of Transaction: https://aka.ms/microsoft-store-terms-of-transaction
Seizure Warning: https://aka.ms/microsoft-store-seizure-warning
Store License Terms: https://aka.ms/microsoft-store-license
インストーラー:
  種類: exe
  ロケール: ja
  ダウンロード URL: https://msedgesetup.azureedge.net/products/msedgeupdate-stable-
win-x86/1.3.151.27/MicrosoftEdgeUpdateSetup_X86_1.3.151.27.exe
  SHA256: 8874fb15d446396d1740a3ed90a4643de9ba982d6fdfd61282d75e81efcc415b
```

■ コマンドの働き

「Winget Show」コマンドは、インストールされたアプリケーションパッケージの詳細
情報を表示する。

 Winget Source——パッケージのインストールソースを管理する

`10` `11`

構文1 インストールソースを追加する

Winget Source Add [{-n | --name}] ソース名 [[{-a | --arg}] パラメータ]
[[{-t | --type}] 種別] [--header] [--accept-source-agreements]

5

オープンソース編

463

Winget Source {List | Update | Remove | Export} [[{-n | --name}] ソース名] [--force]

■ スイッチとオプション

[{-n | --name}] ソース名
操作対象のインストールソースを指定する。

[{-a | --arg}] パラメータ
インストールソースの使用時に必要なパラメータを指定する。

[{-t | --type}] 種別
インストールソースの種別を指定する。

--header
Windows-Package-Manager RESTソース（非公式ソース）を使用する際に、オプションのHTTPヘッダを指定する。

--accept-source-agreements
ソース契約条件に同意する。

--force
「Winget Source Remove」コマンドにおいて、強制的にリセットする。

実行例

現在のインストールソースを表示する。

```
C:\Work>Winget Source List
名前    引数
----------------------------------------------------
msstore https://storeedgefd.dsx.mp.microsoft.com/v9.0
winget  https://cdn.winget.microsoft.com/cache
```

■ コマンドの働き

「Winget Source」コマンドは、インストールソースを管理する。既定ではmsstoreとwingetだけ使用できるが、他のインストールソースも使用できる。

■■ Winget Uninstall──パッケージを削除する

10 11

構文

Winget Uninstall [[{-q | --query}] クエリ] [ソース指定] [フィルタ指定] [削除設定]

■ スイッチとオプション

削除設定
パッケージの削除設定を指定する。文字列にスペースを含む場合はダブルクォートで

括る必要がある。

削除設定	説明
{-i | --interactive}	対話形式で削除する
{-h | --silent}	ユーザー操作なしで削除する
--force	インストーラのハッシュのチェックを上書きする
--purge	パッケージフォルダ内のファイルを削除する
--preserve	パッケージフォルダ内のファイルを削除しない
{-o | --log} *ログファイル名*	ログファイル名を指定する

実行例

Windows Terminal を削除する。

```
C:\Work>Winget Uninstall "Windows Terminal"
見つかりました Windows Terminal [Microsoft.WindowsTerminal]
パッケージのアンインストールを開始しています...
                                                    100%
正常にアンインストールされました
```

■ コマンドの働き

「Winget Uninstall」コマンドは、インストールされているアプリケーションパッケージ
を削除する。

■ Winget Upgrade──パッケージを更新する

`10` `11`

構文

Winget Upgrade [[{-q \| --query}] *クエリ*] [*ソース指定*] [*フィルタ指定*] [*更新
設定*]

■ スイッチとオプション

更新設定

パッケージの更新設定を指定する。文字列にスペースを含む場合はダブルクォートで
括る必要がある。

更新設定	説明
{-i | --interactive}	対話形式で削除する
{-h | --silent}	ユーザー操作なしで削除する
--purge	パッケージフォルダ内のファイルを削除する
{-o | --log} *ログファイル名*	ログファイル名を指定する
--override *パラメータ*	インストーラに渡すパラメータを設定する
{-l | --location} *フォルダ名*	インストール先のフォルダ名を指定する
{-o | --log} *ログファイル名*	ログファイル名を指定する
--force	インストーラのハッシュのチェックを上書きする

5

オープンソース編

465

前ページよりの続き

--accept-package-agreements	使用許諾契約に同意する
--all	インストールされているすべてのパッケージを更新する
--include-unknown	バージョンを特定できない場合でも更新する

実行例

PowerShell を更新する。

```
C:¥Work>Winget List PowerShell
名前                ID                        バージョン  利用可能 ソース
--------------------------------------------------------------------------------
PowerShell 7-x64   Microsoft.PowerShell       7.0.3.0      7.3.0.0  winget
Windows ターミナル Microsoft.WindowsTerminal 1.15.2875.0           winget

C:¥Work>Winget Upgrade PowerShell
見つかりました PowerShell [Microsoft.PowerShell] バージョン 7.3.0.0
このアプリケーションは所有者からライセンス供与されます。
Microsoft はサードパーティのパッケージに対して責任を負わず、ライセンスも付与しません。
インストーラーハッシュが正常に検証されました
パッケージのインストールを開始しています...
インストールが完了しました

C:¥Work>Winget List PowerShell
名前                ID                        バージョン  ソース
--------------------------------------------------------------------------------
PowerShell 7-x64   Microsoft.PowerShell       7.3.0.0     winget
Windows ターミナル Microsoft.WindowsTerminal 1.15.2875.0 winget
```

■ **コマンドの働き**

「Winget Upgrade」コマンドは、インストールされているアプリケーションパッケージを更新する。

Winget Validate──マニフェストを検証する

`10` `11`

構文

Winget Validate [--manifest] マニフェスト

■ **スイッチとオプション**

[--manifest] マニフェスト
　　検証するマニフェストファイルを指定する。

■ **コマンドの働き**

「Winget Validate」コマンドは、パッケージのマニフェストファイルを検証する。

OpenSSH コマンド

SSH(Secure Shell)はファイル転送やコマンド実行などの通信を暗号化して保護する技術で、そのうち OpenSSH(OpenBSD Secure Shell)関連のコマンドが Windows 10 1803 以降と Windows Server 2019 以降、Windows 11 に搭載されている。

OpenSSH クライアントは標準搭載で、ssh サーバはオプション機能としてインストール可能。

■ マニュアル

- Windows 用 OpenSSH の概要
  https://learn.microsoft.com/ja-jp/windows-server/administration/openssh/openssh_overview
- OpenSSH
  https://www.openssh.com/
- OpenBSD manual pages
  https://man.openbsd.org/

scp.exe   安全なファイルコピー

`10` `2019` `2022` `11`

構文

scp [コピーオプション] [-c 暗号化アルゴリズム] [-F 設定ファイル名] [-i 秘密鍵ファイル名] [-J 経由] [-l 帯域制限] [-o オプション名=設定値] [-P ポート番号] [-S アプリケーション名] 送り元ファイル名 宛先ファイル名

■ スイッチとオプション

■ コピーオプション

ハイフン(-)に続いて次のいずれか、または複数のオプションを指定する。「-BC」のようにまとめて記述することもできる。

コピーオプション	説明
3	リモートホスト間のコピーにローカルホストを経由する。既定値は経由しない
4	IPv4 を使用する
6	IPv6 を使用する
B	バッチモードを使用する
C	圧縮を有効にする
p	コピー元の変更日時やアクセス日時などの情報を保存する

5

オープンソース編

q	表示を抑制する
r	フォルダを再帰的に複製する
T	ファイル名の厳密なチェックをしない
v	詳細情報を表示する

-c 暗号化アルゴリズム

使用可能な暗号化アルゴリズムとして、次のいずれかを1つ以上カンマで区切って指定する。

- 3des-cbc
- aes128-cbc
- aes192-cbc
- aes256-cbc
- aes128-ctr（既定値）
- aes192-ctr（既定値）
- aes256-ctr（既定値）
- aes128-gcm@openssh.com（既定値）
- aes256-gcm@openssh.com（既定値）
- chacha20-poly1305@openssh.com（既定値）

-F 設定ファイル名

既定の設定ファイル（%UserProfile%¥.ssh¥config または %ProgramData%¥ssh¥ssh_config）とは異なる設定ファイルを使用する場合に、ファイル名を指定する。

-i 秘密鍵ファイル名

公開鍵認証を使用する場合、秘密鍵を保存したファイル名を指定する。

-J 経由

1つ以上のホスト（ジャンプホスト）を経由して最終的なコピー先サーバに接続する場合、「[ユーザー名]@ホスト名[:ポート番号]」の形式で、カンマで区切ってジャンプホストを列挙する。使用するホストと認証情報を設定ファイルに記述しておくと、ジャンプホストの指定が簡単になる。

-l 帯域制限

コピーに使用する帯域の上限を、Kbit/秒で指定する。

-o オプション名=設定値

scpコマンドのスイッチとオプションにない設定を変更したい場合に、SSHオプション名と設定値を指定する。Windows版でサポートされないオプションの情報は、次の技術情報を参照。

- OpenSSH Server configuration for Windows Server and Windows
  https://learn.microsoft.com/en-us/windows-server/administration/openssh/openssh_server_configuration

-P ポート番号

接続先ポート番号を指定する。

-S アプリケーション名

暗号化した通信にssh以外を使用する場合、sshに代わるアプリケーション名を指定する。

送り元ファイル名

送信するローカルのファイル名を指定する。

宛先ファイル名

リモートホスト上のファイル名またはフォルダ名を、次のいずれかの形式で指定する。SSHサーバがWindowsの場合、ファイル名を省略すると%UserProfile%直下にファイルをコピーする。

・[ユーザー名@]ホスト名:[ファイル名]
・scp://[ユーザー名@]ホスト名[:ポート番号][/ファイル名]

実行例

sv2上のC:¥Workフォルダに、「Test?.bat」に該当するファイルをコピーする。

```
C:¥Work>scp Test?.bat sv2:C:¥Work
example¥user1@sv2's password:
Test1.bat                                100%  169     0.2KB/s   00:00
Test2.bat                                100%  241     0.2KB/s   00:00
```

コマンドの働き

scpコマンドは、sshを通じて暗号化された通信を使って、SSHサーバにファイルをコピーする。

初めて接続するSSHサーバは、%UserProfile%¥.ssh¥known_hostsファイルに記録される。スイッチとオプションをすべて省略して実行すると、ヘルプを表示する。多くのスイッチとオプションがsshコマンドに渡されるが、Windows版sshコマンドが対応していない場合は使用できない。

sftp.exe

安全なファイル転送

10 | 2019 | 2022 | 11

構文

sftp [*転送オプション*] [-B *バッファサイズ*] [-b *ファイル名*] [-c *暗号化アルゴリズム*] [-D *コマンド*] [-F *設定ファイル名*] [-i *秘密鍵ファイル名*] [-J *経由*] [-l *帯域制限*] [-o *オプション名=設定値*] [-P *ポート番号*] [-R *同時リクエスト数*] [-S *アプリケーション名*] [-s {*サブシステム* | *sftpサーバ*}] *接続先*

スイッチとオプション

■ 転送オプション

ハイフン(-)に続いて次のいずれか、または複数のオプションを指定する。「-aC」のようにまとめて記述することもできる。

転送オプション	説明
4	IPv4を使用する
6	IPv6を使用する
a	中断された転送を続行する

C	圧縮を有効にする
f	転送後にファイルをフラッシュする
p	コピー元の変更日時やアクセス日時などの情報を保存する
q	表示を抑制する
r	フォルダを再帰的に複製する
v	詳細情報を表示する

-B バッファサイズ

ファイル転送に使用するバッファサイズ（バイト）を指定する。既定値は32,768バイト。

-b ファイル名

ファイル転送手順を記述したテキストファイルを指定して、バッチ実行モードで転送する。-bスイッチを省略すると、サブコマンドを逐次実行する対話モードで起動する。

-c 暗号化アルゴリズム

使用可能な暗号化アルゴリズムとして、次のいずれかを1つ以上カンマで区切って指定する。

- ・3des-cbc
- ・aes128-cbc
- ・aes192-cbc
- ・aes256-cbc
- ・aes128-ctr（既定値）
- ・aes192-ctr（既定値）
- ・aes256-ctr（既定値）
- ・aes128-gcm@openssh.com（既定値）
- ・aes256-gcm@openssh.com（既定値）
- ・chacha20-poly1305@openssh.com（既定値）

-D コマンド

ssh経由ではなくローカルsftpサーバに接続して転送を実行する際に、ローカルsftpサーバに渡すコマンドを指定する。

-F 設定ファイル名

既定の設定ファイル（%UserProfile%¥.ssh¥config または %ProgramData%¥ssh¥ssh_config）とは異なる設定ファイルを使用する場合に、ファイル名を指定する。

-i 秘密鍵ファイル名

公開鍵認証を使用する場合、秘密鍵を保存したファイル名を指定する。

-J 経由

1つ以上のホスト（ジャンプホスト）を経由して最終的なコピー先サーバに接続する場合、「[ユーザー名]@ホスト名[:ポート番号]」の形式で、カンマで区切ってジャンプホストを列挙する。使用するホストと認証情報を設定ファイルに記述しておくと、ジャンプホストの指定が簡単になる。

-l 帯域制限

コピーに使用する帯域の上限を、Kbit/秒で指定する。

-o オプション名=設定値

scpコマンドのスイッチとオプションにない設定を変更したい場合に、SSHオプション名と設定値を指定する。Windows版でサポートされないオプションの情報は、次の技術情報を参照。

- ・OpenSSH Server configuration for Windows Server and Windows

https://learn.microsoft.com/en-us/windows-server/administration/openssh/
openssh_server_configuration

-P ポート番号

接続先ポート番号を指定する。

-R 同時リクエスト数

同時に実行するリクエストの最大数を指定する。

-S アプリケーション名

暗号化した通信に ssh 以外を使用する場合、ssh に代わるアプリケーション名を指定する。

-s { サブシステム | sftp サーバ}

SSH2 のサブシステム、またはリモートホストの sftp サーバへのパスを指定する。

接続先

リモートホスト上のファイル名またはフォルダ名を、次のいずれかの形式で指定する。
SSH サーバが Windows の場合、ファイル名を省略すると %UserProfile% 直下にファイルをコピーする。

・[ユーザー名@]ホスト名:[ファイル名]

・sftp://[ユーザー名@]ホスト名[:ポート番号][/ファイル名]

▐ サブコマンド

sftp コマンドでは、次のサブコマンドを使ってファイル転送処理を実行する。サブコマンドは大文字と小文字を区別しない。対話モードでサブコマンドだけ入力すると、必要なオプションのプロンプトを表示する。

■ セッションを制御するサブコマンド

サブコマンド	説明
{bye | exit | quit}	sftp セッションを切断し、sftp コマンドも終了する

■ ディレクトリ(フォルダ)操作のためのサブコマンド

サブコマンド	説明
cd リモートディレクトリ	sftp サーバ上のカレントディレクトリを変更する
pwd	sftp サーバ上のカレントディレクトリを表示する
lcd ローカルディレクトリ	ローカルのカレントディレクトリを変更する
lpwd	ローカルのカレントディレクトリを表示する
{dir | ls} [表示オプション] [リモートファイル]	sftp サーバ上のディレクトリやファイルを表示する。次の表示オプションを「-hl」のように組み合わせて指定できる。 ・-1——1 列で表示する ・-a——ピリオド (.) で始まるファイルを表示する ・-f——整列しない ・-h——サイズを単位に換算して表示する ・-l——パーミッションとオーナー情報を表示する ・-n——ユーザーとグループ情報を表示する ・-r——逆順に整列する ・-S——ファイルサイズの大きい順に整列する ・-t——更新日順に整列する

前ページよりの続き

lls [*ls*コマンドオプション] [*ローカルファイル*]	ローカルのディレクトリやファイルを表示する。Windows では ls コマンドオプションは使用できない
mkdir *リモートディレクトリ*	sftp サーバにディレクトリを作成する
lmkdir *ローカルディレクトリ*	ローカルにディレクトリを作成する
rmdir *リモートディレクトリ*	sftp サーバ上のディレクトリを削除する

■ ファイル操作のためのサブコマンド

サブコマンド	説明
cd *リモートディレクトリ*	sftp サーバ上のカレントディレクトリを変更する
pwd	sftp サーバ上のカレントディレクトリを表示する
lcd *ローカルディレクトリ*	ローカルのカレントディレクトリを変更する
lpwd	ローカルのカレントディレクトリを表示する
{dir | ls} [*表示オプション*] [*リモートファイル*]	sftp サーバ上のディレクトリやファイルを表示する。次の表示オプションを「-hl」のように組み合わせて指定できる。 ・-1──1 列で表示する ・-a──ピリオド（.）で始まるファイルを表示する ・-f──整列しない ・-h──サイズを単位に換算して表示する ・-l──パーミッションとオーナー情報を表示する ・-n──ユーザーとグループ情報を表示する ・-r──逆順に整列する ・-S──ファイルサイズの大きい順に整列する ・-t──更新日順に整列する
lls [*ls*コマンドオプション] [*ローカルファイル*]	ローカルのディレクトリやファイルを表示する。Windows では ls コマンドオプションは使用できない
mkdir *リモートディレクトリ*	sftp サーバにディレクトリを作成する
lmkdir *ローカルディレクトリ*	ローカルにディレクトリを作成する
rmdir *リモートディレクトリ*	sftp サーバ上のディレクトリを削除する
chgrp [-h] *グループID リモートファイル*	sftp サーバ上のファイルのグループ属性を変更する。-h オプションを指定すると、シンボリックリンクは対象外にする
chmod [-h] *パーミッション リモートファイル*	sftp サーバ上のファイルのパーミッション属性を変更する。-h オプションを指定すると、シンボリックリンクは対象外にする
chown [-h] *ユーザーID リモートファイル*	sftp サーバ上のファイルの所有者属性を変更する。-h オプションを指定すると、シンボリックリンクは対象外にする
ln [-s] *リンク名 ターゲット名*	リンク名に対してターゲット名でハードリンクを作成する。-s オプションを指定するとシンボリックリンクを作成する
lumask umask	ローカルの umask を変更する
rename *旧リモートファイル名 新リモートファイル名*	sftp サーバ上のファイル名を変更する
rm *ファイル名*	sftp サーバ上のファイルを削除する
symlin *リンク名 ターゲット名*	リンク名に対してターゲット名でシンボリックリンクを作成する

■ 転送操作のためのサブコマンド

サブコマンド	説明
get [転送オプション] リモートファイル [ローカルファイル]	ファイルを受信する。ワイルドカードなどのパターンマッチングを利用できる。受信したファイル名を変更する場合はローカルファイルを指定する。次の転送オプションを「-pR」のように組み合わせて指定できる。 ・-a――中断された転送を続行する ・-f――転送後、ローカルに fsync 要求を送信してキャッシュをフラッシュする ・-p――パーミッションとアクセス日時をコピーする ・-R――ディレクトリを再帰的にコピーする
put [転送オプション] ローカルファイル [リモートファイル]	ファイルを送信する。ワイルドカードなどのパターンマッチングを利用できる。送信したファイル名を変更する場合はリモートファイルを指定する。次の転送オプションを「-pR」のように組み合わせて指定できる。 ・-a――中断された転送を続行する ・-f――転送後、ローカルに fsync 要求を送信してキャッシュをフラッシュする ・-p――パーミッションとアクセス日時をコピーする ・-R――ディレクトリを再帰的にコピーする
reget [転送オプション] リモートファイル [ローカルファイル]	-a オプションを指定した get コマンド
reput [転送オプション] ローカルファイル [リモートファイル]	-a オプションを指定した put コマンド

■ その他のサブコマンド

サブコマンド	説明
![コマンド]	sftp コマンドを中断して一時的にコマンドプロンプトに戻り、コマンドを実行する。再度 sftp コマンドに戻るには、Exit コマンドを実行する
{help | ?}	sftp コマンドのヘルプを表示する
df [-h] [-i] [ローカルディレクトリ]	ローカルのディレクトリのファイルシステム情報を表示する。次の表示オプションを指定できる。 ・-h――サイズを単位に換算して表示する ・-i――i ノード情報を表示する
version	sftp プロトコルのバージョン情報を表示する

■ モード設定トグルスイッチ

以下のスイッチはトグルスイッチになっており、実行するたびにオンとオフが切り替わる。

トグルスイッチ	説明
progress	進捗を表示する。既定値はオン

実行例

sv2 上の %UserProfile% フォルダに、「Test*.bat」に該当するファイルを送信する。

```
C:¥Work>sftp sv2
example¥user1@sv2's password:
Connected to sv2.
sftp> put Test*.bat
```

5

オープンソース編

473

```
Uploading Test1.bat to /C:/Users/user1/Test1.bat
Test1.bat                                            100%  169    0.2KB/s   00:00
Uploading Test2.bat to /C:/Users/user1/Test2.bat
Test2.bat                                            100%  241    0.2KB/s   00:00
sftp> exit
```

■ コマンドの働き

sftpコマンドは、sshを通じて暗号化された通信を使って、sftpサーバにファイルを転送する。スイッチとオプションをすべて省略して実行すると、ヘルプを表示する。多くのスイッチとオプションがsshコマンドに渡されるが、Windows版sshコマンドが対応していない場合は使用できない。

---

ssh.exe   リモートログインクライアント

【 10 | 2019 | 2022 | 11 】

構文

ssh [*通信オプション*] [-B *インターフェイス名*] [-b *IPアドレス*] [-c *暗号化アルゴリズム*] [-D [*IPアドレス:*]*ポート番号*] [-E *ファイル名*] [-e *エスケープ文字*] [-F *設定ファイル名*] [-I *ファイル名*] [-i *秘密鍵ファイル名*] [-J *経由*] [-L *ポート転送*] [-l *ユーザー名*] [-m *メッセージ認証コード*] [-O *多重化コマンド*] [-o *オプション名=設定値*] [-p *ポート番号*] [-Q *クエリ*] [-R *ポート転送*] [-S *コントロールパス*] [-W *ホスト名:ポート番号*] [-w *ローカルトンネル*[:*リモートトンネル*]] *接続先* [*コマンド*]

■ スイッチとオプション

■ 通信オプション

ハイフン(-)に続いて次のいずれか、または複数のオプションを指定する。「-AC」のようにまとめて記述することもできる。

通信オプション	説明
4	IPv4 を使用する
6	IPv6 を使用する
A	ssh_agent などの認証エージェントの転送を有効にする
a	ssh_agent などの認証エージェントの転送を無効にする
C	圧縮を有効にする
f	コマンドを実行する前にバックグラウンドに移行する
G	設定を表示して終了する
g	リモートホストがローカルの転送ポートに接続することを許可する
K	GSSAPI 資格情報を使った認証と転送を有効にする
k	GSSAPI 資格情報の転送を無効にする
M	接続多重化の際に ssh クライアントをマスターモードにする
N	リモートコマンドを実行しない
n	標準入力をリダイレクトして、標準入力から読み込まないようにする

q	表示を抑制する
s	リモートホスト上でサブシステムの実行を要求する
T	仮想端末の割り当てを無効にする
t	仮想端末を強制的に割り当てる
V	バージョン情報を表示して終了する
v	詳細情報を表示する
X	X11 の転送を有効にする
x	X11 の転送を無効にする
Y	信頼された X11 の転送を有効にする
y	ログ情報を syslog に送信する

-B インターフェイス名

　　送信元のインターフェイス名を指定する。

-b IPアドレス

　　送信元のIPアドレスを指定する。

-c 暗号化アルゴリズム

　　使用可能な暗号化アルゴリズムとして、次のいずれかを1つ以上カンマで区切って指
　　定する。

　　・3des-cbc
　　・aes128-cbc
　　・aes192-cbc
　　・aes256-cbc
　　・aes128-ctr(既定値)
　　・aes192-ctr(既定値)
　　・aes256-ctr(既定値)
　　・aes128-gcm@openssh.com(既定値)
　　・aes256-gcm@openssh.com(既定値)
　　・chacha20-poly1305@openssh.com(既定値)

-D [IPアドレス:]ポート番号

　　動的ポート転送を使用する場合、IPアドレスとポート番号を指定する。

-E ファイル名

　　デバッグログの出力先ファイル名を指定する。

-e エスケープ文字

　　特殊なコマンド(エスケープシーケンス)を送信する際に、行頭に入力する文字を指定
　　する。既定値はチルダ(~)。次のエスケープシーケンスが定義されている。

エスケープシーケンス	説明
~.	接続を終了する
~B	BREAK 信号を送信する
~C	コマンドラインを開始する
~R	接続で使用する暗号鍵を変更する
~V	出力情報の詳細レベルを下げる
~v	出力情報の詳細レベルを上げる
~^Z	ssh をサスペンドする
~#	転送された接続を表示する

5

オープンソース編

475

前ページよりの続き

~&	ssh をバックグラウンドに移す
~?	エスケープシーケンスのヘルプを表示する
~~	エスケープ文字を 2 回入力することで、その文字を使用する

-F 設定ファイル名

既定の設定ファイル（%UserProfile%¥.ssh¥config または %ProgramData%¥ssh¥ssh_config）とは異なる設定ファイルを使用する場合に、ファイル名を指定する。

-I ファイル名

スマートカードなどで認証する際に、PKCS#11 ライブラリファイル名を指定する。

-i 秘密鍵ファイル名

公開鍵認証を使用する場合、秘密鍵を保存したファイル名を指定する。

-J 経由

1つ以上のホスト（ジャンプホスト）を経由して最終的なコピー先サーバに接続する場合、「[ユーザー名]@ホスト名[:ポート番号]」の形式で、カンマで区切ってジャンプホストを列挙する。使用するホストと認証情報を設定ファイルに記述しておくと、ジャンプホストの指定が簡単になる。

-L ポート転送

ローカルからリモートホストにポート転送する場合、次のいずれかの形式で転送元と転送先を指定する。

- ・[送信元IPアドレス:]ポート番号:ホスト名:ポート番号
- ・[送信元IPアドレス:]ポート番号:リモートソケット
- ・ローカルソケット:ホスト名:ポート番号
- ・ローカルソケット:リモートソケット

-l ユーザー名

SSHサーバにログイン（ログオン）する際のユーザー名を指定する。

-m メッセージ認証コード

メッセージ認証コード（MAC：Message Authentication Code）を使用する場合、カンマで区切って指定する。

-O 多重化コマンド

sshの接続を多重化する際に、次のいずれかのコマンドを指定して接続を制御する。

コマンド	説明
check	マスター接続の状態を確認する
forward	コマンド実行なしで転送を要求する
cancel	転送をキャンセルする
exit	多重化した接続を終了する
stop	これ以上の多重化を受け付けない

-o オプション名=設定値

scpコマンドのスイッチとオプションにない設定を変更したい場合に、SSHオプション名と設定値を指定する。Windows版でサポートされないオプションの情報は、次の技術情報を参照。

- ・OpenSSH Server configuration for Windows Server and Windows
  https://learn.microsoft.com/en-us/windows-server/administration/openssh/openssh_server_configuration

5

オープンソース編

476

-p ポート番号

接続先ポート番号を指定する。

-Q クエリ

sshコマンドで使用可能な認証方式などの情報を表示する。クエリには次のいずれか
を指定する。

クエリ	説明
cipher	サポートする暗号化アルゴリズム
cipher-auth	認証に使用可能な暗号化アルゴリズム
help	クエリのヘルプ
kex	鍵交換アルゴリズム
key	鍵のタイプ
key-cert	証明書の鍵のタイプ
key-plain	証明書以外の鍵のタイプ
mac	サポートするメッセージ認証コード
protocol-version	サポートする SSH プロトコルバージョン
sig	サポートする署名アルゴリズム

-R ポート転送

リモートホストからローカルにポート転送する場合、次のいずれかの形式で転送元と
転送先を指定する。

・[送信元IPアドレス:]ポート番号:ホスト名:ポート番号
・[送信元IPアドレス:]ポート番号:リモートソケット
・ローカルソケット:ホスト名:ポート番号
・ローカルソケット:リモートソケット

-S コントロールパス

接続を多重化する際の制御ソケットのパスを指定する。

-W ホスト名:ポート番号

標準入出力を、指定したホストのポートに転送する。

-w ローカルトンネル[:リモートトンネル]

トンネルデバイスを使用する場合、ローカルとリモートのトンネルIDまたはanyを
指定する。既定値は「any:any」。

接続先

接続するSSHサーバを次のいずれかの形式で指定する。

・[ユーザー名@]ホスト名
・ssh://[ユーザー名@]ホスト名[:ポート番号]

コマンド

リモートホストで実行するコマンドラインを指定する。

実行例

sv2にsshで接続する。

```
C:\Work>ssh User1@sv2
User1@sv2's password:

Microsoft Windows [Version 10.0.20348.1070]
```

```
(c) Microsoft Corporation. All rights reserved.

example¥user1@SV2 C:¥Users¥user1>
```

コマンドの働き

sshコマンドは、暗号化された通信を使ってSSHサーバに接続し、SSHサーバ上でコマンドを実行する。スイッチとオプションをすべて省略して実行すると、ヘルプを表示する。-Bや-bオプションなど、ヘルプに表示されるスイッチとオプションでも、Windows環境では使用できないことがある。

SSHサーバ側で起動するコマンドプロセッサの既定値はコマンドプロンプト（Cmd.exe）だが、SSHサーバで次のレジストリを設定することで、PowerShellなどに変更できる。

- キーのパス――HKEY_LOCAL_MACHINE¥SOFTWARE¥OpenSSH
- 値の名前――DefaultShell
- データ型――REG_SZ
- 設定値――コマンドプロセッサのパス（C:¥Windows¥System32¥WindowsPowerShell¥v1.0¥powershell.exeなど）

ssh-add.exe　　認証エージェントに秘密鍵を追加する

`10` `2019` `2022` `11`

構文

ssh-add [*鍵操作オプション*] [*制限値*] [-E {md5 | sha256}] [-H *ホストキーファイル名*] [-h *ホスト制限*] [-S *プロバイダ*] [-t *有効期間*] [*ファイル名*]

スイッチとオプション

鍵操作オプション

ハイフン(-)に続いて次のいずれか、または複数のオプションを指定する。

鍵操作オプション	説明
c	追加された鍵を認証に使う前に確認する
d	指定された鍵を削除する
D	すべての鍵を削除する
e	ファイル名に PKCS#11 ライブラリファイル名を指定して、鍵を削除する
l	ssh-agent が保持する鍵の指紋（fingerprint）を表示する
L	ssh-agent が保持する公開鍵を表示する
m	XMSS（eXtended Merkle Signature Scheme）で、MaxSign は残りが制限値未満の場合にだけ変更されるようにする
M	許可される署名の制限値（MaxSign、最大数）を指定する
s	ファイル名に PKCS#11 ライブラリファイル名を指定して、鍵を追加する
x	ssh-agent をパスワードでロックする
X	ssh-agent のロックを解除する

T	公開鍵ファイルをスペースで区切って1つ以上指定して、ファイル内の公開鍵情報が有効かテストする

-E {md5 | sha256}

ハッシュアルゴリズムとしてmd5またはsha256を指定する。既定値はsha256。

-H ホストキーファイル名

known_hostsファイルを指定する。known_hostsファイルにはSSHサーバの公開鍵情報が含まれており、SSHサーバに初めて接続した際に、既定では%UserProfile%¥.sshに作成される。

-h ホスト制限

接続先SSHサーバを制限する際に、「[ユーザー名@]ホスト名」の形式で指定する。

-t 有効期間

鍵の有効期間を秒、または数字と次の文字を組み合わせて「14d」のように指定する。

時間の表現	説明
なし	秒
{s | S}	秒
{m | M}	分
{h | H}	時間
{d | D}	日
{w | W}	週

-S プロバイダ

FIDO（Fast Identity Online）で認証する際に、ライブラリファイル名を指定する。

ファイル名

操作対象の秘密鍵ファイル名を指定する。省略すると%UserProfile%¥.sshフォルダにある秘密鍵ファイルを使用する。

実行例

ssh-agentに秘密鍵を登録する。パスフレーズの入力が必要。

```
C:¥Work>ssh-add %UserProfile%¥.ssh¥id_ed25519
Enter passphrase for C:¥Users¥user1¥.ssh¥id_ed25519:
Identity added: C:¥Users¥user1¥.ssh¥id_ed25519 (example¥user1@cl1)

C:¥Work>ssh-add -l
256 SHA256:GwRRK9n/F3AB9vv3nC5/gN1iA+7MBsqBgcQX/DEYZSk example¥user1@cl1 (ED25519)
```

コマンドの働き

ssh-addコマンドは、認証で秘密鍵が必要になった際に、代理でsshクライアントに秘密鍵を渡す。無効なスイッチとオプションを指定するとヘルプを表示する。

ssh-agent.exe

`10` `2019` `2022` `11`

構文

ssh-agent [-d]

スイッチとオプション

-d

デバッグモードで実行する。各種情報を標準出力に書き出す。

実行例

ssh-agentを使用してsshサーバにパスワードなしで接続可能にするには、次の手順を
実行する。

1. [クライアント側]秘密鍵と公開鍵のファイルを生成する

```
C:¥Work>ssh-keygen -t ed25519
Generating public/private ed25519 key pair.
Enter file in which to save the key (C:¥Users¥user1/.ssh/id_ed25519):
Enter passphrase (empty for no passphrase):
Enter same passphrase again:
Your identification has been saved in C:¥Users¥user1/.ssh/id_ed25519.
Your public key has been saved in C:¥Users¥user1/.ssh/id_ed25519.pub.
The key fingerprint is:
SHA256:94XwE177lFVg8UujmcFsLGlmhP2rICtol0PR9uLOkyQ example¥user1@cl1
The key's randomart image is:
+--[ED25519 256]--+
|          o.  +o.|
|          ...=. ..|
|       .  .*o*.oo|
|      . o  ++o=*.=|
|       o S . =++o.|
|      E + + . + o |
|       o = = . o  .|
|       o =.=   .   |
|       . . +o.     |
+----[SHA256]-----+
```

2. [クライアント側]ssh-agentサービスを有効化して開始する(この操作には管理者権限
が必要)

```
C:¥Work>Sc Config ssh-agent Start= Auto
[SC] ChangeServiceConfig SUCCESS

C:¥Work>Sc Start ssh-agent
```

```
SERVICE_NAME: ssh-agent
        TYPE               : 10  WIN32_OWN_PROCESS
        STATE              : 2   START_PENDING
                                 (NOT_STOPPABLE, NOT_PAUSABLE, IGNORES_SHUTDOWN)
        WIN32_EXIT_CODE    : 0   (0x0)
        SERVICE_EXIT_CODE  : 0   (0x0)
        CHECKPOINT         : 0x0
        WAIT_HINT          : 0x7d0
        PID                : 6984
        FLAGS              :
```

3. ［クライアント側］ssh-agentに秘密鍵を登録する

```
C:¥Work>ssh-add %UserProfile%¥.ssh¥id_ed25519
Enter passphrase for C:¥Users¥user1¥.ssh¥id_ed25519:
Identity added: C:¥Users¥user1¥.ssh¥id_ed25519 (example¥user1@cl1)
```

4. ［sshサーバ側］公開鍵を登録する

   クライアントの %UserProfile%¥.ssh¥id_ed25519.pub ファイルの内容を、sshサー
   バのファイルに登録する。登録先のファイル名は、接続に使用するユーザーアカウント
   がsshサーバのAdministratorsグループに所属しているか否かで異なる。

   ● Administratorsグループに所属している場合――%ProgramData%¥ssh¥administr
     ators_authorized_keys
   ● Administratorsグループ以外の場合――%UserProfile%¥.ssh¥authorized_keys

5. ［sshサーバ側］administrators_authorized_keysファイルを保護する
   administrators_authorized_keysファイルを編集した場合は、次のコマンドを実行し
   てAdministratorsグループとSYSTEMにだけフルコントロールのアクセス許可を与え
   て保護する。

```
C:¥Work>Icacls %ProgramData%¥ssh¥administrators_authorized_keys /Inheritance:r
/Grant "Administrators:F" /Grant "SYSTEM:F"
処理ファイル: C:¥ProgramData¥ssh¥administrators_authorized_keys
個のファイルが正常に処理されました。0 個のファイルを処理できませんでした
```

6. ［クライアント側］sshコマンドで接続する
   sshコマンドでsshサーバ名だけ指定して接続する。

```
C:¥Work>ssh sv2
```

次のようにエラーになる場合は、sshサーバ側の authorized_keys と administrators_
authorized_keysファイルの両方に公開鍵情報を登録する。

```
C:¥Work>ssh sv2
example¥¥user1@sv2: Permission denied (publickey,keyboard-interactive).
```

コマンドの働き

ssh-agentは、sshサーバに公開鍵認証で接続する際に使用する、ユーザーの秘密鍵を保管する認証エージェントである。Windows版のssh-agentはサービスとして実行するように設計が変更されているようで、ほとんどのスイッチとオプションが使用できない。

ssh-keygen.exe

認証用の鍵の生成と管理

`10` `2019` `2022` `11`

構文

ssh-keygen [スイッチ] [オプション]

スイッチ

スイッチ	説明
指定なし	公開鍵と秘密鍵を生成する
-A	既定の鍵の種類でシステムの鍵ファイルを生成する
-B	鍵のbubblebabbleダイジェストを表示する
-c	コメントを変更する
-D	PKCS#11で使用する公開鍵をダウンロードする
-e	公開鍵を表示する
-F	known_hostsファイルからホストの公開鍵を表示する
-G	Diffie-Hellman群交換（DH-GEX）プロトコル用の群を生成する
-H	known_hostsファイルをハッシュ化する
-i	秘密鍵または公開鍵を表示する
-I	公開鍵に署名する
-k	KRL（Key Revocation List、鍵失効リスト）ファイルを生成する
-l	公開鍵ファイルの拇印を表示する
-L	証明書の内容を表示する
-p	パスフレーズを変更する
-Q	鍵の失効をテストする
-r	DNSにSSHFPリソースレコードを問い合わせる
-R	known_hostsファイルから鍵を削除する
-T	DH-GEXプロトコル用の群をテストする
-y	秘密鍵に対応する公開鍵を表示する
-Y	鍵に署名する

実行例

暗号化アルゴリズムにed25519を指定して秘密鍵ファイルと公開鍵ファイルを作成し、公開鍵ファイルをSSHサーバにauthorized_keysとしてコピーする。

```
C:\Work>ssh-keygen -t ed25519
Generating public/private ed25519 key pair.
Enter file in which to save the key (C:\Users\user1/.ssh/id_ed25519):
```

```
Enter passphrase (empty for no passphrase):
Enter same passphrase again:
Your identification has been saved in C:¥Users¥user1/.ssh/id_ed25519.
Your public key has been saved in C:¥Users¥user1/.ssh/id_ed25519.pub.
The key fingerprint is:
SHA256:knbjzoPHBZrUnFTyY2Kf2jfHgh2mxXOEfrMoz5b6xlg example¥user1@cl1
The key's randomart image is:
+--[ED25519 256]--+
|       ...       |
|      .o  .      |
|     +o.+ . .    |
|    .o=+ = .     |
|   .+oS.o B +    |
|   .o+ +.*EB o   |
|   oo.=+*.+      |
|   .o+ .==+      |
|    .o..=+       |
+----[SHA256]-----+

C:¥Work>DIR %UserProfile%¥.ssh
 Volume in drive C has no label.
 Volume Serial Number is CA40-067E

 Directory of C:¥Users¥user1¥.ssh

2022/11/03  00:58    <DIR>          .
2022/10/30  13:49    <DIR>          ..
2022/11/03  00:57               464 id_ed25519
2022/11/03  00:57               100 id_ed25519.pub
               2 File(s)            564 bytes
               2 Dir(s)  40,021,094,400 bytes free

C:¥Work>ssh sv2 MD C:¥Users¥User1¥.ssh
The authenticity of host 'sv2 (192.168.1.232)' can't be established.
ECDSA key fingerprint is SHA256:E9cFJvjqkXm2Skd3pYJBgHpimz0aAPXo/5IbGKujlm8.
Are you sure you want to continue connecting (yes/no/[fingerprint])? yes
Warning: Permanently added 'sv2,192.168.1.232' (ECDSA) to the list of known hosts.
example¥user1@sv2's password:

C:¥Work>scp %UserProfile%¥.ssh¥id_ed25519.pub sv2:C:¥Users¥User1¥.ssh¥authorized_
keys
example¥user1@sv2's password:
id_ed25519.pub                                100%  100     6.3KB/s   00:00
```

コマンドの働き

　ssh-keygenコマンドは、認証用の鍵の生成や管理を実行する。無効なスイッチとオプションを指定するとヘルプを表示する。

■ ssh-keygen

構文

ssh-keygen [-q] [-b ビット数] [-C コメント] [-f 鍵ファイル名] [-m 鍵形式]
[-N パスフレーズ] [-t 鍵の種類]

■ スイッチとオプション

-q

表示情報を抑制する。

-b ビット数

生成する鍵のビット数を指定する。RSAの場合、既定値は2,048ビット。

-C コメント

鍵ファイルに埋め込むコメントを指定する。

-m 鍵形式

鍵の生成フォーマットとして、次のいずれかを指定する。

　・RFC4716(既定値)
　・PKCS8
　・PEM

-N パスフレーズ

秘密鍵を保護するパスフレーズを指定する。

-t 鍵の種類

生成する鍵の種類として次のいずれかを指定する。

　・dsa
　・ecdsa
　・ed25519
　・rsa

■ ssh-keygen -A

構文

ssh-keygen -A [-f パス]

■ スイッチとオプション

-f パス

既定のパス(%ProgramData%¥ssh¥ssh_host_)の先頭に付加するパスを指定する。

■ ssh-keygen -B

構文

ssh-keygen -B [-f 鍵ファイル名]

■ スイッチとオプション

-f 鍵ファイル名
　　ダイジェストを表示する秘密鍵ファイル名または公開鍵ファイル名を指定する。

ssh-keygen -c

構文

```
ssh-keygen -c [-C コメント] [-f 鍵ファイル名] [-P パスフレーズ]
```

-C コメント
　　新しいコメントを指定する。

-f 鍵ファイル名
　　コメントを変更する秘密鍵ファイル名を指定する。

-P パスフレーズ
　　秘密鍵を保護するパスフレーズを指定する。

ssh-keygen -D

構文

```
ssh-keygen -D ファイル名
```

■ スイッチとオプション

-D ファイル名
　　PKCS#11 ライブラリファイル名を指定する。

ssh-keygen -e

構文

```
ssh-keygen -e [-f 鍵ファイル名] [-m 鍵形式]
```

■ スイッチとオプション

-f 鍵ファイル名
　　公開鍵を表示する秘密鍵ファイル名または公開鍵ファイル名を指定する。

-m 鍵形式
　　鍵のフォーマットとして、次のいずれかを指定する。
　　・RFC4716（既定値）
　　・PKCS8
　　・PEM

5
オープンソース編

▌ ssh-keygen -F

構文

ssh-keygen -F *ホスト名* [-l] [-v] [-f *known_hostsファイル*]

■ スイッチとオプション

-F *ホスト名*
　　検索するホスト名を指定する。

-l
　　公開鍵の拇印を表示する。

-v
　　詳細情報を表示する。「-lv」のようにまとめて指定できる。

-f *known_hosts ファイル*
　　known_hosts ファイルを指定する。

▌ ssh-keygen -G

構文

ssh-keygen -G *ファイル名* [-v] [-b *ビット数*] [-M *メモリ使用量*] [-S *始点*]

■ スイッチとオプション

-G *ファイル名*
　　Diffie-Hellman 群交換(DH-GEX：Diffie-Hellman Group Exchange)プロトコル用に
　　生成した群を保存するファイル名を指定する。

-v
　　詳細情報を表示する。

-b *ビット数*
　　鍵のビット数を指定する。

-M *メモリ使用量*
　　DH-GEXのための候補のモジュロを生成する際に使用するメモリ使用量をMB単位で
　　指定する。

-S *始点*
　　DH-GEXのための候補のモジュロを生成する際の開始点を16進数で指定する。

▌ ssh-keygen -H

構文

ssh-keygen -H [-f *known_hostsファイル*]

■ スイッチとオプション

-f *known_hosts ファイル*
　　known_hosts ファイルを指定する。

ssh-keygen -i

構文

```
ssh-keygen -i [-f 鍵ファイル名] [-m 鍵形式]
```

■ スイッチとオプション

-f 鍵ファイル名

鍵を表示する秘密鍵ファイル名または公開鍵ファイル名を指定する。

-m 鍵形式

鍵のフォーマットとして、次のいずれかを指定する。
- ・RFC4716(既定値)
- ・PKCS8
- ・PEM

ssh-keygen -I

構文

```
ssh-keygen -I 鍵ID -s CA鍵ファイル名 [{-h | -U}] [-D ファイル名] [-n プリン
シパル名] [-O 証明書オプション] [-V 有効期間] [-z シリアル番号] 鍵ファイル名
```

■ スイッチとオプション

-I 鍵ID

署名に使用する鍵IDを指定する。

-s CA鍵ファイル名

CAの秘密鍵ファイル名を指定する。

{-h | U}

ホスト証明書(-h)またはユーザー証明書(-U)を指定する。

-D ファイル名

PKCS#11ライブラリファイル名を指定する。

-n プリンシパル名

署名の対象になるユーザー名またはホスト名を、カンマで区切って1つ以上指定する。

-O 証明書オプション

次のオプションを1つ以上指定する。

証明書オプション	説明
clear	有効な許可をクリアする
force-command=コマンド	認証時にコマンドを実行する
no-agent-forwarding	ssh-agent による転送を無効にする
no-port-forwarding	ポート転送を無効にする
no-pty	PTY 割り当てを無効にする
no-user-rc	sshd による ~/.ssh/rc の実行を無効にする
no-x11-forwarding	X11 転送を無効にする
permit-agent-forwarding	ssh-agent による転送を可能にする
permit-port-forwarding	ポート転送を可能にする

5

オープンソース編

permit-pty	PTY 割り当てを可能にする
permit-user-rc	sshd による ~/.ssh/rc の実行を可能にする
permit-x11-forwarding	X11 転送を可能にする
source-address=IPアドレス	証明書が有効と見なされる発信元 IP アドレスを、カンマで区切って 1 つ以上設定する

-V 有効期間

証明書の有効期間を「開始:終了」の形式で指定する。開始と終了は数字と次の文字を組み合わせて、「356d」のように指定する。開始は省略できる。

時間の表現	説明
YYYYMMDD	年月日
YYYYMMDDHHMMSS	年月日時分秒
{s | S}	秒
{m | M}	分
{h | H}	時間
{d | D}	日
{w | W}	週
ハイフン (-)	前

-z シリアル番号

証明書に埋め込む番号を指定する。

鍵ファイル名

署名する公開鍵ファイル名を指定する。

ssh-keygen -k

構文

ssh-keygen -k -f *KRLファイル名* [-u] [-s *CA鍵ファイル名*] [-z *バージョン番号*] *鍵ファイル名*

■ スイッチとオプション

-f KRL ファイル名

生成するKRLファイルの名前を指定する。

-u

KRLを更新する。

-s CA 鍵ファイル名

CAの公開鍵ファイル名を指定する。

-z バージョン番号

KRLのバージョン番号を指定する。

鍵ファイル名

署名する公開鍵ファイル名を指定する。

▌ ssh-keygen -l

構文

ssh-keygen -l [-v] [-E {md5 | sha256}] [-f *鍵ファイル名*]

■ スイッチとオプション

-v
　　詳細情報を表示する。

-E {md5 | sha256}
　　ハッシュアルゴリズムを指定する。既定値はsha256。

-f *鍵ファイル名*
　　公開鍵ファイル名を指定する。

▌ ssh-keygen -L

構文

ssh-keygen -L [-f *鍵ファイル名*]

■ スイッチとオプション

-f *鍵ファイル名*
　　公開鍵ファイル名を指定する。

▌ ssh-keygen -p

構文

ssh-keygen -p [-f *鍵ファイル名*] [-m *鍵形式*] [-N *新パスフレーズ*] [-P *旧パスフレーズ*]

■ スイッチとオプション

-f *鍵ファイル名*
　　パスフレーズを変更する秘密鍵ファイルの名前を指定する。

-m *鍵形式*
　　鍵の生成フォーマットとして、次のいずれかを指定する。
　　・RFC4716(既定値)
　　・PKCS8
　　・PEM

-N *新パスフレーズ*
　　変更後のパスフレーズを指定する。

-P *旧パスフレーズ*
　　現在のパスフレーズを指定する。

⬛ ssh-keygen -Q

ssh-keygen -Q -f *KRLファイル名 鍵ファイル名*

■ スイッチとオプション

-f *KRL ファイル名*
    テストに使用するKRLファイル名を指定する。

鍵ファイル名
    テストに使用する鍵ファイル名を指定する。

⬛ ssh-keygen -r

ssh-keygen -r *ホスト名* [-g] [-f *鍵ファイル名*]

■ スイッチとオプション

-r *ホスト名*
    指定したホスト名に対応するSSHFP（Secure Shell fingerprint）リソースレコードを
    DNSに問い合わせる。

-g
    標準のDNS出力形式を使用する。

-f *鍵ファイル名*
    公開鍵ファイル名を指定する。

⬛ ssh-keygen -R

ssh-keygen -R *ホスト名* [-f *known_hostsファイル*]

■ スイッチとオプション

-R *ホスト名*
    鍵の削除対象のホスト名を指定する。

-f *known_hosts ファイル*
    known_hostsファイルを指定する。

⬛ ssh-keygen -T

ssh-keygen -T *出力ファイル名* -f *候補ファイル名* [-v] [-a *回数*] [-J *行数*] [-j *開始行番号*] [-K *チェックポイントファイル名*] [-W *ジェネレータ*]

-T 出力ファイル名

DH-GEX用の候補の、検査後の出力ファイル名を指定する。

-f 候補ファイル名

「ssh-keygen -G」コマンドなどで生成したファイルを指定する。

-v

詳細情報を表示する。

-a 回数

秘密鍵を生成する際にKDF（Key Derivation Function）を実行する回数を指定する。

-J 行数

指定された行数を検査したら終了する。

-j 開始行番号

検査を開始する行を番号で指定する。

-K チェックポイントファイル名

検査した最終行をチェックポイントファイルに書き込む。

-W ジェネレータ

DH-GEX用のモジュロをテストする際に使用するジェネレータを指定する。有効なジェネレータは2、3、5。

ssh-keygen -y

構文

ssh-keygen -y [-f 鍵ファイル名]

■ スイッチとオプション

-f 鍵ファイル名

秘密鍵ファイル名を指定する。

ssh-keygen -Y

構文1　ファイルに署名する

ssh-keygen -Y sign -f 鍵ファイル名 -n ネームスペース [署名対象ファイル名]

構文2　「ssh-keygen -Y sign」コマンドで生成した署名に有効な構造があるか検査する

ssh-keygen -Y check-novalidate -n ネームスペース -s CA鍵ファイル名

構文3　「ssh-keygen -Y sign」コマンドで生成した署名を検証する

ssh-keygen -Y verify -f 許可署名者 -l 鍵ID -n ネームスペース -s CA鍵ファイル名 [-r KRLファイル名]

5

オープンソース編

-f 鍵ファイル名

　　署名に使用する公開鍵ファイル名または秘密鍵ファイル名を指定する。

-n ネームスペース

　　署名を区別するための名前空間を指定する。

署名対象ファイル名

　　署名するファイル名を指定する。省略すると標準入力から読み取る。署名して出力されるファイル名は、「署名対象ファイル名.pub」になる。

-f 許可署名者

　　許可されたCAを記述したファイル名を指定する。

-l 鍵ID

　　署名に使用する鍵IDを指定する。

-s CA鍵ファイル名

　　CAの秘密鍵ファイル名を指定する。

-r KRLファイル名

　　KRLファイル名を指定する。

---

ssh-keyscan　　　　　ssh公開鍵を収集する

`10` `2019` `2022` `11`

構文

ssh-keyscan [コピーオプション] [-f ファイル名] [-p ポート番号] [-T タイムアウト] [-t 鍵の種類] [探索リスト]

スイッチとオプション

■ コピーオプション

　　ハイフン(-)に続いて次のいずれか、または複数のオプションを指定する。「-Hv」のようにまとめて記述することもできる。

スキャンオプション	説明
4	IPv4 を使用する
6	IPv6 を使用する
c	公開鍵に代わって証明書を要求する
D	DNS の SSHFP レコードで見つけた鍵を表示する
H	ホスト名と IP アドレスをハッシュする
v	詳細情報を表示する

-f ファイル名

　　探索リストの代わりに、指定したファイルから探索先となるホスト名やIPアドレスを読み込む。ホスト名とIPアドレスをペアとして扱う場合はカンマで区切って指定する。ファイル名にハイフン(-)を指定すると標準入力から読み込む。

-p *ポート番号*

接続先ポート番号を指定する。

-T *タイムアウト*

接続タイムアウトを秒単位で指定する。既定値は5秒。

-t *鍵の種類*

収集する鍵の種類として、次のいずれかをカンマで区切って1つ以上指定する。

・dsa
・ecdsa
・ed25519
・rsa

探索リスト

ホスト名やIPアドレスを、スペースで区切って1つ以上指定する。ホスト名とIPアドレスをペアとして扱う場合はカンマで区切って指定する。

実行例

sv2（192.168.1.232）からed25519の公開鍵情報を取得して、known_hostsファイルに追記する。

```
C:\Work>ssh-keyscan -t ed25519 sv2,192.168.1.232 >> %UserProfile%\.ssh\known_hosts
# sv2:22 SSH-2.0-OpenSSH_for_Windows_8.1

C:\Work>TYPE %UserProfile%\.ssh\known_hosts
sv2,192.168.1.232 ssh-ed25519 AAAAC3NzaC1lZDI1NTE5AAAAIEH7faqZKTQk4tTRZnPMTOCpCu7+zn
xzgRMAz6+Pg9PP
```

■ コマンドの働き

ssh-keyscanコマンドは、SSHサーバを巡回して公開鍵を収集する。スイッチとオプションをすべて省略して実行すると、ヘルプを表示する。

索引

502

■著者紹介
山近慶一（やまちか けいいち）
山口県岩国市生まれ。大阪を拠点に大規模 Active Directory ドメインの運用管理を担うサラリーマン業とテクニカルライター業の二刀流で活動中。Microsoft Most Valuable Professional（2003 ～ 2010）受賞。

●編集・DTP
　株式会社トップスタジオ
●装丁
　株式会社トップスタジオ

■お問い合わせについて
本書の内容に関するご質問につきましては、下記の宛先まで FAX または書面にてお送りいただくか、弊社ホームページの該当書籍のコーナーからお願いいたします。お電話によるご質問、および本書に記載されている内容以外のご質問には、一切お答えできません。あらかじめご了承ください。また、ご質問の際には、「書籍名」と「該当ページ番号」、「お客様のパソコンなどの動作環境」、「お名前とご連絡先」を明記してください。

●宛先
〒 162-0846
東京都新宿区市谷左内町 21-13
株式会社技術評論社　第 5 編集部
「改訂第 3 版 Windows コマンドプロンプト
ポケットリファレンス・下」係
FAX：03-3513-6179

●技術評論社 Web サイト
https://book.gihyo.jp

お送りいただきましたご質問には、できる限り迅速にお答えをするよう努力しておりますが、ご質問の内容によってはお答えするまでに、お時間をいただくこともございます。回答の期日をご指定いただいても、ご希望にお応えできかねる場合もありますので、あらかじめご了承ください。なお、ご質問の際に記載いただいた個人情報は質問の返答以外の目的には使用いたしません。また、質問の返答後は速やかに破棄させていただきます。

［改訂第3版］

Windows コマンドプロンプトポケットリファレンス［下］

2023 年 9 月 8 日　初 版　第 1 刷発行

著　者	山近 慶一	
発行者	片岡 巌	
発行所	株式会社技術評論社	

東京都新宿区市谷左内町 21-13
電話　03-3513-6150　販売促進部
　　　03-3513-6170　第 5 編集部

印刷・製本　昭和情報プロセス株式会社

定価はカバーに表示してあります。

造本には細心の注意を払っておりますが、万一、乱丁（ページの乱れ）や落丁（ページの抜け）がございましたら、小社販売促進部までお送りください。送料小社負担にてお取替えいたします。

ISBN978-4-297-13725-0 C3055
Printed in Japan